イオン液体II
―驚異的な進歩と多彩な近未来―
Ionic Liquid II
―Marvelous Developments and Colorful Near Future―

《普及版／Popular Edition》

監修 大野弘幸

シーエムシー出版

はじめに

イオン液体の研究成果を纏めて出版した[1]のが2003年2月であった。それからほんの2年しか経っていないのに，イオン液体を取り巻く環境はだいぶ変化した。まず，「イオン液体」という言葉を知る人が増えた。化学便覧などにも用語の説明が載り，インターネットでイオン液体（ionic liquid）を検索すると，学術論文を別にしても約16万件がヒットする。さらに，イオン液体を研究テーマに立てる企業が増えてきた。前は「イオン液体って面白そうだけど，一体何ですか？」と聞きに来る方が多かったが，今は「イオン液体の○○分野での将来性や，△△の機能を持った系について教えてください。」と質問の内容も質も変わってきた。

イオン液体研究そのものも大きく変わってきている。反応溶媒と電解質溶液代替物の2つが大きな柱であることは変わりがないが，それらの他に実に様々な利用の可能性が出てきつつある。それに伴い，解析すべきイオン液体の特性も変わってきた。最近急速に増えてきたのが，毒性や生体適合性に関する研究であろう。これは従来のカチオン性抗菌剤とは異なり，薬物等の安全なキャリアーとしての展開を目指していると思われる。発光性や導電性など機能を賦与したイオン液体の種類も多彩になってきた。"可能性"として前書[1]で述べたもののいくつかは現実のものとなっているし，2年前には予想もできなかった動きもある。これらは数年後には新しい材料として新分野を切り開く基礎になっていることであろう。

イオン液体そのものの理解も進んできている。「イオン液体はなぜ液体か？」という素朴な問いに対する答えも出されるようになってきた。物理化学的な解析は我が国が誇るイオン液体研究の成果のひとつであるが，応用研究が先行しそうな分野においては，基礎研究が次のステップアップをサポートすることが多い。イオン液体の研究もしっかりした基礎研究が重要であり，応用に行き詰まったときは基礎に戻って考え直すことになる。そのための基礎研究は我が国が強いので，将来は，我が国から多くの次世代型の進化したイオン液体が提案されることになるであろう。

2005年6月にオーストリア，ザルツブルグで開催された第1回イオン液体に関する国際会議（1st COIL）には400名以上が参加した。これは"世界的な流行の兆し"を示すタイムリーな会議であったという印象が深いものであった。第2回は我が国で2007年8月に開催の予定である。

ホノルルで開催されているPacifichem（2005年12月）のイオン液体のセッションの期間中にこの原稿を書いている。セッション初日の朝7時半（！）に始まったPlenary Lectureで，Seddon教授が述べた次の言葉が印象深い。「イオン液体中で多くの反応が試みられているが，一体何件のDiels Alder反応に関する報告が必要なのか？」。即ち，有機溶媒中で行うことのできる様々な反応をイオン液体中で単に再現する時代ではなくなってきているということである。それほど急速に反応溶媒としての基礎研究が広がり，「あれもできる，これもできる。」という状態が当たり前として認識されるようになってきたと言える。換言すれば，反応溶媒としての展開は，それぞれの反応に最適なイオン液体の探索とともに，イオン液体の中でなくてはできない反応を見出す時代に入ったということである。新しい反応が見出される可能性はまだまだ大きく，これからが反応溶媒としての展開の本当の面白みであろう。一方で，実に多彩な研究展開が発表されるようになってきたことは，この分野の輝かしい未来を予感させる。

本書は前書[1]との重複を極力避け，ここ2年間に展開された新しい成果を中心に，前書では紹介できなかった項目も加え，最新の情報を最適な執筆者により新しい切り口で纏めたものである。

　本書がイオン液体の新しい展開の引き金になることを期待する。

文　　献

1)　大野弘幸監修，イオン性液体，シーエムシー出版(2003)

2005年12月

東京農工大学　大野弘幸

普及版の刊行にあたって

　本書は 2006 年に『イオン液体Ⅱ—驚異的な進歩と多彩な近未来—』として刊行されました。普及版の刊行にあたり，内容は当時のままであり加筆・訂正などの手は加えておりませんので，ご了承ください。

2014 年 4 月

シーエムシー出版　編集部

執筆者一覧（執筆順）

大野 弘幸	東京農工大学大学院　共生科学技術研究部　ナノ未来科学研究拠点　教授
宇井 幸一	東京理科大学　理工学部　工業化学科　助手
上田 幹人	北海道大学大学院　工学研究科　助手
水畑 穣	神戸大学　工学部　応用化学科　助教授
萩原 理加	京都大学大学院　エネルギー科学研究科　教授
菅 孝剛	関東化学㈱　試薬事業本部　技術部　技術課　係長
山本 博志	旭硝子㈱　中央研究所　化学プロセス技術 Function　主幹研究員
栃木 勝己	日本大学　理工学部　物質応用化学科　教授
Claus Hilgers	Solvent Innovation GmbH, President & CEO
玉田 政宏	東京農工大学大学院　工学教育部　生命工学専攻
松見 紀佳	東京農工大学大学院　共生科学技術研究部　ナノ未来科学研究拠点　助手
小島 邦彦	東洋合成工業㈱　感光材事業本部　エネルギー部　部長
多田 健太郎	東洋合成工業㈱　感光材事業本部　エネルギー部　エネルギー研究グループ　グループ長
林 賢	東京大学大学院　理学系研究科　化学専攻
小澤 亮介	東京大学大学院　理学系研究科　化学専攻
濵口 宏夫	東京大学大学院　理学系研究科　化学専攻　教授；イオン液体研究会　代表世話人
西川 惠子	千葉大学大学院　自然科学研究科　教授
東崎 健一	千葉大学　教育学部　物理学教室　教授
大内 幸雄	名古屋大学大学院　理学研究科　物質理学専攻　助教授
金井 要	名古屋大学大学院　理学研究科　物質理学専攻　助手
関 一彦	名古屋大学大学院　理学研究科　物質理学専攻　教授
荻原 航	東京農工大学大学院　工学教育部　生命工学専攻
福元 健太	東京農工大学大学院　工学教育部　生命工学専攻
深谷 幸信	東京農工大学大学院　工学教育部　生命工学専攻
James H. Davis, Jr.	South Alabama University, Professor
水雲 智信	東京農工大学大学院　共生科学技術研究部　ナノ未来科学研究拠点　博士研究員
北爪 智哉	東京工業大学大学院　生命理工学研究科　教授
柳 日馨	大阪府立大学大学院　理学系研究科　教授

福山 高英	大阪府立大学大学院　理学系研究科　助手
吉澤 正博	Monash University　School of Chemistry, 博士研究員
淵上 寿雄	東京工業大学大学院　総合理工学研究科　教授
Neil Winterton	University of Liverpool, Professor
伊藤 敏幸	鳥取大学　工学部　物質工学科　精密合成化学講座　教授
藤田 恭子	Monash University　School of Chemistry, 博士研究員
Douglas R. MacFarlane	Monash University　School of Chemistry, Professor
Maria Forsyth	Monash University　School of Physics and Materials Engineering, Professor
中村 暢文	東京農工大学大学院　共生科学技術研究部　ナノ未来科学研究拠点　助教授
田村 薫	東京農工大学大学院　工学教育部　生命工学専攻
宇恵 誠	三菱化学㈱　筑波センター　副センター長
成田 麻子	東京農工大学大学院　工学教育部　生命工学専攻
栄部 比夏里	㈱産業技術総合研究所　ユビキタスエネルギー研究部門　蓄電デバイス研究グループ　主任研究員
松本 一	㈱産業技術総合研究所　ユビキタスエネルギー研究部門　蓄電デバイス研究グループ　主任研究員
中川 裕江	㈱ジーエス・ユアサ コーポレーション　研究開発センター　第三開発部　第一グループ　リーダー
増田 現	日清紡績㈱　研究開発本部　事業推進部
片伯部 貫	横浜国立大学大学院　工学府
渡邉 正義	横浜国立大学大学院　工学研究院　教授
中本 博文	横浜国立大学大学院　工学府
吉田 幸大	京都大学大学院　理学研究科　化学専攻　博士研究員
斎藤 軍治	京都大学大学院　理学研究科　化学専攻　教授
吉尾 正史	東京大学　大学院工学系研究科　化学生命工学専攻　助手
加藤 隆史	東京大学　大学院工学系研究科　化学生命工学専攻　教授
森 誠之	岩手大学　工学部　応用化学科　教授
福島 孝典	㈱科学技術振興機構　ERATO-SORST相田ナノ空間プロジェクト　グループリーダー
中嶋 琢也	奈良先端科学技術大学院大学　物質創成科学研究科　助手
河合 壮	奈良先端科学技術大学院大学　物質創成科学研究科　教授

執筆者の所属表記は，2006年当時のものを使用しております。

目　次

はじめに

第1章　イオン液体の特徴と価値　　大野弘幸

1　イオン液体の特徴 ………………… 1
2　イオン液体の価値 ………………… 2

第2章　イオン液体の定義　　宇井幸一，上田幹人，水畑 穰，萩原理加

1　はじめに ………………………… 4
2　Ionic liquid とは？ ……………… 4
3　"Ionic Liquid" は 100℃以下に融点を持つ溶融塩だけか？―既出の著書に学ぶ― ……………………………… 6
4　国内での代表的な定義 …………… 8
5　温度による定義 ………………… 10
6　特許の観点からの定義 ………… 11
7　最近のイオン液体と従来のイオン液体の定義，あるいは溶融塩との違い …… 12
8　Ionic Liquids の日本語表記 …… 13
9　おわりに ………………………… 13

第3章　一般的なイオン液体とそれらの物性　　菅 孝剛

1　はじめに ………………………… 16
2　代表的なイオン液体 …………… 16
3　構造と物性 ……………………… 16
4　温度と物性（温度変化による粘度） … 17
5　市販品のイオン液体とその物性 … 18
6　品質について …………………… 22

第4章　計算化学による物性予測

1　純成分―粘度，融点とイオン構造―
　　　　　　　　　　　山本博志 … 24
　1.1　文献調査 …………………… 24
　1.2　計算 ………………………… 24
　1.3　結果 ………………………… 25
　　1.3.1　イオン液体の粘度式 …… 25
　　1.3.2　脂肪族アルキルアンモニウム類の粘度式 ………………… 25
　　1.3.3　イオン液体の融点 ……… 27
　1.4　まとめ ……………………… 28
2　混合物―相平衡，輸送物性―
　　　　　　　　　　　栃木勝己 … 29
　2.1　はじめに …………………… 29
　2.2　混合物物性データ ………… 29
　2.3　物性予測―相平衡― ……… 29
　2.4　物性予測―輸送物性― …… 33
　2.5　おわりに …………………… 33

I

第5章 合成法，精製法の進歩とスケールアップ

Claus Hilgers，訳：玉田政宏，松見紀佳

1 はじめに …………………………… 34
2 品質 ………………………………… 35
   2.1 有機出発物質と他の揮発性物質 … 35
   2.2 ハロゲン不純物 ………………… 36
   2.3 水 ………………………………… 37
   2.4 プロトン性不純物 ……………… 38
   2.5 未反応の他のイオン性不純物 … 38
   2.6 色 ………………………………… 39
3 合成のスケールアップ …………… 40
4 イオン液体の価格の将来展望 …… 41

第6章 イオン液体の高純度合成と純度分析

小島邦彦，多田健太郎

1 はじめに …………………………… 43
2 イオン液体の合成方法 …………… 44
   2.1 第4級アンモニウム系イオン液体の合成 ………………………… 44
   2.2 原料由来の不純物 ……………… 45
3 イオン液体の精製 ………………… 46
   3.1 疎水性のイオン液体 …………… 46
   3.2 親水性のイオン液体 …………… 46
   3.3 着色成分の除去 ………………… 47
   3.4 金属，金属塩，微粒子の除去 … 47
4 水分の除去 ………………………… 47
   4.1 真空乾燥 ………………………… 47
   4.2 吸着剤使用 ……………………… 47
5 純度分析方法 ……………………… 48
   5.1 イオンクロマトグラフィー …… 48
   5.2 クロマトグラフィー分析 ……… 48
   5.3 水分分析 ………………………… 48
   5.4 ガスクロマトグラフィー分析 … 49
   5.5 サイクリックボルタモグラム … 49
   5.6 その他の分析 …………………… 49
6 イオン液体の保存安定性 ………… 50
7 量産化技術 ………………………… 51
8 おわりに …………………………… 51

第7章 イオン液体の物理化学

1 イオン液体中のイオン構造
　……… 林　賢，小澤亮介，濱口宏夫 … 53
   1.1 はじめに ………………………… 53
   1.2 BmimClの結晶多形と内部回転異性 ……………………………… 53
   1.3 Bmim$^+$カチオンの結晶および液体中のラマンスペクトルと構造 ……… 53
   1.4 BmimCl単結晶の融解と回転異性体の変換 ………………………… 54
2 イオン液体の液体構造
　……… 小澤亮介，林　賢，濱口宏夫 … 56
   2.1 はじめに ………………………… 56
   2.2 イオン液体化合物の結晶構造とイオン間相互作用 ……………… 56
   2.3 イオン液体中のイオン間相互作用と融点 ………………………… 57
   2.4 イオン液体中の局所構造の可能性 ………………………………… 58
3 熱現象で観たイオン液体の特異性
　………………… 西川恵子，東崎健一 … 61
   3.1 はじめに ………………………… 61
   3.2 サーモモジュールを用いた超高感度熱分析装置 ………………… 61
   3.3 [bmim]塩の測定結果 …………… 62

第8章　イオン液体界面の構造解析　　大内幸雄，金井　要，関　一彦

1　はじめに ………………………… 66
2　イオン液体の気／液界面構造 ………… 66
3　イオン液体／金属界面 ………………… 70
4　今後の課題 …………………………… 71

第9章　新規イオン液体群

1　非ハロゲン系イオン液体
　　………………荻原　航，大野弘幸… 73
　1.1　はじめに ……………………… 73
　1.2　非ハロゲン系汎用アニオン ……… 73
　1.3　芳香族性のアニオン ……………… 74
2　アミノ酸イオン液体
　　………………福元健太，大野弘幸… 77
　2.1　はじめに ……………………… 77
　2.2　アミノ酸イオン液体のメリット … 77
　2.3　アミノ酸イオン液体の構造と物性
　　……………………………………… 77
　2.4　展望 …………………………… 79
3　新規アニオン…深谷幸信，大野弘幸… 80
　3.1　はじめに ……………………… 80
　3.2　既存アニオンの構造改変 ……… 80
　3.3　新規S含有アニオン …………… 81
　3.4　新規カルボン酸アニオン ……… 81
　3.5　おわりに ……………………… 82
4　新規カチオン系
　　………………福元健太，大野弘幸… 84
　4.1　はじめに ……………………… 84
　4.2　非アンモニウムカチオン ……… 84
　4.3　カチオンの機能化 ……………… 85
　4.4　展望 …………………………… 86
5　Task-Specific Ionic Liquids　最近の進歩
　　…James H. Davis, Jr.，訳：水雲智信… 87
　5.1　はじめに ……………………… 87
　5.2　機能席導入による物性変化 …… 87
　5.3　合成法 ………………………… 88
　5.4　TSILの応用とトピックス ……… 88
　　5.4.1　有機合成反応への応用 …… 88
　　5.4.2　分離・抽出技術への応用 … 89
　　5.4.3　酸性TSILと塩基性TSIL … 89
　　5.4.4　フッ素型TSIL ……………… 90
　5.5　まとめと展望 ………………… 91

第10章　イオン液体中での化学合成

1　イオン液体の反応場としての新しい動き
　　………………………北爪智哉… 92
　1.1　化学反応用溶媒としての要件 …… 92
　1.2　反応場としての新しい動き ……… 93
　　1.2.1　光学活性体の創製 ………… 93
　　1.2.2　ニコチン由来の光学活性なイオン液体 ……………………… 94
　1.3　担体としてのイオン液体 ……… 98
2　イオン液体とマイクロ化学プロセス
　　………………柳　日馨，福山高英…100
　2.1　はじめに ……………………… 100
　2.2　イオン液体中での薗頭カップリング反応 …………………………… 101
　2.3　溝呂木—Heck反応 …………… 102
　2.4　マイクロフロー系での触媒的カルボニル化反応 …………………… 103

第11章　イオン液体中の高分子合成　吉澤正博

1　はじめに …………………………… 107
2　ラジカル重合 ……………………… 107
3　イオン重合 ………………………… 108
4　金属触媒重合 ……………………… 110
5　重縮合 ……………………………… 111
6　開環重合 …………………………… 112
7　電解重合 …………………………… 113
8　おわりに …………………………… 115

第12章　イオン液体中での有機電解反応　淵上寿雄

1　はじめに …………………………… 118
2　イオン液体中でのボルタンメトリー … 118
　2.1　有機化合物の電解酸化還元に及ぼすイオン液体の影響 ……………… 118
　2.2　イオン液体中での遷移金属錯体メディエーターの電極触媒能の検討 …………………………………… 119
3　イオン液体中での有機電解合成 …… 120
　3.1　イオン液体自身の電解酸化還元 … 120
　3.2　環状カーボネート類の電解合成 … 120
　3.3　金属錯体触媒による電解還元的カップリング …………………………… 120
　3.4　Co錯体による電極触媒的脱ハロゲン化 …………………………………… 121
　3.5　ニトロキシルラジカルによるアルコールの電極触媒的酸化 ………… 121
　3.6　ベンゾイル蟻酸およびN-メチルフタルイミドの電解還元 …………… 121
　3.7　有機伝導体の電解合成 ………… 121
4　有機化合物の選択的電解フッ素化 … 122
5　導電性高分子の電解合成 ………… 124
6　おわりに …………………………… 125

第13章　難溶性物質の可溶化

1　多糖類 ……… **深谷幸信，大野弘幸** … 127
　1.1　はじめに ………………………… 127
　1.2　セルロースを溶解するイオン液体 …………………………………… 127
　1.3　セルロースの可溶化に有効な新規イオン液体 ……………………… 128
　1.4　一般天然多糖類の溶解 ………… 128
　1.5　おわりに ………………………… 129
2　ポリペプチド類
　　………… **深谷幸信，大野弘幸** … 130
　2.1　はじめに ………………………… 130
　2.2　シルクの溶解性 ………………… 130
　2.3　一般的なポリペプチド類の溶解 … 131
　2.4　高極性イオン液体へのポリペプチドの溶解性 ……………………… 132
　2.5　おわりに ………………………… 132
3　核酸 ………… **深谷幸信，大野弘幸** … 134
　3.1　はじめに ………………………… 134
　3.2　核酸の可溶化に有効なアニオン構造の検討 ……………………………… 134
　3.3　カチオン構造が及ぼす核酸の溶解性への影響 ……………………… 135
　3.4　核酸の溶解に有効な構造を持つ新規イオン液体 ……………………… 136
　3.5　おわりに ………………………… 136
4　イオン液体中の高分子
　　…… **Neil Winterton**，訳：玉田政宏 … 138
　4.1　はじめに ………………………… 138
　4.2　イオン液体中の高分子の可溶化の報告例 ………………………………… 138

- 4.3 関連系 ……………………… 139
- 4.4 溶液中でのイオン液体と高分子の相互作用 ……………………… 141
- 4.5 まとめと今後の展望 ……………… 142
- 5 合成高分子 …… **玉田政宏，大野弘幸** … 144

第14章 生物化学

- 1 イオン液体を反応媒体に用いるリパーゼ触媒反応 ………… **伊藤敏幸** … 146
  - 1.1 はじめに ……………………… 146
  - 1.2 イオン液体と生体触媒 ……… 146
  - 1.3 イオン液体溶媒中のリパーゼ触媒不斉反応 ……………………… 147
  - 1.4 イオン液体による酵素の安定化と活性化 ……………………… 149
  - 1.5 おわりに ……………………… 151
- 2 タンパク質の保存用溶媒としてのイオン液体 …… **藤田恭子，Douglas R. MacFarlane，Maria Forsyth** … 154
- 3 PEO修飾した金属タンパク質の合成 …………………… **中村暢文** … 157
- 4 タンパク質のイオン液体への可溶化 …………………… **中村暢文** … 160
- 5 耐熱性の付与 … **大野弘幸，田村 薫** … 163
  - 5.1 はじめに ……………………… 163
  - 5.2 光導波路分光法 ……………… 163
  - 5.3 タンパク質の耐熱性 ………… 164
  - 5.4 タンパク質の高温電気化学 … 164
  - 5.5 イオン液体中のタンパク質化学の将来展望 ……………………… 166

第15章 電解質としての新展開

- 1 電解質に要求される特性とイオン液体の利点 …………… **宇恵 誠** … 167
  - 1.1 はじめに ……………………… 167
  - 1.2 エネルギー貯蔵デバイス用電解質 ……………………… 167
  - 1.3 エネルギー変換デバイス用電解質 ……………………… 171
- 2 電解質用新規イオン液体 ……………………… **宇恵 誠** … 172
  - 2.1 はじめに ……………………… 172
  - 2.2 カチオン ……………………… 173
  - 2.3 アニオン ……………………… 173
- 3 フルオロハイドロジェネート系イオン液体 …………… **萩原理加** … 179
  - 3.1 はじめに ……………………… 179
  - 3.2 イオン液体 1,3-ジアルキルイミダゾリウムフルオロハイドロジェネート ……………………… 179
  - 3.3 非イミダゾリウム系のフルオロハイドロジェネートイオン液体 …… 182
  - 3.4 イオン液体合成原料としてのフルオロハイドロジェネート塩 ……… 184
  - 3.5 おわりに ……………………… 185

第16章 電気化学的な機能を付与したイオン液体

- 1 メディエーターの可溶化 …………… **水雲智信，大野弘幸** … 187
  - 1.1 はじめに ……………………… 187
  - 1.2 市販キノン類のイオン液体への溶

解度 ………………………… 187	3.2 液状化とイオン伝導度の改善 …… 194
1.3 ポリエーテルキノンの分子設計 … 188	3.3 合成方法 ……………………… 195
1.4 おわりに ……………………… 190	3.4 融点に及ぼすカチオンの構造 …… 195
2 酸化還元活性を有するイオン液体	3.5 融点に及ぼすアニオンの構造 …… 196
………………水雲智信，大野弘幸… 191	3.6 ZwitterionとLiTFSIの混合物 …… 197
2.1 はじめに ……………………… 191	3.7 おわりに ……………………… 198
2.2 金属錯体を用いる系（リガンド型イオン液体） ……………………… 191	4 含ホウ素系イオン液体及びイミダゾール―ボラン錯体
2.3 金属を用いない系（非リガンド型イオン液体） ……………………… 192	………………松見紀佳，大野弘幸… 199
2.4 おわりに ……………………… 193	4.1 有機ホウ素系イオン液体 ……… 199
3 Zwitterions…… 成田麻子，大野弘幸… 194	4.2 液状イミダゾール―ボラン錯体 … 201
3.1 はじめに ……………………… 194	4.3 ポリ（有機ホウ素ハライド）―イミダゾール錯体 ……………………… 202

第17章　特定イオンの伝導体

1 多価アニオンを成分とするイオン液体の合成とカチオン伝導特性	するイオン液体 ………………… 209
………………荻原　航，大野弘幸… 204	2.4 塩基＋酸 ……………………… 210
1.1 はじめに ……………………… 204	2.5 おわりに ……………………… 212
1.2 アルカリ金属イオンを含有するイオン液体 ……………………… 205	3 アニオン伝導体
1.3 プロトンを含有するイオン液体 … 206	………………水雲智信，大野弘幸… 214
2 H$^+$伝導体……………… 吉澤正博 … 208	3.1 はじめに ……………………… 214
2.1 はじめに ……………………… 208	3.2 ポリエーテル／塩ハイブリッド … 214
2.2 イオン液体＋酸 ……………… 208	3.3 アリルイミダゾリウム塩 ……… 215
2.3 活性プロトンを構成イオンに含有	3.4 ハロゲン化物イオン以外で注目される系 ……………………… 216
	3.5 おわりに ……………………… 216

第18章　イオン液体の高分子化　　荻原　航，大野弘幸

1 はじめに ……………………… 218	4 イオン液体構造を有する架橋剤 ……… 222
2 ポリカチオン型高分子化イオン液体 … 219	5 高分子化イオン液体の利用範囲 ……… 222
3 コポリマー型高分子化イオン液体 …… 221	

第19章　イオニクスデバイスへの利用（Ⅰ：蓄エネルギー）

1 リチウム金属電池への新展開	1.1 はじめに ……………………… 224
………………栄部比夏里，松本　一… 224	1.2 イオン液体中でのリチウムの析出・

溶解 …… 224	への応用に際して予想される課題 …… 230
1.2.1 リチウム極の充放電 …… 225	2.4 イオン液体のリチウムイオン電池
1.2.2 電解質の純度と充放電効率 … 226	用電解質としての基礎特性 …… 230
1.3 金属電池への応用例 …… 227	2.5 イオン液体を電解質として用いた
1.3.1 各種イオン液体の充放電特性 …… 227	リチウムイオン電池の特性 …… 231
1.3.2 イオン液体の純度と充放電特性 …… 227	2.6 おわりに …… 232
1.4 おわりに …… 227	3 キャパシタへの新展開…… **増田 現** 234
2 リチウムイオン電池への新展開 …… **中川裕江** … 229	3.1 はじめに …… 234
2.1 はじめに …… 229	3.2 イオン液体の電気二重層キャパシタへの応用 …… 234
2.2 リチウムイオン電池とは …… 229	3.3 脂肪族アンモニウム塩系イオン液体を電解液に用いたキャパシタ … 235
2.3 イオン液体のリチウムイオン電池	3.4 おわりに …… 237

第20章　イオニクスデバイスへの利用（Ⅱ：エネルギー変換）

1 色素増感太陽電池
　　…… **片伯部貫，渡邉正義** … 239
　1.1　はじめに …… 239
　1.2　イオン液体中のヨウ素レドックス対の電荷輸送機構 …… 239
　1.3　ヨウ素レドックス対間交換反応の溶媒種依存性と太陽電池セル性能に与える影響 …… 241
　1.4　イオン液体を用いた色素増感太陽電池性能 …… 242
　1.5　イオン液体を利用した固体電解質色素増感太陽電池 …… 242
2 光応答ゲル …… **玉田政宏，大野弘幸** 245
　2.1　はじめに …… 245
　2.2　有機溶媒中でのゲルの作成とその光応答性 …… 245
　2.3　イオン液体を含浸させたゲルの作成とその光応答 …… 246
　2.4　今後の展望 …… 247
3 プロトン伝導性イオン液体と無加湿中温形燃料電池の可能性
　　…… **中本博文，渡邉正義** … 249
　3.1　はじめに …… 249
　3.2　Brønsted酸—塩基型イオン液体のプロトン伝導性 …… 250
　3.3　水素酸化及び酸素還元特性と燃料電池電解質としての可能性 …… 252
　3.4　おわりに …… 253
4 バイオ燃料電池を目指した展開
　　…… **中村暢文** … 254

第21章　機能性イオン液体の合成　　**吉田幸大，斎藤軍治**

1 はじめに …… 257
2 常磁性イオン液体の開発 …… 257
3 蛍光イオン液体の開発 …… 260
4 イオン液体を用いた新規有機超伝導体の開発 …… 262
5 おわりに …… 264

第22章　液晶とイオン液体のコラボレーション　　吉尾正史，加藤隆史

1　はじめに ……………………………… 266
2　イオン液体と液晶性分子の複合化 …… 266
3　液晶性イオン液体の分子設計と配列制御 …………………………………… 268
4　液晶性イオン液体の機能発現 ………… 271
　4.1　異方的イオン伝導 ………………… 271
　4.2　選択的イオン輸送機能 …………… 273
5　おわりに ……………………………… 274

第23章　新規分野の創成

1　トライボロジー ………… **森　誠之** … 277
　1.1　はじめに ………………………… 277
　1.2　潤滑剤 …………………………… 277
　1.3　潤滑油としてのイオン液体 …… 278
　1.4　潤滑性能 ………………………… 280
　1.5　摩擦面での反応 ………………… 281
　1.6　イオン液体の可能性 …………… 281
2　カーボンナノチューブゲル
　　　　　　　　　………… **福島孝典** … 283
　2.1　はじめに ………………………… 283
　2.2　カーボンナノチューブによるイオン液体のゲル化 ………………… 283
　2.3　重合部位を有するイオン液体を用いたカーボンナノチューブ・ポリマー複合体の作製 ……………… 285
　2.4　カーボンナノチューブゲル（バッキーゲル）の応用 ………………… 286
　2.5　おわりに ………………………… 288
3　強発光性量子ドットハイブリッド
　　　　　　………… **中嶋琢也，河合　壯** … 290
　3.1　はじめに ………………………… 290
　3.2　イオン液体中における無機ナノ材料作製 …………………………… 290
　3.3　水溶性量子ドットのイオン液体への抽出とその発光特性 ………… 290
　3.4　重合性イオン液体による強発光性量子ドット―ポリマーハイブリッドの作製 …………………………… 292
　3.5　おわりに ………………………… 292

第24章　イオン液体研究会　　**濱口宏夫** ……… 294

第25章　近未来展望　　**大野弘幸** ……… 298

おわりに

第1章　イオン液体の特徴と価値

大野弘幸*

1　イオン液体の特徴

　イオン液体の存在はだいぶ知られるようになってきた。しかし，まだまだ正しい認識がなされているとは必ずしも言えない。たとえば，数年前のイオン液体の理解は以下のようなものであった。即ち，
　①　常温で溶融した塩である。
　②　イオンだけでできている液体である。
　③　粘度が低いので高いイオン伝導度を示す。
　④　従って，高極性である。
　⑤　蒸気圧が無い。
　⑥　従って，不燃性である。
　⑦　熱容量の大きな液体である。
　⑧　高価である。

　しかし，これらのいくつかは現在では否定されている。今日理解されているイオン液体の姿は実に多彩であり，すべてを包括的に表現できる特徴は①と②だけである。しかし，これら①と②の特徴でさえも当てはまらないような系も存在する。従って，今日イオン液体を表現する特徴として一般に挙げられるものは，以下のような表現とすべきである。
　①　溶融した塩であるが，融点を常温以下に保つことだけに注力する塩の設計はあまり意味がない。
　②　融点の低い塩であるが塩は必ずしも完全解離しているとは限らない。
　③　イオン伝導度の高い系もある。粘度の低い系も見出されているが，一般に粘度を低下させるのは難しい。
　④　極性はそれほど高くないが，高めることもできる。
　⑤　蒸気圧が極めて低いものが多い。
　⑥　従って，分解するまでは燃えないが，分解温度以上に加熱すると燃える。また，②に関連するが，蒸気圧を持つ系もあり，蒸留することも不可能ではない。
　⑦　熱容量，密度，などはイオン構造に大きく依存する。

　理想的なイオン液体というもの，即ち，"完全に解離したイオンだけからなる常温で液体の塩で，イオン伝導度が高く，高極性，低粘性，幅広い温度域で不揮発性を示し，不燃性で，電位窓が広く，化学的にも安定で，毒性が低く，安価なもの"は（今のところ）存在しない。従って，

---

　*　Hiroyuki Ohno　東京農工大学大学院　共生科学技術研究部　ナノ未来科学研究拠点
　　　教授

完璧なイオン液体を望むのは現在では無謀であり，むしろ必要な特徴に順位付けをし，不要な特徴には目をつぶるような絞り込みをすべきである。さらに，イオン液体の誘導体とでも呼ぶべき周辺領域に存在する物質群の中にも興味深いものが多い。いわゆるイオン液体から派生した物質群が新しい材料として大いに伸びる可能性が大きい。その基本はイオン液体が有機イオンからなるということである。前書[1]でも述べたが，有機物から形成されるイオンは限りないが，それらを組み合わせて得られるイオン液体も無限の種類がある。我々はイオン液体のほんの一部しか知らないのである。2006年以降は新しいイオン液体が多く提案されるようになるであろう[2]。そのためにも構造と特性の相関解明が急がれる。わが国はイオン液体の物理化学分野では先進国であるから，いち早く上記の相関を整理し，機能設計のプロトコルを手にすべきである。折しも特定領域研究「イオン液体の科学」が2005年からスタートし，この分野の進展を後押ししているので，近い将来には機能設計が容易になっているものと期待される。

2　イオン液体の価値

　イオン液体の価値は計りがたいものがある。特定の機能を考えたときに，他に代替できるものがなければ，機能付与されたイオン液体は極めて高い価値を持つ。多彩になったイオン液体の価値を本書全体で確認されたい。

　価格と価値は同義ではないが，イオン液体の応用展開を阻んでいる原因のひとつとしてよく挙げられるのは，その価格である。しかし，すべてのイオン液体が高価であるとは言い難い。多くのイオン液体が見出されてきた今日，安価なイオンの組み合わせから得られるイオン液体も存在する。上述のように，要求項目の優先順位を考慮して設計されるイオン液体の価格は大きな幅があると考えてよい。全てがジアルキルイミダゾリウムカチオンを成分にする必要はないのである。また，イオン液体の純度も価格に反映されている。純度が99.9％のイオン液体と97％のものとでは価格が10倍以上異なる。イオン液体を使用する際に本当に高純度のものが必要なのか，水分含量は20ppm以下を本当に必要とするのか，等をもう一度検討すべきである。一方，現在は依然として高価なイオン液体であっても，試薬メーカーをはじめ様々な企業の努力により，価格は下がってきている。例えば，1-エチル-3-メチルイミダゾリウムテトラフルオロボレートは良く使われるイオン液体の代表例であるが，99.9％の高純度品であってもその価格は1kgで6万円を割っている。早い時期に1kgで5千円以下になれば，溶媒として大量に，気軽に使うことに抵抗が少なくなるであろう。機能に制限はあるものの，多種類のイオン液体が候補として出てくるので，ビジネスとしても特定のイオン液体の供給は成功の可能性が大きい。また，イオン液体に各種機能を付与した高付加価値のイオン液体が多く提案されるようになるであろうから，価格は高くとも十分にビジネスとして成り立つであろう。幅広いイオン液体の展開のために，本書が設計のヒントを与えることができれば幸いである。

第1章　イオン液体の特徴と価値

文　　献

1)　大野弘幸監修, イオン性液体, シーエムシー出版(2003)
2)　大野弘幸, 機能材料, **54**, 94(2006)

第2章　イオン液体の定義

宇井幸一[*1]，上田幹人[*2]，水畑　穣[*3]，萩原理加[*4]

1　はじめに

　ここ数年，イオン（性）液体，英語でIonic liquidと呼ばれるイオン伝導性の低融点の塩が脚光を浴びている。その多くは有機オニウムカチオンと有機，またはごく少数の無機アニオンを組み合わせた比較的低融点の塩を指すもののようである。しかしながら，このイオン液体（本章では本著に合わせて「性」の字を削除し，この語を用いる）の英語に対応するIonic liquidという用語はこれらの塩が登場する数十年前から使われており，解釈が幾つかあるようではあるが，少なくとも最近盛んに使われているIonic liquidとは違う意味であった。

　最近の多くの論文や学会発表で，電解質を何でもイオン液体（Ionic liquid）と呼ぶような傾向が一部に見られ，耳触りの良い言葉の濫用ともとれる，一種の混乱が起きているように思われる。例えば，イミダゾリウム塩のような有機オニウム塩を指す用語としてイオン液体（Ionic liquid）を使い，固体であるにもかかわらず，「固体のイオン液体（Solid ionic liquid）」というような奇妙な表現をしたり，熱分解以下の温度で溶融できない有機塩であるのに，これを有機溶媒などに溶解させて，イオン液体化に成功したなどとする例がそれである。およそ学問では，使われる用語，すなわち学術用語の定義付けが重要であり，これらの用語に対する定まった見解を持つ必要がある。言い換えれば「イオン液体とは何か」，「溶融塩とイオン液体はどう違うのか」などという質問に対して，明快に答えられるようにならなければならない。本章では，イオン液体（Ionic liquid）の用例とその意味，溶融塩（Molten salt）との用語としての関連性を考察した。言葉は実際としての用例が先行し，また時とともに変わっていくことも多く，本章で述べる内容についても絶対的なものではないが，これを機会に学術用語としての「溶融塩」，「イオン液体」の位置付けに関する見解の確立へのきっかけとなれば幸いである。

2　Ionic liquidとは？

　ここでは「イオン液体」という用語が従来の意味を離れ，「室温溶融塩（常温溶融塩）」の同義語あるいは代替語，さらには少し温度領域を広げた低温の溶融塩を指し示す用語として急速に拡大した契機となった主な論文を紹介する。「室温イオン液体（Room-temperature ionic liquid）」の定義付けを初めて提案したのはWeltonのようである（1999年）[1]。彼はその緒言で概略以下の

---

*1　Koichi Ui　東京理科大学　理工学部　工業化学科　助手
*2　Mikito Ueda　北海道大学大学院　工学研究科　助手
*3　Minoru Mizuhata　神戸大学　工学部　応用化学科　助教授
*4　Rika Hagiwara　京都大学大学院　エネルギー科学研究科　教授

第2章　イオン液体の定義

ように述べている。
1. Fused salts とは，イオンのみの液体，即ち，Ionic liquid（イオン液体）である。
2. この論文での対象は，室温以下で液体となるイオン液体を，室温イオン液体とする。
3. 著者によっていかなる名前を選ぶのかは自由だが，キーワードにイオン液体を含むことを提案する。
4. この論文では，イオン液体という用語は，低融点の塩であることにする。

　以上のように，Weltonはこれまで表記されてきた名称を踏まえた上で，「イオン液体」という用語を使用していくことを提案している。その次は，2000年のSeddonらによる記述[2]が挙げられ，そのAbstractでは以下のように述べている。
1. イオン液体は"完全に"イオンから成るもので，かつては主に電気化学者に興味を持たれていた。
2. 蒸気圧がほとんどないので，イオン液体をグリーンソルベントとして特徴付けられる。

　SeddonはWeltonと同様に，イオン液体とはイオンからなる液体であることを述べている。また，これまで電気化学分野における電解質へ応用されてきたイオン液体を，グリーンソルベントとして提案しているのが特徴的である。同年Merrigan[3]らがIonic liquidの融点の上限を150℃と提唱している。150℃という温度については，"無機"もしくは"古典的な"共晶塩が溶融する最低温度であるとしている。しかしながら63mol%AlCl$_3$–37mol%NaCl（融点117℃）や63.5mol%AlCl$_3$–34mol%NaCl–2.5mol%BaCl$_2$（融点50℃）[4]などの例を見ても明らかなように，実際には150℃以下に融点をもつ無機塩は数多く存在しており，事実と反する。2002年にWilkesがGreen Chemistry誌で，過去から現在までの溶融塩の探索の経緯に関するレビューを記しており[5]，これまでの論文でなされた以上にイオン液体の定義について詳しく考察を行い，そして，提唱している。
1. ここで，イオン液体を融解温度100℃未満の塩類として定める。
2. イオン液体は，伝統的な高温溶融塩から発展してきた。
3. 現在，イオン液体と認識されている物質は，19世紀中頃から報告されていた。

　この論文では，イオン液体の融点について，融解温度100℃未満と提唱している。この100℃の根拠については，本文中で水の沸点と述べている。さらに，これまで報告されてきた"Molten salts"との比較も行っている。2003年には再度，SeddonらがScience誌の本文中で以下のように述べている[6]。
1. イオン液体とは，"完全に"イオンから成るものである（例えば，融解した塩化ナトリウムはイオン液体で，対照的に，水（分子溶媒）中の塩化ナトリウム溶液はイオン溶液である）。
2. "イオン液体"は，より古いフレーズである"溶融塩"（もしくは"塩"）と置き換わったものである。
3. "溶融塩"とは，高温，腐食性，（溶融鉱物のような）粘性媒体であることを示唆する。
4. 室温イオン液体は，しばしば無色，流動性，取り扱いが容易である。

　そして最後に，「現在，特許（EU）と学術的文献では，"イオン液体"という用語は，100℃以下で流動性があり，完全にイオンから成る液体の呼称である」と締めくくっている。この論文で特徴的なことは2点ある。まず1つはイオン伝導体であるイオン溶液をイオン液体と分けている

ことである。もう1つはイオン液体と溶融塩の各々の特徴を述べた上で，新旧という立場に色分けしていることである。さらに，彼らは同様なことをNature Materials誌の本文中でも述べており[7]，この定義がイオン液体の定義として，受け入れられ始めているのが現状である。

3 "Ionic Liquid"は100℃以下に融点を持つ溶融塩だけか？
―既出の著書に学ぶ―

イオン液体を室温溶融塩と同義語として用いられる根拠の一例がWeltonの総説にある注釈であることは前節で述べたとおりである。しかしながら，彼がその注釈で述べているように，あくまでも全ての溶存種がイオンからなること，室温で液体であることは，その総説中における前提であり，この新しい前提がなされる以前は，Ionic Liquid（イオン液体）は必ずしもRoom-temperature molten salt（室温溶融塩）と同義語として扱われているわけではない。例えば，InmanとLoveringが編集した著書『Ionic Liquids』[8]がその典型例で，この著書によればIonic liquidは非常に広範な物質を対象としており，溶融塩だけではなく，水和物溶融体，高濃度電解質水溶液等を含んでおり，「溶存種の全てまたは一部がイオンからなり，そのイオンが存在することにより材料の特性が特徴付けられるもの」をIonic liquidとしており，より広い意味でのイオン液体というべきものである。

これに対して1970年初出のBockrisらが著した著書[9]『Modern Electrochemistry第1巻第6章"IONIC LIQUIDS"』に示されているイオン液体の定義は"pure liquid electrolyte"，「溶媒のない（ゼロソルベント），100%イオンからなる液体の電解質」という，より簡明なものである。この定義によれば，電解質，それが室温で固体であれ液体であれ，これを溶媒に溶解した系は，この定義ではイオン液体から排除されることになる。さらに彼はイオン液体のモデルとして「イオンガス（プラズマ）が凝縮した液体」，あるいは「イオン性固体が溶融した液体」を挙げている。いずれも溶媒がないことを強調するためと考えられる。では，これと溶融塩のどこが違うのかということであるが，まず，「イオン液体であって溶融塩ではない」として明確に区別されているのが，「溶融酸化物」である。塩とは通常「酸と塩基の中和によって水とともに生成するもの，あるいは水素酸の水素を金属に置換してできるもの，または塩基の水酸基を酸基で置換したもの」[10]であるから，塩ではない酸化物，または彼の著書では指摘されていないが，アルカリ水酸化物などは溶融していても溶融塩ではないということになる。しかしながら，これらの融体が上述の100%イオン（イオンは原子，分子を問わない）で構成されていれば，イオン液体に該当することになる。もっとも，塩，さらには酸，塩基の定義もその理論の発展とともにより広範な化学物質を含むようになってきており，酸化物や水酸化物を塩とみなす考え方も存在するが，歴史的にみて当初の溶融塩の定義に際して，塩についての定義がそのような広義のものであったとはいえない。むしろ，Bockrisのいうところのイオン液体がこれらの物質を含めた定義として位置付けられてよいと思われる。一方，溶融塩であってイオン液体でない系とはどういうものであろうか。溶融塩を言葉どおり単純に「塩が溶融したもの」と考えると，多くの溶融塩がイオン液体と同義になると考えられるが，イオン液体の範疇に入らないものとして，溶媒を加えなくても塩が溶融する際にゼロソルベント，あるいは100%イオン種の状態にならない場合が考えられる。

第2章　イオン液体の定義

これらの例は多く，例えば，臭化アルミニウム（融点97.45℃，融体はAl_2Br_6，すなわち$AlBr_3$の2量体分子からなる[11]），ギ酸アンモニウム（融点付近よりギ酸とアンモニア，あるいはホルムアミドと水へ一部解離が起こる[12]），ツヴィッターイオン（分子中に電荷がプラスとマイナスの部分があり，全体としては中性分子である）[13]などであり，いずれも塩を溶融した際に何らかの形で正味の電荷をもたない化学種がイオンとともに液体中に存在する系である。

以上のように，溶融塩（Bockrisの定義による）とイオン液体は，一方が他方に包含される関係にあるのではなく，一部は共通するが，お互いに含まれない部分もあるということになる。この関係を図1に示す。Aが共通部分，BとCがお互いに排除される部分である。なお，溶融塩の内，特に室温以下に融点を持つものは室温溶融塩と呼ばれており，図中に Room-temperature molten salt（D，E，G）として示した。D，Eの違いはカチオン・アニオンのいずれも無機分子である場合と有機分子が含まれる場合である。Dの例，すなわちカチオンもアニオンも無機分子からなるイオン液体の室温溶融塩の例は著者らが知る限りない。なおGの例として示したCs$(HF)_2$F–Cs$(HF)_3$Fは7：3の組成，すなわちCsF・2.3HFの組成の時，共融点16.9℃を示し[14]，フッ素ガスの電解製造用の塩として検討されたこともある溶融塩であるが，イミダゾリウム塩などの場合と異なり$CsHF_2$とHFへの解離平衡がある[15]。

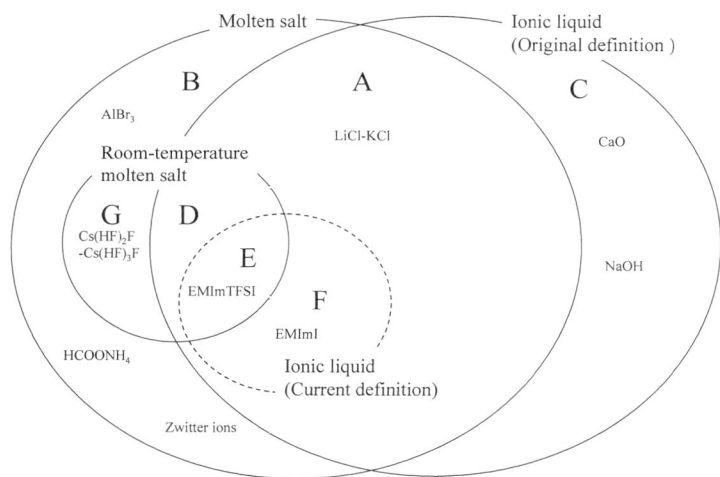

図1　溶融塩とイオン液体の分類

A：溶融塩のうちイオン液体（元）であるもの
B：溶融塩のうちイオン液体（元）でないもの
C：イオン液体（元）のうち溶融塩でないもの
D：室温溶融塩のうちイオン液体（元）であり，イオン液体（現）でないもの
　　（カチオン・アニオンともに無機原子，分子であり，ゼロソルベント）
E：室温溶融塩のうち，イオン液体（現）であるもの
F：イオン液体（現）のうち室温溶融塩でないもの（25℃＜融点＜100（150？）℃）
G：室温溶融塩のうちイオン液体（元）でないもの
図中に標記した溶融塩やイオン液体はそれぞれの領域の典型例。

（低温溶融塩研究会版，Ver. Dec. 2005）

なお,前述のように電解質を非電解質に溶かすことによって室温以下で液体状態にしたとしても,その液体中に非電解質の分子が残っている限り,これを室温イオン液体あるいは室温溶融塩と呼ぶのは,用語的な取り扱いの上で問題があろう。仮に,その電解質がイオン液体と定義されるところの物質であってでも,あるいは電解質も非電解質もどちらも室温で固体であったものが混合することで初めて液体になったとしてでも,である。もちろんある種の性質や機能を「イオン液体」単独ではなく,「イオン液体を含有する物質」あるいは「イオン液体を溶質とする溶液」が有していたとしても,その物質や溶液の価値が失われるものではないが,そのことと「イオン液体」という言葉の定義はまた別の問題である。

一方溶解に際して非電解質が電解質と反応して,結果的にすべて新しいイオン分子の一部として取り込まれた場合はどうであろうか。例えば,無水硫酸(H_2SO_4)に水あるいは氷を加え,硫酸2水和物,$H_2SO_4 \cdot 2H_2O$,実際の構成分子を表す示性式で表せば$(H_3O)_2SO_4$を形成する場合を考えてみる。水の融点は0℃,無水硫酸の融点は10.8℃であるのに対して,硫酸2水和物の融点は-38.9℃である。つまり氷点下であっても溶融状態である。液体を構成する化学種は,実際はオキソニウムイオンと硫酸イオンであり,なおかつ液体であるので,硫酸の濃厚水溶液ではなくイオン液体である,といえる。これをイオン液体と呼ぶに際してはオキソニウムイオンの解離圧が気になるかもしれない。しかし,$(H_3O)_2SO_4$も氷点下では蒸気圧はきわめて低い。このようなケースを含めて,分子性化学種を配位子とする錯イオンを含む系では錯生成の平衡が問題となり,「イオンのみからなる」イオン液体の場合は平衡がかなり錯生成側に偏っていることを意味しているが,では具体的に平衡定数がいくつ以上の場合イオン液体と呼べるのか,現在のところ必ずしも明確な定義があるわけではない。

4 国内での代表的な定義

2000年に伊藤らは,Electrochimica Acta誌のレビューの中で,溶融塩電解質を紹介している[16]。最も一般的(conventional)な液体電解質である水溶液電解質に対して,溶融塩は"non-conventional electrolytes"の代表的なものであるとしている。しかしながら,「溶融塩」という用語の具体的な意味はそれ以上示されておらず,溶融塩を研究開発の場で扱っている研究者にも,用語の定義に関する認識はかならずしも一致していないのが実情である。朝倉らが紹介しているように[17],理化学辞典では,「溶融塩 [molten salt, fused salt] 融解塩,イオン性液体(ionic liquid)ともいう。常温で固体の塩や酸化物を加熱融解して液体状態にした物質をいう。一般にイオンにもとづく導電性が高い。融点はおよそ300～1250℃の広範囲にあるが,混合塩では低下する。」と記述されている[10]。まず,融解塩とイオン性液体(ionic liquid)が溶融塩の同義語として説明されている。また,融点の範囲に関する説明もなされているが,300℃未満が触れられていない。さらに,イオン種や分子種など構成種の説明もなく,ここ10年近くに発見されているカチオンとアニオンの比が1:1からなる室温イオン液体,即ち単塩の説明もない。

さらに,わが国における溶融塩の定義が記された書物・文献を調査してみると,まず,1955年,亀山らの著書[18]に「溶融塩」(この著書内では"熔融塩"と表記)の定義が記されていて,溶融塩の性質として以下のものを挙げている。

第2章　イオン液体の定義

1. 温度が上がって，ある点に達すれば，熱運動は遂に激しくなり，反対電荷のイオンによる絆に打ち勝って規則的な立体格子が破れ，結晶は熔融して液体となる。この熱運動の大きさが大きくなって，イオン格子の力でイオンを一定の平均位置に縛りつけておく力をまさに超える温度がすなわち熔融点であって，この温度以上では塩は液体すなわち熔融塩となっている。
2. 熔融塩には溶媒たる水がない（少量となる水は別物として）。
3. 熔融塩は高温である。
4. 熔融塩とは塩類が熔融したもので，この語の中には特に高温ということは含まれてはいないけれども，通常の塩類（＋イオンと－イオンとの化合物）は融点が数百度（℃）であるから，その熔融塩の電解は数百度乃至千数百度で行われる。

　まず，上記1.については溶融塩の状態に関して述べたもので，イオンより成りうる結晶から議論している。また，上記2.と3.は溶融塩の電解という観点から述べているもので，水溶液電解と異なる根本原因と議論している。そして，上記4.の例外として「第13章　低温熔融塩溶液の電解」で，100℃付近の低温で溶融する塩（例えば$AlCl_3$系，$AlBr_3$系など）を用いた電解について記述している。この著書では，タイトルにもあるように，「電解」という立場から議論し，塩の融点のみならず，電解の操業温度についても述べている。さらに，溶融塩という用語に温度が含まれていないことを明言している。なお，イオン液体（Ionic liquid）の表記は一切紹介されていない。

　その数年後，渡辺らは1966年の溶融塩誌（現，溶融塩および高温化学誌）の文献紹介[19]にて，「溶融塩は多くの種類の電導性のある液体となる。溶融塩の基本的な構造単位はイオンである。したがって，それはイオン性の液体ともいえる。」と紹介し，「塩が電荷を持った構造単位─イオンから組み立てられている。そのイオンは集団化され，イオン性液体となる。」と述べている。

　それから数年間，溶融塩誌において溶融塩の定義に関する記述が目につくようになる。1968年に高橋は，「溶融塩は高温でも分解や揮発することが少なくて安定で，他のものをよく溶かすという優れた特性を持った溶媒であり，また優れた熱媒体でもある。」と述べている[20]。さらに，「この溶融塩は，とけた状態のスラグやガラスのような溶融ケイ酸塩及び溶融金属をも含めて，一括してイオン性融体（ionic melt）として扱われるようになった。」とし，塩化ナトリウム溶融塩（イオン液体）と水（分子性液体）の相互比較を行い，溶融塩系の特徴を議論している。この論文の特徴は，スラグやガラスを溶融塩の対象物質として示しているだけでなく，溶融塩とイオン性融体が同義語として扱われるようになっていることも紹介している。

　しかし，1973年になると，溶融塩とは「イオン性融体」，電解質溶液とは「イオン性液体（溶液）」と明確に分類されている。その根拠として，溶融塩はその名の示すように"pure liquid electrolyte"であり，イオン結晶が熱エネルギーによって液体（融体）イオンとなったもので，一方，電解質溶液は液体である溶媒の力でイオン結晶が液体状態の「溶媒和イオン」となったものと説明している[21]。この"pure liquid electrolyte"という表現は，前述のBockrisの著書における定義と同じである。また，融点についても，「溶融塩はその種類と組成によって，数10℃で溶融状態になるものから，数100℃あるいは1,000℃以上のものまで多種多様で水溶液の温度範囲が100℃くらいまでであるのに比べ，溶融塩系は高温までの非常に広い温度範囲を持っている。」と具体的に説明している。

そして1993年の"溶融塩・熱技術研究会"による成書[22]では,「溶融塩は"塩が溶融した液体"」と定義し,この研究会が対象とするのは"無機塩の溶融体"としている。さらに,「溶融塩は一般にイオン性の強い塩から選ばれており,典型的なイオンを構成単位としている"イオン性液体(ionic liquids)"と考えて,充分よく実体が近似できる種類のものである」と,溶融塩とイオン性液体を同義語として定義している。

以上,国内における「溶融塩」と「イオン(性)液体」の定義は共通事項が多いものの,時には同義語,時には別の意味として定義付けられている。ただ,現在,普及し始めているイオン(性)液体,あるいは,室温溶融塩と異なり,融点や作業温度を限定して用語の意味に含めていないのは共通している。1971年の溶融塩誌の"溶融塩委員会13年の歩みと将来"の緒言では,「…表紙の模様,色,溶融塩,いや熔融塩,熔と溶,molten salt, fused salt,…」と述べられており[23],この問題の歴史を感じさせる。

5 温度による定義

これまでの日本における溶融塩の研究では,溶融塩を構成物質という観点で分類している例が多い。例えば,塩化物,フッ化物,硝酸塩,炭酸塩等があげられるが,同じ塩化物でも低い温度では室温のものや高い温度では1000℃以上で扱われるものもある。そこで本節では,おおよその使用温度範囲の観点から,溶融塩を高温溶融塩,中温溶融塩,低温溶融塩,さらに,常温または室温溶融塩(以下,室温溶融塩)に分けてみることにする。ここでの温度は,融点等ではなく取扱い温度であり,それぞれの境界の温度については100℃単位であるために,厳密な区切り方ではなく,あくまで便宜的な境界温度である。

溶融塩の一番高い温度に分類される高温溶融塩は,金属精錬との関わりが多く,アルミニウムおよびマグネシウム電解に代表されるAlF_3–NaF系および$MgCl_2$–$NaCl$–$CaCl_2$系,カルシウム電解の$CaCl_2$,ナトリウム電解の$CaCl_2$–$NaCl$系,さらに,燃料電池に用いられるLi_2CO_3–K_2CO_3系,Li_2CO_3–Na_2CO_3系等が代表的な系である。また鉄鋼製錬におけるスラグ(CaO–SiO_2系等)は,酸化物溶融塩として扱われており,1200℃以上の環境で使われるので,高温溶融塩の中でも一番高い温度に位置するものである。これらの高温溶融塩を温度によって定義すると約600℃以上で扱われる溶融塩となる[24]。

中温溶融塩は高温溶融塩よりも低く,後述する低温溶融塩よりも高い温度範囲の溶融塩を指す。代表的な系としては$LiCl$–KCl系,$LiCl$–$NaCl$系および$LiCl$–KCl–$NaCl$系,また,LiF–KF系,LiF–BeF_2系,LiF–NaF–KF系,この他のハロゲン化物ではKCl–$MgCl_2$系やKCl–$ZnCl_2$系,硝酸塩では$NaNO_3$,KNO_3もこの中温溶融塩として分類される[25]。温度範囲を示すならば300〜600℃で扱われる溶融塩が該当する。

低温溶融塩は,以前の認識では中温溶融塩よりも低い溶融塩全てを指すものであった。しかし,最近盛んに研究が行われている室温溶融塩あるいはイオン液体が,従来の低温溶融塩よりも更に低い温度で扱われることがほとんどであるために,ここでは室温溶融塩を低温溶融塩の低温部という位置付けでこの2つに分けて考えてみる。低温溶融塩は,$AlBr_3$–KBr系,$AlCl_3$–$NaCl$系,$AlCl_3$–$NaCl$–KCl系やKNO_3–$LiNO_3$系,$AgNO_3$–KNO_3系,NH_3–$2HF$系等が該当する。イオン液体

第 2 章 イオン液体の定義

では温度の境界は前述のように100℃[5~7]または150℃[3]などの説があるが，"室温"という言葉を使うならば25℃程度を考慮した方が妥当と考えられる。この論法では$AlBr_3$-KBr系（最低融点88～91℃）や$AlCl_3$-NaCl-KCl系（最低融点94℃）の融点[4]は90℃付近であるが，取り扱う温度が100℃以上になることが多いため，上記の系は全て低温溶融塩として考えることにする。温度範囲を示すならば100～300℃である。

室温溶融塩は，文字通り室温で溶融状態を形成する溶融塩であるといえる。上述の低温溶融塩との境界は室温，即ち，25℃前後となり，それ以下のもの全てをこの室温溶融塩に分類することができる。よく知られているのがBPC系[26]，EMIC系[27]，$EMIBF_4$[28]，EMITFSI[29]等の芳香族系や，トリメチルフェニルアンモニウム系[30]，テトラアルキルアンモニウムのTFSI塩[31]，トリメチルアルキルアンモニウムのTFSI塩[32]等のアンモニウム系である。これらは無機イオンと有機イオンの組み合わせや有機イオンの組み合わせにより得られる。しかし，有機イオンを含む溶融塩においても融点が25℃以上のものも当然あり（例えば$EMINO_2$，$EMIAlF_4$等）[33]，25℃のラインが従来の低温溶融塩とを分類する温度として適当かどうかについては多くの疑問が残る。

このように温度という観点からも明確な分類ができなくなっている低温溶融塩系であるが，室温溶融塩という枠にとらわれず，中温溶融塩よりも低い温度を全て低温溶融塩という従来の考え方を踏襲するならば，曖昧な点があるものの，取扱い温度による溶融塩の分類も可能となる。

6 特許の観点からの定義

近年，イオン液体という用語を使った特許申請が著しく増えており，他の物質と差別化するという，特許上の必要性からもこの用語に課せられた役割がその定義に際して大きな影響を及ぼすであろうことは容易に予想できることである。国内においては特許の観点からの溶融塩やイオン液体という用語の定義は現在のところ明確には存在せず，前述のEUの場合とは今のところ異なる。しかしながら，特許申請時に用語解説を添えて申請する場合が多くあり，その解説で説明される内容が特許庁の認める用語の解釈になる。従って，曖昧な表現では，特許が公開されたときにその特許に異議を唱えることになり，用語の使い方が間違っている場合には，そこでさらに修正されることになる。そして，最終的に特許として成立した際の用語の説明が，それ以降の解釈の基準にもなる。用語の使い方がおかしいと異議を唱え，議論される際，類似の特許がいくつもある場合には，その特許の中の用語説明が基準になることがあるが，全く新しい用語の説明の場合，解釈の基礎になるのが，学会で出されている便覧や学会誌の中の用語解説などである。

特許庁のホームページ上で標準技術集という項目があり，常温溶融塩という参考情報がある[34]。定義とは異なるが，この中で書かれている"1,3-dialkyl-1H-imidazolium化合物と撥水性陰イオンとからなる低融点撥水イオン液体"は，常温溶融塩の一つとして特許庁が認めていることになる。また，この他に書かれているEMITFSI等も常温溶融塩として認知されていることになる。この解説の範囲で解釈するならば，溶融塩という大きな範囲は別として，常温溶融塩とイオン液体とは，ほぼ同じように扱われているが，常温溶融塩の方が，より広い範囲を指しているように読みとれる。しかし，その差については不明確である。

7　最近のイオン液体と従来のイオン液体の定義，あるいは溶融塩との違い

　ここ数年来，盛んに使われるようになってきた，一部のイオン液体や溶融塩を指す「イオン液体」，すなわち本書で取り上げている「イオン液体」は，これまで議論してきたイオン液体と溶融塩，特に室温あるいは常温溶融塩とは別の話であり，結局，このことが誤解や混乱を招いている原因の1つと考えられる。最近の意味でのイオン液体は，図1で示すと，Ionic liquid（current definition），領域E，Fで表される点線で囲まれた部分であり，溶融塩や従来のイオン液体の中のごく一部である。どちらもIonic liquid「イオン液体」で同じ名前なので，今後，本節では従来の定義に基づくイオン液体をイオン液体（元），最近の定義に基づく場合をイオン液体（現）として区別する。これら2種類のイオン液体は，共通点も多いが，相違点もまた多く，まとめると表1のようになる。まず融点であるが，イオン液体（元）では特に指定はない。数千度であれ，マイナス数十度であれ構わないわけである。これに対してイオン液体（現）では明確ではないが，前述のとおり，その融点が100℃[5~7]もしくは150℃以下[3]といわれている。100℃というのは水の1気圧のもとでの沸点という以外に物理的な意味はなさそうであるが，特にこのへんに温度を指定する背景は有機合成用溶媒としての応用の際，ハンドリングのしやすさという意味もあるものと予想される。もちろん，有機化合物が分解してしまうような高温溶融塩はこの場合意味をなさない。イオン種についてもイオン液体（元）はカチオン・アニオンとも，原子，分子，有機，無機の指定はないが，イオン液体（現）はイオンのみから成り，少なくともカチオンかアニオンのどちらか，あるいは両方が有機分子であることが指定されている。イオン液体（現）はイオン溶媒，グリーンソルベントなどと呼ばれることもあり，有機溶媒がイオンでできているという考えが根本にある。これに対しイオン液体（元）あるいは溶融塩は溶質が溶融（液体）状態にあるという考えである。例えば，ヘキサフルオロリン酸 1-ブチル-3-メチルイミダゾリウム（$BMIPF_6$）は水に溶解せず，溶融塩の立場からはこの性質は水に塩化銀が溶けないことなどと同じく不溶性あるいは難溶性と呼ぶべきところであるが，イオン液体（現）の立場からはこれを疎水性と呼ぶ。なんらかの塩をイオン液体（現）に加えて一様にしたとすると，これは溶融塩の立場からは塩を混合したことになるが，イオン液体（現）の立場では塩を溶解したことになる。こ

表1　イオン液体 新旧定義の比較

	イオン液体（元）	イオン液体（現）
融点	指定なし	100℃以下，150℃以下？
イオン種	指定なし	構成はイオンのみ，有機イオン（カチオンまたはアニオン，あるいは両方）
溶質か溶媒か	溶質	溶媒
物質か状態か	状態	物質
単塩か混合塩か	両方	単塩に関する報告が多い
主たる応用	イオン導電性を利用 →電気化学分野（電解質） 　高温安定性（不揮発，不燃性）を利用 →高温化学分野（熱媒体，蓄熱，反応溶媒）	比較的低温での安定性（不揮発，不燃性）を利用 →有機合成分野（グリーンケミストリー，反応溶媒，触媒）

第 2 章　イオン液体の定義

のような関連する学術用語の使用法の違いにもイオン液体の定義に際しての背景の相違が端的に現れている。イオン液体（現）について混合系の研究は今のところ少なく，研究報告例はほとんどが単塩，すなわち純物質に関する報告が多い。これは元々混合により融点を下げる必要が少ないためであろうが，それはさておきイオン液体（現）が，イオン液体（元）のような状態を指し示すのではなく，ある種の物質を指し示す意味合いが強いと感じられるのもこういうところからである。前述の「Solid ionic liquid」などもいわんとするところは「凝固した状態のイオン液体という物質」であろう。

8　Ionic Liquids の日本語表記

はじめにも述べたように溶融塩は本来「熔融塩」と表記されており，「溶融」は学術用語における代用語である。したがって，そのような制約のない中国では「熔融塩」もしくは単に「融塩」と標記される。従って，「溶融塩」という標記には言語として違和感があるとのことである[35]。中国語においては Ionic liquids は「イオン」を意味する「离子」と「液体」の組み合わせによる「离子液体」として標記される。イオン結晶，イオン結合など，Ionic を接頭語として使用するのは日本語の特徴であり，『イオン液体』と標記することは妥当であろう。実際，これまで Ionic liquid の日本語訳として「イオン性液体」が広く用いられてきたが，最近「イオン液体」とする動きが見られるようになっている。「イオン性」は「共有（結合）性」と対比され，化学結合状態を示すために使われることが多く，"Ionic liquid" の日本語訳として「性」を挿入することは不要であろう。「イオン性」には「100%イオンではない，100%イオン結合ではない」という意味合いがどうしても入ってきてしまい，その曖昧さが上述のような混乱のもとになると考えられるからである。本書は先に発刊されている「イオン性液体」の続編であるが，前書が「イオン性液体」であったのに対して本書は「イオン液体」となっており，このような流れを象徴したものといえる。

9　おわりに

「室温付近に融点を持ち，イオンのみからなる液体」についてその定義に厳密性を持たせることは難しいということは，これまで紹介してきた事例で理解できるのではないかと思う。これはまた，その言葉を利用している研究者のバックグラウンドに多分に依存している。「イオン液体」を研究対象としている研究者は国内外を通して見た場合，高温溶融塩分野からの参入と有機化学分野からの参入が大きな流れであろう。高温溶融塩からのこの分野への参入者は温度領域の拡張が重要な新規性であり，有機化学からの参入者はイオンのみからなる反応溶媒の利用（溶媒の不揮発性）が重要な新規性であったと思われる。当然のことながら，溶融塩を研究していたものにとっては，Inman らの使用例にもあるように，すでにイオン液体はなじみの深い材料であり，今更「イオン（性）液体」を「室温付近に融点を持つ」と定義することに違和感が生じるのはある意味で当然である。逆に，有機化学者にとっては，反応溶媒としては常温で利用できることはいわば「当然の前提条件」であり，不揮発性が重要なのであれば，その観点で差別化できる「イオ

ン（性）」という修飾を利用することは自然であろう。

　イオン液体に関する定義をそれほど厳密にする必要もないという考え方もあるが，学術的にも工業的にもキーワードとして確立した用語を使用することは，Weltonが指摘するようにデータベースへのキーワード登録という観点からも必要であり，用語定義における重要性は非常に高いと思われる。また，図1に示すように，イオン液体（現）は溶融塩，あるいはイオン液体（元）の中のごく一部を指し，それにはEのような室温溶融塩と，Fのような室温より高い融点を有するもの（但し100℃未満？）が含まれると考えられる。このようにイオン液体には従来の定義と現在広まりつつある新しい定義の2種類があるということを認識することが大事で，これを踏まえた上でこの用語を使うべきであると考える。

文　献

1) T. Welton, *Chem. Rev.*, **99**, 2071(1999)
2) M. J. Earle and K. R. Seddon, *Pure Appl. Chem.*, **72**, 1391(2000)
3) T. L. Merrigan, E.D. Bates, S.C. Dorman, and J. H. Davis, Jr., *Chem. Commun.*, 2051(2000)
4) 電気化学会編, 電気化学便覧第5版, pp. 124-125, 丸善(2000)
5) J. S. Wilkes, *Green Chemistry*, **4**, 73(2002)
6) R. D. Rogers and K. R. Seddon, *Science*, **302**, 792(2003)
7) K. R. Seddon, *Nature Materials*, **2**, 363(2003)
8) D. Inman and D. G. Lovering ed., "Ionic Liquids" Plenum Press, New York(1981)
9) J. O'M. Bockris and A.K.N. Reddy, Modern Electrochemistry, Vol. 1, Chapter 6, "IONIC LIQUIDS," Plenum Press, p.513(1970)
10) "理化学辞典第5版", 岩波書店(1998)
11) Kirk-Othmer, Encyclopedia of Chemical Technlogy, Vol. 2, John Wiley & Sons, 4th ed., p.288 (1991)
12) 鈴木喬, 早川保昌, 溶融塩, **16**(2), 201(1973)
13) 大野弘幸監修, イオン性液体, 第6章, 大野弘幸, 吉澤正博, Zwitterionic liquid／ポリマーゲル, p. 183, シーエムシー出版(2003)
14) R. V. Winsor and G. H. Cady, *J. Am. Chem. Soc.*, **70**, 1500(1948)
15) K. Matsumoto, Doctoral Thesis of Kyoto University(2003)
16) Y. Ito and T. Nohira, *Electrochim. Acta.*, **45**, 2611(2000)
17) 朝倉祝治, 溶融塩および高温化学, **47**, 26(2004)
18) 亀山直人, "電気化学の理論及応用下Ⅰ 熔融塩の電解", 丸善(1964)
19) 渡辺信淳, 小山義之訳, 溶融塩, **9**, 552(1966)
20) 高橋正雄, 溶融塩, **11**, 420(1968)
21) 高橋正雄, 溶融塩, **16**, 305(1973)
22) 溶融塩熱技術研究会編, "溶融塩・熱技術の基礎", pp.3-7, アグネ技術センター(1993)
23) 渡辺信淳, 溶融塩, **14**, 141(1971)
24) 電気化学会編, 電気化学便覧第5版, p. 391, 丸善(2000)
25) 電気化学会編, 電気化学便覧第5版, p. 129, 丸善(2000)

第 2 章　イオン液体の定義

26) J. Robinson and R. A. Osteryoung, *J. Am. Chem. Soc.*, **101**, 323 (1979)
27) J. S. Wilkes, J. A. Levisky, R. A. Wilson, and C. L. Hussey, *Inorg. Chem.*, **21**, 1263 (1982)
28) J. S. Wilkes and M. J. Zaworotko, *J. Chem. Soc. Chem. Commun.*, 965 (1992)
29) P. Bonhôte, A. -P. Dias, N. Papageorgiou, K. Kalyanasundaram, and M. Gratzel, *Inorg. Chem.*, **35**, 1168 (1996)
30) S. D. Jones and G. E. Blomgren, *J. Electrochem. Soc.*, **136**, 424 (1989)
31) H. Matsumoto, H. Kageyama, and Y. Miyazaki, *Chem. Lett.*, 182 (2001)
32) H. Matsumoto, M. Yanagida, K. Tanimoto, M. Nomura, Y. Kitagawa, and Y. Miyazaki, *Chem. Lett.*, 922 (2001)
33) 宇恵誠, 機能材料, **24**, 46 (2004)
34) http://www.jpo.go.jp/shiryou/s_sonota/hyoujun_gijutsu/solar_cell/5_a_2.htm (2005年11月7日現在)
35) 徐強, 私信

第3章 一般的なイオン液体とそれらの物性

菅　孝剛*

1　はじめに

イオン液体は，1992年のWilkesらの報告[1]以来，研究が盛んにおこなわれるようになり，様々な化合物が合成されている。これらイオン液体は，常温（室温付近）で液体を示す「塩」で，不揮発性，不燃性（非引火性），高いイオン導電性を併せ持つ，特徴の多い物質であることから，幅広い分野への応用が期待されている。

イオン液体の合成にあたっては，アニオン交換法や中和法，炭酸エステル法などが報告されているがその製造方法の違いによっては，不純物の影響により品質が左右される。ここでは，前回にまとめたデータ[2]以降の情報も含め試薬として入手可能な主なイオン液体をリストアップし，それらの物性とともに品質について紹介する。

2　代表的なイオン液体

イオン液体は，アニオンとカチオンの組み合わせからなる化合物であり，組み合わせ次第で多数のイオン液体が考えられる。代表的なカチオンとしては，ジアルキルイミダゾリウムやアルキルピリジニウムといった芳香族系アミン由来のもの，またテトラアルキルアンモニウムや環状のピロリジニウムといった脂肪族系アミン由来のものが知られている。一方，アニオンとしては，Cl^-，Br^-，I^-のハロゲン化物やBF_4^-，PF_6^-，$CF_3SO_3^-$，$(CF_3SO_2)_2N^-$といった含フッ素系アニオンが多く報告されている（図1）[3~6]。

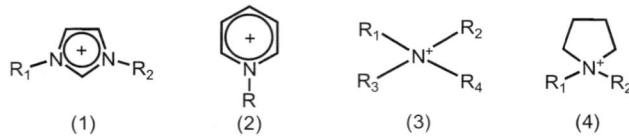

図1　イオン液体に用いられる代表的なカチオン
(1) 1,3-ジアルキルイミダゾリウムカチオン，(2) N-アルキルピリジニウムカチオン
(3) テトラアルキルアンモニウムカチオン，(4) N,N-ジアルキルピロリジニウムカチオン

3　構造と物性

イオン液体の構造と物性について，多くの研究者によって報告されているが，未だ明確な相関

---

*　Takayoshi Suga　関東化学㈱　試薬事業本部　技術部　技術課　係長

第3章 一般的なイオン液体とそれらの物性

性は得られていない。ここで，イミダゾリウムをカチオンとするイオン液体を例に挙げると，N位のアルキル鎖の長さや2位のプロトンの影響により，融点，粘度，導電率などでは幾つかの傾向が見うけられる。

① アルキル鎖の長さが長くなる(分子量が大きくなると)につれて，粘度は高くなり，融点，及び導電率は低くなる。

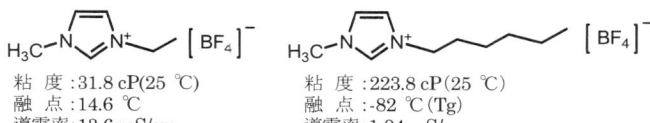

粘　度：31.8 cP(25 ℃)　　　粘　度：223.8 cP(25 ℃)
融　点：14.6 ℃　　　　　　融　点：-82 ℃(Tg)
導電率：13.6 mS/cm　　　　 導電率：1.04 mS/cm

② 2位のプロトンがアルキル基に置換されると耐還元性があがる[7]（約0.3〜0.5 V程度）。

一方，イミダゾリウムカチオンと脂肪族アンモニウムカチオンの物性値を比較すると，一般にイミダゾリウムカチオンの方が，粘度，融点は低く，導電率は高いが，耐還元性は，脂肪族アンモニウムカチオンの方が高い（0.8 V程度）。

分子量：391.31　　　　　　分子量：382.34
粘　度：28 cP(25 ℃)　　　 粘　度：72 cP(25 ℃)
融　点：-16 ℃　　　　　　 融　点：19 ℃
導電率：8.4 mS/cm　　　　 導電率：3.2 mS/cm

更にアニオンとの組み合わせによっては，構造と物性値の関係は増々複雑となる。

この様にイオン液体の物性は，イオン液体の分子サイズ，分子構造，分子内の電荷分布(非局在化)，分子間（カチオンとアニオン間）の静電的相互作用など，様々な要因により変化するため，予測が困難となっている。

4　温度と物性（温度変化による粘度）

代表的な化合物 **a**：1-ブチル-3-メチルイミダゾリウム トリフルオロメタンスルホネート（bmimCF$_3$SO$_3$），**b**：1-ブチル-3-メチルイミダゾリウム テトラフルオロボレート（bmimBF$_4$），**c**：1-ブチル-3-メチルイミダゾリウム ヘキサフルオロボレート（bmimPF$_6$），**d**：1-ブチル-3-メチルイミダゾリウム クロライド（bmimCl）の温度と粘度の関係を図2に示す。図からもわかるように，ドラスティックな曲線を描き，僅かな温度変化で大きく粘度が変化している。さらに構成イオン種依存性が極めて大きいこともわかるであろう。これらはイオン液体の特徴の一つといえる。

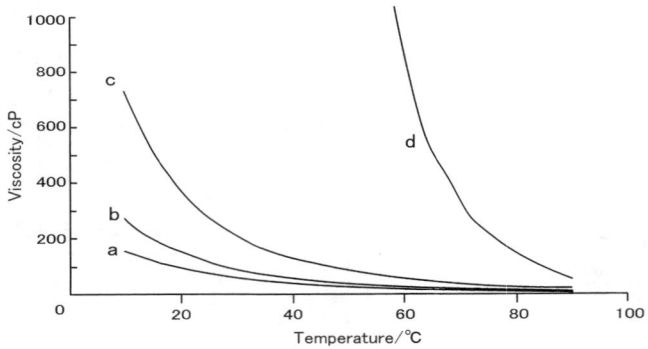

図2　bmim.X の温度と粘度の関係
X：a＝bmimCF$_3$SO$_3$, b＝bmimBF$_4$, c＝bmimPF$_6$, d＝bmimCl

5　市販品のイオン液体とその物性

　イオン液体は，文字通りイオン性の液体化合物である。既に，イオン液体の定義とその特徴に関しては前章で紹介されたので詳細は省くが，ここでは室温でも固体であるイオン液体（80～100℃付近に融点を示す）を含め，国内で入手可能な化合物を一覧表にまとめた。表中の物性値に関しては，文献値もあるが基本的には，ACROS社，MERCK社，Solvent Innovation社およびQUILL[*1]が提示しているデータである。

　既知化合物の中で，萩原らが合成した 1-エチル-3-メチルイミダゾリウム フルオロハイドロジェネート（emim(HF)$_{2.3}$F）は，導電率が高い（100 mS/cm）ことが知られている。参考までに，市販されているイオン液体の高導電率，低融点，低粘度品の上位3品目を以下に示す。なお，融点として表示されている物の中には，ガラス転移温度（T_g）の場合が多いことを付記しておく。

＜導電率の高い製品ベスト3＞
　　1位　1-Ethyl-3-methylimidazolium dicyanamide　　　　　　　　　　　24.3 mS/cm
　　2位　1-Ethyl-3-methylimidazolium tetrafluoroborate　　　　　　　　　13.6 mS/cm
　　3位　1-Ethyl-3-methylimidazolium trifluoroacetate　　　　　　　　　　9.6 mS/cm

＜融点(この場合はT_g)の低い製品ベスト3＞
　　1位　1,3-Diallylimidazolium bis (trifluoromethanesulfonyl) imide　　　−92 ℃
　　2位　1-Hexyl-3-methylimidazolium chloride　　　　　　　　　　　　　−85 ℃
　　3位　1-Hexyl-3-methylimidazolium tetrafluoroborate　　　　　　　　　−82 ℃

＜粘度の低い製品ベスト3＞
　　1位　1-Ethyl-3-methylimidazolium dicyanamide　　　　　　　　　　　21 cP（25 ℃）
　　2位　1-Ethyl-3-methylimidazolium bis(trifluoromethylsulfonyl)imide　　28 cP（25 ℃）
　　3位　1-Allyl-3-ethylimidazolium bis(trifluoromethanesulfonyl)imide　　29 cP（27 ℃）

＊1　QUILL（Queen's University Ionic Liquids Laboratory）

第3章　一般的なイオン液体とそれらの物性

No.	構造式	融点 °C	分解温度 °C	密度 g/cm³	粘度 cP	導電率 mS/cm	No.	構造式	融点 °C	分解温度 °C	密度 g/cm³	粘度 cP	導電率 mS/cm
1	[(CH₃)₂PO₄]⁻	<-65		1.1876	324.2 (25℃)	1.77	24	[Cl]⁻	73			170.1 (80℃)	
2	[CF₃SO₃]⁻	43	300				25	[(CF₃SO₂)₂N]⁻	-4			52 (20℃)	3.9
3	[Br]⁻	74	220				26	[(CN)₂N]⁻	<-50	200			
4	[Cl]⁻	77-79	210		61.2 (80℃)		27	[PF₆]⁻	6.5	300	1.3727	272.1 (25℃)	1.34
5	[B(ox)₂]⁻	62	220				28	[lactate]⁻				5711 (20℃)	
6	[(CF₃SO₂)₂N]⁻	-16		1.52	28 (25℃)	8.4	29	[CH₃SO₃]⁻	77				
7	[C₄H₉OSO₃]⁻	23-25		1.1799	173.4 (25℃)	1.39	30	[CH₃SO₃]⁻	25	150	1.23	349.44	
8	[(CN)₂N]⁻	-12		1.1062	21.4 (25℃)	24.3	31	[C₈H₁₇OSO₃]⁻	37		1.063	1072.7 (25℃)	0.124
9	[(C₂H₅)₂PO₄]⁻	19-20		1.16	553.7 (25℃)	0.637	32	[BF₄]⁻	-71	300	1.2077	118.3 (25℃)	3.43
10	[C₂H₅OSO₃]⁻	-65		1.2285	120.4 (25℃)	3.53	33	[CF₃CO₂]⁻	<-50	150	1.22	76.78	
11	[PF₆]⁻	62		1.56		5.2	34	[CF₃SO₃]⁻	16-17	320	1.2951	99 (20℃)	0.37
12	[C₆H₁₃OSO₃]⁻	7			371 (20℃)	0.72	35	[Br]⁻	-52		1.23		0.037
13	[lactate]⁻						36	[Cl]⁻	-85	210	1.0337	10222 (25℃)	0.03
14	[CH₃SO₃]⁻	39		1.25	160 (25℃)	2.7	37	[(CF₃SO₂)₂N]⁻	<-50	300	1.37	44.02	
15	[CH₃OSO₃]⁻						38	[PF₆]⁻	-73.5	547.7	1.3045	497 (25℃)	
16	[OSO₃]⁻	<-65		1.2103	205 (20℃)	1.36	39	[BF₄]⁻	-82		1.15 (20℃)	223.8 (25℃)	1.035
17	[C₈H₁₇OSO₃]⁻	-9		1.0948	470 (25℃)	0.52	40	[CF₃SO₃]⁻					
18	[BF₄]⁻	14.6	450	1.279	31.8 (25℃)	13.6	41	[(C₂F₅)₃PF₃]⁻	<-50	290	1.56	74.3	
19	[tosylate]⁻	25-35		1.23 (20℃)		3.3	42	[Br]⁻					
20	[CF₃CO₂]⁻	-15	130	1.29	29.42	9.6	43	[Cl]⁻	-55		1.0124 (20℃)	33060 (20℃)	
21	[CF₃SO₃]⁻	-10	200	1.383	42.7 (25℃)	9.29	44	[(CF₃SO₂)₂N]⁻			1.33	90.8	
22	[I]⁻						45	[PF₆]⁻	-82	270	1.2345	866 (20℃)	
23	[Br]⁻	57					46	[C₈H₁₇OSO₃]⁻					

イオン液体 II

No.	構造式	融点 ℃	分解温度 ℃	密度 g/cm³	粘度 cP	導電率 mS/cm	No.	構造式	融点 ℃	分解温度 ℃	密度 g/cm³	粘度 cP	導電率 mS/cm
47	N-N⁺-C₈H₁₇ [BF₄]⁻	-80		1.11	421.95 (25℃)	0.576	70	N-N⁺-C₅H₁₁ [BF₄]⁻	3		1.1233	1131 (20℃)	
48	N-N⁺-C₁₀H₂₁ [Cl]⁻	-49		0.98			71	N-N⁺-C₅H₁₁ [CF₃SO₃]⁻	75				
49	N-N⁺-C₁₂H₂₅ [Cl]⁻	40-43					72	N-N⁺-C₁₆H₃₃ [Cl]⁻					
50	N-N⁺-C₁₄H₂₉ [Cl]⁻	48					73	N-N⁺ [Br]⁻	55.4	270			
51	N-N⁺-C₁₄H₂₉ [BF₄]⁻	45	260				74	N-N⁺ [(CF₃SO₂)₂N]⁻				29 (27℃)	
52	N-N⁺-C₁₆H₃₃ [Cl]⁻	65	200				75	N-N⁺ [BF₄]⁻					
53	N-N⁺-C₁₈H₃₇ [Cl]⁻	71					76	N-N⁺ [Br]⁻				1834 (27℃)	0.5
54	N-N⁺-C₁₈H₃₇ [(CF₃SO₂)₂N]⁻						77	N-N⁺ [(CF₃SO₂)₂N]⁻					1.53
55	N-N⁺-C₁₈H₃₇ [PF₆]⁻		220				78	N-N⁺ [BF₄]⁻					1.22
56	N-N⁺-C₁₈H₃₇ [(C₂F₅)₃PF₃]⁻						79	N-N⁺ [Br]⁻		271		827 (27℃)	0.7
57	N-N⁺ [Br]⁻	141	220				80	N-N⁺ [(CF₃SO₂)₂N]⁻	-91.6			31 (27℃)	2.63
58	N-N⁺ [Cl]⁻	0	200				81	N-N⁺ [BF₄]⁻					2.44
59	N-N⁺ [PF₆]⁻	196					82	Py-N⁺ [Br]⁻	118				
60	N-N⁺ [BF₄]⁻						83	Py-N⁺ [Cl]⁻					
61	N-N⁺ [C₆H₄SO₃]⁻						84	Py-N⁺ [Br]⁻	105				
62	N-N⁺ [Br]⁻	105					85	Py-N⁺ [Cl]⁻	134	180			
63	N-N⁺ [Cl]⁻	102	150				86	Py-N⁺ [PF₆]⁻	76	250		35 (80℃)	
64	N-N⁺ [PF₆]⁻	48-50		1.35 (20℃)			87	Py-N⁺ [BF₄]⁻	15.3	250	1.22	238.5 (20℃)	
65	N-N⁺ [C₈H₁₇OSO₃]⁻						88	Py-N⁺ [CF₃SO₃]⁻	34				
66	N-N⁺ [BF₄]⁻	45-55	200	1.20 (20℃)	216 (40℃)	0.843	89	Py-N⁺-C₆H₁₃ [Br]⁻	47				
67	N-N⁺ [CF₃SO₃]⁻						90	Py-N⁺-C₆H₁₃ [Cl]⁻	26-39				
68	N-N⁺ [Br]⁻	40-50					91	Py-N⁺-C₆H₁₃ [(CF₃SO₂)₂N]⁻		320	1.39	80.42	
69	N-N⁺ [Cl]⁻	62					92	Py-N⁺-C₆H₁₃ [PF₆]⁻	45	250		222.2 (50℃)	

第3章 一般的なイオン液体とそれらの物性

No.	構造式	融点 °C	分解温度 °C	密度 g/cm³	粘度 cP	導電率 mS/cm	No.	構造式	融点 °C	分解温度 °C	密度 g/cm³	粘度 cP	導電率 mS/cm
93	N⁺-C₆H₁₃ [BF₄]⁻	−65	250	1.16	552.8 (20°C)		116	C₈H₁₇-N⁺(CH₃)-C₈H₁₇ [CF₃SO₃]⁻	55	220			
94	N⁺-C₆H₁₃ [CF₃SO₃]⁻						117	cyclohexyl-N⁺(CH₃)₂ [(CF₃SO₂)₂N]⁻	21.5				
95	N⁺-C₈H₁₇ [Cl]⁻	120					118	HOCH₂CH₂-N⁺(CH₃)₃ [(CH₃)₂PO₄]⁻	40–41				
96	N⁺-C₃H₇ [Br]⁻						119	piperidinium [(CF₃SO₂)₂N]⁻	12			150	1.5
97	N⁺-C₃H₇ [Cl]⁻						120	pyrrolidinium [(CF₃SO₂)₂N]⁻	12		1.436	59	3.97
98	N⁺-C₃H₇ [(CN)₂N]⁻						121	pyrrolidinium [Cl]⁻	106	210			
99	N⁺-C₃H₇ [PF₆]⁻						122	pyrrolidinium [(CF₃SO₂)₂N]⁻	<−50	360	1.39	71.5	2.6
100	N⁺-C₃H₇ [BF₄]⁻						123	pyrrolidinium [(CN)₂N]⁻			1.08	45.4	
101	N⁺-C₃H₇ [Br]⁻	138	210			7	124	pyrrolidinium [PF₆]⁻	71				
102	N⁺-C₃H₇ [Cl]⁻	160	190				125	pyrrolidinium [BF₄]⁻	152	250			
103	N⁺-C₃H₇ [PF₆]⁻	48					126	pyrrolidinium [CF₃CO₂]⁻					
104	N⁺-C₃H₇ [BF₄]⁻	<20		1.18	246.9	1.81	127	pyrrolidinium [CF₃SO₃]⁻	3	340	1.25	173.9	
105	N⁺-C₂H₅ [C₂H₅OSO₃]⁻	<−65		1.2132	136.4 (25°C)	2.18	128	pyrrolidinium [(C₂F₅)₃PF₃]⁻	<−50	250	1.59	184	
106	N⁺-C₂H₅ [C₄F₉SO₃]⁻	−6		1.5161	226 (20°C)	1.302	129	pyrrolidinium [Cl]⁻	136	170			
107	HOCH₂-N⁺-C₂H₅ [C₂H₅OSO₃]⁻	<−65		1.2783	320.9 (25°C)	1.022	130	pyrrolidinium-C₈H₁₇ [Cl]⁻	180				
108	N⁺-C₈H₁₇ [BF₄]⁻						131	pyrazolium-C₄H₉ [(CF₃SO₂)₂N]⁻		259	1.39 (20°C)	55	2.2
109	N⁺-C₃H₇ [Cl]⁻		200				132	pyrazolium-C₂H₅ [(CF₃SO₂)₂N]⁻	22.9	279	1.46 (20°C)	42	2.7
110	N⁺-C₃H₇ [Cl]⁻	100	200				133	pyrazolium-C₃H₇ [(CF₃SO₂)₂N]⁻	18.6	248	1.43 (20°C)	43	2.6
111	N⁺ [(CF₃SO₂)₂N]⁻	19			72	3.2	134	guanidinium [CF₃SO₃]⁻	148	300			
112	H₃CH₂C-N⁺-CH₂CH₂OCH₃ [(CF₃SO₂)₂N]⁻			1.42	120	2.62	135	guanidinium [(C₂F₅)₃PF₃]⁻	119	200			
113	H₃CH₂C-N⁺-CH₃ CH₂CH₂OCH₃ [BF₄]⁻	9		1.17	1200	1.24	136	guanidinium [(C₂F₅)₃PF₃]⁻	<−50	220	1.6	108.8	
114	C₈H₁₇-N⁺(CH₃)-C₈H₁₇ [(CF₃SO₂)₂N]⁻	−75	340	1.11	633.7 (20°C)	0.048	137	guanidinium [CF₃SO₃]⁻	<−50	200	1.29	201.27	
115	C₈H₁₇-N⁺(CH₃)-C₈H₁₇ [CF₃CO₂]⁻			0.97	2315.6		138	[CF₃SO₃]⁻	10	140	1.31	71.34	

No.	構造式	融点 °C	分解温度 °C	密度 g/cm³	粘度 cP	導電率 mS/cm	No.	構造式	融点 °C	分解温度 °C	密度 g/cm³	粘度 cP	導電率 mS/cm
139	[(C₂F₅)₃PF₃]⁻	<-50	220				144	[C₉H₁₉COO]⁻	-9	150	0.88		
140	[(CF₃SO₂)₂N]⁻					8.2	145	[(CN)₂N]⁻	<-50	215	0.9	596.8	
141	[(CF₃SO₂)₂N]⁻	<-50	350	1.07	401.4		146	[PF₆]⁻					
142	(borate structure)	<-50	200	0.99	614.5		147	[BF₄]⁻	17	210	0.94	1117.8	
143	[Cl]⁻	-70	130	0.89	2757		148	[(C₂F₅)₃PF₃]⁻	<-50	200	1.18	393.5	

6 品質について

市販品のイオン液体の純度は，一般の有機試薬と異なり正確に測定するのは難しい。従って，品質保証項目は，不純物として考えられる水分，ハロゲンイオン，金属イオン等を規格項目として設けていることが多い。

各種不純物の分析法として，水分分析はカールフィッシャー法，ハロゲンイオン分析はイオンクロマトグラフ法，金属イオンはICP発光分析法などがあげられる。イオン液体の特性上，疎水性のイオン液体でも吸湿するので水分測定には充分注意が必要である。また，イオンクロマトグラフ法によるハロゲンイオン分析においては，イオン液体そのものをサンプル注入することが出来ないため，水に希釈した上で測定するが，イオン液体自身が分解してしまうことがあるので，測定する際には，充分取り扱いに注意を要する。その一例として，図3に1-エチル-3-メチルイミダゾリウム テトラフルオロボレート（emimBF₄）の溶液調製後のフッ化物イオン（F⁻）の濃度変化を示す。テトラフルオロボレート（BF₄）系イオン液体は，多量の水存在下ではBF₄が加水分解し，F⁻が発生することがある。この加水分解は，時間，温度，pHの条件次第ではさらに

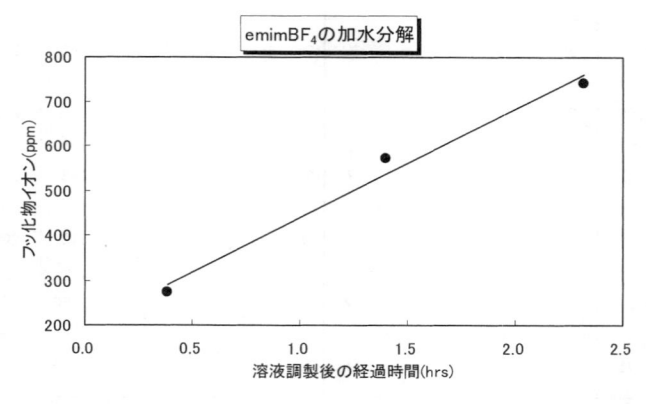

図3 溶液調製後のemimBF₄のフッ化物イオンの濃度変化

第3章　一般的なイオン液体とそれらの物性

加速される。

　水分，ハロゲンイオン，金属イオン以外の品位に，イオン液体の着色があげられる。イオン液体は基本的には無色として考えられるが，微量の不純物の影響で着色することがある。着色の具体的要因は特定できないが，精製方法次第でかなりの割合で着色は防げるようである。現在市販されているイオン液体は，アニオンとカチオンの組み合わせによるが，光化学分野でも充分使用できると考えている。代表的なイオン液体emimBF$_4$（**1**）とN-メチル-N-プロピルピロリジニウム ビス（トリフルオロメタンスルホニル）イミド（P13TFSI）（**2**）およびN，N，N-トリメチル-N-プロピルアンモニウム ビス（トリフルオロメタンスルホニル）イミド（TMPATFSI）（**3**）の紫外可視吸収スペクトルを図4に示す（このイオン液体は外観上，無色である）。emimBF$_4$では，400 nmより短波長側の可視領域において吸収があるが，P13TFSIやTMPATFSIでは，可視領域（350〜700 nm）での吸収が殆ど観察されていない。

　今後更なる物性の改善をねらった新しいイオン液体の開発が期待される。

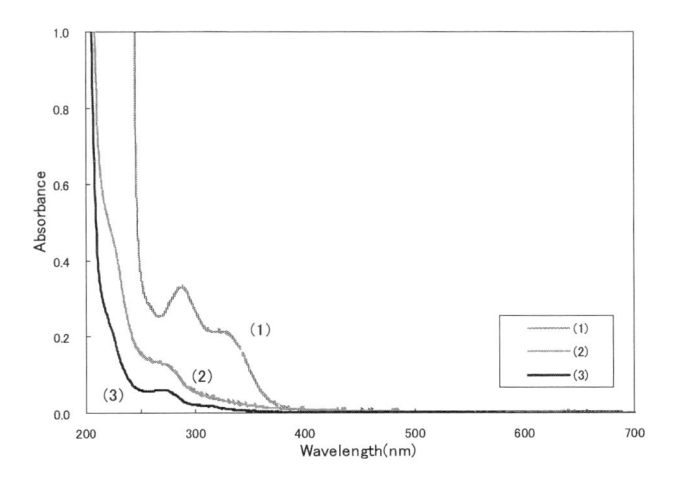

図4　代表的イオン液体の紫外可視吸収スペクトル

文　　献

1) J. S. Wilkes and M. J. Zaworotko, *J. Chem. Soc., Chem. Commun.*, 965 (1992)
2) 菅孝剛，大野弘幸監修，イオン性液体―開発の最前線と未来―, p.25, シーエムシー出版 (2003)
3) H. L. Ngo, K. LeCompte, L. Hargens, and A. B. McEwen, *Thermochim.Acta*, **97**, 357-358 (2000)
4) A. J. Carmichael, and K. R. Seddon, *J. Phys. Org. Chem.*, **13**, 591-595 (2000)
5) E. J. Earle, and K. R. Seddon, *Pure Appl. Chem.*, **72**, 1391-1398 (2000)
6) A. Noda, and M. Watanabe, *Electrochim. Acta*, **45**, 1265-1270 (2000)
7) P. R. Gifford, and J. B. Palmisano, *J. Electrochem. Soc.*, **134**, 610 (1987)

第4章　計算化学による物性予測

1　純成分―粘度，融点とイオン構造―

山本博志*

1.1　文献調査

　まず最初にSciFinderを用いて文献検索を行った。キーワードとして"ionic liquid and ionic solvent"と"calculation or prediction or estimation or simulation"で検索を行なったところ15118件ヒットした。そこで"computer"というキーワードを入れ，検索対象から特許を除き2000年以降という条件をつけたところ145件残った。ほとんどのものは高温で液体になる無機塩に関する論文で"室温で液体"のイオン液体に関する物では無かった。計算の手法としては分子軌道計算（MO）を用いたものが2件，分子動力学計算（MD）を用いたものが12件，モンテカルロ計算（MC）を用いたものが2件，気液平衡計算が2件であった。そして情報化学的な計算を行った論文は1件にすぎなかった[1]。このように計算化学の文献が非常に少ないことの一つの大きな理由はイオン液体の物性値が非常にばらついている事に起因すると思われる。例えば1-ブチルピリジニウムのBF4塩の融点は15.3℃という文献と-88℃とする文献がある。純度によっても，含水率によっても値が大きく変化する。情報化学的な定量的構造―物性相関（QSPR）を行おうとした場合は「実験値は正しい」という前提で実験値を再現できるように相関式を構築する。従って文献によって値がばらつく系は敬遠されがちである。このような問題点はあるが一番信頼性が高いと思われる融点，粘度のデータを「イオン性液体」[2a]，「イオン性液体の機能創成と応用」[3a]，関東化学カタログ，Aldrichカタログ，日本合成化学カタログなどから収集し情報化学的な手法を用いて物性の予測を試みた。

1.2　計　算

　通常の無機塩（例えばNaCl）は融点は801℃と非常に高い。それが室温で液体になるのであるからナトリウムカチオンのように単純な球を仮定してはこの問題は解けない。また特定のカチオンに依存しないように，かつ，側鎖構造を自由に反映できる分子記述子を選択する必要がある。ここではscheme 1に示すような分子記述子を用いてイオン液体を表現する。電荷やダイポールモーメントなどの記述子は各カチオンを半経験的分子軌道（MOPAC97）計算から得た（ケンブリッジソフト社製のChemOffice 4.5 for Macに入っているChem3Dを用い，計算のパラメータは，PM3 PRECISE CHARGE＝1を指定）。さらにChemOffice2002に入っているChem3Dを用い，構造最適化が終了した各カチオンの表面積，体積，卵形度を計算した。こうして得た分子記述子を用い粘度や融点の推

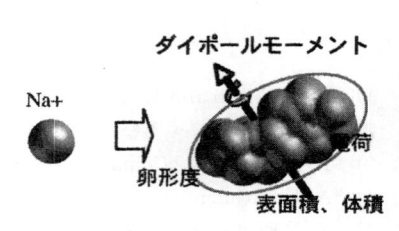

Schene 1　分子の記述子

　＊　Hiroshi Yamamoto　旭硝子㈱　中央研究所　化学プロセス技術Function　主幹研究員

第4章 計算化学による物性予測

算式を構築した。推算式の形としては

log（粘度）＝定数1＋定数2 ＊
　　Power（(A ＊ 測定温度＋1），B）＊
　　Power（(C ＊ ダイポールモーメント＋1），D）＊
　　・・・・・・・・・
　　Power((N ＊ TFSI＋O ＊ Br＋P ＊ Cl＋Q ＊ BF4＋R ＊ CF3SO3＋1），S)　　　　　　　式(1)

と指数関数（Power関数）のかけ算で表せると仮定した。そして定数とA-Sの変数を誤差が一番小さくなるように求めた。このような非線形な方程式は解が多数存在しグローバルミニマムの解を探索するのは非常に困難である。ここでは遺伝的アルゴリズム（GA）を用いて未定数を決定するプログラムを作成し計算を行った。GAのパラメータはエリート保存，突然変異確率0.7，交叉確率0.2で計算を行った。

1.3　結　果
1.3.1　イオン液体の粘度式

遺伝的アルゴリズムが導きだした粘度式は次の式であった。

log（粘度）＝ 1.148 ＋ 0.0830 ＊ power（（測定温度 ＊ －0.0122 ＋ 1），0.397）＊
power（（ダイポールモーメント ＊ －0.0069 ＋ 1），0.664）＊
power（（LUMOの符号を逆転 ＊ 0.1180 ＋ 1），1.848）＊
power（（Area ＊ －0.1227 ＋ Volume ＊ 0.5272 ＋ Ovality ＊ －28.6399 ＋ 1），0.291）＊
power（（窒素1電荷 ＊ 1.224 ＋ 窒素2電荷 ＊ 0.0762 ＋ 1），1.213）＊
power((TFSI ＊ －0.066 ＋ Br ＊ ＃＃＃ ＋ Cl ＊ 1.354 ＋ PF6 ＊ 0.574 ＋ BF4 ＊ 0.432 ＋ CF3SO3 ＊ 0.146 ＋ 1），1.575)　　　　　　式(2)

（Brアニオンを使った系が無かったためBrのパラメータは未決定）

結果を図1に示す。ピペリジン（PPR）類は2点ともに直線から外れる。MHMI-BF4も直線から外れるがそれ以外は良好に粘度の実験値を再現できている。このピペリジン類がこの推算式から外れる理由としては，この化合物が舟型，椅子型の配座異性体をとること，窒素につく置換基の方向がaxialとequatorialがあり，それらによってダイポールモーメントや分子の表面積，体積，卵形度が大きく変化してしまうためと考えられる。このような粘度式が組み上がると測定温度を変化させたりアニオンを変えたりしたときの粘度が自由に計算できる。カチオンとしてBMImを使って計算した例を図2に示す。同じ系での実測値が「イオン性液体」[2b]にある。20℃以上では非常によい一致を示している。低温での計算値が合わないのは今回作成した粘度式に20℃以下での粘度の値が一つも入っていないためである。

1.3.2　脂肪族アルキルアンモニウム類の粘度式

脂肪族アルキルアンモニウム類に限ると炭素鎖が伸びるといったん粘度が下がりその後は粘度が上がるという興味深い現象が知られている[3b]（図3(a)）。この効果を詳しく検討するためアルキルアンモニウム類とピロール類だけを取り出し，アニオンはTFSI，温度は25℃の粘度の計算式を構築した（アルキルアンモニウムは4つの置換基のうち3つをM：Methyl，E：Ethyl，P：Propyl，B：Butylで表し残りを炭素の数で表した。ピロール類は一つの置換基がメチルでPRLで

イオン液体II

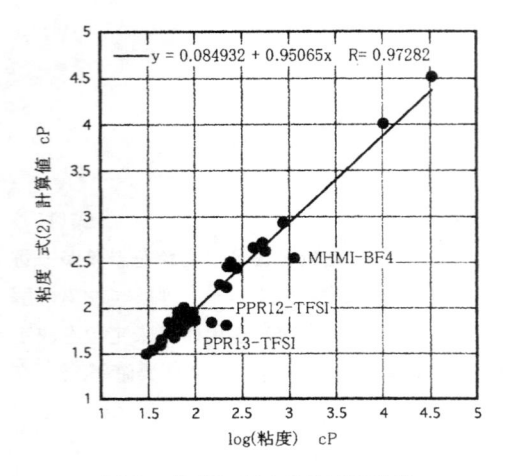

図1 式(2)による粘度の計算

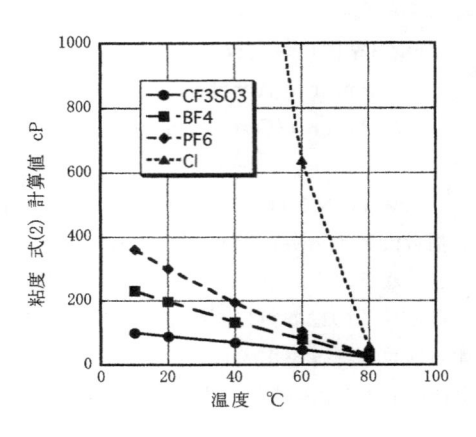

図2 粘度の温度依存性

表した)。
求まった粘度式は

$$\log(粘度) = 1.322 + 0.0154 * \mathrm{power}((ダイポールモーメント * 63.274 + 1), -0.08309) * \mathrm{power}((\mathrm{LUMO}の符号を逆転 * -0.217 + 1), -0.7592) * \mathrm{power}((\mathrm{Area} * -0.753 + \mathrm{Volume} * 0.862 + \mathrm{Ovality} * 5.360 + 1), 0.8185) * \mathrm{power}((窒素電荷 * 0.830 + 1), -0.3207) \quad 式(3)$$

であった。
ダイポールモーメントの効果は

$$\mathrm{power}((ダイポールモーメント * 63.274 + 1), -0.08309) \quad 式(4)$$

で計算される。これを図3(b)に示す。基本骨格の種類によらず炭素鎖が長くなるにつれ（ダイポールモーメントが大きくなり）式(4)の計算値は単調に減少する。

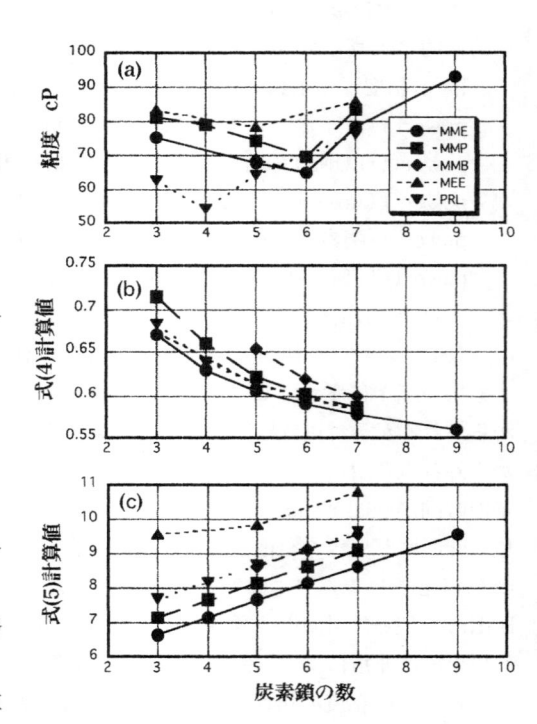

図3 脂肪族アルキルアンモニウム塩の構造と粘度

分子の大きさ―形状の効果は

$$\mathrm{power}((\mathrm{Area} * -0.753 + \mathrm{Volume} * 0.862 + \mathrm{Ovality} * 5.360 + 1), 0.8185) \quad 式(5)$$

で計算される。これは分子の大きいMEE, PRLで高い値を示しMME, MMPなど小さい分子で小さい値となる（図3(c)）。ダイポールモーメントの効果が主骨格によらずに単調に減少し、分子の大きさ―形状の効果は傾きはほぼ同一だが主骨格が大きい分子ほど大きな値になる。そこで

第4章　計算化学による物性予測

全体の粘度としては側鎖が伸びるにつれ最初はダイポールモーメントの粘度低減効果で粘度が下がる。次に炭素鎖が増えるに従い分子の大きさ—形状の粘度増大効果で全体としての粘度は増加する。こうした理由で粘度はいったん下がってその後あがるという挙動を示す。主骨格が大きなMEE，PRLでは分子の大きさ—形状の粘度増大効果が大きいので早くダイポールモーメント粘度低減効果に打ち勝つ。そこで側鎖は炭素鎖4-5で粘度が最小になる。分子の小さなMME，MMPでは側鎖の炭素鎖6で粘度が最小になる。

1.3.3　イオン液体の融点

イオン液体の融点をアニオンの種類まで含めて推算式を構築しようとすると，$R^2＝0.61$程度の相関しか得られなかった。ただし文献値のばらつきも100℃近くある場合もあるのでこれ以上推算精度をあげることは難しいと思われる。そこでアニオンをBF4に限って融点の推算式を構築し直した。

　　融点＝-31.963＋1.381＊

　　power((ダイポールモーメント＊7.152＋1)，-0.2027)＊

　　power((LUMOの符号逆転＊6.750＋1)，1.7363)＊

　　power((A＊0.333＋V＊2.180＋Oval＊4.409＋1)，-0.0715)＊

　　power((窒素1電荷＊1.723＋窒素2電荷＊3.779＋1)，2.0809)＊

　　power((Hcharge＊-4.444＋1)，0.6463)＊

　　power((dis＊-0.260＋1)，0.7180)＊

　　power((sym＊0.0730＋1)，1.2695)　　　　　　　　　　　　　　　式(6)

結果を図4に示す。融点の推算の場合，粘度の推算値を構築した記述子に加え，Hcharge(分子中で一番プラスに荷電している水素の電荷)，dis(分子中で一番プラスの水素が窒素＋から何炭素結合分はなれているか)，sym(窒素＋原子を中心とした対称性があるか)の情報を必要とする。この融点を推算するのに水素の電荷やその距離などが必要であるということは，BF4のフッ素と水素が水素結合し融点を変化させていることを示しており非常に興味深い。ダイポールモーメントの融点に対する影響量は

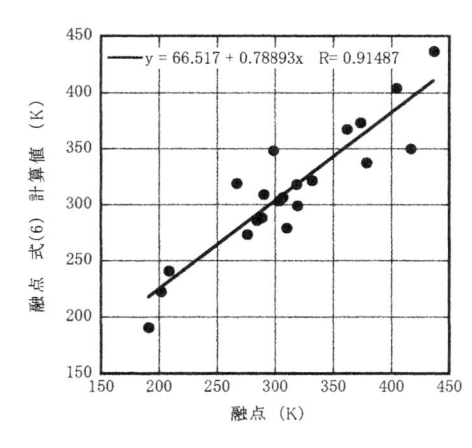

　　図4　BF4アニオン系の融点 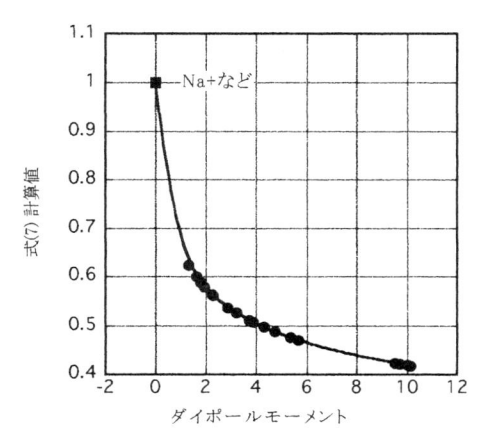　　　　図5　融点に対するダイポールモーメントの影響

27

$$\text{power}((ダイポールモーメント*7.152+1), -0.2027) \quad 式(7)$$

で計算される。これをプロットすると図5のようになる。このようにダイポールモーメントが増えるに従い融点に対する影響は低下することがわかる。逆にダイポールモーメントが0に近くなる側鎖の長さが均等なテトラアルキルアンモニウム類やNa^+は融点が高くなる。その効果は融点を倍以上変化させることを示しているので電荷の中心を分子の何処に持ってくるかの分子設計が非常に重要であることがわかる。

1.4 まとめ

実験値を使う事なしに分子軌道計算と分子の大きさ形状を計算するだけでイオン液体の粘度と融点を推算する事が可能になった。こうした推算式を使う事で実際に分子を合成する前に物性を予測する事が可能になった。

文　献

1) Alan R. Katritzky *et al., J. Chem. Inf. Comput. Sci.* **42**, 225-231(2002)
2) イオン性液体, シーエムシー出版, a)p20, p28-p33, b)p33(2003)
3) イオン性液体の機能創成と応用, STN出版, a)p32-p35, b)p36(2004)

2 混合物—相平衡,輸送物性—

栃木勝己*

2.1 はじめに

相平衡,輸送物性などの化工物性は分離及び反応等のプロセス設計に必要な基礎データである。化学プロセス計算に用いられる混合物の物性予測には対応状態原理,活量係数式,状態式を用いる方法が主流であるが,最近量子化学に基づく予測法も実用化されている。イオン液体に関する研究は 2000 年頃から活発に行われており,その概要は Heintz のレビュー[1] や筆者の総説[2] にまとめられている。

本節では先ずイオン液体系の物性データについて述べ,次に物性予測について紹介する。

2.2 混合物物性データ

イオン液体系の物性データ数は最近飛躍的に増えている。[4-nBPyr][BF_4], [bmim][BF_4], [bmim][PF_6], [bmim][Cl], [bmim][Br], [bmim][dca], [bmim][trifate], [bmim][Tf_2N], [emim][Tf_2N], [emmim][Tf_2N], [pmmim][Tf_2N], [bmmim][PF_5], [bmmim][BF_4], [C_8mim][Tf_2N] 等が対象になっており,溶剤はアルカン,芳香族炭化水素,アルコール,ケトン,水が研究されている。

また,各種の分離プロセス設計には次の物性が重要であることが知られている。
・蒸留…気液平衡,無限希釈活量係数,共沸点
・抽出,超臨界流体抽出…液液平衡,高圧気液平衡,固気平衡
・晶析…固液平衡
・ガス吸収…ガス溶解度

イオン液体系で測定されている物性としては無限希釈活量係数が最も多く,続いて気液平衡,液液平衡,固液平衡,ガス溶解度などの相平衡であり,粘度,伝導度,拡散係数のような輸送物性は混合物については極めて少ないのが現状である。

物性値をまとめたデータベースが欧米諸国で作成されているが,イオン液体に関するものは数少ない[3]。筆者らの PCPCE・ASOGDB[4] を用いると J. Chem. Eng. Data, Fluid Phase Equilibria, International Journal of Thermophysics, J. Supercritical Fluids, Ind. Eng. Chem. Research, Green Chemistry から摘録した約 800 データセットの物性情報を入手することができる。

2.3 物性予測—相平衡—

イオン液体系の物性予測法は活量係数式を用いる相関法とグループ寄与法,COSMO-RS 等の推算法に大別される。

(a) 常圧気液平衡

溶剤 (1) とイオン液体 (2) からなる 2 成分系の気液平衡関係は,イオン液体の蒸気圧が通常ゼロであるため溶剤の蒸気圧 P_1^S と活量係数 γ_1 を用いた次式で表され,活量係数の相関には Wilson 式,NRTL 式,UNIQUAC 式が広く使われている。

---

* Katsumi Tochigi 日本大学 理工学部 物質応用化学科 教授

$$p = \gamma_1 P_1^S x_1 + \gamma_2 P_2^S x_2 = \gamma_1 P_1^S x_1 \tag{1}$$

加藤とGmehlingら[5]は，イオン液体 [mmim][Tf$_2$N]，[emim][Tf$_2$N]，[bmim][Tf$_2$N]＋炭化水素系の気液平衡，過剰エンタルピー，無限希釈活量係数データを用いてNRTL式とUNIQUAC式パラメータを決定した。次のNRTL式による溶質＋[emim][Tf$_2$N]系気液平衡の相関結果を図1に示す。

$$\ln \gamma_1 = x_2^2 \left[\tau_{21} \left(\frac{G_{21}}{x_2 G_{21} + x_1} \right)^2 + \frac{\tau_{12} G_{12}}{(x_1 G_{12} + x_2)^2} \right] \tag{2}$$

ここで，G_{12}，G_{21}，α_{12} が系に特有な2成分系パラメータである。

実測値が入手できない場合には，次のASOG，UNIFAC，修正UNIFAC等のグループ寄与法[6]が利用されている。

$$\ln \gamma_i = \ln \gamma_i^C + \ln \gamma_i^R \tag{3}$$
$$\ln \gamma_i^R = \sum \nu_{ki} (\ln \Gamma_k - \ln \Gamma_k^{(i)}) \tag{4}$$

ここで，$\ln \gamma_i^C$ と $\ln \Gamma_k$ をASOGがFlory–Huggins式とWilson式で求めるのに対して，UNIFAC型はStervermann–Guggenheim式とUNIQUAC式を用いている。推算に必要なグループ対パラメータも数多く決められており，例えばASOGでは50グループについて入手できる。イオン液体系につい

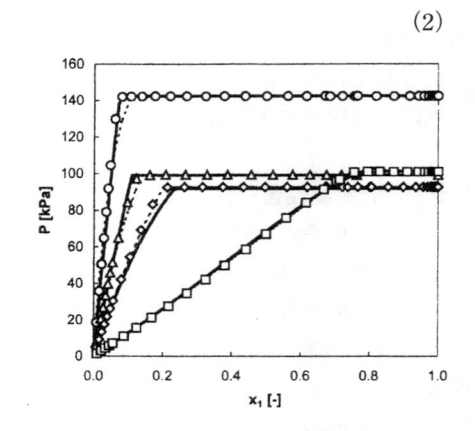

図1 溶質（1）＋[emim][Tf$_2$N]（2）系気液平衡（353K）の相関結果[5]
○：ヘキサン，△：シクロヘキサン
◇：シクロヘキセン，□：ベンゼン
―：UNIQUAC，…NRTL

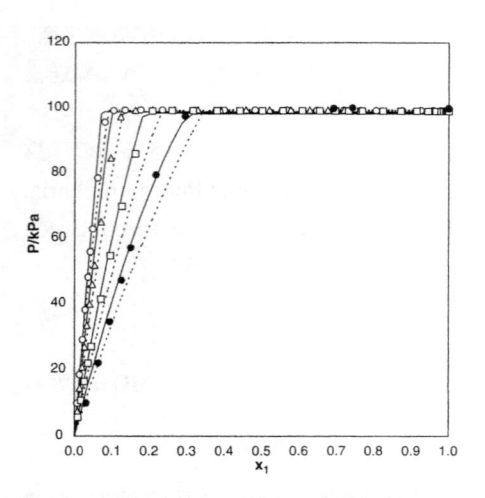

図2 シクロヘキサン（1）＋イオン液体（2）系 p–x データ（353K）の推算結果[8]
○：[mmim][Tf$_2$N]，△：[emim][Tf$_2$N]，
□：[bmim][Tf$_2$N]，●：[hmim][Tf$_2$N]，
―：修正UNIFAC，…：NNIFAC

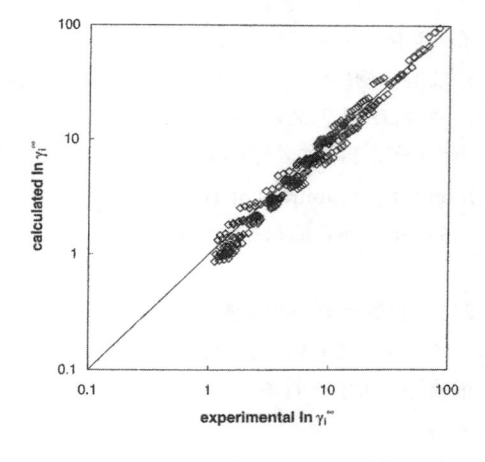

図3 [Rmim][Tf$_2$N] 中の γ^∞ のUNIFACによる推算結果[8]
R＝メチル，エチル，ブチル，ヘキシル，オクチル
溶質：アルカン，シクロアルカン，アルケン，シクロアルケン，アルコール

第4章 計算化学による物性予測

てもimidazolium, pyridinium, Tf$_2$N, BF$_4$, PF$_6$, CH$_2$, ArCH, OH, ArOHのASOGグループ対パラメータ[7]が決定されている。また，UNIFAC，修正UNIFACについてもimidazolium，Tf$_2$N，CH$_2$, C=C, OH, cycl-CH$_2$のグループ対パラメータ[8]が決められており，[RR'im][Tf$_2$N]とアルカン，アルケン，シクロアルカン，アルコールからなる系の活量係数を推算できる。修正UNIFACによる気液平衡の推算結果を図2に示す。

(b) 無限希釈活量係数

無限希釈活量係数は抽出蒸留や液液抽出の溶剤選定に重要な物性であり，各種のグループ寄与法で推算できる[7,8]。図3に[Rmim][Tf$_2$N]中のアルカン，シクロアルカン，アルケン，シクロアルケン，アルコールのUNIFACによる推算結果を示す。

量子化学計算に基づく熱力学物性推算プログラムCOSMO-RSを用いる無限希釈活量係数の推算法も検討されている[9,10]。COSMO-RSによる活量係数の計算式は次式で与えられる。

$$\gamma_{S,IL} = \exp[(\mu_{S,IL} - \mu_{0S})/RT] \quad (5)$$

ここで，化学ポテンシャルを次式で表し，

$$\mu_{i,M} = \mu_{i,M}^{Comb} - \mu_{i,M}^{res} = \mu_{i,M}^{Comb} + \int P_i(\sigma)\mu_M(\sigma)d\sigma \quad (6)$$

混合物のσ-ポテンシャル$\mu_M(\sigma)$を次式で求める方法である。

$$\mu_M(\sigma) = -(RT/a_{eff})\ln[\int P_M(\sigma')\exp((a_{eff}/RT(\mu_M(\sigma') - E_{misfit}(\sigma,\sigma') - E_{HB}(\sigma,\sigma')))d\sigma'] \quad (7)$$

詳細はJorkとArltらの論文[10]を参照されたい。[emim][Tf$_2$N]中のアルカン，アルケン，アルキルベンゼン，アルコールの無限希釈活量係数の推算結果を図4に示す。

(c) 液液平衡

2液相（I, II）中の液液平衡関係は活量係数を用いた次式で表される。

$$\gamma_i^I x_i^I = \gamma_i^{II} x_i^{II} \quad (8)$$

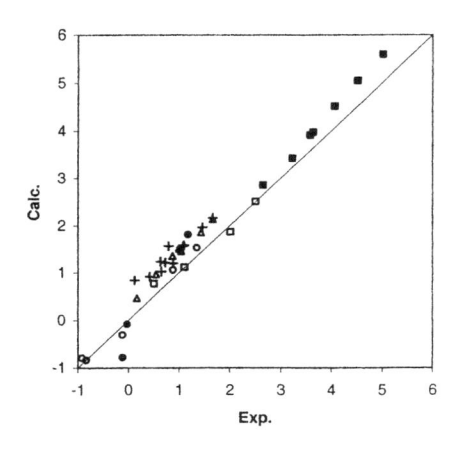

図4 [emim][Tf$_2$N]中のγ^∞のCOSMO-RSによる推算結果[10]
溶質：アルカン，アルケン，アルキルベンゼン，アルコール，クロロメタン

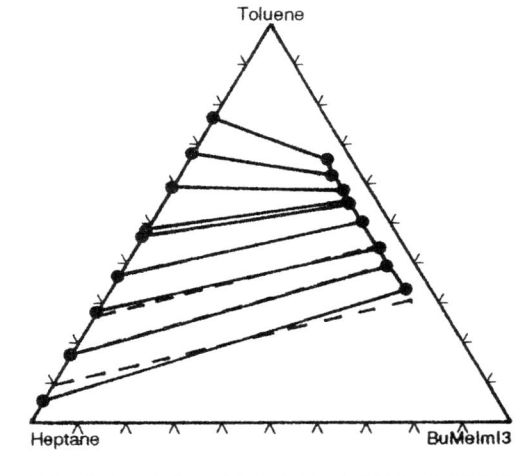

図5 トルエン＋ヘプタン＋[bmim][I$_3$]系液液平衡（308K）のNRTL式による相関結果[11]
●-：実測値　…：相関値

Letcher ら[11]は，ベンゼン＋アルカン＋［C$_8$mim］［Cl］系およびエタノール＋アルケン＋［C$_7$mim］［BF$_4$］，［C$_7$mim］［PF$_6$］系液液平衡の相関をNRTL式で行い，ベンゼンからのアルカン分離およびオレフィン類からのエタノール分離抽出プロセスを検討した。相関結果の一例を図5に示す。

(d) 固液平衡

固液平衡関係は析出する成分の融点，融解熱と活量係数を用いた次式で表される。

$$-\ln x_1 = \frac{\Delta_{fus}H_1}{R}\left(\frac{1}{T}-\frac{1}{T_{fus,1}}\right) - \frac{\Delta_{fus}C_{p1}}{R}\left(\ln\frac{T}{T_{fus,1}}+\frac{T_{fus,1}}{T}-1\right)+\ln\gamma_1 \quad (9)$$

Domanska ら[12]は芳香族炭化水素，アルカン，シクロ炭化水素，アルコール類，エーテル類＋［emim］［PF$_6$］，［bmim］［PF$_6$］，［bmim］［Cl］の固液平衡をWilson式，UNIQUAC式，NRTL式で相関した。相関結果の一例を図6に示す。

(e) 高圧相平衡

高圧相平衡計算には次のPeng-Robinson式と簡易型混合則が使われている。

$$p=\frac{RT}{\nu-b}-\frac{a}{\nu(\nu+b)} \quad (10)$$

$$a=\sum\sum x_i x_j(1-k_{ij}), b=\sum x_i b_i \quad (11)$$

Shariati と Peters[13]は超臨界 CHF$_3$＋［emim］［PF$_6$］系の高圧気液平衡（309.3〜367.5 K，1.6〜51.6 MPa）をPeng-Robinson式で相関した。相関結果の一例を図7に示す。

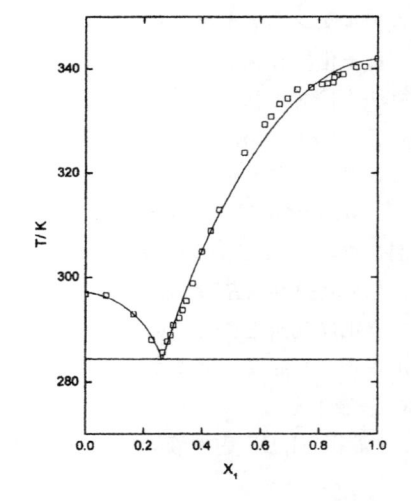

図6 ［bmim］［Cl］(1)＋ドデカノール(2)系固液平衡の Wilson 式による相関結果[12]
□：実測値　－：相関値

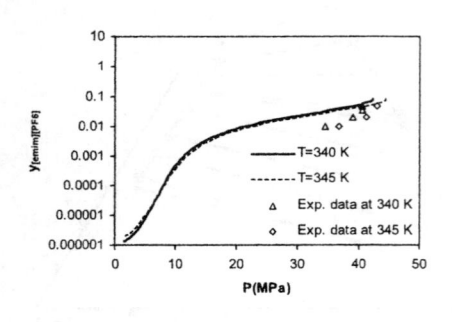

図7 超臨界 CHF$_3$ 中の［emim］［PF$_6$］の溶解度[13]
－, …：PR＋簡易型混合則による推算値

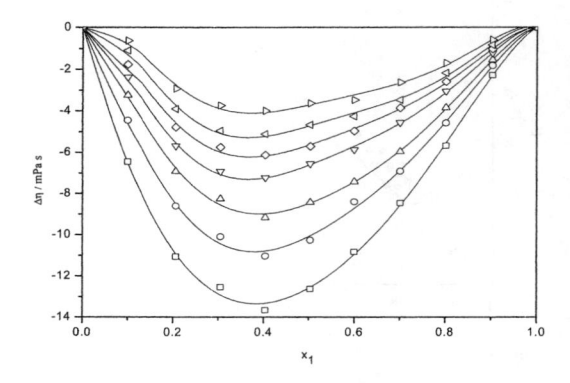

図8 H$_2$O (1)＋［emim］［BF$_4$］(2) 系過剰粘度の Redlich-Kister 式による相関結果[14]
□：293K, ○：298K, △：303K, ▽：308K, ◇：313K, ◁：318K, ▷：323K

第4章 計算化学による物性予測

2.4 物性予測―輸送物性―

イオン液体系の粘度の相関には次の Redlich-Kister 式が使われている[14]。

$$\Delta \eta = x_1(1-x_1)\sum A_i(1-2x_1)^i \tag{12}$$

図8に H_2O＋[emim][BF_4]の過剰粘度データの相関結果を示す。

2.5 おわりに

以上イオン液体系の物性予測法を紹介したが，測定値が増えればASOG，UNIFACなどの適用範囲が拡大され，PVT，輸送物性の推算法も開発されると思う。また，量子化学計算に基づく物性推算法の適用範囲の拡張が望まれる。

文　献

1) Heintz A., *J. Chem. Thermodynamics*, **37**, 525-535(2005)
2) 栃木勝己, 化学工業, **55**(11), 830-838(2004)
3) Dortmund Data Bank 2005. Available from:<www.ddbst.de>
4) 栃木勝己, 第18回化学工学物性定数の最近の動向　講演会配布資料, 分離技術会(2005)
5) Kato R., Krummen M., Gmehling J., *Fluid Phase Equilibria*, **224**, 47-54 (2004)
6) 小島和夫, 栃木勝己, ASOGおよびUNIFAC, 化学工業社(1986)
7) Inoue G., Yasutake M., Iwai Y. *et al.*, Proceedings of ICSST05-KJ, PE105, PE112, Yeongyu, Aug. 17-19(2005)
8) Kato R., Gmehling J., *J. Chem. Thermodynamics*, **37**, 603-619(2005)
9) Diedenhofen M., Eckert F., Klamt A., *J. Chem. Eng. Data*, **48**, 475-479(2003)
10) Jork C., Kristen C., Pieraccini D. *et al., J. Chem. Thermodynamics*, **37**, 537-558(2005)
11) Letcher T. M., Reddy P., *Fluid Phase Equilibria*, **219**, 107-112(2004)
12) Domanska U., Mazurowska L., *Fluid Phase Equilibria*, **221**, 73-82 (2004)
13) Shariati A., Peters C. J., *J. Supercritical Fluids*, **30**, 139-144(2004)
14) Zhang S., Li X., Chen H. *et al., J.Chem. Eng. Data*, **49**, 760-764(2004)

第5章 合成法，精製法の進歩とスケールアップ

Claus Hilgers[*1]，訳：玉田政宏[*2]，松見紀佳[*3]

1 はじめに

　イオン液体の歴史は古く，室温で液体となる硝酸エチルメチルアンモニウムが1914年に報告されたことに端を発している。これから，最初の研究課題として電池用電解質を目指したクロロアルミネートの開発に焦点を当てた研究が始められるまで50年を要した。90年代初頭まで，高い吸湿性を有するクロロアルミネートのみが液体の塩として利用可能であった。しかし，この塩は水に非常に敏感であり，アニオンが水と反応し，超酸性となってプロトンを放出することが知られていたので，腐食性が高いことなどがより広い範囲での使用を妨げていた。

　イオン液体の研究は，1992年にWilkesによって加水分解に対して安定なテトラフルオロボレート[1]やヘキサフルオロホスフェイト[2]系が発表されたことに加え，合成法の発展という後押しにより大きく進展し始めた[3]。これらの発展は商用に適応するための最初の重要な一歩としてみなすことができる。しかし，これらの新しい物質が真に商品へと変貌を遂げるのにはさらなる時間を要した。Solvent Innovation[4]が1999年11月に設立される前は，イオン液体の商用利用は非常に限られていた。それまでは，非常に少数種の系が5gまでの量でSigma-Aldrichから購入できるのみであった。ここ6年の間，いくつかの会社がイオン液体の分野に参入してきた。Degussa，Merck，Solvent Innovation，BASFなど先進的な役割を果たしている会社は，イオン液体の技術に対する取り組みにより力を注ぐようになっている。これらの会社は現在，生産活動工程における製造スケジュールを柔軟に対応させることで，イオン液体をトン単位で提供し，100kgから数トンの標準的なイオン液体を合成する期間を数ヶ月から数週間へと短縮させるのに成功した。

　いくつかの小さな会社に加えて，Kanto，TCI，Wako，Sigma-Aldrich，Acros Organics，Merckのような世界的な代理店が迅速提供を心がけ，多くのイオン液体を確実に供給できるように努力している。

　イオン液体の商用利用は，現在のイオン液体技術の成功に大きく寄与している。エンジニアや電気化学者，材料化学者のような合成を行わない人たちがイオン液体を入手できるようにすることで，イオン液体の全く新しい展望と，この興味をかきたてられる材料の多くの面白い応用が見えるようになってきた。

---

*1　Solvent Innovation GmbH, President & CEO
*2　Masahiro Tamada　東京農工大学大学院　工学教育部　生命工学専攻
*3　Noriyoshi Matsumi　東京農工大学大学院　共生科学技術研究部　ナノ未来科学研究拠点
　　助手

第5章　合成法，精製法の進歩とスケールアップ

2　品　質

　イオン液体は，多くのメーカーから入手が可能である一方で，少数の商用メーカーも同様にイオン液体を提供している。それでもイオン液体は不揮発性であり，蒸留による精製ができないため，従来の有機溶媒とは全く異なる製品であることを忘れてはならない。少量の不純物がイオン液体の特性に大きな影響を及ぼすという事実と共に，多くの応用に対してイオン液体の品質がとても重要なポイントであるといえる。研究者にとっては，無視できる量の不純物しか含まない完全に純粋なイオン液体を得ることは可能であり，望ましいことである。しかし，そのような努力は必ずしもほとんどの用途には必要ではなく，工業規模で生産しようとする時には，イオン液体のコストを著しく増大させるであろう。そこで我々は，ひとたびユーザーがそれらの特定の用途にあるイオン液体をどのように使用するのかを決定したならば，一連の詳細なパラメーター(純度，副生成物，ハロゲン化物，含水率，色)が細かく定義されるというアプローチを取った。換言すれば，製品の絶対的な品質への要望と適正な価格の必要性に折り合いをつけなくてはならない。これはもちろん新しいことではない。相間移動触媒や他のイオン性の変性剤(例えば市販のアンモニウム塩)などを例にすることもないが，めったに純粋な材料を見かけない。時には，活性のあるイオン性化合物は85%程度しか含まれていないこともある。しかしながら，そしてこれは重大な点であるが，生成物はよく特定され，不純物の性質も既知であり，材料の品質は絶対的に再現可能である。我々の視点から見ると，これがまさに商用イオン液体の生産である。商用メーカーは，合理的なコストで実現することができる最高品質のイオン液体を作ろうとする。いくつかのイオン液体については99%以上の純度を保証するが，他のイオン液体はおそらく95%に過ぎないであろう。しかしながら，性質および不純物の量の情報を顧客に与えることにより，顧客が必要とする等級を決定することができ，その情報を踏まえて顧客が商品を自分たちで精製することもできるようになる。99.99%以上の純度を実際に必要とする顧客は，要求した仕様と純度を評価する方法について彼らが選んだ供給者と議論するべきである。
　次項以降では，商用のイオン液体中の一般的な不純物と，イオン液体の既知の応用に対する影響について述べる。

2.1　有機出発物質と他の揮発性物質

　イオン液体中の揮発性の不純物は異なる発生源からのものであるかもしれない。それは，イオン液体の合成において抽出段階で使用される溶剤や，カチオン合成に使われるアルキル化反応における未反応の出発原料，もしくはイオン液体になる以前に溶解したあらゆる揮発性の有機化合物に起因する。理論上，単純な留去により揮発性の不純物は容易に不揮発性のイオン液体から取り除くことができる。しかしながら，しばしばこの過程では相当時間がかかる。ある温度および圧力でイオン液体からすべての揮発性物質の除去のために必要な時間に影響を及ぼす要因は，a) 揮発性物質の量，b) それらの沸点，c) イオン液体の粘性，d) イオン液体の表面，そしておそらく最も重要な e) イオン液体と揮発性物質との相互作用，が挙げられる。過剰量や限定された量の試薬として使用されたいずれの場合においても，アルキル化剤は十分な揮発性を有しており，一般的には真空下で効率的に除去される。だが，中には十分な揮発性を欠いた出発物質もあ

る。アルキルイミダゾリウムカチオンを成分とするイオン液体の揮発性不純物の代表例は,出発原料の1-メチルイミダゾールである。その高い沸点（198℃）とイオン液体との強い相互作用により,この化合物は高温や高真空下においてさえイオン液体から取り除くのが難しい。したがって,適切なアルキル化条件によって最終生産物の中に未反応の1-メチルイミダゾールが残らないことを確実にすることが重要である。最終的なイオン液体製品中の微量な1-メチルイミダゾールのような塩基は,イオン液体の一般的な利用（例えば二相系触媒反応）に不都合に働く危険性がある。多くの求電子性の錯体は不可逆的に塩基に配位して不活性化される。

最終的なイオン液体中に残されたメチルイミダゾールを定量するために様々な方法が知られている。NMR分光法は多くの学術的なグループが使用しているが,その感度は低く,約1～2 mol%が検出限界である。Holbrey,Seddon,Wareingによって報告された分光分析は,標準的な実験室の設備で行うことのできる比較的迅速な方法であるという長所を有している[5]。これは,工業的にイオン液体を合成する際の1-メチルイミダゾール量を監視するのに特に適している。この方法は,銅(II)塩化物と1-メチルイミダゾールが強く着色した複合体を形成すること,およびその比色分析に基づいているが,正確な定量性が欠如しているのが欠点である。

イオン液体の有機不純物の全体像を得るために,この分野の学術的・産業的な代表者達は,包括的な最先端技術の分析手法を確立することについては意見の一致を見せている。ヘッドスペースGC分析法やHPLC分析法は有機不純物の検知に対して汎用される方法である。特にHPLC法は,ppmレベルでイオン液体中の出発物質,例えば1-メチルイミダゾールの含有量を決定することが可能である。

2.2 ハロゲン不純物

多くのイオン液体が2段階の合成で得られる。このようにして得られる代表例には,テトラフルオロボレートやヘキサフルオロホスフェイト塩がある。1段階目では,三級アミンやホスフィンのような求核分子がアルキル化され,カチオンとなる。この反応の際にはアルキル化剤としてアルキルハライドがしばしば用いられるので,望みのカチオンのハロゲン化物塩が形成される。非ハロゲン系のイオン液体を得るために,ハロゲン化物アニオンが2段階目の反応で交換される。これは,望みのアニオンを有するアルカリ金属塩を加えることによって（アルカリハライド塩の沈殿が見られる）,あるいは強酸との反応によって（ハロゲン化水素が取り除かれる）,あるいはイオン交換樹脂の使用によって行われる。少なくとも私たちの視点からは,銀塩[1]もしくは鉛塩[6]を使用する合成方法は,目的のイオン液体の工業的な生産には適当ではないと判断される。

上述したすべてのアニオン交換反応は,程度の差こそあれ微量のハロゲン化不純物が最終生成物中に残る。アニオンを完全に交換するための最良の手段は,作成されるイオン液体の性質によって変わる。残念ながら,すべての種類のイオン液体に適応できる「ハロゲンフリー」のイオン液体を得る一般的な方法はない。そこで,2種の性質の異なるイオン液体（[BMIM][(CF$_3$SO$_2$)$_2$N]と[EMIM][BF$_4$]）の合成例について,もう少し詳細に説明しよう。[BMIM][(CF$_3$SO$_2$)$_2$N]は,水との親和性が低く（このイオン液体は水に1.4wt%程度しか溶解しない[7]）,加水分解に対して高い安定性を示す。したがって,「ハロゲンフリー」なこのイオン液体を合成するのは非常に簡単

第5章 合成法，精製法の進歩とスケールアップ

である。BonhôteとGrätzelによって最初に報告された手順[7]に従い，メチルイミダゾールを塩化ブチルによってアルキル化することで得られた[BMIM]ClをLi[$(CF_3SO_2)_2$N]と水中で溶解・混合させる。これらの水溶液を混合することでイオン液体が第二相として形成される。水層から分離すればイオン液体は容易に水洗でき，続いて乾燥させることにより，イオン・クロマトグラフィーや硝酸銀滴定，電気化学的解析などでもハロゲン化物を検知することのできないイオン液体を得ることができる。

一方，ハロゲン化物を含まない[EMIM][BF_4]の作成はより困難である。このイオン液体は完全に水と混合し，有機溶媒によって水溶液から再抽出することができないので，水で洗浄する方法によるハロゲン化物イオンの除去ができない。完全に乾燥させたアセトンあるいはジクロロメタン中の交換反応は可能であるが，これらの溶剤への$NaBF_4$の溶解性が低く，反応も長時間を要する。さらに，この種の懸濁液中での交換反応を大スケールで行うときには，長時間の反応後でも反応が完全に進んでいないこともある。従って，完全にハロゲンを含まない[EMIM][BF_4]の合成には特別な手段を適用しなければならない。その例として，イオン交換樹脂を使用する合成と，Meerwein試薬[Me_3O][BF_4]を用いた1-エチルイミダゾールの直接アルキル化の2つを挙げることができる。

ハロゲン化物は，イオン液体中に見られる一般的な4種の不純物（出発物質，溶媒，ハロゲン，そして水）の中でおそらく最も研究されており，電気化学的な解析に加えて次の2つの方法がイオン液体中に残存するハロゲン化物の不純物の含有率を決定するために使用されている。$AgNO_3$を用いたハロゲンイオンの滴定はまだ広く使用されているが，イオン液体中へのAgClの溶解性が問題となる。この方法は，最初に塩化物イオンを過剰の硝酸銀によって沈殿させた後でチオシアン酸ナトリウムの逆滴定を行うという，Volhard法によって精度を高めることができる。この方法は，チオシアン酸と硝酸鉄(III)指示薬との複合体の形成による発色を終了点として使用できることが特徴である。

一方，過去3年間にいくつかの会社で確立され選択された方法は，イオン・クロマトグラフィーを使用するものである。この方法は比較的簡便でありながら，数ppm程度の検出限界を達成している[4]。さらに微量の塩化物の検出が要求される場合に用いられるのは，10ppbレベルの検出限界を持っているICP-MS（誘導結合プラズマ質量分析計）である[8]。

有色の不純物とは異なり，残存するハロゲン化物は，化学反応への溶媒としてイオン液体を利用するときに深刻に影響する。Seddonらによって実証されたように，いくつかの物理化学的特性はハロゲン不純物の存在に大きく影響されるという点[9]以外にも，化学反応の性質によってはハロゲン化物が触媒毒や安定化配位子，求核剤あるいは反応物として振る舞う危険性もある。従って，イオン液体の反応溶媒としての適性を調べるためには，ハロゲンを含まないイオン液体を入手しておく必要がある。特にイオン液体中の不純物と同程度の濃度で触媒が用いられるような反応系ではその必要性が高いことは言うまでもない。

2.3 水

特別な乾燥を行ったり，完全に不活性雰囲気下で取り扱ったりしない限り，水はイオン液体中の至る所に存在する。明らかに疎水性のイオン液体である[BMIM][$(CF_3SO_2)_2$N]でさえ約1.4wt

％まで水を含むことができる。水の分子量は18と小さいので，この量はかなりのモル濃度となる。より親水性なイオン液体では，空気からの水の吸収が深刻である。ハロゲン化イミダゾリウム塩類は特に吸湿性が高いことが知られている。市販のイオン液体の生産では，全ての製品に多かれ少なかれ水が含まれていることを意味する。生産や物流の段階によってイオン液体が微量な水を取り込むことは容易に予想できる。イオン液体中の水の存在は，ある分野の応用には問題となっても，他の場合には全く問題にならないかもしれない。しかしながら，どの場合でも使用したイオン液体中のおよその含水量は知っておくべきである。利用法次第では，イオン液体中の水が不活性ではないかもしれないということにも留意すべきである。さらに水の存在は，その安定性（含水したイオン液体は，プロトン性不純物を生成し，加水分解を受けるかもしれない）やイオン液体に溶解した触媒の反応性など，イオン液体の物理化学的特性に大きく影響し得る。含水率を決定する最良の方法は，検出限界がppmレベルと低いKarl–Fischer滴定を用いるものであろう。

2.4　プロトン性不純物

　プロトン性不純物は次に挙げる2種類のイオン液体の場合に考慮しなければならない。それは，強い酸を使用した交換反応によって生成したもの（例えば［BMIM］［PF_6］）と，加水分解に敏感なものである。後者の場合は，プロトンはアニオンの加水分解により生成する酸に由来し，イオン液体中に溶存するかもしれない。水と完全に混和せず，加水分解に対して十分安定なイオン液体については，酸性不純物に対する容易なテストがある。イオン液体に水を加え，水相のpHを測定するものである。水相が酸性である場合，イオン液体は洗浄後の水が中性になるまで水洗すべきである。完全に水と混合するイオン液体については，プロトン性不純物をチェックするための規格化された高感度の試験を実施することが推奨される。プロトンを活性種として応用する際にイオン液体を用いる場合，プロトン性不純物の検出は重大である。いくつかの有機反応において，「イオン液体の効果」と思われたものが「プロトン性不純物による効果」であることにならないよう，考察には十分気を付けなければならない。

2.5　未反応の他のイオン性不純物

　ハロゲン化物やプロトン性不純物とは別に，イオン交換反応などによって，他のイオン性不純物がイオン液体中に混入する危険性もある。特に，交換反応に使用されるアルカリ塩がイオン液体によく溶解する場合に起こりやすい。この場合，イオン液体は著しい量のアルカリ塩を含むことになる。これはある触媒反応への利用には（アルカリカチオンの存在は遷移金属触媒の触媒サイクルに影響しないかもしれないので）問題にはならないのかもしれないが，イオン液体の物理化学的特性には大きく影響する。この場合，イオン液体の合成反応の制御に対して，（例えば通常のNMR分光法のような）従来法では，イオン液体中のアルカリカチオン不純物の検出が容易ではないことを認識すべきである。イオン液体中のアルカリイオンの量や有機的なカチオンとアニオンの比率を定量化するために，より特殊な手段が必要とされる。イオンクロマトグラフィーはおそらくこの種の品質分析用の最も強力なツールであろう。文献によってテトラフルオロボレート系イオン液体の物理化学的データにいくつかの食い違いが見られることは，分析されたイ

第5章 合成法，精製法の進歩とスケールアップ

オン液体中のアルカリカチオンやハロゲン化物アニオン，残存する水の含有量の違いが主な原因であるのかもしれない。

2.6 色

論文を読むと，イオン液体はすべて無色でほとんど水のように見えるという印象を受ける。しかし，イオン液体の合成を始めたほとんどの人々は，初めは着色した生成物を得るだろう。また，イオン液体のほとんどのメーカーでさえ，かつては多かれ少なかれ黄色のイオン液体を作成していたものだ。イオン液体中の着色不純物の正確な同定はまだ完全には行われていないが，おそらく出発原料に由来する微量の化合物，その酸化物，出発物質の熱分解物，およびそれらの混合物であろう。イオン液体の合成中の色の付きやすさは，イオン液体のカチオン及びアニオンの種類により著しく異なる。例えばピリジニウム塩はイミダゾリウム塩類よりも，有色の不純物を容易に副生する傾向がある。無色のイオン液体を生成するためには，直前に蒸留して精製した出発原料を低い温度で反応に供する必要がある。

工業的な視点から見ても無色のイオン液体を得ることは可能である。これは高度な技術を適用するか，合成過程やその後の処理に特別に留意することにより達成される。しかしながら，このような大きな労働力を要する手段は，当然のことながらイオン液体のコストを上げるので，無色のイオン液体の持つ利点とイオン液体のコストの上昇分とを天秤にかけなければならない。商用の観点から，これらの背景において重要なことが3つある。a) 有色の不純物は通常非常に微量である。従って，紫外可視分光法以外の，NMRあるいは他の分析技術でそれらを検知することは不可能である。b) ほとんどのイオン液体の利用において，色は重大な要因ではないことを認識すること。例えば，触媒反応への利用において，有色の不純物の濃度は通常用いられる触媒の濃度より著しく低いようである。当然のことながら，紫外分光法が生成物や触媒の分析などに使用される場合はこの限りではない。c) イオン液体の着色防止は経済的なイオン液体の生産とは両立しえない。原料の更なる蒸留は，時間とエネルギーの消費であり，クロマトグラフィーなど合成後の精製もまた時間を要する。着色を防ぐ最も重要な条件は，よい原料を用い，可能な限り低温で，反応速度が遅い条件で合成（主にアルキル化反応の場合）を行うことである。これは当然ながら長い反応時間を必要とし，高い製造コストの原因となる。図1に異なる工程で生産された同一構造のイオン液体を示した。工程改善を通じて無色のイオン液体を得ることが可能であるということがこれからわかるであろう。着色と経済性との妥協は工業的なイオン液体の生産において重要である。

脱色の工程は，通常は特別な要求があるときにだけイオン液体サプライヤーによって行われる。私たちは，もし同じ物質がはるかに低価格でわずかに着色しているだけならば，完全無色のイオン液体の市場は比較的小さいであろうと予想している。日本では特定の理

図1 異なる工程で生産された同一構造のイオン液体

由もなく無色透明のイオン液体を要求する傾向が特に強いが，一考を要する。

3 合成のスケールアップ

イオン液体の開発および応用についての研究が90年代の初期に開始された時，ほとんどの人はこの技術が達成させることになるであろう成功を想像することができなかった。したがって，イオン液体生産の効果的なスケールアップは，当時は必ずしも関心を集める主要な領域ではなかった。しかし，イオン液体を作成するための多くの歴史的な方法が，大規模なスケールでは非実用的であることが分かってから，周囲の認識は大きく変化した。例えば，銀塩によるアニオン交換は，経済的かつ効率的なイオン液体の生産には高価すぎる。更に，アルキル化反応に非常に長い反応時間を要することは，大規模生産した際のイオン液体の価格に大きく反映される。たとえば［OMIM］Clは［BMIM］Clよりも高価になる。

イオン液体は，「グリーン溶媒」としばしば表現される。しかしながら，多くの古典的な二段階の合成で，［BF_4］および［PF_6］塩類の合成を行う際は，交換反応を行うために非常に多くの有機溶媒を必要とする。更に，イオン交換反応において副産物として形成されるハロゲン化物塩はただの廃棄物に過ぎず，処理されなければならないものである。さらに悪いことには，余剰のハロゲン化物を除去するために多くの回数の洗浄が強いられることである。この洗浄により収量が大きく低下することも忘れてはならない。大規模の合成を行うためには，これらの欠点は回避されるべきである。

メーカーは，経済的に効率的な反応経路に焦点をあて，これらの問題のいくつかを解決することのできる"代わりの合成法"を開発した。前述の2段階合成に代わる最良の合成法は，直接イオン液体を形成する1段階アルキル化である。したがって，アルキルスルフェイトやアルキルホスフェイト，アルキルトリフレートのような多くの異なるアルキル化剤のうちいくつかは，N-メチルイミダゾールのアルキル化に有効である。利点は，副産物が形成されないということと，固体の複雑な取り扱いが不要であることである。これらのイオン液体は，大抵のメーカーから購入することができ，特に我々は［BF_4］や［PF_6］塩よりもこれらのアニオンを有するイオン液体の思い切った値下げに大きな期待を寄せている。このようにして得られたイオン液体，1-エチル-3-メチルイミダゾリウムエチルスルフェイト（ECOENG™212）（図2）は既に効率的にトン規模で生産されている。

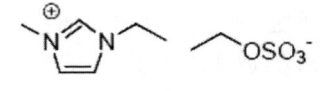

図2　ECOENG™212の構造式

多くのアルキル化反応が発熱を伴うため，直接アルキル化によってイオン液体を合成するもののスケールアップにおいて，考慮するべき最も重要な点は熱管理と適切な物質輸送方法である。これらの両方とも，適切なリアクターを選択して設置することが非常に重要となる。イオン液体合成の他の反応経路には，アルコールを含む短鎖アルキル硫酸塩のエステル交換がある。この代替反応の利点として以下の項目を挙げることができる。

・溶解とろ過による精製を必要としないハロゲンフリーなイオン液体の合成法である。
・アミンやホスフィン，ジアルキルスルフェイトやアルコールを変えることによって，多くの新しいイオン液体を容易に合成できる。

第5章 合成法，精製法の進歩とスケールアップ

・[BMIM]カチオンを有するイオン液体と比べて，低融点，低粘度，低毒性を有する[EMIM]カチオンを有するイオン液体を容易に合成できる。
・よい原子効率であるうえ，生成物がメタノールあるいはエタノールのみであるため，グリーンな反応である。
・原料が市販されており，価格も安い。
・スケールアップが簡単で，より安価で大量のイオン液体の生産が可能である。
・構造と特性との関係についてより深く考察できる。
・機能性のアルコールあるいはアミンやホスフィンを使用することで，機能性のイオン液体（特殊な機能を持ったイオン液体：本書第9章5節などを参照のこと）を作成できる（例えば，メントールからキラルなイオン液体が作成できる）。
・反応剤を変えることで物性の調整が可能な「デザイナー溶媒」になる。

こうした状況において，メーカーがイオン液体の市場に対して取る異なるアプローチに関して述べることは興味深い。DegussaやBASF，Merckのようなグローバル企業は，大きなトンスケール量でイオン液体を利用する展開に興味を持っており，大スケールでの利用法を確立しようと注意を怠らない。柔軟な生産活動工程から利益を得るSolvent Innovationのような他の企業は，数百kgから数トン規模でイオン液体を必要とする場合を想定し，中程度量の利用に焦点を当てている。さらに小規模メーカーは，小規模生産に合ったテーラメイドのイオン液体を供給することで差別化を明確にし，特定の市場を開拓しようとしている。

4　イオン液体の価格の将来展望

なぜイオン液体は比較的高価なのだろうか？　イオン液体の価格は，人件費，諸経費，実際の生産費のような多くの要因によって決定される。想像できるように，最初の段階の少量の新規物質は，将来のバルクの値段と比べて初期の状況をより反映する。印象深い例は，つい40年前までは非常に高価だったが，現在では1kg当たり€1未満で年間100万トンの規模で生産されるブタジエンである。大量生産によるコスト低下の同様の法則は，イオン液体に同様に適用することができる。代表的なイオン液体は1999年では€1000/kg以上だった平均価格が，比較的小スケールであるが，すでに€数100/kgとコストダウンしている。トンスケールで供給されるいくつかのイオン液体は，€50/kg以下で購入できる。このような背景から，将来のイオン液体の価格が単に出発原料の価格によらないことは自明であろう。このような変動するコストに加えて，製造工程の複雑さ，特定の品質への要求，新規物質の届出費用とともに，IP（知財）費用のような要因がイオン液体の価格に有意に反映される。加えて，生産設備の賃貸料，製造設備の維持，廃棄物処理，運用上のコスト，命名するためなどの諸経費などをイオン液体の販売価格に盛り込む必要もある。また，必要とされる量に応じたイオン液体の低価格化は一般的な流れである。例えば，ECOENG™212を例に取ると，1kgを購入するときは€197であるが，100kgを一括購入すれば€163/kgとなり，1トンでは€97/kg，100トンでは€25～35/kgにまで低下すると計算されている。これまで述べてきた要因をすべて考慮に入れると，我々は中期のタイムスケールで，多くのイオン液体が数トン規模で生産されれば1kgあたり€25～50で購入可能になると予想し

ている。数トン規模の大規模生産は既に始まっているが，我々は継続的に増加する市場需要を満たすために2〜3年以内に大規模生産が著しく増加すると予測している。

　訳者注：本原稿には他の項目も含まれていたが，紙面の都合上および別の執筆者による内容の重複を避けるため，執筆者の承諾を得て割愛した。

文　　献

1) J. S. Wilkes, M. J. Zaworotko, *J. Chem. Soc. Chem. Commun.*, 965 (1992)
2) J. Fuller, R. T. Carlin, H. C. de Long, D. Haworth, *J. Chem. Soc. Chem. Commun.*, 299 (1994)
3) P. A. Z. Suarez, J. E. L. Dullius, S. Einloft, R. F. de Souza, J. Dupont, *Polyhedron*, **15**, 1217 (1996)
4) Solvent Innovation GmbH, Cologne (www.solvent-innovation.com)
5) J. D. Holbrey, K. R. Seddon, R. Wareing, *Green Chem.*, **3**, 33 (2001)
6) B. Ellis, WO 9618459 (to BP Chemicals Limited, UK) 1996 [*Chem. Abstr.*, **125**, 114635 (1996)]
7) P. Bonhote, A. -P. Dias, N. Papageorgiou, K. Kalyanasundaram, M. Graetzel, *Inorg. Chem.*, **35**, 1168 (1996)
8) K. McCamley, N. A. Warner, M. L. Lamoureux, P. J. Scammels, R. D. Singer, *Green Chem.*, **6**, 341 (2004)
9) K. R. Seddon, A. Stark, M. J. Torres, *Pure Appl. Chem.*, **72**, 2275 (2000)

第6章　イオン液体の高純度合成と純度分析

小島邦彦[*1]，多田健太郎[*2]

1　はじめに

　イオン液体を使用した応用研究が電気化学デバイス用次世代電解質の分野（キャパシタ，リチウムイオン二次電池，燃料電池，色素増感太陽電池等），グリーンケミストリー用反応溶媒および抽出溶媒分野（有機溶剤代替，回収，再利用）および新規用途分野（導電性ポリマーの複合材料，帯電防止用添加剤，エンジニアリング流体潤滑油）で活性化しており[1~8]，高純度イオン液体のニーズが高まってきている。

　使用される用途により要求特性は異なるが，イオン液体の高純度化技術，すなわち合成方法，精製方法および純度分析方法は，ますます重要になると思われる。

　本稿では，イオン液体の高純度化について，著者らの検討を中心に概説する。

　イオン液体の応用展開が活性化する中で，より高純度かつ安定した純度・品質のイオン液体が求められている。イオン液体は有機イオンからなり，分子設計の自由度が高いことから多くの誘導体が合成され，その物性も多種多様である。ところが一方で，同一化合物種であっても異なる物性値が複数報告されており，例えば，基本物性である融点や粘度に明確な差異がある。文献に報告されている融点や粘度を調べると，実に様々な値が報告されており，おそらく純度の違いによるものと思われる。イオン液体の不純物となる水分や塩素含有量の違いにより，粘度，表面張力あるいは密度等が変化することも報告されている[9, 10]。また，イオン液体を反応溶媒に適応する分野では，イオン液体に残留するハロゲン不純物が触媒活性を低下させることが報告されている[11~13]。電気デバイス分野では，残存ハロゲンや水分が電気特性に悪影響を及ぼすこと，例えば，分解ガスの発生や耐電圧の低下等の不具合が懸念される。「同一化合物種でも入手先が異なると物性が異なり再現性に乏しい。安定した品質の材料で開発を進めたい。」，著者らもユーザーの声を耳にする。実用化を模索するイオン液体ユーザーにとっては，材料が安定に入手できる状況がいまだ十分に整備されていないと思われる。イオン液体が脚光を浴びるようになってからいまだそれほど多くの時間が経過していないこともあり，全般的にみれば「量産レベルの高純度製造技術は発展途上の段階」といえるのではないだろうか。とはいえ，このようなニーズの高まりが背景となり，ここ数年で多くの化学メーカーがイオン液体の開発に取り組まれており，当社もその中の1社となるべく製造技術開発に注力している。イオン液体市場の立ち上がりが順調に進めば，いずれは解消される問題になるであろう。

[*1]　Kunihiko Kojima　東洋合成工業㈱　感光材事業本部　エネルギー部　部長
[*2]　Kentaro Tada　東洋合成工業㈱　感光材事業本部　エネルギー部　エネルギー研究グループ　グループ長

イオン液体は，分子性液体で多用される精密蒸留による精製が不可能である。「不燃性」という特徴を持つイオン液体は広い温度範囲で蒸気圧がない。したがって，溶媒抽出・洗浄あるいは吸着剤を用いた精製処理で不純物成分を除去する方法が一般的である。より高純度のイオン液体を得るには，限られた精製方法を駆使するとともに，原料の純度管理や高純度化に有利な合成ルート・条件の精査を行い，不純物成分の種類・量を制御することが重要である。また，イオン液体に適した純度分析の手法を十分に整備することが，高純度化の達成と維持には欠かせない。

当社は，半導体向け感光材で蓄積した高純度製造技術を応用・発展させ，代表的なイオン液体を中心に合成，精製および純度分析の方法に関する技術開発を行っている。イオン液体の応用分野の中でも，特に電気化学デバイス分野は高純度かつ厳密な純度管理が求められる。このような分野の要求をも満たす，高純度のイオン液体製品の開発を目指し，量産体制の整備を進めている。本稿ではイオン液体の合成方法，精製方法，純度分析方法，これら3つの要素技術に整理して，当社の取り組みを中心に高純度化検討の要点を概説する。

2 イオン液体の合成方法

2.1 第4級アンモニウム系イオン液体の合成

イオン液体の多くは，窒素原子を中心元素とするオニウム塩が多い。本稿ではイオン液体の代表例であるアンモニウム系のオニウム塩に的を絞って述べる。

第4級アンモニウム系イオン液体を合成する最も一般的な方法は，第3級アミンをアルキル化剤で第4級アンモニウム塩とする「アルキル化反応」と，所望のアニオンへの塩交換により目的とするイオン液体を得る「塩交換反応」の，2つの反応工程で構成される（図1参照）。

第1反応工程の原料は第3級アミンとアルキル化剤である。この反応工程のポイントは，アルキル化剤の脱離基種の選定と反応条件（主に反応温度）である。アルキル化剤には，ハロゲン化アルキル，硫酸エステル，炭酸エステルなどの脱離基を有するアルキル化合物群を用いる。これらは比較的純度の高い市販品が入手可能であり，他のアルキル基が混入している可能性も低い。

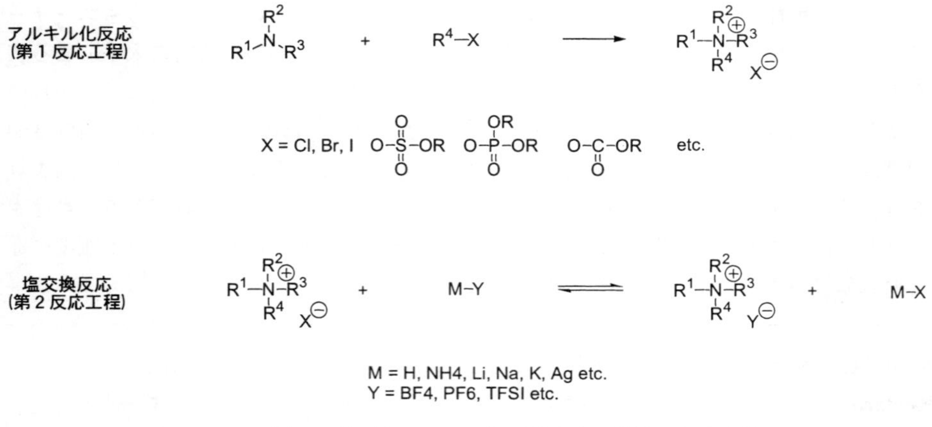

図1 第4級アンモニウム系イオン液体の合成方法

第6章 イオン液体の高純度合成と純度分析

したがって，カチオン部の純度にはそれほど関わらない。一方，この反応工程で生成する第4級アンモニウム塩のアニオン部は，アルキル化剤の脱離基に対応した，ハロゲン，硫酸エステル，炭酸エステル等である。このアニオン部は，第2反応工程の塩交換反応で副生物塩（図1中の化合物：M–Xに相当）の対アニオンとなる。つまり，アルキル化剤の脱離基種が変われば，副生物塩の種類も変わる。副生物塩はイオン液体と当量生じる副生成物であり，粗反応物中に占める割合は高い。イオン液体の化合物種に応じて，除去しやすい副生物塩が副生する脱離基種を選定すれば，精製工程が容易になる。また，主にアルキル化剤のアルキル化能が低い場合は，反応を進行させるために高温条件，さらに高圧条件などが必要なときがある。反応条件が過激になれば，予期しない副反応，例えば，原料の分解，第4級アンモニウム塩の分解などが起きる危険性が高まる。特に，量産設備を使用した製造においては，設備的な制限もあるので，よりマイルドな反応条件が好ましい。副生物塩の種類とアルキル化能の兼ね合いによって，アルキル化剤の脱離基種を選定することになる。以上に述べたポイントを中心に，反応収率，副反応の制御および不純物除去の難易度を総合的に検討して最適な系を設定する。なお，得られた第4級アンモニウム塩は，再結晶などの精製処理によって，不純物となる未反応原料，分解物，副生成物等をできるだけ除去して，第2反応工程に進むことが好ましい。

　第2反応工程では，第1工程で得られた第4級アンモニウム塩のアニオンと，BF4など所望とするアニオンとの塩交換反応を行う。塩交換反応は平衡反応であり，定量的に反応を完結させることが難しい。アニオン種のpKa値によってはほとんど塩交換されない場合もある。このような場合，①弱酸性のアニオンを有する4級塩とし塩交換の反応性を高める，②イオン交換樹脂や電気分解で4級塩をハイドロキサイドとした後，対応する酸で中和する，等の方法で改善する手段がある。また，Ag塩やPb塩で塩交換を行うと副生物塩（M–X）が系外に析出する場合が多く，これにより平衡反応を制御して定量的に反応を進めることができる。塩交換反応を行うと同時に生じる，アルカリ金属塩などの副生物塩は，水で抽出あるいはろ過処理でその大部分を粗反応物から取り除き，精製工程に進む。

2.2　原料由来の不純物
(1)　第3級アミン
　第3級アミンには様々な合成方法があり，その合成方法により不純物の種類が変わってくる。第3級アミンの原料の多くが第2級アミンなので，不純物種としては第2級アミンが最も多く検出される。第2級アミンの混入した第3級アミンを原料に用いると，アルキル化剤が第2級アミンとも反応し副生成物を生じる。第2級アミン以外の不純物としては，これも第3級アミンの合成原料である，アルデヒド類，ケトン類，さらにアルコール類が検出される。また，第3級アミンの分解物（N–オキシド類，アミド類）も検出される。これら不純物，特に，反応に関与するか否かに関わらず最終段階で検出・除去が難しいと予想される不純物は，合成に使用する前に再結晶や蒸留等の精製処理で予め除去しておく。

(2)　アルキル化剤
　汎用的なアルキル化剤であるハロゲン化アルキルには，ハロゲン数が2個又はそれ以上置換したハロゲン化物や分解して生じたアルコール，オレフィン類などが検出されることがある。2個

以上の反応点を有するハロゲン化アルキルが第3級アミンと反応すると，多価の第4級アンモニウム塩，あるいは，ハロゲン残基を有する第4級アンモニウム塩が副生する。これらは再結晶で除去することもできるが，目的物の4級塩と性質が似かよっているものは，分離・除去が非常に難しい。また，同様の理由で，純度の分析方法・条件を検討しても，不純物がうまく分離・検出できない場合が多く，純度を見誤らないように注意が必要である。

(3) 対アニオン（原料M-Y）

主にアルカリ金属塩を使用する。BF4，PF6，TFSI（ビストリフルオロメタンスルホニルイミド）等のアルカリ金属塩はリチウム電池用の電解質塩として高純度品が市販されており，通常そのまま使用できる。試薬には製造原料，加水分解物が混入していることがある。加水分解物があまりにも多い場合は例外として，大抵はそのまま使用して差し支えない。高純度品を使用した場合であっても，塩交換反応中に系内の微量水分によって加水分解物が生じてしまう。なお，所望のアニオンを有するアルカリ金属塩が入手困難な場合には，対応する酸を用いることもあるが，これらの酸は主に不揮発であり，後で除去・精製が困難になる場合も多い。

(4) 反応溶媒

反応溶媒は一般的な有機合成反応と同様，基質と反応しないものを選択するが，イオン液体への微量不純物の残留を見逃さないように，極僅かな副反応にも注意する。溶媒に含まれる不純物，例えば，不揮発分，安定剤，水分についても十分に分析・管理しておく。反応系中の水分は，主に溶媒からの混入が原因である。水分は加水分解等の副反応を誘起する要因となり，4級塩の収率を低下させる原因にもなるので，ある程度除いて行う方が良い結果が得られやすい。

3　イオン液体の精製

3.1　疎水性のイオン液体

疎水性の強いイオン液体（例えばTFSIアニオンを有するもの）は，粗反応物を水洗する事で水以外ほとんどの不純物を除去できる。水洗後，減圧乾燥などの操作だけで十分に純度の高いイオン液体が得られる。特に，塩交換反応の副生物塩がアルカリ金属類であれば，水洗による精製が容易である。勿論，水洗では疎水性の不純物は除去できないので，予め除去しておくことが必要である。例えば，疎水性のアルキル化剤，例えば，長鎖のアルキル鎖を導入するために用いるブロモオクタン等の長鎖アルキル化剤は水洗では除去できないので，塩交換反応前，すなわちハライド塩など中間体の段階で十分に除去・精製しておく。

3.2　親水性のイオン液体

親水性のイオン液体は，水洗による精製はあまり適さない。また，BF4アニオン等，水で加水分解しやすいアニオンを有するイオン液体は，極力，水の混入を避ける方が純度の高いイオン液体が得られやすい。粗反応物をろ過するのみでは塩交換していない未反応原料や副生物塩が残留するので，低温での再結晶，溶媒抽出，また活性炭，シリカゲルおよびアルミナなどの吸着剤による処理，厳密なろ過，減圧乾燥等の方法で精製し，高純度化を図る。

第6章　イオン液体の高純度合成と純度分析

3.3　着色成分の除去

着色はアルキル化反応中に起こることが多く，反応条件が過激な場合の方が着色の度合いが高い傾向にある。著者らの経験では，第3級アミンの不純物が加熱によって着色成分に変化することが多い。第3級アミンを蒸留などで精製して着色の原因となる不純物をできるだけ除去し，さらに低い反応温度でアルキル化反応を行い着色を避ける。それでも着色が避けられない場合は，活性炭，シリカゲルおよびアルミナ等の吸着剤を用いて除去する。着色成分となる化合物種を同定すれば，適切な除去方法および生成量を抑える手段を考え易い。しかし，着色の原因成分は極めて微量，かつ，様々な化合物の混合物であることが多く，同定には大変な労力を費やす。

3.4　金属，金属塩，微粒子の除去

金属不純物は，塩交換反応により生じる副生物塩に由来するものが多い。これらは，ろ過，水洗，溶媒抽出による除去が可能である。微粒子などの除去には，厳密なろ過処理も効果的である。当社では，半導体用の感光材製造技術で蓄積した独自のノウハウで金属・微粒子などをppbレベルで低減・管理している。ppbレベルの管理を行うには，除去方法の最適化に加えて，不純物の混入を防ぐ工程管理や設備仕様等，ノウハウ部分に頼るところも大きい。

4　水分の除去

イオン液体中の水分は，電導度，粘度などの物性に大きな影響を与えるため，低水分で安定に維持・管理することが望まれる。特に電気化学デバイス用途では，製品の寿命にも大きく関係するため，30～10ppm以下程度の低水分レベルが求められる。主に真空乾燥，吸着剤処理によって水分を除去する。

4.1　真空乾燥

イオン液体は，熱分解温度が300℃近くあるものが多く，一般に熱的に安定である。そのため高温での減圧乾燥を行うことで水分含量を30ppm以下まで低下させる事が可能となる。しかし，不純物含量が多い場合，加熱することで不安定な不純物が分解し，着色を誘起することがある。加熱する場合は十分に純度を高めておくことを推奨する。TFSI塩などの疎水性のイオン液体は水分を除去しやすく，化合物種によっては高温加熱なしでも水分を低下させることができる。

4.2　吸着剤使用

モレキュラーシーブ，アルミナ，シリカゲルが有効である。これらの吸着剤は水分だけでなく，その他の不純物も同時に除く効果も期待できる。例えば，着色したイオン液体の脱色に効果がある場合は，脱色と水分除去を兼ねた便利な方法となる。ただし，吸着剤からの溶出成分については十分に注意する必要があるため，使用前の洗浄を十分に行うことを推奨する。

5 純度分析方法

5.1 イオンクロマトグラフィー

イオン液体の有機カチオン，有機アニオンそれぞれのイオン純度，さらにイオン性の不純物を分析するために使用する。各カチオン種，アニオン種は，別々の装置・分析条件で測定するが，最近では，カチオン種とアニオン種を同時に分析する便利なカラム・装置も販売されている。

(1) 有機カチオン分析

第4級アンモニウム系イオン液体の原料となるアミン類には，アルキル基の脱離した化合物や置換基の位置異性体などが含まれることがある。カチオン分析によってこれらの不純物を検出することができる。また，オニウム塩類は数％の異性体カチオンを含むだけで，本来固体である化合物がイオン液体となったりする場合がある。したがって，新規に合成したイオン液体は，少なくともカチオン種の純度をよく吟味してから，イオン液体としての物性を有するか否かを決定する。第3級アミンやその他の低級アミン類は酸性に近い溶離液を用いる事で塩を形成するため，この分析方法で検出でき，未反応の原料を定量することにも役立つ。しかし，同じアミン類でもピロール類の中には酸性を示す化合物も多く存在するので，溶離液と測定する化合物との組み合わせを十分に考慮する必要がある。第4級アンモニウム塩の中で脂肪族系の化合物は，UV検出の感度が低く定量が困難である場合が多いので，電気伝導度検出による高感度分析が適している。電気伝導度検出を用いる場合，有機アミン類以外の無機カチオン類も同時に検出される。溶離液や使用する溶媒，器具および測定試料等に，無機カチオンが混入しないよう注意する。

(2) アニオン分析

電気化学デバイス用途などでは，腐食等の問題からハライドイオン，特に塩化物イオンをppmレベルまで低減した材料が望まれる。これらアニオンを定量する手段としてもイオンクロマトグラフィーを用いることが一般的である[14]。イオン液体中のハライドイオンをppmのレベルで定量するには，イオンクロマトグラフィーの中でもサプレッサー方式のイオンクロマトグラフィーが有効である。なお，イオンクロマトグラフィーは，強酸と弱酸の同時分析に対応するカラムはほとんどなく，別々に用意する必要がある。

5.2 クロマトグラフィー分析

イオンクロマトグラフィーで検出できない有機成分を分析するために用いる。例えば，長鎖のアルキル化剤等を分析する。長鎖のアルキル化剤などは反応性がそれほど高くないため，アルキル化反応時に未反応分が残存することが多い。4級塩を溶媒抽出することでほぼ除くことができるが，もし，ハロゲン化アルキルなどが残存するとハライドイオンやアルコール類などが遊離してくる。これら不純物は製品の経時安定性等に影響を与えるので，残留の有無を確認しておく。ガスクロマトグラフィーで分析し難い高沸成分の分析にも適している。

5.3 水分分析

数十ppmオーダー水分を測定するには，電量方式の微量水分計が好適である。測定値は，測定環境・操作による影響を受けやすいためグローブボックス中で測定するとよい。

第6章　イオン液体の高純度合成と純度分析

5.4　ガスクロマトグラフィー分析

クロマトグラフィー分析と同様，イオンクロマトグラフィー分析で検出できない有機成分を分析する。例えば，残存するアルキル化剤や残存溶媒等を分析する。特にアルコール系の残存溶媒は，電気化学測定に影響を与えるため，残留の有無を確認しておきたい。通常，残存溶媒などの分析にはヘッドスペースGCが適しており感度も高い。さらに，質量分析装置と組み合わせたGC-MSは，微量不純物の同定に役立つ。分析結果は不純物を低減する情報として有用である。

5.5　サイクリックボルタモグラム

当社は，電気化学測定については，まだまだ十分な測定を行っているかどうか不安な点が多く，現在鋭意検討中であるが，その取り組みの一部について紹介する。イオン液体は，不燃性の電解液としての可能性が10年以上前から提案されている。そのためイオン液体のサイクリックボルタモグラムを測定した例が論文等で多数報告されている。電気化学測定は不純物の影響が顕著に現れるため，微量不純物を定性的に検出する手段となる。イオン液体を希釈せずにそのまま測定することも可能だが，電解質としての純度を評価するためには，プロピレンカーボネート(PC)等の溶媒に希釈したイオン液体を，TEA-BF4/PC(テトラエチルアンモニウム—テトラフルオロボレートのPC溶液)等の一般的な電解質と比較測定する方法がよいと考えている。電池用途の電解液として実用実績があるTEA-BF4/PCは高純度品が入手でき，これを参照化合物としてイオン液体の不純物の程度を比較する。定性的な目安ではあるが，著者らはこの比較結果を，イオン液体が電気化学デバイス用途に耐えうる純度を有しているか否か，それを確認する判断材料の一つにしている。図2にイオン液体の測定例を示す。もし，イオン液体の電位窓よりも狭い領域に酸化あるいは還元電位を有する不純物があると，それに対応する酸化・還元ピークが生じ，不純物の存在が検出できる。

また，最近では，回転電極を用いて微量の不純物の影響を測定している例もあり[15]，イオン液体をデバイスに組み込んだ場合の性能劣化などの評価に役立つ分析方法といえる。

電気化学デバイスの応用例の中にも，イオン液体を有機溶媒で希釈して使用する場合がある。希釈溶媒に極微量存在する不純物がデバイス性能を左右する場合もあるため，希釈溶媒も高純度品であることが必須である。当社でもイオン液体に関わる有機溶媒は十分に精製したものを使用している。

5.6　その他の分析

塩化物イオン等の遊離イオンについては，イオンクロマトグラフィー分析で十分に測定できる場合が多いが，ハロゲン化アルキルのような共有結合性の塩素原子も測定の対象とする事がある。この場合は，測定試料を加熱・分解させてハロゲンを遊離させるような前処理を行った後，イオンクロマトグラフィー分析で全塩素分析を行う。イオンクロマトグラフィー以外にも，イオン液体のイオン純度やイオン性不純物を測定する方法として，キャピラリー電気泳動法を用いる例が報告されている[16, 17]。金属含量分析には，元素分析法，原子吸光法，ICP-MS法などの一般的な金属分析法を使用する。

イオン液体Ⅱ

LSV for Ionic Liquids

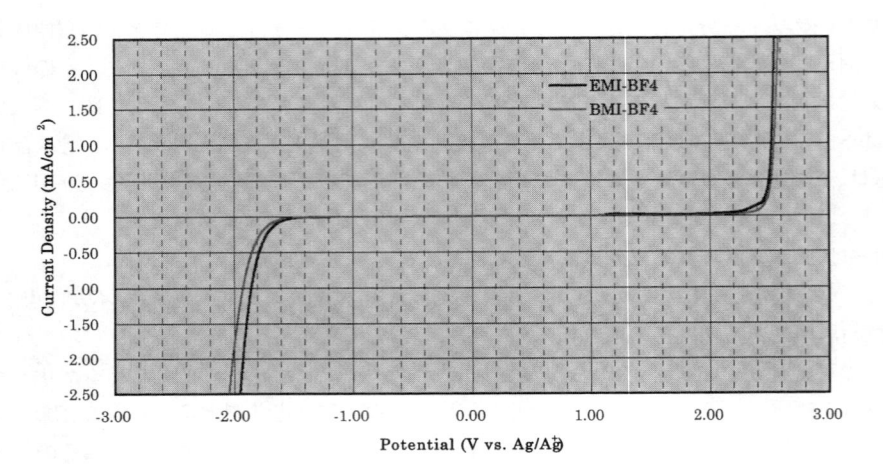

測定試料	Cation (%)	Water (ppm)	Halide ion(ppm)		Metals (ppm)
			F-	Cl-	Na, Mg, Al, K, Ca, Cr, Mn, Fe, Ni, Cu, Zn, Pb
EMI-BF4	>99.9	23	<10	<10	<1 (total)
BMI-BF4	>99.9	<10	<10	<10	<1 (total)

EMI-BF4 : 1-ethyl-3-methylimidazolium tetrafluoroborate

BMI-BF4 : 1-butyl-3-methylimidazolium tetrafluoroborate

図2　イオン液体の測定例

6　イオン液体の保存安定性

　イオン液体は，全般的に熱分解温度が高く，熱的安定性は高い化合物といえる。保存環境が特別に高温でなければ目立った分解はないと思われるが，微量分解物については化合物種ごとに調べておく必要がある。一概には言えないが，BF4，PF6等の水で加水分解する化合物は，水分の混入を防いで保存すれば経時安定性が確保しやすい。また，微量であっても加水分解した場合，フッ酸が遊離するので，ガラスなどの材質の瓶は保存に不適である。また，イオン液体の保存安定性には，溶存酸素の影響も考えられるため，窒素あるいはアルゴン等の不活性ガス雰囲気下での保管が好ましい。

第 6 章　イオン液体の高純度合成と純度分析

7　量産化技術

当社は，感光材で培った合成技術，製造技術および分析技術を基にイオン液体分野への進出を 2003 年 4 月から開始し，2004 年 10 月に実機製造設備を完成させた。写真 1 に示す工場は，20m×50m の 3 階建て構造，工場棟内はクリーンルーム化し，ppm オーダーの水分管理をしたドライルームで製品を充填できる。数百kg/バッチ，数トン/月の製造能力を保有し，半導体向け感光材と同様の管理水準を設定，製品の品質を高純度に維持できるシステムが整っている。製造装置の一部を写真 2 に示す。同設備で製造したイオン液体としては，EMI–BF4（1-エチル-3-メチルイミダゾリウム-テトラフルオロボレート），BMP–TFSI（1-ブチル-1-メチルピロリジニウム-ビストリフルオロメタンスルホニルイミド）などがある。その他のイオン液体品種についても，一部の特殊な化学構造を含むものを除き，おおむねは同設備での製造が可能である。

写真 1　工場棟

写真 2　イオン液体製造設備

8　おわりに

イオン液体の高純度化を達成するためには，合成方法，精製方法および純度分析，全ての技術をバランスよく充実させることが大事であり，ここに，適切な保管技術（水分・温度管理等）が伴って，安定的に高純度を維持することが可能となる。イオン液体の特徴を最大限に引き出すためには，ミクロ的な視野にたった技術開発および品質管理がますます必要とされる。今後も当社はイオン液体の高純度化技術開発を進め，高純度のイオン液体を安定に供給できるメーカーとしてこの分野に貢献していきたい。

文　献

1) 村秀雄監修, 大容量電気二重層キャパシタの最前線, VOL.2, エヌ・ティー・エス(2002)
2) 大野弘幸監修, イオン性液体, シーエムシー出版(2003)

3) 直井勝彦, 西野敦監修, 大容量キャパシタ技術と材料II, シーエムシー出版(2003)
4) 芳尾真幸, 小沢昭弥, リチウムイオン二次電池, 日刊工業新聞社(2001)
5) 西野敦, 直井勝彦監修, 電気化学キャパシタの開発と応用, シーエムシー出版(2004)
6) 北爪智哉, 渕上寿雄, イオン液体, コロナ社(2005)
7) イオン液体特集, 機能材料, NO.11(2004)
8) 電気二重層キャパシタとリチウムイオン二次電池の高エネルギー密度化・高出力化技術, 技術情報協会
9) K. R. Seddon, A. Stark, M. -J. Torres, *Pure Appl. Chem.*, **72**, 2275–2287(2000)
10) J. G. Huddleston, A. E. Visser, W. M. Reichert, H. D. Willauer, G. A. Broker, R. D. Rogers, *Green Chem.*, **4**, 156–164(2001)
11) P. Wasserscheid, W. Keim, *Angew. Chem.*, *Int. Ed.*, **39**, 3772–3790(2000)
12) G. S. Owens and M. M. Abu-Omar, Ionic Liquids: Industrial Applications for Green Chemistry, Edited by R. D. Rogers, K. R. Seddon, *ACS Symposium Series*, **818**, American Chemical Society, Washington, DC, 321–333(2002)
13) K. Anderson, P. Goodrich, C. Hardacre, D. W. Rooney, *Green Chem.*, **4**, 448–453(2003)
14) C. Villagrán, M. Deetlefs, W. R. Pitner, C. Hardacre, *Anal. Chem.*, **76**, 2118–2123(2004)
15) M. Takehara, Y. Sawada, H. Nagao, N. Mine, M. Ue, *Electrochemistry*, **71**, 12, 1222(2003)
16) D. Berthier, A. Varenne, P. Gareil, M. Digne, C. -P. Lienemann, L. Magna, H. Olivier-Bourbigou, *Analyst*, **12**, 1257–1261(2004)
17) W. Qin, H. Wei, S. F. Y. Li, *Analyst*, **4**, 490–493(2002)

第7章　イオン液体の物理化学

1　イオン液体中のイオン構造

林　　賢[*1]，小澤亮介[*2]，濱口宏夫[*3]

1.1　はじめに

イオン液体を構成するイオンがどのような構造を持つかを調べることは，その液体構造を解明するうえでの必須な第一歩である。本節では，最も代表的なカチオンの一つであるブチルメチルイミダゾリウム（図1，1-butyl-3-methylimidazolium cation，以下bmim$^+$と略す）と，最も簡単なアニオンである塩化物イオンを組み合わせた塩化ブチルメチルイミダゾリウム（bmimCl）に焦点を絞って，bmim$^+$カチオンの結晶中，液体中のイオン構造についての研究結果を紹介する。この化合物は，常温で固体であるが容易に過冷却液体を生成する。そのため，結晶構造と液体構造を常温で比較することができるという構造研究にとって大変都合の良い性質を持っている。

1.2　BmimClの結晶多形と内部回転異性

BmimClが結晶多形を示すことが，筆者等[1)]および米国，英国グループ[2)]によって独立に見出された。液体bmimClを−18℃に冷却して48時間放置すると，2つの異なる結晶，Crystal(1)とCrystal(2)が生成する[1)]。Crystal(2)をドライアイス温度で24時間保つとCrystal(1)に変化する。Crystal(1)は斜方晶系，Crystal(2)は単斜晶系に属する。単結晶のX−線解析から，この結晶多形は，bmim$^+$カチオンのブチル基の内部回転異性に由来することがわかった[2〜4)]。bmim$^+$カチオンのブチル基には，C_7−C_8およびC_8−C_9の2本の内部回転軸が存在する（図1）。これらの回転軸回りのコンフォメーションが，Crystal(1)ではトランス―トランス（TT），Crystal(2)ではゴーシュ―トランス（GT）となる。ブチル基のコンフォメーションがTT型およびGT型であるbmim$^+$カチオンの構造を図2に示す。

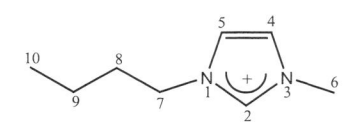

図1　ブチルメチルイミダゾリウムカチオン（bmim$^+$）

1.3　Bmim$^+$カチオンの結晶および液体中のラマンスペクトルと構造

BmimClのCrystal(1)とCrystal(2)のラマ

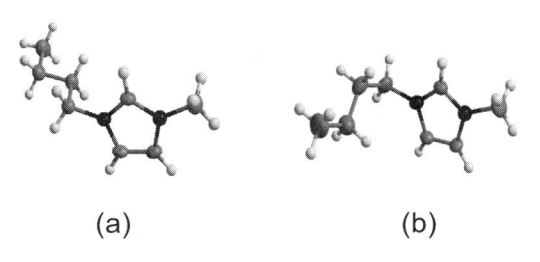

図2　Bmim$^+$カチオンのブチル基の内部回転異性
(a) TT型，(b) GT型

[*1]　Satoshi Hayashi　　東京大学大学院　理学系研究科　化学専攻
[*2]　Ryosuke Ozawa　　東京大学大学院　理学系研究科　化学専攻
[*3]　Hiroo Hamaguchi　　東京大学大学院　理学系研究科　化学専攻　教授

ンスペクトルを測定すると，図3(a)と(b)に示す異なったスペクトルが得られた。密度汎関数による基準振動解析から，波数領域600cm^{-1}から700cm^{-1}に見られるスペクトルの差異は，主としてC$_7$–C$_8$軸回りのコンフォメーションの違いを反映していることが明らかになった[4]。すなわち，C$_7$–C$_8$軸回りのコンフォメーションがトランス型の場合は，625 cm^{-1}と730cm^{-1}に2本のバンドが観測されるが，ゴーシュでは，それらの振動数が603cm^{-1}と701cm^{-1}にシフトする。したがって，これらのラマンバンドはbmimCl中のbmim$^+$カチオンのブチル基のコンフォメーションを示すキーバンドとなる。図3(c)は，過冷却液体状態のbmimCl(c)のラマンスペクトルである。これらのスペクトルには，明らかにトランス体とゴーシュ体のキーバンドが共存している。したがって，このイオン液体中のbmim$^+$カチオンのブチル基には，C$_7$–C$_8$軸回りのコンフォメーションがトランスであるものと，ゴーシュであるものの2種が共存している。Bmim$^+$カチオンを含む他のすべてのイオン液体でも同様に，トランス体とゴーシュ体のキーバンドが同時に観測された。この結果から，bmim$^+$カチオンを含むイオン液体には，ブチル基のコンフォメーションがトランス型とゴーシュ型のカチオンが必ず存在することがわかった。換言すると，bmim$^+$カチオンを含むイオン液体は常に異なるカチオンを持つ2種の混合物である。

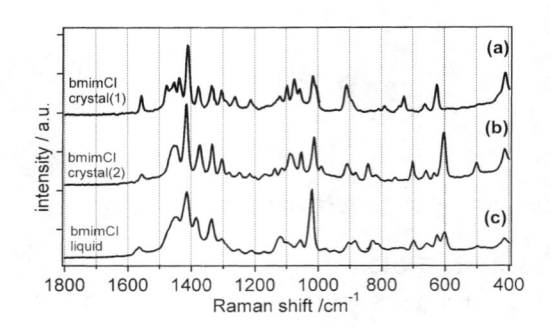

図3 BmimCl Crystal(1)(a)，bmimCl Crystal(2)(b)，bmimCl過冷却液体(c)のラマンスペクトル

1.4 BmimCl単結晶の融解と回転異性体の変換

BmimCl Crystal(1)中のbmim$^+$カチオンは，トランス型である。一方，それが融解して生成する液体には，トランス型とゴーシュ型が共存している。図4(a)は，Crystal(1)の微結晶(0.5 mm×0.5 mm×0.5 mm)を室温から72℃に急熱し，融解させた後同じ72℃に保持したときの時間分解ラマンスペクトルである[5,6]。加熱前(0 min)の結晶のスペクトルには，625 cm^{-1}と730cm^{-1}に2本のトランス型のバンドが観測されるが，10分後のスペクトルには，これらに加えて603 cm^{-1}と701cm^{-1}におけるゴーシュ型のバンドが現れる。この変化は，結晶の融解に伴って，トランス型bmim$^+$カチオンがゴーシュ型に変換したことを示すものであり，予想された結果である。しかし，融解2分後，4分後のスペクトルは結晶と液体の中間的な形状を示している。図4(b)は，603 cm^{-1}におけるゴーシュ型バンドの625 cm^{-1}におけるトランス型バンドに対する強度比を，融解後の時間に対してプロットしたものである。このグラフは，液体中のトランス型のbmim$^+$カチオンがゴーシュ型に変換されるのに，分オーダーの時間がかかることを示している。

分子液体中ではC–C単結合まわりの内部回転異性体間の変換は，ピコ秒の時間スケールで起こると考えられている。何故bmimClイオン液体中でトランス／ゴーシュ変換に分単位の時間を要するのだろうか？ 筆者等は，トランス型のbmim$^+$カチオンとゴーシュ型のカチオンがそれぞれ異なる局所構造に組み込まれていて，異性体間の変換はそれらの局所構造全体の変換に伴ってのみ起こり得るからであると考えている（この仮説に関しては，第7章2節でより詳しく述

第 7 章　イオン液体の物理化学

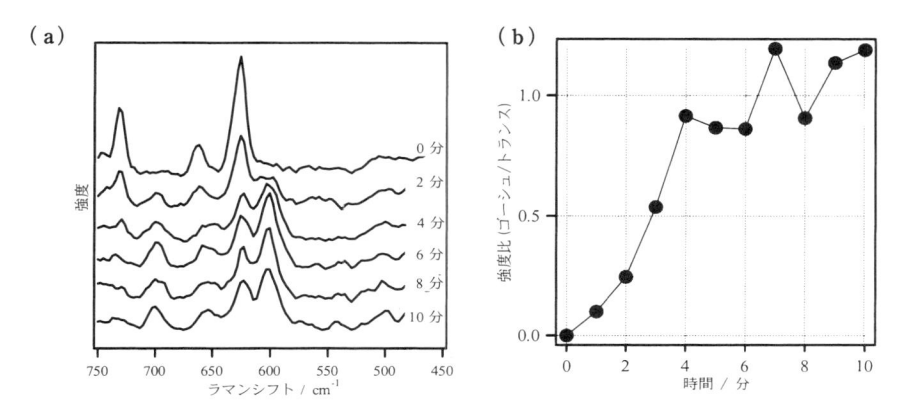

図 4　BmimCl Crystal(1) の融解過程の時間分解ラマンスペクトル(a)と，ゴーシュ／トランスバンド強度比の時間依存性(b)

べる）。このような局所構造間の集団的な構造変化は，いわばスケールの小さな相転移のようなもので，分子 1 個のレベルでのトランス／ゴーシュ変換に比べてはるかに遅くしか起こり得ない。また，この局所構造として Crystal(1) と Crystal(2) に見られたカチオン，アニオンのカラム構造に近いものを考えるのが自然であろう。この見方は，bmim$^+$カチオンのラマンスペクトルが，トランス／ゴーシュのキーバンドを除いて結晶と液体で殆ど変わらないこととも良く符合する。

ラマンスペクトルの温度変化の実験から，この 2 つの局所構造間のエンタルピー差は，0.01 kcal mol^{-1}と極めて小さいことがわかっている[6]。冷却に伴って，これらの局所構造のサイズが大きくなって行くものと予想されるが，両者のエンタルピー差が小さいため，どちらかが圧倒的に優勢になることはない。その結果，イオン液体は結晶化することができない。内部回転異性体が共存していることが，アルキルイミダゾリウム系イオン液体の低融点化を助ける一つの要因となっている可能性が高い。

文　　献

1) S. Hayashi, R. Ozawa, and H. Hamaguchi, *Chem. Lett.*, **32**, 498-499(2003)
2) J. D. Holbrey, W. M. Reichert, M. Nieuwenhuyzen, S. Johnston, K. R. Seddon, and R. D. Rogers, *Chem. Commun.*, 1636-1637(2003)
3) S. Saha, S. Hayashi, A. Kobayashi, and H. Hamaguchi, *Chem. Lett.*, **32**, 740-741(2003)
4) R. Ozawa, S. Hayashi, S. Saha, A. Kobayashi, and H. Hamaguchi, *Chem. Lett.* **32**, 948-949(2003)
5) H. Hamaguchi, S. Saha, R. Ozawa, and S. Hayashi, *ACS Symp. Ser.*, **901**, 68(2005)
6) H. Hamaguhi and R. Ozawa, *Adv. Chem. Phys.*, **131**, 85(2005)

2　イオン液体の液体構造

小澤亮介[*1], 林　賢[*2], 濱口宏夫[*3]

2.1　はじめに

イオン液体が何故常温付近で液体として存在するのかという問いは，イオン液体を研究するうえで最も基本的かつ本質的である。この問いに答えるには，イオン液体の液体構造を解明することが必須である。後述するように，イオン液体の液体構造の解明は，物質の相形成の機構に関して，これまでの常識を覆す新たな知見をもたらす可能性を含んでいる。さらに，イオン液体の液体構造は融点，粘度，電気伝導度などの物性を支配していると考えられ，イオン液体を新たな機能性液体材料として利用する上でも，その解明は極めて意義深い。イオン液体はしばしば「デザイナー液体」と呼ばれるが，イオン液体の液体構造と物性の関係が解明されることで，望む物性を持ったイオン液体をデザインする道が拓けるものと期待される。

本節では，現在までにイオン液体の液体構造に関してどのような研究がなされているかを概観し，今後の広範な研究の参考に供することにする。イオン液体を構成するカチオン，アニオンには数多くの種類があるが，本節ではそのうち最も代表的なイミダゾリウムカチオンを含むイオン液体の研究に焦点を絞って紹介する。

2.2　イオン液体化合物の結晶構造とイオン間相互作用

イミダゾリウム系イオン液体化合物，エチルメチルイミダゾリウム（emim$^+$）やブチルメチルイミダゾリウム（bmim$^+$）のハロゲン化物のX線結晶構造解析が報告されている[1~5]。これらの化合物は，常温では結晶であるが融点が低く，イオン液体の前駆体と見なすことができる。その結晶構造の情報はしたがって，イオン液体の液体構造を解明するうえで有力な手がかりとなる。分子結晶と異なり，イオン結晶（イオン液体化合物の結晶も含めた）中では，イオン間に働く力として，クーロン力が重要な役割を果たす。クーロン力は遠距離力であり，構成イオンを空間的に規則正しく整列させるように作用する。NaClなどの原子イオンのみからなる化合物では，クーロン力によりその構造が決まり，融点の高い結晶が生成する。一方イオン液体化合物では，クーロン力に加えてカチオンとアニオンの特定の官能基や原子団，原子間に働く相互作用，水素結合，CH$-\pi$相互作用，$\pi-\pi$スタッキング，アルキル基間の相互作用なども重要な働きをしていることが明らかになってきた。

イオン液体化合物の結晶構造の一例として，bmimClの斜方晶の構造俯瞰図を図1に示す（bmimClの結晶多形については第7章1節を参照）[4,5]。この図から，クーロン力が支配すると考えられる中長距離のイオン配列の様子が見てとれる。この結晶中でのイオン配列は，相互に入れ子になって配列した（interdigitated）全トランス型のブチル基を介して相互作用する2個のイミダゾリウムカチオンをユニットとしてa軸方向に伸びたカラムをその基本構造としている。このようなカチオンカラム4本が囲む空間に，Cl$^-$アニオンがジグザグの鎖として収容されている。

[*1]　Ryosuke Ozawa　東京大学大学院　理学系研究科　化学専攻
[*2]　Satoshi Hayashi　東京大学大学院　理学系研究科　化学専攻
[*3]　Hiroo Hamaguchi　東京大学大学院　理学系研究科　化学専攻　教授

第7章 イオン液体の物理化学

アニオンは，正電荷の集中するイミダゾリウム環付近に存在し，イミダゾリウム環の水素と水素結合している。アルキル鎖同士の相互作用は，長鎖になると特に顕著にみられ[6,7]，イミダゾリウム系以外のイオン液体化合物でも確認されている[8]。図1に示す結晶構造には，特別なカチオンとアニオンのイオン対は存在せず，結果としてイオンが密集した極性の高い部分と，アルキル鎖が密集した無極性な部分が共存する構造が実現されている。このような構造がイオン液体中でも部分的に存在していると仮定すれば，イオン液体が極性，無極性にかかわらず物質をよく溶かすという特徴が極めて合理的に説明される。

イオン液体化合物の結晶中の水素結合を示す例として，emimBr の局所結晶構造を図2に示す[3]。イミダゾリウムカチオンは3個の Br^- アニオンに囲まれ，Br^- もやはり3個のカチオンに囲まれた構造が確認できる。イミダゾリウムカチオンには環の水素が3つあるが，そのいずれもが水素結合に関与している。イミダゾリウムカチオンとアニオンとの水素結合は多くのアニオンで確認されており，イオン液体において一般的にみられる現象だと考えられる。また，イミダゾリウムの環同士でのCH–π[9~12] 相互作用やπ–πスタッキング[13] なども報告されている。

2.3 イオン液体中のイオン間相互作用と融点

結晶中で明らかとなったイオン間の相互作用は，イオン液体中でも重要な役割を果たしているものと考えられる。経験的に，イオン液体化合物の融点を低下させるには，カチオンに非対称性を導入する，あるいは嵩高いイオンを導入すること

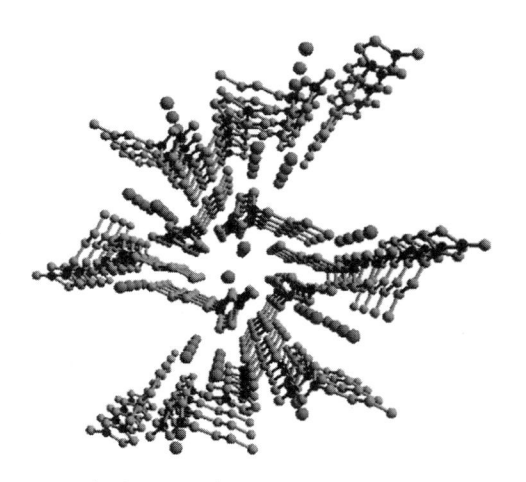

図1 単結晶のx線構造解析によって明らかとなった［bmim］Cl 斜方晶の結晶構造
結晶のa軸方向に伸びるカチオンのカラムがつくる空間に，2本の Cl^- の直鎖が収容されている。

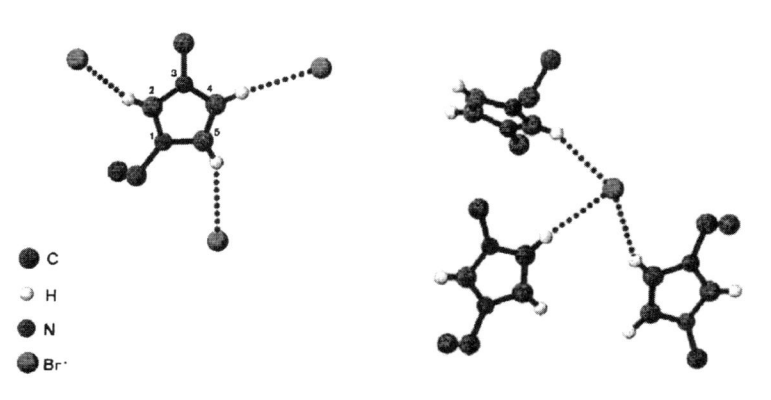

● C
◐ H
● N
● Br⁻

図2 emimBr の結晶構造中にみられるカチオン，アニオンの局所構造
（文献3）の図を改変）

によって，クーロン相互作用による配列効果を弱めることが重要であるとされている。しかし，アルキルメチルイミダゾリウムをカチオンとするイオン液体では，融点がアルキル鎖長に依存して変化することが知られているものの，鎖長を長くすることによる対称性の低下と融点の低下は必ずしも相関せず，融点を鎖長に対してプロットするとv字型の曲線が得られる。またイオンのサイズと融点にも強い相関があるわけではない。例えばemimClとemimIの融点はそれぞれ84℃と81℃で，アニオンの大きさが異なるにもかかわらず融点は殆ど変わらない[3]。

　水素結合と融点の関連も明確になってはいない。最も水素結合能が強いとされているイミダゾリウム環のC2位の水素をメチル化すると，水素結合能が大きい酢酸イオンと小さいTFSI（Bis((trifluoromethyl)sulfonyl)-imide）のいずれのアニオンでも，融点上昇がみられることが報告されている[14]。クーロン相互作用や水素結合以外にも，結晶中のパッキングの非効率性がイオン液体の低融点を実現する上での必要条件であるとする説も提出されているが[15]，反例もあり結論が出ていない[16]。このように，イオン液体の融点と相互作用の相関については，数多くの知見が蓄積されているが，未だ断片的であり，融点を決める決定的な因子は明確になっていない。クーロン力を始めとする各種の相互作用が複雑にからみあってイオン液体化合物の低融点が実現されるのであり，そのどれか一つが決定的となることはない可能性が高い。

2.4　イオン液体中の局所構造の可能性

　液体状態におけるイミダゾリウム環とアニオンとの水素結合に関しては，赤外吸収スペクトルやNMRの測定結果から数多く議論されている[3, 17~22]。ハロゲン化物Cl^-，Br^-，I^-や$Al_2Cl_7^-$のようなアニオンについては，顕著な水素結合の効果を反映したスペクトルが観測される。一方，PF_6^-のような配位能の弱いアニオンでは，スペクトルに水素結合による明確な効果が現れず，水素結合の存在に疑問が呈されていた[22]。しかし，最近の赤外吸収スペクトルやNMR結果では，これらのアニオンにおいても水素結合の効果が観測されており，液体状態においても，程度の違いはあれイミダゾリウム環とアニオン間に水素結合が存在することが示されている[19~21]。イオン液体中で水素結合が存在することは，構成イオンが独立にふるまうのではなく，イオン同士が集合状態をとることを示唆するが，実際に有機溶媒で希釈したイオン液体のイオン伝導度の測定[9, 23]，高速原子衝撃（FAB）法によるマススペクトル[24]，パルス磁場勾配NMR[25, 26]などの結果から，イオン液体中にイオンの集合状態が存在することを示唆する結果が得られている。

　筆者らは，bmimCl単結晶の融解過程の時間分解ラマン分光[27, 28]（第7章1節参照）や広角X線散乱[29]の結果に基づいて，イオン液体は通常の分子液体とは異なり，明瞭な局所構造を持ち，その局所構造は結晶構造に類似しているという作業仮説を立てている。イオン液体は透明であるので，この局所構造は光の波長に比べて

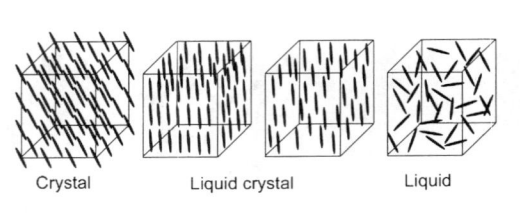

図3　筆者等の作業仮説に基づくイオン液体の液体構造の模式図

第 7 章　イオン液体の物理化学

小さくなければならない(100 nm以下)。また，イオン液体は異方性を持たないので，この局所構造の配向はランダムでなければならない。このようなイオン液体構造モデルの概念図を図3に示す。

イオン液体中における周期構造あるいは固体状態に近い局所構造が存在する可能性は，中性子散乱[30, 31]やX線散乱[32]の結果からも示唆されている。また，動径分布関数が長距離にわたって振動するという特徴は，シミュレーションによる動径分布関数でも再現されている[33~42]。このような中長距離秩序が存在することがイオン液体の液体構造の一般的特徴であるとすれば，イオン液体は，分子がランダムに凝集した系ではなく，局所的に結晶の構造を残した「ナノ構造流体」と呼ぶべきものであると考えられる。今後のさらなる研究によって，イオン液体構造の描像がさらに明確になることを期待したい。

文　献

1) C. J. Dymek, Jr., D. A. Grossie, A. V. Fratini, W.W. Adams., *J. Mol., Struct.*, **213**, 25(1989)
2) A. K. Abdul-Sada, A. M. Greenway, P. B. Hitchcock, T. J. Mohammed, K. R. Seddon, J. A. Zora, *J. Chem. Soc., Chem. Commun.*, 1753(1986)
3) A. Elaiwi, P. B. Hitchcock, K. R. Seddon, N. Srinivasan, Y-M. Tan, T. Welton, J. A. Zora, *J. Chem. Soc. Dalton Trans.*, 3467(1995)
4) J. D. Holbrey, W. M. Reichert, M. Nieuwenhyuzen, S. Johnston, K. R. Seddon, R. D. Rogers, *Chem. Commun.*, 1636(2003)
5) S. Saha, S. Hayashi, A. Kobayashi, H. Hamaguchi, *Chem. Lett.*, **32**, 740(2003)
6) C. M. Gordon, J. D. Holbrey, A. R. Kennedy, K. R. Seddon, *J. Mater. Chem.*, **8**, 2627(1998)
7) A. Downard, M. J. Earle, C. Hardcre, S. E. J. McMath, M. Nieuwenhuyzen, S. J. Teat, *Chem. Mater.*, **16**, 43(2004)
8) K. M. Lee, C. K. Lee, I. J. B. Lin, *Chem. Commun.*, 899(1997)
9) J. Dupont, P. A. Z. Suarez, R. F. Souza, R. A. Burrow, J-P. Kintzinger, *Chem. Eur. J.*, 2377(2000)
10) K. Matsumoto, T. Tsuda, R. Hagiwara, Y. Ito, O. Tamada, *Solid State Sciences*, **4**, 23(2002)
11) J. Finden, G. Beck, A. Lantz, R. Walsh, M. J. Zaworotko, R. D. Singer, *J. Chem. Crystallo.*, **33**. 287(2003)
12) Y. Yoshida, K. Muroi, A. Otsuka, G. Saito, M. Takahashi, T. Yoko, *Inorg. Chem.*, **43**, 1458(2004)
13) C. S. Consorti, P. A. Z. Suarez, R. F. Souza, R. A. Burrow, D. H. Farrar, A. J. Lough, W. Loh, L. H. M. Silva, J. Dupont, *J. Phys. Chem. B*, **109**, 4341(2005)
14) P. Bôhnte, A. P. Dias, N. Papageogiou, K. Kalyanasundaram, M. Grätzel, *Inorg. Chem.*, **35**, 1168(1996)
15) A. S. Larsen, J. D. Holbrey, F. S. Tham, C. A. Reed, *J. Am. Chem. Soc.*, **122**, 7264(2000)
16) P. Kölle, R. Dronskowski, *Eur. J. Inorg. Chem.*, 2313(2004)
17) S. Tait, R. A. Osteryoung, *Inorg. Chem.*, **23**, 4352(1984)
18) K. M. Dieter, C. J. Dymek, Jr., N. E. Heimer, J .W. Rovang, J. S. Wilkes, *J. Am .Chem. Soc.*, **110**, 2722(1988)

19) P. A. Z. Suarez, S. Einloft, J. E. L. Dullius, R. F. Souza, J. Dupont, *J. Chim. Phys.*, **95**, 1626(1998)
20) J-F. Huang, P-Y. Chen, I-W. Sun, S. P. Wang, *Inorg. Chim. Acta*, **320**, 7(2001)
21) A. Mele, C. D. Tran, S. H. D. P. Lacerda, *Angew. Chem. Int. Ed.*, **42**, 4364(2003)
22) J. Fuller, R. T. Carlin, H. C. Long, D. Haworth, *J. Chem. Soc., Chem. Commun.*, 299(1994)
23) A. G. Avent, P. A. Chaloner, M. P. Day, K. R. Seddon, T. Welton, *J. Chem. Soc. Dalton Trans.*, 3405(1994)
24) A. K. Abdul-Sada, A. E. Elaiwi, A. M. Greenway, K. R. Seddon, *Eur. Mass Spectrom.*, **3**, 245(1997)
25) A. Noda, K. Hayamizu, M. Watanabe, *J. Phys. Chem., B*, **105**, 4603(2001)
26) H. Tokuda, K. Hayamizu, K. Ishii, M. A.B. H. Susan, M. Watanabe, *J. Phys. Chem., B*, **108**, 16593(2004)
27) H. Hamaguchi, S. Saha, R. Ozawa, S. Hayashi, *ACS Symp. Ser.*, **901**, 68(2005)
28) H. Hamaguhi, R. Ozawa, *Adv. Chem. Phys.*, **131**, 85(2005)
29) H. Katayanagi, S. Hayashi, H. Hamaguchi, K. Nishikawa, *Chem. Phys. Lett.*, **392**, 460(2004)
30) C. Hardacre, J. D. Holbrey, S. E. J. McMath, D. T. Bowron, A. K. Soper, *J. Chem. Phys.*, **118**, 273(2003)
31) C. Hardacre, S. E. J. McMath, M. Nieuwenhuyzen, D. T. Brown, A. K. Soper, *J. Phys: Condens. Matter.*, **15**, 159(2003)
32) K. Matsumoto, R. Hagiwara, Y. Ito, S. Kohara, K. Suzuya, *Nucl. Instr. And Meth. in Phys. Res. B*, **199**, 29(2003)
33) C. G. Hanke, S. L. Price, R. M. Lynden-Bell, *Mol. Phys.*, **99**, 801(2001)
34) J. K. Shah, J. F. Brennecke, E. J. Maginn, *Green Chemistry*, **4**, 112(2002)
35) T. I. Morrow, E. J. Maginn, *J. Phys. Chem., B*, **106**, 12807(2002)
36) J. D. Andrade, E. S. Böes, H. Stassen, *J. Phys. Chem., B*, **106**, 3546(2002)
37) J. D. Andrade, E. S. Böes, H. Stassen, *J. Phys. Chem., B*, **106**, 13344(2002)
38) C. J. Margulis, H. A. Stern, B. J. Berne, *J. Phys. Chem., B*, **106**, 12017(2002)
39) M. G. D. Pópolo, G. A. Voth, *J. Phys. Chem., B*, **108**, 1744(2004)
40) Z. Liu, S. Huang, W. Wang, *J. Phys. Chem., B*, **108**, 12978(2004)
41) S. M. Urahata, M. C. C. Ribeiro, *J. Chem. Phys.*, **120**, 1855(2004)
42) J. K. Shah, E. J. Maginn, *Fluid Phase Equilibria*, **195**, 222(2004)

3 熱現象で観たイオン液体の特異性

西川恵子[*1]，東崎健一[*2]

3.1 はじめに

イオン液体の熱物性値を調べられた経験がおありであろうか？ 最も基本的な物性値である融点ですら，文献によってばらついていることが多い。この原因は，次に述べるようにイオン液体の多くが熱履歴を有する複雑な熱物性を持っていることに帰せられると思われる。

多くのイオン液体において，時には100 Kにもわたる過冷却状態が存在し，10 K以上の温度領域にわたるpremelting現象，非平衡な液体を暗示するような長時間の構造緩和現象などが観測される。熱履歴によって熱挙動は様々に変化し，イオン液体は記憶を持った物質ともいえる。また，試料によっては，同時に作ったprototype単結晶ですら，一つ一つの融解や凝固などの熱挙動が異なるなど，個性と記憶を持った単結晶とその液体と言うことができる。このように，イオン液体は熱物性の面でも非常にユニークな顔をのぞかせている。

「何故，融点が低いのか？」「何故，結晶になりにくいのか？」という素朴な疑問に解答を与えるためには，凝固・融解過程を調べることが最も近道であると思い，我々の研究室では示差熱(DSC)測定実験を開始した。共同研究を行っている東京大学浜口研究室のラマン散乱の結果とつきあわせて，イオンの構造変化と凝固・融解が連動していることを明らかにした。

何故イオン液体の融点が低いかについては，非局在化した電荷の分布，嵩高く非対称的なイオン構造であるための結晶格子を形成する効率の悪さなどが原因として挙げられている。勿論，これらの要因も有るが，イオン内部でのコンフォメーションの変化，しかも数千～数万のイオンが集まった協同的変化が低融点を始めとして，複雑な熱物性を引き起こしていると考えられる。

3.2 サーモモジュールを用いた超高感度熱分析装置

DSC装置は市販されているが，上記のような複雑な熱挙動を持ったイオン液体を試料とする場合，超高感度でしかも様々な速度での温度上昇や温度降下を実現できる装置が望ましい。

今回紹介するデータは，東崎によって考案・製作された，サーモモジュールを用いた超高感度示差熱装置を用いて測定したものである。この装置は，nWの感度と安定性を有する熱流速型装置である[1]。

この装置の設計のキーポイントは，サーモモジュール（TM，半導体熱電温度センサーを多段に重ねたもの）を用いていることである。TMの模式図を図1に示す。素子に一定の電流を流すと，半導体の両端に一定の温度差が生じる(ペルチェ効果)。すなわち，TMは，試料の温度上げ下げする熱ポンプとな

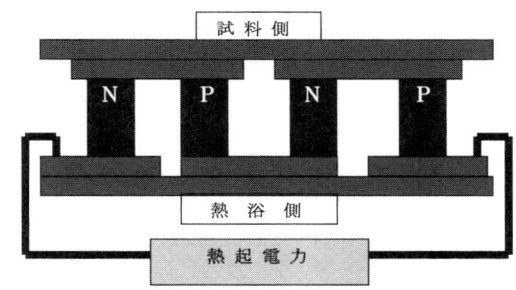

図1 サーモモジュールの模式図

---

*1　Keiko Nishikawa　千葉大学大学院　自然科学研究科　教授
*2　Ken-ichi Tozaki　千葉大学　教育学部　物理学教室　教授

る。また，試料を載せた側と他方の側に温度差が生じると熱起電力が生じる（ゼーベック効果）。すなわち，温度差を検知し，熱流速DSCとして利用することができる。いずれもエレクトロニクスの制御で行われるため，非常に精度が良い。サーモモジュールの高感度の特性を生かし，nWの感度とベースラインの安定性を実現した。また，昇温や降温速度を自在に変えられる。本装置では，0.01mK/s（1K温度を変化させるのに28時間！）までのゆっくりした，また精度のある温度変化が可能である。これは，多くの試料の熱変化に対して，準静的変化と近似できる温度変化である。

図2に装置[1]の概要を示す。試料と参照物質の間の温度差ΔTを測定する素子は，TM1とTM2である。試料温度については，試料付近の銅ブロックB1に取り付けられて白金抵抗温度計TS1の温度を試料の温度と見なしている。C1〜C6は断熱シールドである。また，装置全体が冷凍庫V2の中に収められ，低温の測定も可能となっている。

3.3 ［bmim］塩の測定結果

butyl–methyl–imidazolium ion（[bmim]$^+$）のハロゲン化物の結果[2]を紹介する。後に示すように，[bmim]塩の熱物性の奇妙な振る舞いは，図3に示すブチル基のC7–C8–C9がTTかGTか（T：trans，G：gauche）かの立体配座の変化と密接に関係している。立体配座の違いは，600〜650cm^{-1}に現れる2つのバンドに現れ，650cm^{-1}がTT，600cm^{-1}がGTと帰属されている。液体状態では，すべてのハロゲン塩において，TTとGTの両コンフォメーションが混じっている。結晶にすると，Cl塩ではGT型とTT型がそれぞれ結晶異性体として単離される。Br塩はGT型のみが結晶として単離され，I塩の結晶は報告されていない。以上のことを表1にまとめた。

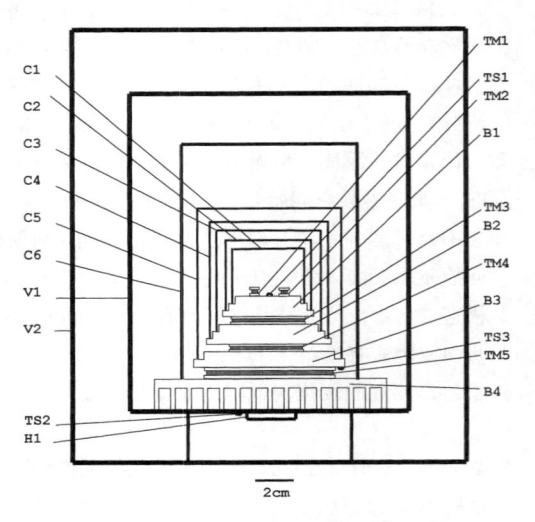

図2 超高感度DSC装置の断面図
TM：サーモモジュール，TS：白金抵抗温度計，B：銅ブロック，C：断熱シールド，V：容器，H：ヒーター

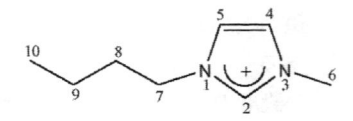

図3 butyl–methyl–imidazolium ion（[bmim]$^+$）

表1 [bmim]X（X：ハロゲン化イオン）の結晶及び液体におけるブチル基の立体配座

	[bmim]Cl	[bmim]Br	[bmim]I
Crystal 1 C7–C8–C9	monoclinic TT	–	–
Crystal 2 C7–C8–C9	orthorhombic GT	orthorhombic GT	–
Liquid C7–C8–C9	TT and GT	TT and GT	TT and GT

第7章　イオン液体の物理化学

これらのことは，浜口らによるラマン散乱スペクトルおよび結晶構造解析により明らかになったことである[3〜5]。このことにより，凝固・融解過程をイオン構造の変化と結びつけることが可能になった。

　イオン液体の多くは吸湿性であり，吸湿されたわずかな水が物性を大きく変える可能性がある。吸湿していない試料を選び取ることや，結晶多系が存在する場合は想定した結晶を選び出すため，実験はすべて単結晶1個を用いて行った。

　図4に[bmim]BrのDSCトレースを示す。図は，液体状態から1mK/sで225Kまで温度を下げていき過冷却状態とし，1mK/sで昇温させたものである。降温時には，何も起こらないが，昇温時に約250Kで凝固が起こり，約350Kで融解が起こる。この結果は過冷却状態が安定に存在し，結晶になりにくいことを示している。また，10K程度にわたるpremeltingが観測される。一般に，DSC実験で，試料の量が多かったり，温度変化が早すぎると熱の伝わりが不均一になり，DSCのピークが広がるが，本実験では試料は2mgであり，昇温速度は1mK/sである。このような条件では，通常の有機物の相変化のピークはδ関数的に鋭く現れる。図4に示した吸熱ピークの幅は，試料固有なものでpremeltingと結論される。凝固のシグナルを拡大したのが，図5である。図から明らかなように発熱ピークは2つに割れている。表1に示したように，低温側は過冷却状態で，C7–C8–C9がTTとGTの混合物である。凝固後はGTのみになる。ピークの割れは，GTのコンフォメーションを持っていた部分はすぐ結晶格子を作れるが，TTのコンフォメーションのものは一端GTにコンフォメーションを変えてから結晶化するので，遅れが生じるためと

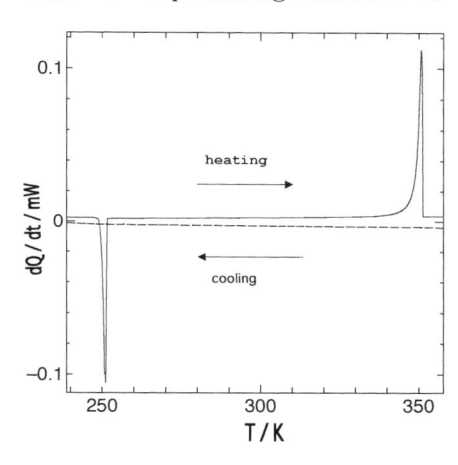

図4　[bmim]BrのDSCトレース
液体状態から1mK/sで降温し（破線），その後同じ速度で昇温（実線）。下向きが発熱，上向きが吸熱。

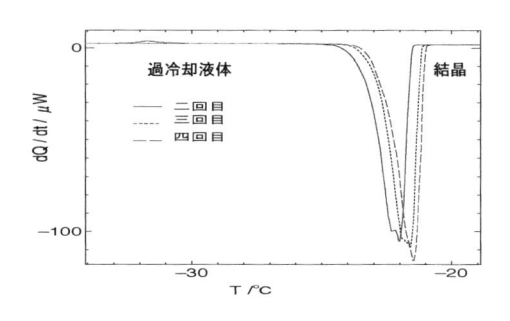

図5　[bmim]Brの凝固部分の拡大図
昇温速度は1mK/s。ピークが2つに割れていることに注目。

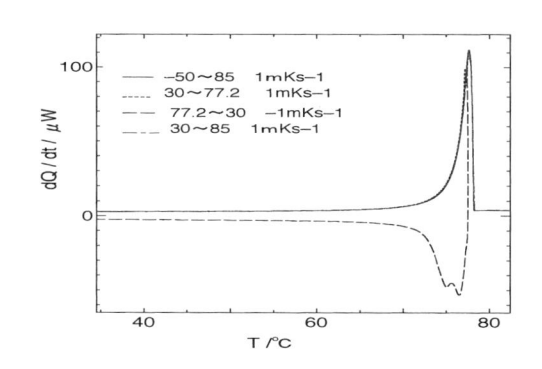

図6　[bmim]Brの融解部分の拡大図
ピークのトップに至る前に降温に切り替えると，ピークが割れる（破線）。昇温および降温速度はいずれも1mK/s。

思われる。1イオンだけのコンフォメーションの変化ではなく，結晶格子をつくるためには，数千～数万のイオンが協同的に起こると思われる。このような数が集まった構造変化は，1mK/s程度の温度変化で丁度検知できるようなスローダイナミックスである。

　図6は，融解のピークにいたる直前に，温度を下げる方向に変化させた場合のトレースである。この場合も，ピークが2つに割れる。表1に示されるように，結晶ではGTのコンフォメーションをとり，液体状態では，GTとTTの混合物である。すなわち，premelting領域で，butyl基の一部がTTに変わりlocal meltingが起こっているものと思われる。この状態で，温度を下げるとGTのコンフォメーションのイオンはすぐに結晶格子を作れるが，TTに変化したものは，GTにもどってから結晶化するので時間がかかる。[bmim]Brのpremelting現象は，butyl基のコンフォメーションの協同的変化と融解が連動して起こっているためと結論される。

　同じ時に作ったイオン液体のprototype結晶でも，結晶一つ一つによって，熱挙動が異なる例を示す[2]。[bmim]Cl塩のTT型結晶（Cryatal 1）の融解付近のDSCトレースを図7に示した。3本の曲線は，異なる単結晶一個一個の融解トレースである。同時に結晶化した試料の中から3粒拾い出し，それぞれ実験を行ったものである。図に示すように，融点もまた融解トレースの形状も大きく異なる。また，それぞれの結晶について凝固・融解を繰り返しても，それぞれの最初と同じ振る舞いを示す。すなわち，一個一個の結晶が個性と記憶を持つ。これは，単結晶に見えるが，結晶中にTTとGTのドメイン構造があり，その存在割合により個性が生じ，GTとTTの構造変化は非常に長い緩和時間を持つことを暗示しているためと考えられる。あるいは，潮解していない単結晶を拾い出してはいるが，極微量の水が，熱物性を大きく変えている可能性も捨てきれない。

　超高感度DSCを用いて結晶⇄液体の相変化に焦点をあてた研究として，[bmim]X（X：Br,Cl）を例として紹介した。結晶でも，local meltingが存在し，また液体になっても微結晶的な部分構造が保持されていることを想像させる現象がとらえられている。イオン液体の結晶および液体は，我々が通常の概念として持っている結晶や液体のイメージと異なるのかもしれない。すなわち，非平衡の結晶あるいは非平衡の液体といえるかもしれない。これは構造変化する緩和時間が，十分長いことに帰せられるであろう。長い緩和時間は，多くのイオンが協同的に相互作用して相変化をしていることに対応していると思われる。このようなメゾスケールの構造変化およびそれに伴う熱の出入りは，超高感度熱分析装置を用いれば検出可能であり，このようなスローダイナミックを追うのに，熱分析が威力を発揮するといえるであろう。

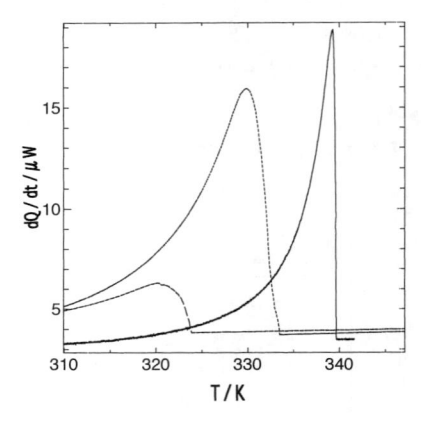

図7　[bmim]ClのCrystal 1（TT配座）の融解トレース
同時に作った単結晶であるが，すべて異なる熱挙動を示した。

第 7 章 イオン液体の物理化学

文　　献

1) 稲場秀明, 東崎健一, 林英子, 王紹蘭, 熱測定, **32**, 77 (2005)
2) K. Nishikawa, S. Wang, H. Katayanagi, H. Hayashi, H. Inaba, S. Hayashi, H. Hamaguchi, Y. Koga and K. Tozaki, *J. Phys. Chem. B* (Submitted)
3) S. Hayashi, R. Ozawa and H. Hamaguchi, *Chem. Lett.*, **32**, 498 (2003)
4) S. Saha, S. Hayashi, A. Kobayashi and H. Hamaguchi, *Chem. Lett.*, **32**, 740 (2003)
5) R. Ozawa, S. Hayashi, S. Saha, A Kobayashi and H. Hamaguchi, *Chem. Lett.*, **32**, 948 (2003)

第8章　イオン液体界面の構造解析

大内幸雄[*1]，金井　要[*2]，関　一彦[*3]

1　はじめに

　有機カチオンをベースにした常温溶融塩（イオン液体）は，イオン性化合物でありながら常温で液体相を示す一連の化合物群であり，1992年に1-ethyl-3-methyl imidazolium tetrafluoroborate ([EMIM]BF$_4$)[1] が報告されて以来，その特異な物理化学的性質と相まって現在盛んに研究が進められている[2~4]。「塩」の特徴を有した液体であるため極性が高く，優れた溶解性をもつ新しい電解質溶媒となりうる。また，蒸気圧が測定限界以下であるため，人体や地球環境にとって有害な揮発性有機溶媒の代換材料としての検討も加えられている。相間移動触媒などへの応用，分離抽出技術への応用，電池などの電気化学分野への応用も期待されている[2~4]。

　これらの用途において，表面や界面の構造，物質移動に係わる諸物性を知ることは大変重要なことであるが，実は，その研究例は驚く程少ない。この書籍に詳述されているように，イオン液体を太陽電池，燃料電池，コンデンサーなど多様な電気化学系における電解質として用いる場合，これまで広義の電気化学の分野において金属電極／希薄電解質水溶液界面に関する巨視的・現象論的研究が多くなされてきてはいるが，金属／イオン液体界面に関して分子レベルのモデルが構築されているとは言いがたい状況にある。また，最も単純であるはずのイオン液体気／液界面構造についても，いくつかの方法論で研究されているところではあるが，諸説紛々として未だに定説がない。本稿ではイオン液体がからむ液／固界面および気／液界面の構造について最近の事例を解説することにする。

2　イオン液体の気／液界面構造

　イオン液体の発見以来，イオン液体気／液界面構造を分子レベルで解析した例としては，①希ガスイオンを加速して液体表面に衝突させ反跳した粒子を調べる直接反跳分光法（DRS）[5]（表面張力測定[6]を併用），②中性子線反射率測定法[7]，③X線反射率測定法[8]，④二次の非線形光学効果を用いた赤外—可視和周波発生振動分光法（IV-SFG）[9~11] などを挙げることができる。最も早く試みられたのが直接反跳分光法（DRS）で，図1に示される代表的なイオン液体の表面構造が調べられた。それによると，(1)アニオンとカチオンのいずれもが表面に存在する，(2)イミダゾリウム環は表面に対して垂直に立っている，(3)アルキル側鎖が短い場合，それらは気／液界面から突き出すような配列構造を取らない，等の結果を得ている。しかしながら，これらの解析

---

*1　Yukio Ouchi　名古屋大学大学院　理学研究科　物質理学専攻　助教授
*2　Kaname Kanai　名古屋大学大学院　理学研究科　物質理学専攻　助手
*3　Kazuhiko Seki　名古屋大学大学院　理学研究科　物質理学専攻　教授

第8章 イオン液体界面の構造解析

には仮定も多く，検討の余地が多いことが後に指摘されている．ついで行われた中性子線反射率測定[7]では図2に示すように，イオン液体気／液界面においてバルクと異なる何らかの表面構造を反映するパターンが得られており，イオン液体の特異性を表す好例として認識された．この実験を更に発展させたのが図3に示す最近行われたX線反射率測定[8]である．X線反射率にして9桁の変化を測定した精緻な実験であるが，図4に示すとおり，いくつかの構造モデルの可能性を指摘するに留まり，最終結論を導くには至らなかった．特に，他の溶液系の気／液界面に存在するギブス膜，ラングミュア膜で見られる官能基の極性構造がイオン液体で観測されうるのか，その有無を弁別できていない点については今後の検討が必要と思われる．一方，液体の気／液界面で熱的に励起されるキャピラリー波が反射率に影響を及ぼすことから，表面での表面張力を間接的に評価できる．彼らはX線反射率データの解析から，密度だけでなく表面張力にも異常があることを指摘している．キャピラリー波を光散乱法を用いて直接的に検討した例[12]も知られているが分散関係にやはり異常を見出しており，イオン液体気／液界面が構造的な特異性を有することは間違いないだろう．

さて，ここで示された気／液界面構造の解析を一歩進めて，イオン液体の官能基別に構造を論じてみたい．官能基の弁別には振動分光法を用いるのが手っ取り早いが，特に気／液界面での選択性の高い赤外―可視和周波発生分光法(Infrared-Visible Sum Frequency Generation: IV-SFG)を用いて調べた例を紹介する．IV-SFG法は二次の非線形光学効果を利用した振動分光法であり，反転対称中心を欠く（ことが予想される）表面や界面に対して，可視光と赤外光を試料表面に照

図1　代表的なイオン液体
カチオン：1-alkyl-3-methyl imidazolium，
アニオン：BF_4^-，PF_6^-

R：アルキル鎖　X：BF_4^-，PF_6^-

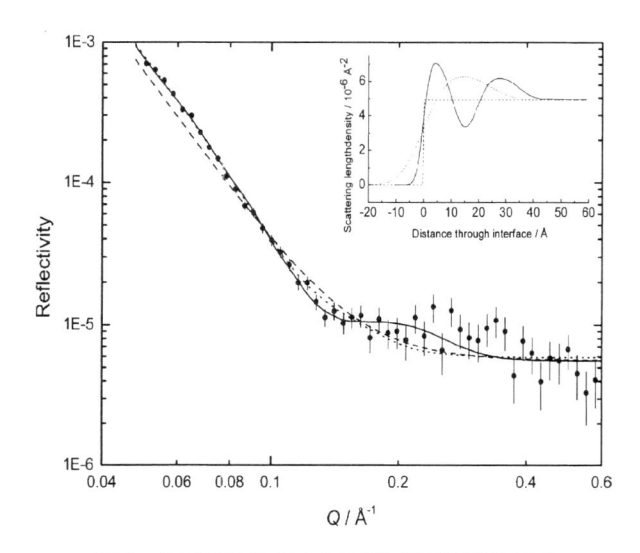

図2　[BMIM]PF_6の中性子線反射率測定の結果
挿入図はデータから算出したイオン液体表面の散乱長密度プロファイルの深さ依存性。表面構造がバルクと異なることが示された[7]。

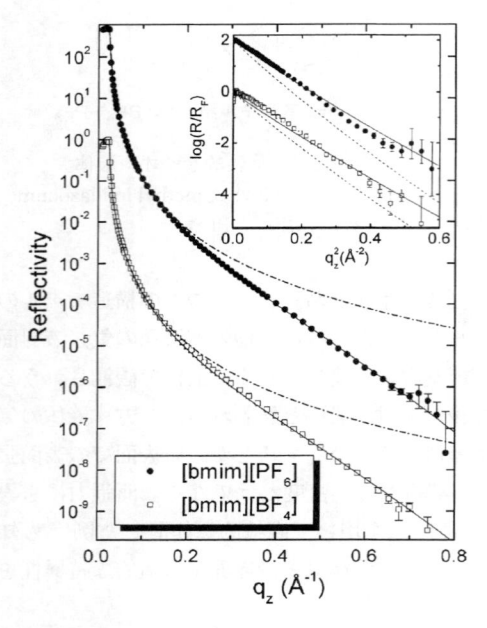

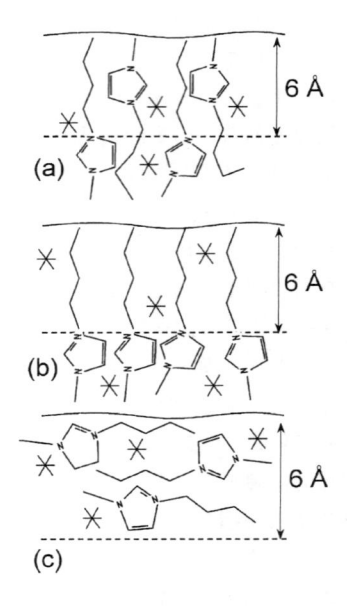

図3 [BMIM]PF₆, [BMIM]BF₄のX線反射率測定の結果[8]

図4 図3のX線反射率測定から導出された表面構造のモデル図[8]

射し和周波成分の光を観測することにより，バルクの構造に左右されない表面・界面選択的な情報を得るものである。本法の詳細については文献[13]を参照されたい。

図5に[BMIM]BF₄のIV-SFGスペクトルを，ssp, sps, pppの各偏光組み合わせについて示す。偏光組み合わせの表記法については，和周波光，可視光，赤外光の順に標記するという約束に従っている。すなわちsspスペクトルとはs偏光（入射面に垂直な直線偏光）の可視光，p偏光（入射面内の直線偏光）の赤外光を入射した際に観測されるs偏光の和周波光スペクトルであることを示す。

先ず，[BMIM]BF₄のSFGスペクトルを定性的に評価してみよう。ppp及びspsスペクトルにおいて強く観測される2975cm^{-1}のピークはメチル基の逆対称伸縮振動（r^-）と帰属される。このモードの振動分極方向はメチル基の3回対称軸（C_{3v}）に対して垂直である事，このピークは入射赤外光がp偏光であるsspスペクトルでは殆ど観測されず，入射赤外光が気／液界面に平行なs偏光であるspsスペクトルでは観測される事から，メチル基の3回対称軸は気／液界面に対して垂直に近い方向を向いていると予想される。

定量的な議論にはメチル基の対称伸縮振動（r^+）2881cm^{-1}を用いるのが比較的便利であり，ssp, sps, pppのスペクトルからメチル基の傾き角θを求めると，最大でも約40°の円錐内にある事が分かった。

ブチル鎖という比較的短いアルキル側鎖でも末端メチル基が表面に対して「立った」構造をとることについては議論の余地があるだろう。前述のDRS法による評価では「立った」配列構造に対する否定的な結論を得ており，また，液体の表面なのだから「かなり乱雑なのでは？」と

第 8 章　イオン液体界面の構造解析

いったごく一般的なコメントも予想される。ただ，これまでの液体表面に関するIV-SFGの研究例をひも解いてみると，メチルアルコールの気／液界面でメチル基が「立った」配列構造をとるという報告例があり[14]，「液体＝表面に乱雑」という図式が成り立つほど単純ではなさそうである。メチルアルコールの場合は水素結合によるネットワーク構造の重要性が指摘されており，図1に示すようなイオン液体の場合は環構造やアニオンの影響も考えれば，独自のメカニズムがあっても良いだろう。また，DRS法の結果や筆者らによる準励起原子電子分光（Metastable-atom electron spectroscopy（MAES））[15] による結果を見ると，アニオンとカチオンが液体表面を等しく覆っていることが示唆されており，末端メチル基の数密度がアルコール等の場合と比較して低下していることが十分考えられる。これらの疑問を明らかにするために，比較的良く調べられているヘキサデカノール（n-$C_{16}H_{33}OH$）水面上単分子膜（L膜）のIV-SFGスペクトルと今回の結果を比較してみたところ，メチル基の表面数密度が最密充填構造の約40％になっていることが分かった。もし，イオン液体の末端メチル基が数密度の低い「スカスカ」な表面で「立って」いるのであれば，イオン液体にはアルキル鎖に関して独自の配列メカニズムを持つことになり，これは液体の表面構造として大変興味深いものである。

これまでの知見を総合して［BMIM］BF_4の気／液界面構造をモデル化してみたい。末端メチル基が上を向いていること，表面にはアニオンとカチオンが等しく存在していること，ブチル鎖にはゴーシュ構造が含まれうること，等がその骨子である。この他に我々の研究グループにおける軟X線吸収分光法のデータから[15]，表面最外層では環構造が40°程度に傾いていることが分かっている。問題となるのは，ヘキサデカノールに比べて数密度が小さいにもかかわらずメチル基が上を向きうるメカニズムがあるのか，という点であろう。我々は，当該のイオン液体の系列化合物に関するX線構造解析のデータから，隣接するカチオンのアルキル鎖同士の相互作用がかなり強調されている事に着目し[16]，図6に示すようなモデル構造を提案している。［BMIM］$^+$カチオンの構造は結晶

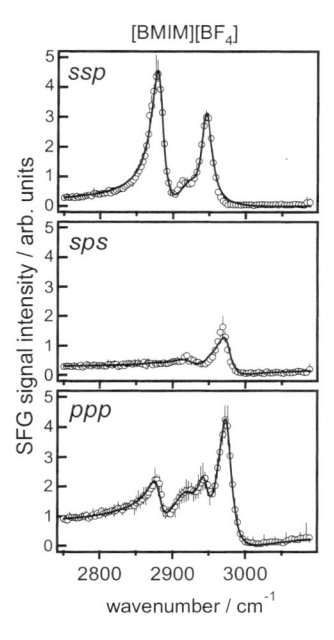

図5　CH伸縮振動領域における［BMIM］BF_4のIV-SFGスペクトル
偏光組み合わせ条件の表記は和周波，可視，赤外の順。実線はフィティングの結果。2881 cm^{-1}，2975 cm^{-1}のピークはそれぞれブチル鎖末端メチル基の対称伸縮振動（r^+），逆対称伸縮振動（r^-）と帰属される[9]。

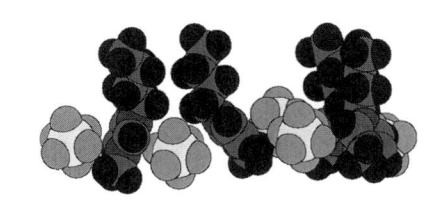

図6　イオン液体の気／液界面構造のモデル図
アニオンとカチオンはともに表面に露出している。

構造のデータを援用した。丸はアニオンを示している。アニオンとカチオンが同様に表面に存在しつつアルキル側鎖の相互作用によりメチル基は総じて上を向くモデル構造となっている。尚,最近,濱口らはX線構造解析及びラマン分光測定の結果から,イオン液体バルク中に局所的な集合状態が形成されうる事を示唆している[17〜19]。表面構造がそれらを反映しているかどうか,今後の検討が待たれるところである。

3 イオン液体／金属界面

イオン液体／金属界面構造を分子レベルで理解することは基礎的観点からだけでなく応用研究を進展させる上で大変重要になってくると思われる。電気二重層やPZCが単一の電解質液体（イオン液体）の中でどのような振る舞いをするか,微視的な観点から明らかにすることが問題となってくる。これまでの研究例を紐解くと,殆どの電気二重層構造に関する実験・理論の仕事が,水溶液系におけるGouy-Chapman-Sternsのモデルから出ている。このモデルはイオンが水によるsolvation shellによって取り囲まれていて,拡散型の電気二重層を作るために電極表面で不均一な濃度分布を持ちうる事を仮定している。このモデルを濃厚な電解質水溶液系に無理やり適用することはあっても,イオン液体のように溶媒の存在しない系では当てはまらないと考えたほうが良い。さらに古典的な溶融塩の結果はイオン液体については荒い近似にすぎないと見ておいたほうがよいだろう。というのもイオン液体は分子性のイオンからなっており,その化学的な構造が表面や界面での配向や結合に大変重要な役割を演じていると考えられるからである。

イオン液体／金属電極界面に振動分光法を適用した研究例としては,先に述べたIV-SFG法を用いたもの[20, 21],FT-IR[22]を用いたものなどが知られている。IV-SFG法による解析例[20]を紹介すると,白金電極上に［BMIM］BF_4または［BMIM］PF_6を展開した場合,負電位ではイミダゾリウム環が基板に対してフラットに吸着する傾向があり,電位を正に振るにつれてイミダゾリウム環が直立する傾向を示すようである。また,このとき電極上のイミダゾリウムの被服率を計算すると,複数層では無く概ね1層で吸着していることが分かった。負電位でイミダゾリウム環がフラットに吸着するのは電極電荷のスクリーニングのためであり,正電位で直立傾向に変化するのはアニオンが選択的に電極に近接する際にアニオンに空間を空けるためであると解釈されている。IV-SFG法においてアニオンの挙動が観測されていない点が,今後の課題であると思われる。

電気二重層の厚みを直接測定する試み[21]として,IV-SFG法で観測される電場印加時のピークシフトを振動シュタルク効果によるものとして研究した例が最近報告されている。表面における局所電場強度をイオン液体中で白金電極に吸着させたCOをプローブとして評価したものである。電極上の電場強度は大まかに$10^6 \sim 10^7$V/cm程度が一般的で,1Vの電圧降下が電気二重層1nm内外でおこるとされている。このような強い場は,場の関数として振動周波数のシフトの原因となりうる。電場の強度は電極間の距離と電位ϕに依存する。COの振動周波数は電場強度にも依存するから,$d\nu_{CO}/d\phi$を測定すれば電気二重層の厚さを評価することができる。

図7に結果を示すが,イオン液体の場合観測された$d\nu_{CO}/d\phi$は33cm^{-1}/V程度であった。COの場合,局所電場シュタルク効果$d\nu_{CO}/dE_{Loc}$は$\sim 1 \times 10^{-6} cm^{-1}$/（V/cm）であることが既に

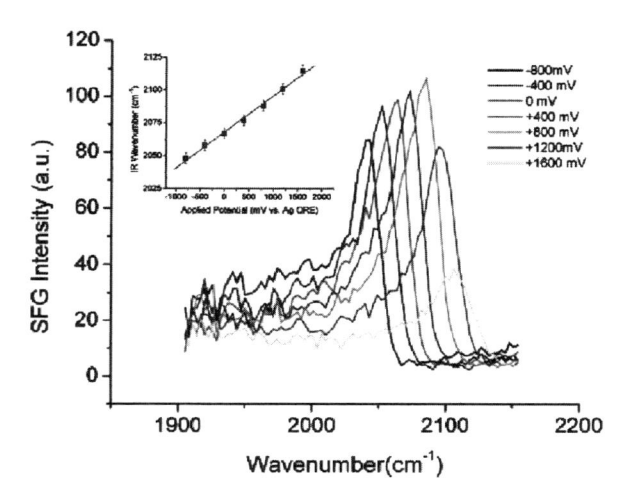

第 8 章　イオン液体界面の構造解析

図 7　[BMIM]BF$_4$ 中の Pt 電極上に吸着した CO 分子の IV-SFG スペクトルの基板電位依存性
ピークシフトは振動シュタルク効果によるものと考えられる[21]。

知られているので，その値を用いて電気二重層の厚さを計算すると，dν_{CO}/dϕ /dν_{CO}/dE_{Loc} = d = 3.3×10^{-10} m となる。このことは電気二重層が，ヘルムホルツ型の単一イオン層の厚みしか持っていないことを示しており，先に述べた結果と一致している。この他，固体基板に吸着したイオン液体の挙動については SiO$_2$ 基板に吸着させた例[23]などが報告されているが，いずれにしても各論の域を出ておらず今後の課題といえる。

4　今後の課題

イオン液体が関与する界面現象は多岐に渡り，多年にわたって蓄積された電気化学的な知識のみでは対応できない問題を抱えている。気／液界面，液／固界面についてはここに挙げたいくつかの方法論で分子レベルでの研究が進められつつあるが，液／液界面については今後の展開を待つ必要がある。また，本稿では触れなかったが，分子シミュレーションを用いてイオン液体が関与する表面／界面の検討が積極的になされており，実験とのすり合わせが求められるだろう。

文　献

1) J. S.Wilkes, M. J. Zaworotko, *J.Chem.Soc., Chem.Commun.*, 965(1992)
2) J. Dupont, R. F. de Souza, P.A.Z. Suarez, *Chem. Rev.* **102**, 3667(2002)
3) T. Welton, *Chem. Rev.* **99**, 2071(1999)
4) L. A. Blanchard, D. Hancu, E. J. Beckman, J. F. Brennecke, *Nature*, **399**, 29(1999)
5) G. Law, P. R.Watson, A. J. Carmichael, K. R. Seddon, *Phys. Chem. Chem. Phys.*, **3**, 2879(2001)

6) G. Law, P. R. Watson, *Chem. Phys. Lett.*, **345**, 1(2001)
7) J. Bowers, M. C. Vergara-Gutierrez, J. R. P. Webster, *Langmuir*, **20**, 309(2004)
8) E. Solutsukin, B. M. Ocko, L. Taman, I. Kuzmenko, T. Gog, M. Deutsch, *J. Am. Chem. Soc.*, **127**, 7796(2005)
9) T. Iimori, T. Iwahashi, H. Ishii, K. Seki, Y. Ouchi, R. Ozawa, H. Hamaguchi, D. Kim, *Chem. Phys. Lett.*, **389**, 321(2004)
10) J. Sung, Y. Jeon, D. Kim, T. Iwahashi, T. Iimori, K. Seki, Y. Ouchi, *Chem. Phys. Lett.*, **406**, 496 (2005)
11) S. Rivera-Rubero, S. Baldelli, *J. Am. Chem. Soc.*, **126**, 11788(2004)
12) V. Hlka, R. Tsekov, W. Freyland, *Phys. Chem. Chem. Phys.*, **7**, 2038(2005)
13) Y. R. Shen, *Nature*, **337**, 519(1989), X. Zhuang, P. B. Miranda, D. Kim, Y. R. Shen, *Phys. Rev. B*, **59**, 12632(1999), and references therein
14) C. D. Stanners, Q. Du, R. P. Chin, P. Cremer, G. A. Somorjai, Y. R. Shen, *Chem. Phys. Lett.*, **232**, 407(1995)
15) T. Nishi *et al.*, manuscript in preparation
16) C. M. Gordon, J. D. Holbrey, A. R. Kennedy, K. R. Seddon, *J. Mater. Chem.*, **8**, 2627(1998)
17) S. Hayashi, R. Ozawa, H. Hamaguchi, *Chem. Lett.*, **32**, 498(2003)
18) S. Saha, S. Hayashi, A. Kobayashi, H. Hamaguchi, *Chem. Lett.*, **32**, 740(2003)
19) R. Ozawa, S. Hayashi, S. Saha, A. Kobayashi, H. Hamaguchi, *Chem. Lett.*, **32**, 948(2003)
20) S. Rivera-Rubero, S. Baldelli, *J. Phys. Chem. B*, **108**, 15133(2004)
21) S. Baldelli, *J. Phys. Chem. B*, **109**, 13049(2005)
22) N. Nanbu, Y. Sasaki, F. Kitamura, *Electrochem. Commun.*, **5**, 383(2003)
23) B. D. Fichett, J. C. Conboy, *J. Phys. Chem. B*, **108**, 20255(2004)

第9章　新規イオン液体群

1　非ハロゲン系イオン液体

荻原　航[*1]，大野弘幸[*2]

1.1　はじめに

これまでに報告されているイオン液体のアニオン種は，PF_6^- や BF_4^-，bis(trifluoromethanesulfonyl) imide (TFSI) のようにその多くがフッ素を代表とするハロゲン元素を構造中に含む。これはハロゲンの強い電子吸引性によりアニオンの解離度が高くなることと，負電荷の分散によりイオン間に働く静電的相互作用が弱まるため，低融点，低粘性のイオン液体ができやすいためである。他方，ハロゲン元素を含まないアニオンから構成される有機塩は，塩解離が不充分で室温で液体になりにくい，あるいは，良好な物性を示すものは少ないと経験的に考えられていた。そのため，非ハロゲン系アニオンから成るイオン液体は，研究例も少なくバリエーションに乏しい。

環境負荷の小さいグリーン溶媒としてイオン液体が期待されているが，イオン液体の処理や分解まで考慮するとハロゲンを含まないイオン液体が注目されるようになる。欧州を始めとして，本邦でも重金属やハロゲンの電子電気部品への使用が制限され始め，今後その流れは拡大することが予想される。また，含フッ素化合物の高い熱安定性は利用する上では大きなアドバンテージであるが，廃棄においては欠点となる。フロンやパーフルオロカルボン酸が環境中へ蓄積し，問題となっていることを引用するまでも無く，よりクリーン（グリーン）な材料としてイオン液体を提案していくためには，生分解など，最終廃棄までを見据えた構造設計をする必要がある。ハロゲン元素を含まないイオン液体の開発はその答えのひとつであろう。

1.2　非ハロゲン系汎用アニオン

表1には非ハロゲン系アニオンから構成されるイミダゾリウム塩型イオン液体の例と物性値をまとめた。また類似の含ハロゲンアニオンから構成されるイオン液体（#4, 6, 8, 10）の物性値も併せて記載した。表中に示した2や3のように，硝酸や酢酸から構成されるイミダゾリウム塩がイオン液体となることは早くから知られている。加えて，アルキルスルホン酸などの汎用アニオンや，硫酸，リン酸などの多価アニオンもイオン液体を形成する場合がある。詳細は第17章を参照されたい。非ハロゲン系アニオンから構成される3や5は，トリフルオロメチル基を有する類似アニオンから形成される塩と比較して粘性やイオン伝導度に劣るものの，イオン液体としては比較的良好な物性を有すると言えるだろう。また，含フッ素アニオンから構成される4よりも3の方が低い融点を示しているのは，イオン液体の物性を支配する因子が，電荷の非

---

* 1　Wataru Ogihara　東京農工大学大学院　工学教育部　生命工学専攻
* 2　Hiroyuki Ohno　東京農工大学大学院　共生科学技術研究部　ナノ未来科学研究拠点　教授

表1 非ハロゲン系アニオンから構成されるイオン液体の物性値

No.	Cation	Anion	T_m/℃	η/cP^a	σ_i/mS cm$^{-1\,a}$	引用文献
1	EMIm$^+$	NO$_2^-$	55	38		1)
2		NO$_3^-$	38	55		1)
3		CH$_3$COO$^-$	−45	162	2.8	1)
4		CF$_3$COO$^-$	−14	35	9.6	2)
5		CH$_3$SO$_3^-$	39	160	2.7	3)
6		CF$_3$SO$_3^-$	−10	43	9.3	3)
7		NC—N—CN	−21	21	27	4)
8		CF$_3$SO$_2$—N—SO$_2$CF$_3$	−15	25	8.4	2)
9		NC–C(CN)–CN	−11	18	18	5)
10		(CF$_3$SO$_2$)$_3$C$^-$	39	181	1.7	6)
11	BMIm$^+$	(bis-oxalatoborate)	(−29)			7)
12		(saccharinate)	L			8)

a; 25℃, L; Liquid at room temperature

局在化による静電的相互作用だけでなく，複数存在していることを意味している。

非ハロゲンアニオンでありながら良好な物性を示すイオン液体を形成するものとして，(CN)$_2$N$^-$がある。TFSIアニオンと同じくイミドアニオンであり，シアノ基がCF$_3$SO$_2$基の代わりに電子吸引基として働いている。表1に示すように，カチオンがEMIm$^+$の場合には，(NC)$_2$N$^-$から構成される**7**はTFSI塩である**8**よりも低い粘性，高いイオン伝導度を示す。この傾向は(NC)$_3$C$^-$においても同様である。アニオンの大きさが物理化学的な物性値に影響していることはしばしば報告されており，低粘性，高イオン伝導性のイオン液体を得るためには，静電的な相互作用力を弱くしつつアニオンサイズを小さくすることが有効である。

1.3 芳香族性のアニオン

イオン液体においてイミダゾールを始めとするアゾール類がカチオンの母核構造として多用されるのは，ヘテロ環の共鳴構造により正電荷の非局在化が促され，静電的相互作用が弱まるためである。環構造によっては負電荷の安定化にもつながる。例えば，Lithium 4,5-dicyano-1,2,3-triazolateは，負電荷が非局在化することで解離性が高く，Li$^+$を生成しやすい電解質である[9]。

近年では，いくつかのアゾール由来アニオンをオニウムカチオンと組み合わせてイオン液体が作成されている。それらの物性を表2にまとめた。ここに示すイオン液体は，低融点もしくは低いガラス転移温度を示す粘性液体として得られている。熱物性以外の物性値はほとんど評価されていないが，**13**や**14**は代表的なイオン液体であるEMImTFSIと同程度の粘性とイオン伝導度を示す[10]。こうした結果は，ヘテロ芳香環型アニオンでも充分に負電荷が非局在化し，設計指針

第9章 新規イオン液体群

表2 アゾール型アニオンから構成されるイオン液体の物性値

No.	Cation	Anion	$T_g(T_m)$ / ℃	η /cP	σ_i/ mS cm^{-1}	引用文献
13	EMIm$^+$	(トリアゾラート)	-76	60^a	1.47	10)
14	〃	(テトラゾラート)	-89	43^a	8.67	10)
15	BMIm$^+$	(ジニトロトリアゾラート)	(-8)			11)
16	(H-トリアゾリウム-N$_3$)	(ニトロトリアゾラート)	-35			12)
17	(CH$_3$-トリアゾリウム-N$_3$)		-38			12)
18	(n-C$_3$H$_7$-トリアゾリウム-N$_3$)		-45			12)

a; 25 ℃, b; 20 ℃

に沿った物性値が現れることを示している。未開拓のヘテロ芳香環はまだ多く残されており、物性値の改善は充分期待できる。

表2に示したイオン液体の熱的安定性は一般的なイオン液体と比較するとやや劣っており、200℃程度で分解する。これはトリアゾール、テトラゾール類が大きなエネルギーを内包しており、爆発性があることと無関係ではないだろう。実際に、これらのアニオンを用いたイオン液体は、蒸発しない液体燃料（爆薬）としても研究されている。安定な液体としてイオン液体を作成するのではなく、特定の条件下で分解してエネルギーを放出するが、通常の取扱いは容易で安定な液体であるという特徴は興味深い。

文　　献

1) J. S. Wilkes, M. J. Zaworotko, *Chem. Commun.*, 965(1992)
2) P. Bonhôte, A-P. Dias, M. Armand, N. Papageorgiou, K. Kalyanasundaram, M. Grätzel, *Inorg. Chem.*, **35**, 1168(1996)
3) E. I. Cooper, E. J. M. O'Sullivan, Proceedings of the 8th international Symposium on Molten Salts, The Electrochemical Society, Pennington, NJ, **92-16**, 386(1992)
4) D. R. MacFarlane, J. Golding, S. Forsyth, M. Forsyth, G. B. Deacon, *Chem. Commun.*, 1430(2001)
5) Y. Yoshida, K. Muroi, A. Otsuka, G. Saito, M. Tkahashi, T. Yoko, *Inorg. Chem.*, **43**, 1458(2004)
6) C. Namjundiah, S. F. McDevitt, V. R. Koch, *J. Electrochem. Soc.*, **144**, 3392(1997)
7) W. Xu, L.-M. Wang, R. A. Nieman, C. A. Angell *J. Phys. Chem. B*, **107**, 11749(2003)
8) E. B. Carter, S. L. Culver, P. A. Fox, R. D. Goode, I. Ntai, M. D. Tickell, R. K. Traylor, N. W. Hoffman, J. H. Davis, Jr., *Chem. Commun.*, 630(2004)
9) M. Egashira, B. Scrosati, M. Armand, S. Béranger, C. Michot, *Electrochem. Solid-State Lett.*, **6**, A71(2003)

10) W. Ogihara, M. Yoshizawa, H. Ohno, *Chem. Lett.*, **33**, 1022 (2004)
11) A. R. Katritzky, S. Singh, K. Kirichenko, J. D. Holbrey, M. Smiglak, W. M. Reichert, R. D. Rogers, *Chem. Commun.*, 868 (2005)
12) H. Xue, Y. Gao, B. Twamley, J. M. Shreeve, *Inorg. Chem.*, **44**, 5068 (2005)

2 アミノ酸イオン液体

福元健太[*1], 大野弘幸[*2]

2.1 はじめに

我々は機能設計のために化学修飾などの可能性を持ったイオン液体として、アミノ酸をアニオンとするイオン液体（アミノ酸イオン液体）[1]を提案した。時を同じくしてイオン液体の新たな構成イオンとして、糖や糖誘導体[2]、乳酸[3]などの天然由来のイオンに注目が集まるようになってきた。なかでもアミノ酸を用いた研究は、生分解性や低毒性、キラリティーなどのアミノ酸に基づく性質をイオン液体に付与できるため、本章4節で紹介するように、アミノ酸を出発物質とする種々のカチオン[4]も多く報告されるようになってきた。本節ではアミノ酸イオン液体の合成法と特徴を含め、アミノ酸イオン液体の物性評価から明らかとなってきた官能基と物性の相関について述べる。

2.2 アミノ酸イオン液体のメリット

アミノ酸は水以外の有機溶媒にはほとんど溶けない双生イオン構造の結晶として存在する。塩とイオン交換反応が起きにくいことから、イオン液体の一般的な合成法であるアニオン交換法を用いても高純度のアミノ酸イオン液体を得ることは難しい。そこで、オニウムハライド塩を陰イオン交換樹脂で処理して対アニオンをOH^-とし、これをアミノ酸で中和し、水を除去することで目的の塩を得る方法を用いた（図1）。

この方法は次のようなメリットを有する。すなわち、
・合成経路が単純である。
・低コストでキラルなイオン液体が得られる。
・様々な官能基を有するイオン液体が簡便に得られる。

対アニオンがOH^-である場合、オニウムカチオンの中には不安定なものもあり、水溶液を濃縮できないことがあるので注意が必要である。

2.3 アミノ酸イオン液体の構造と物性

ガラス転移温度（T_g）はイオン液体の物性を比較する上でよい指標となる。T_gは熱運動が凍結されている固体からセグメントの運動が始まる温度で、ガラス状態の解析、さらには系の粘度と

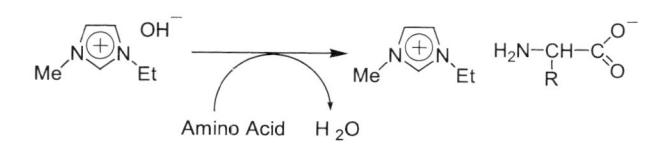

図1 アミノ酸イオン液体の合成法

---

*1 Kenta Fukumoto 東京農工大学大学院 工学教育部 生命工学専攻
*2 Hiroyuki Ohno 東京農工大学大学院 共生科学技術研究部 ナノ未来科学研究拠点 教授

イオン液体 II

強い相関がある。詳細はAngellらの報告[5]を参照されたい。粘度は反応溶媒や電解質材料にイオン液体を応用する際に，反応速度やイオン伝導度を支配する重要な因子である。1-エチル-3-メチルイミダゾリウムカチオン（emim）と20種類の天然アミノ酸とそれぞれ組み合わせて得られたイオン液体の式量とT_gを図2に示す。アミノ酸イオン液体のT_gはカルボン酸アニオンに負電荷を有する基本構造にも関わらず，側鎖構造によって-65℃から6℃と大きく異なる。側鎖が炭化水素だけのアミノ酸を比較するとGly（図1中のR：H），Ala(CH_3)，Val($CH(CH_3)_2$)とアルキル鎖長が伸びるのに従ってT_gは徐々に上昇する。これは側鎖に官能基を有しているアミノ酸をアニオンとする場合も同様にAsp(CH_2COOH)からGlu(CH_2CH_2COOH)へと鎖長が伸びることで，T_gは上昇する。一方，鎖長がほぼ同じであるにも関わらず，アミノ基を有するリジン（-47℃），アミド基を有するグルタミン（-12℃），カルボキシル基を有するグルタミン酸（6℃）と官能基の種類によってT_gは大きく異なる（図2，矢印）。この違いは官能基の水素結合受容性および供与性の強さに依存している。

一般的なイオン液体の作成時と同様に，イミダゾリウム系のカチオンを用いると，室温で液体の塩が得られやすい。特にemimと組み合わせた場合には20種類の天然アミノ酸すべてが室温でイオン液体となった[1]。

他にも表1に示したようにイミダゾリウム以外の一般的なオニウムカチオンと組み合わせた場合に，室温で液体となり，T_gのみを示すものも得られるが，熱分解温度（T_d）がいずれも150℃程度とイミダゾリウム系よりも大きく低下する。一方，テトラブチルホスホニウムカチオン（TBP）と組み合わせた場合，emimよりも高い熱分解温度を示し，かつ低いT_gを示す。TBPを他のアミノ酸と組み合わせた場合，20種類中10種が室温で液体となり，これらはemimを含むアミノ酸イオン液体より

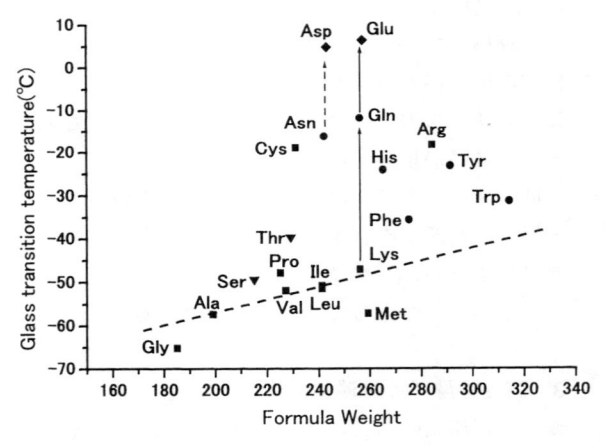

図2 アミノ酸イオン液体の式量とガラス転移温度

表1 アラニンと各種オニウムカチオンからなるイオン液体の物性

Cation	T_g/℃	T_m/℃	T_d/℃
emim	-57	ND	212
N_{4444}	ND	76	162
N_{6222}	-40	ND	150
P_{14}	-64	77	176
TBP	-70	ND	286

ND：観測されず

第 9 章　新規イオン液体群

も低い T_g を示す[6]。これはTBPがイミダゾリウムカチオンのようにアニオンと水素結合に強く関与するプロトンを持たないことと，アンモニウムと比較して化学的に安定なカチオンであるためであろう。一般的にはTBPはTf$_2$NやBF$_4$と組み合わせた場合でさえ融点（T_m）が80℃以上の固体となってしまうので，イオン液体形成の立場からすると決して優れたカチオンではない。しかしながら，アミノ酸をアニオンとする場合はガラス転移温度のみ，もしくは低い融点を示すイオン液体が得られる。TBPとアミノ酸の組み合わせはイオンサイズや立体障害が融点を低下させるのに適した組み合わせであると考えられる。

2.4　展　望

アミノ酸イオン液体は，従来のイオン液体が有する不揮発性や不燃性，高イオン密度などの性質に加え，キラリティーや低毒性化，生物分解性などの性質を付与できると期待される新規なイオン液体群である。弱酸と強アルカリからなる塩であるので，水溶液はアルカリ性となるが，すでにミジンコ等の生物を用いた試験を実施し，毒性は低いことを確認している。我々はアミノ酸イオン液体のカチオンについての検討も行い，生体由来物質であるコリンをカチオンとすることで，天然に存在するイオンのみで構成されたイオン液体を作成することにも成功した。また，アミノ酸イオン液体に疎水性を付与する検討も行っており，さらなる機能化を目指している。アミノ酸は機能席を導入するプラットホームとしても有用なので，今後機能化の出発材料になる可能性も大きい。

文　献

1) a) K. Fukumoto, M. Yoshizawa, H. Ohno, *J. Am. Chem. Soc.*, **127**, 2398 (2005); b) 特許公開広報 2004-269414：アミノ酸を構成イオンとする有機イオン性液体
2) a) S. T. Handy, M. Okello, G. Dickenson, *Org. Lett.*, **5**, 2513 (2003); b) E. B. Carter, S. L. Culver, P. A. Fox, R. D. Goode, I. Ntai, M. D. Tickell, R. K. Traylor, N. W. Hoffman, J. H. Davis, *Chem. Commun.*, 630 (2004)
3) a) M. J. Earle, P. B. MaCormac, K. R. Seddon, *Green. Chem.*, **1**, 23 (1999); b) J. Pernak, I. Goc, I. Mirska, *Green Chem.*, **6**, 323 (2004)
4) a) W. Bao, Z. Wang, Y. Li, *J. Org. Chem.*, **68**, 591 (2003); b) J. Levillain, G. Dubant, I. Abrunhosa, M. Gulea, A. Gaumont, *Chem. Commun.*, 2914 (2003); c) G. -h. Tao, L. He, N. Sun, Y. Kou, *Chem. Commun.*, 3562 (2005)
5) C. A. Angell 他, 第 3 章 2 節, 大野弘幸監修, イオン性液体, シーエムシー出版, p43-52 (2003)
6) 福元健太, 鍵本純子, 大野弘幸, 2005年電気化学秋季大会予稿集, p131

3 新規アニオン

深谷幸信[*1]，大野弘幸[*2]

3.1 はじめに

イオン液体はカチオンとアニオンの組み合わせによってその物性が決定される。イオン構造を任意に変化させることのできる有機物であるからこそ，様々な目的の機能（特性）を設計することも可能であろう。したがって新規イオンの発掘は重要である。代表的なカチオン構造としてイミダゾリウムやピロリジニウムなどの有機カチオンが広く用いられている。同時に積極的な新規カチオンの探索も進展しており，新たな機能発現を目的とした展開も注目されている（第9章4節）。

一方，アニオンに関しては，テトラフルオロボレートやヘキサフルオロフォスフェート，ビス（トリフルオロメタンスルフォニル）イミドなど，比較的大きく，電荷が非局在化したものが良く使われている。しかし，現状では，イオン構造やその組み合わせによって発現する物性を制御する絶対的な指針がない。新規アニオンは本節で述べているように多く提案されるようになってきたが，積極的に新規機能の発現や物性の改変を目指したアニオンのデザインはあまり行われていない。本稿では，これまで幾つか報告されてきた新規アニオンを用いたイオン液体の報告例をまとめ，また著者らが行っている新規カルボン酸系アニオンについて紹介したい。

3.2 既存アニオンの構造改変

イオン液体のアニオンの代表的なものとして，テトラフルオロボレートやビス（トリフルオロメタンスルフォニル）イミドが挙げられる。近年，これら既存のアニオン構造を基にしたいくつかの新規アニオンが報告されている。松本らは，BF_4のフッ素をアルキル鎖またはパーフルオロアルキル鎖に置換した新規アニオン（図1）を報告した[1]。これらのアニオンは1-アルキル-3-メチルイミダゾリウムカチオンや4級アンモニウムカチオンと組み合わせると，疎水性のイオン液体が得られる。代表的な1-エチル-3-メチルイミダゾリウムカチオンを持つイオン液体を比較した場合，BF_4塩では25℃において42cPの粘度を示すが，$C_nF_{2n+1}BF_3$アニオンを用いると，より低粘性（26～38 cP）になることが明らかとなっている。また，シアノ基を含む新規ホウ素系アニオン（図1右側）を用いたイオン液体も報告されている[2]。アニオンを非対称にする試みは，イミドアニオンに対しても行われている[3]。例を図2（左側）に示す。この松本らのイミドアニ

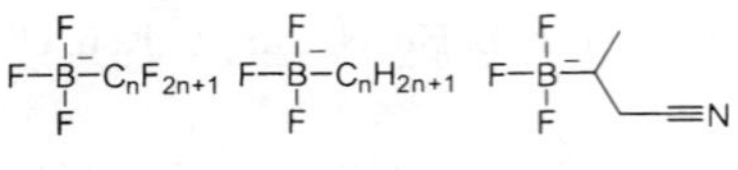

図1　非対称ホウ素系アニオン

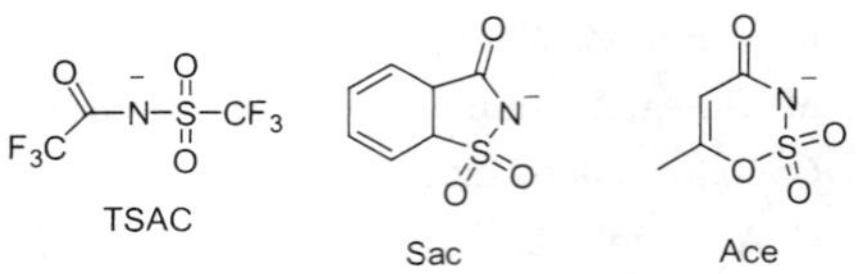

図2　非対称及び環状イミド塩の構造

---

*1　Yukinobu Fukaya　東京農工大学大学院　工学教育部　生命工学専攻
*2　Hiroyuki Ohno　東京農工大学大学院　共生科学技術研究部　ナノ未来科学研究拠点　教授

第9章　新規イオン液体群

オン（TSAC）の展開に触発され，Davisらはイミドアニオンを環状にすることを思いついた。彼らはサッカリネート（Sac）やアセスルファメート（Ace）を用いてイミダゾリウム塩やアンモニウム塩を報告した[4]後，同じアニオンを用いてフォスフォニウム塩を作成した[5]。本当に甘い塩が得られているのだろうか？

3.3　新規S含有アニオン

Wilkesらは一連のチオレート，チオアセテートアニオン（図3）を用いてイオン液体を作成している[6]。用いたカチオンがトリヘキシルテトラデシルフォスフォニウム（$P_{6,6,6,14}$）などであるため，粘度は600cP～1500cP程度と高いが，共役系アニオンとして興味深い構造である。カチオンを変えることにより，新たな展開も期待できる。

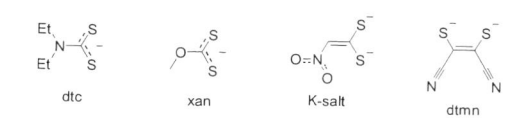

図3　新規チオレート，チオアセテート系アニオン
dtc；ジエチルジチオカルバメート，xan；メチルキサンテート，K-salt；ニトロジチオアセテート，dtmn；ジチオマレオニトリル

また，我々もS原子を含む新規スルフィド系アニオン（図4）を成分とするイオン液体を報告した[7]。これらのアニオンを1-エチル-3-メチルイミダゾリウムカチオンと組み合

図4　新規スルフィド系アニオン

わせて得られる新規イオン液体はいずれも融点を示さず，-69℃～-43℃のガラス転移温度のみを示す液体であった。化学修飾も可能であるため，新規な機能化アニオンとしての応用が期待できる。

3.4　新規カルボン酸アニオン

我々は，生体高分子などの難溶性化合物を可溶化し，各種用途に供することのできるイオン液体の開発を目的として，極性（水素結合能）を向上させたイオン液体の設計を行っている。乳酸[8]やアミノ酸[9]などのカルボン酸アニオンが比較的高い水素結合受容能を持つことが既に報告されている。一連のカルボン酸は側鎖構造が異なる様々な誘導体が比較的容易に入手できることから，高極性，低粘性のイオン液体を得ることもできると期待された。低粘性のイオン液体を得るために経験的に分かっているポイントは，イオンサイズをあまり大きくしないことや，イオンが平面構造であること，前述したようにイオンの非対称性や電荷の非局在化などが重要である。そこで，一連のカルボン酸の中で最もシンプルな構造のギ酸をアニオンとして用いて各種のイミダゾリウム塩を合成した（図5）。詳細は第13章で述べる。

作成したイオン液体のうち，1-エチル-3-メチルイミダゾリウムのギ酸塩（C2mim-HCOO）は52℃に融点を示す結晶として得られたが，1-アリル-3-メチルイミダゾリウムのギ酸塩（Amim-HCOO）や1-メチル-3-プロピルイミダゾリウムのギ酸塩（C3mim-HCOO）などの塩は室温で液体であった。DSC測定の結果，後者のイオン液体は融点を示さず，それぞれ-73

C2mim-HCOO(R = C_2H_5)
C3mim-HCOO(R = C_3H_7)
Amim-HCOO(R = $CH_2-CH=CH_2$)

図5　1-アリル-3-メチルイミダゾリウムのギ酸塩

表1 作成した一連のギ酸塩の物性

ILs	T_g[a]	T_m	T_d[b]	Kamlet–Taft parameters[c]		
				α	β	π^*
C2mim–HCOO	d	52	212	e	e	e
C3mim–HCOO	−73	d	213	0.46	0.99	1.06
Amim–HCOO	−76	d	205	0.48	0.99	1.08

a) シグナルピークから算出, b) 10%重量減少時の温度,
c) α: Hydrogen-bond acidity, β: Hydrogen-bond basicity,
π^*: dipolarity, d) 観測されず, e) 固体のため測定できず.

℃及び−76℃と比較的低いT_gのみを示した。作成したこれらのギ酸塩の物性を表1に示す。比較的高極性のイオン液体が得られたことがわかる。これらのイオン液体の粘度を評価した（図6）ところ，Amim–HCOOは66cP，C3mim–HCOOは117cPという比較的低い粘度を室温（25℃）で示した。これは先に述べたような低いガラス転移温度や，比較的小さなイオンサイズ，電荷の非局在化などに起因するものと考えられる。

作成したイオン液体の極性（水素結合能）の評価を，色素のソルバトクロミズムに基づく極性評価法で見積

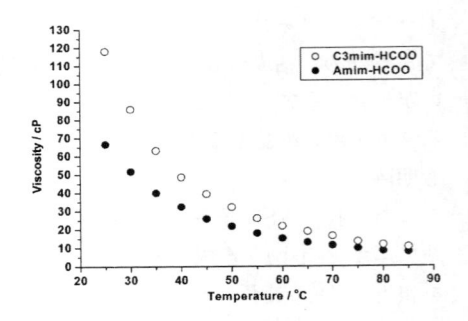

図6 作成したギ酸塩の粘度の温度依存性

もり，Kamlet–Taftパラメーターを用いて比較した。その結果，表1に示すように新規に作成したイオン液体はいずれも高い水素結合受容性を有していることが明らかとなった。水素結合受容性が高いことは，多くの生体高分子を溶解させるためにも重要である。実際にこれらの新規イオン液体を用いて各種生体高分子の可溶化を試みたところ，多種の生体高分子が溶解した。詳細は第13章を参照されたい。

3.5 おわりに

アニオン構造がイオン液体の物性（融点や粘性など）に与える影響は大きい。前述したように室温で液体となる塩を作成するための指針が確立されていないため，新規アニオンの探索や構造デザインは，未だ積極的に試みられているとは言えない。視点を変えると，優れたアニオン種の発見によって新しい機能を持つイオン液体を作成することには大きな可能性があると言える。ここで紹介したようなアニオン種のみならず，本稿では紹介しきれなかった多くのアニオン種は，いずれも興味深い物性を示すイオン液体を与えるであろう。今後，新規アニオンに関する積極的なアプローチが行われ，従来系のイオン液体では達成できないような，新たな機能を有するイオン液体が開発されることを大いに期待する。

第9章 新規イオン液体群

文　　献

1) Z. Zhou, H. Matsumoto and K. Tatsumi, *Chem. Eur. J.*, **11**, 752(2005)
2) D. Zhao, Z. Fei, C. André Ohlin, G. Laurenczy and P. J. Dyson, *Chem. Commun.*, 2500(2004)
3) H. Matsumoto, H. Kageyama and Y. Miyazaki, *Chem. Commun.*, 1726(2002)
4) E. B. Carter, S. L. Culver, P. A. Fox, R. D. Goode, I. Ntai, M. D. Tickell, R. K. Traylor, N. W. Hoffman and J. H. Davis, Jr., *Chem. Commun.*, 630(2004)
5) J. Pernak, F. Stefaniak and J. Weglewski, *Eur. J. Org. Chem.*, 650(2005)
6) R. E. Del Sesto, C. Corley, A. Robertson and J. S. Wilkes, *J. Organometal. Chem.*, **690**, 2536 (2005)
7) H. Ohno, M. Kameda, K. Fukumoto, W. Ogihara and M. Yoshizawa, Proceedings of the Joint International Meeting of Electrochemical Society(#2350)(2004)
8) R. M. Lau, M. J. Sorgedrager, G. Carrea, F. v Rantwijk, F. Secundo and R. A. Sheldon, *Green Chem.*, **6**, 483(2004)
9) K. Fukumoto, M. Yoshizawa and H. Ohno, *J. Am. Chem. Soc.*, **127**, 2398(2005)

4 新規カチオン系

福元健太[*1], 大野弘幸[*2]

4.1 はじめに

イオン液体作成に用いられるカチオンの多くはアンモニウムやイミダゾリウムなど四級オニウムカチオンである。代表的なカチオンを図1 (1～5) にまとめた。この他にもチアゾリウムやモルフォリニウムなど様々なヘテロ環構造を有するカチオンが報告されている。これらのカチオンは電荷の非局在化や適度に大きなイオン半径が特徴で、アニオンとの相互作用を弱めることができ、塩の融点の低下につながる。さらに、これらのカチオンに鎖長の異なるアルキル基を導入して非対称性を高めたり、立体障害を導入したりすることで、融点や粘度をさらに低下させる試みもあり、目的にあった物性を持つイオン液体を得るための指針の一つとなっている。近年、これらアンモニウム系カチオン以外のカチオンにも注目が集まり、新規な系の設計が検討されるようになってきた。

4.2 非アンモニウムカチオン

アンモニウムカチオンについてはすでに多くの報告があるので、ここではアンモニウム系以外のカチオン種を紹介しよう。ホスホニウム (6) やスルホニウム (7) などが代表的なものであるが、これらのカチオンは実験室レベルでの合成が難しいことや、得られる塩の融点が比較的高いことからアンモニウム塩と比較して(論文等による)報告例は少ない。しかしながら、これらは化学的な安定性やコストなどの面においてアンモニウム塩よりもメリットがある。例えばホスホニウムは工業的に多用されているため、低コストで得られ、化学的に安定であるため強塩基性のアニオンに対しても優れたカチオンとなる[1]。さらに、組み合わせるアニオン種によってはアンモニウム塩よりも優れた物性(低粘度や高イオン伝導度、低融点)を示す場合があり、テトラエチルスルホニウムジシアノアミドは20℃で20.9cPと1-エチル-3-メチルイミダゾリウムジシアノアミドと同程度の粘度を示し、−20℃という低温でも95cPと低粘度のイオン液体となることが報告[2]されている。これらのカチオンの検討はアンモニウム系と比べてはるかに少ないことから、

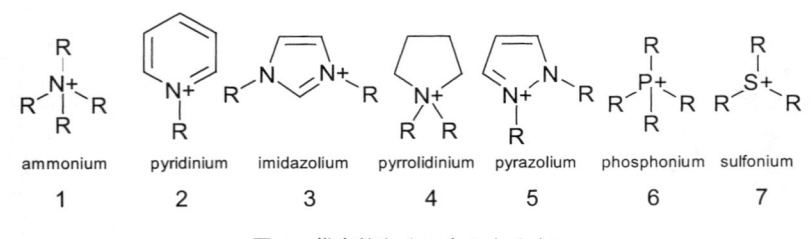

| ammonium | pyridinium | imidazolium | pyrrolidinium | pyrazolium | phosphonium | sulfonium |
| 1 | 2 | 3 | 4 | 5 | 6 | 7 |

図1 代表的なオニウムカチオン
Rはすべて同一とは限らない。

[*1] Kenta Fukumoto　東京農工大学大学院　工学教育部　生命工学専攻
[*2] Hiroyuki Ohno　東京農工大学大学院　共生科学技術研究部　ナノ未来科学研究拠点　教授

第9章　新規イオン液体群

今後もカチオン構造を工夫したり，様々なアニオンと組み合わせたりするなど，まだまだ検討する余地は多い。

4.3　カチオンの機能化

Task-Specific Ionic Liquids（またはFunctionalized Ionic Liquids）と呼ばれるイオン液体がある。これらは触媒能や二酸化炭素回収能などの"機能を付加したイオン液体"である（第9章5節参照）。これらの多くはイミダゾリウムカチオンに結合しているアルキル鎖にさらに機能席を導入したものである。しかしながら，一般的にカチオンに機能席を導入した場合には，側鎖間の相互作用が強まり，粘度や融点が上昇するなどの問題もある。ここでは近年報告された従来とは異なる方法でカチオンに機能を導入したイオン液体について紹介しよう。

① キラリティーを有するカチオン

構成イオンに不斉を導入することで，キラリティーを有するイオン液体が得られる。これらは不斉触媒を添加することなく不斉反応を行う溶媒としての応用が期待できるほかにも，クロマトグラフィーの固定相としての応用が期待されている。多くはカチオンを合成する際に不斉を有するアルキル鎖を導入したカチオン（**8**）であるが，他にもシクロファン型の構造を導入することで面不斉を有するもの（**9**）[3]，または出発物質に不斉炭素を有するアミノ酸などの化合物を用いてカチオンを合成するもの（**10〜14**）など[4]が報告されている。これらを用いた実験結果が整理されるのは，もう少し時間がかかるであろう。その間に新規展開がなされるであろうし，新たなキラルイオン液体の提案も増加するであろう。

② ブレンステッド酸性イオン液体

スルホン酸などのブレンステッド酸構造をイオン液体に導入することで，酸触媒能を有する不揮発性の反応溶媒やプロトン伝導体としての応用が期待できる。Y. Dengらはカプロラクタムなどをテトラフルオロホウ酸やトリフルオロメタンスルホン酸で中和したイオン液体（**15**）を報告した[5]。出発物質であるラクタムが工業的に大量生産され，低コスト，低毒性，安価であるのに加えて，得られるイオン液体も低粘度でブレンステッド酸性を示す。これらのイオン液体はワンステップで合成され，簡便に大量合成が可能であることから多方面への応用が期待される。

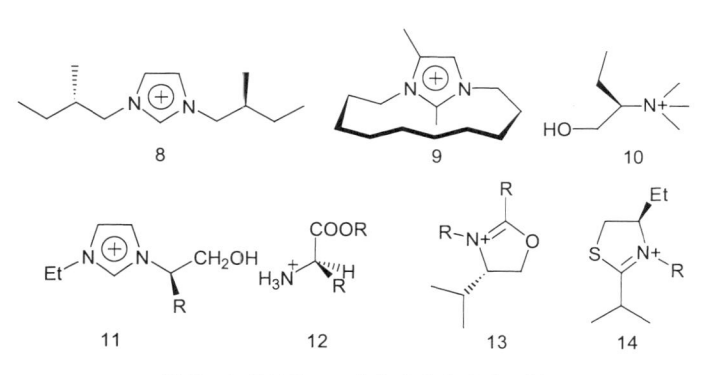

図2　キラリティーを有するカチオン類

③ High Energy Ionic Liquids

高含窒素化合物は従来のTNT（トリニトロトルエン）火薬などに代わる高エネルギー物質として期待されている。特にイオンは低い蒸気圧と高い密度から非イオン性分子よりも安全性に優れているとされるため，アミノアゾールを始めとして，グアニジニウムやアジド誘導体（トリアゾールやテトラゾール）などの高含窒素化合物をカチオンとするイオン液体（16～18）が開発されている[6]。これらのイオン液体は熱安定性，高イオン密度，大きな正の標準モル生成エンタルピーなどの性質を示すため，推進剤などへの応用が可能な新しいエネルギー物質として期待される。先の第9章1節で述べられたアゾール類をアニオンとするアゾレート型イオン液体も得られているので，これらを組み合わせればより高エネルギーを放出できるイオン液体が得られる。さらに，混合前は比較的取り扱いが容易な安全な物質であるが，混合後に高エネルギーを発生させるような系を作るような工夫が期待される。

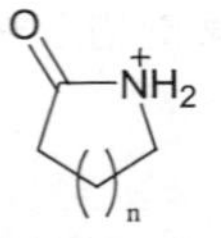

図3　ブレンステッド酸性イオン液体

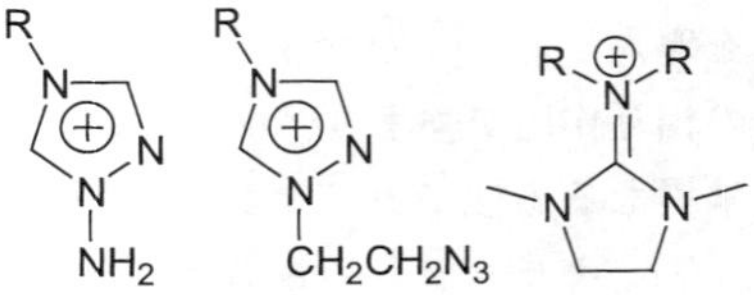

図4　高エネルギー含有イオン液体の形成に利用されるカチオン類

4.4　展望

これまでにイミダゾリウムなどのオニウムカチオン以外にも様々な新規カチオンが報告されている。それらは融点や粘度などの物性の改善を試みる研究から，新しい機能をもたせる研究にまで広がり，様々な展開も期待されている。カチオンの探索はまだまだ不十分であり，今後，新規カチオンが次々と見出されることで，イオン液体の用途がさらに多様に広がるものと期待される。

文　献

1) R. E. Del Sesto, C. Corley, A. Robertson, J. S. Wilkes, *J. Organomet. Chem.*, **690**, 2536(2005)
2) D. Gerhard, S.C. Alpaslan, H.J. Gores, M. Uerdingen, P. Wasserscheid, *Chem. Commun.*, 5080 (2005)
3) Y. Ishida, H. Miyauchi, K. Saigo, *Chem. Commun.*, 2240(2002)
4) a) P. Wasserscheid, A. Bösmann, C. Bolm, *Chem. Commun.*, 200(2002); b) W. Bao, Z. Wang, Y. Li, *J. Org. Chem.*, **68**, 591(2003); c) J. Levillain, G. Dubant, I. Abrunhosa, M. Gulea, A. Gaumont, *Chem. Commun.*, 2914(2003); d) G. -h. Tao, L. He, N. Sun, Y. Kou, *Chem. Commun.*, 3562(2005)
5) Z. Du, Z. Li, S. Guo, J. Zhang, L. Zhu, Y. Deng, *J. Phys. Chem. B*, **109**, 19542(2005)
6) a) H. Xue, S.W. Arritt, B. Twamley, J.M. Shreeve, *Inorg. Chem.*, **43**, 7972(2004); b) Y. Gao, S.W. Arritt, B. Twamley, J.M. Shreeve, *Inorg. Chem.*, **44**, 1704(2005); c) H. Xue, J.M. Shreeve, *Adv. Mater.*, **17**, 2142(2005)

5 Task-Specific Ionic Liquids 最近の進歩

James H. Davis, Jr.[*1], 訳：水雲智信[*2]

5.1 はじめに

構成イオンに機能席を導入することで，溶質と特異的に相互作用するなどの機能を持った新しいイオン液体が得られる。これら"Task-specific ionic liquid：TSIL[1]（役割を担持したイオン液体）"は多岐にわたる応用が期待される。

5.2 機能席導入による物性変化

TSILのアイディアが生まれたのは90年代半ばである。当時，機能席の導入の重要性に気づいていたのは筆者だけではなく，複数のグループが独自に優れた研究を展開していた。イオン液体に機能席を導入する目的や構造は様々である。しかし，それに伴う溶媒パラメーターの変化は避けられない。溶媒パラメーターは溶媒特性を判定する重要なものであるが，意外にも，機能席導入による影響を定量化した例は（筆者が知る限り）これまで一つしかない[2]。Bartschらはライシャード試薬を用いてTFSIの溶媒パラメーターを検討した。イミダゾリウムカチオンに水酸基やエーテル酸素を導入した塩の極性パラメーター $E_T(30)$ は，それぞれ60.8，61.4であった。1-プロピル-3-メチルイミダゾリウムTFSIの $E_T(30)$ は52.0であることから，機能席の導入によって極性が上昇したことがわかる。さらに，イオン液体中でのDiels-Alder反応生成物の endo/exo 比が極性パラメーターに影響を受けていることも示唆された。ただし，一種類の色素プローブだけを用いた評価では，溶媒特性の一部しか解析できないことに留意しなければならない。機能席が基礎物性に及ぼす影響を明確に述べるためには，さらに詳しい検討が必要である。

TSILの構造や合成経路がどのようなものであれ，従来のイオン液体と同様に基礎物性（NMR，MS，DSC，DTA，粘度測定 など）を評価すべきである。粘度はあまり報告されていないが，機能席の多くが大きな双極子モーメントや水素結合性を持つため，一般には高粘性となる。粘度の上昇を抑え，機能を効果的に発現させるために，TSILを他の一般的なイオン液体と混合することもある。また，機能席の導入によって，混和できる分子性溶媒の種類が変わることも経験的に知られている。例えば，極性基の導入後にイオン液体がクロロホルムなどのハロゲン化炭化水素には溶解しにくくなる。

機能席の導入は，塩に反応性を持たせたり，触媒作用を持たせたりするために行われることが多く，基礎的な物理化学特性についての研究はほとんど進んでいない。TSILは有機合成反応や分離技術への応用が試みられているが，Scammellsらが指摘しているように，機能席（特にエステル結合）を導入することによって逆にイオン液体が不安定になることもある[3]。応用を視野に入れるのなら，分子デザインと合成の前後で，使用環境に見合った構造と基礎物性，各種コストをよく吟味することが必要である。

[*1] South Alabama University, Professor
[*2] Tomonobu Mizumo　東京農工大学大学院　共生科学技術研究部　ナノ未来科学研究拠点　博士研究員

5.3 合成法

　TSILの合成法はいくつも考えられるが，多くは通常のイオン液体と同じようにアルキルハライドによるイミダゾールやホスフィンの四級化で得られる（Scheme 1）。言うまでもなく，合成段階でアルキルハライド上の機能席が失活しないよう，条件を注意深く調整する必要がある。通常，ハライド塩は固体として得られるので，適切なアニオンに交換して融点を低下させることになる。最近では，ハライド塩を経ず，適当な官能基をもったエステルから一段階で低融点の塩を得る方法が取られることも多い。そのほかにも，マイケル付加反応やエポキシの開環反応，アミノ酸からのヘテロ環合成などを経由した機能席の導入法が報告されている[1]。

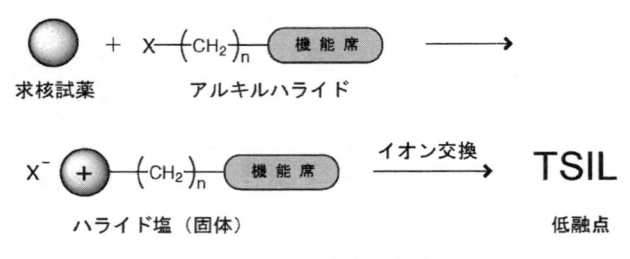

Scheme 1　TSILの一般的な合成スキーム

5.4 TSILの応用とトピックス

5.4.1 有機合成反応への応用

　TSILは触媒反応を伴う有機合成の分野で利用が試みられている。Wasserscheidらは，ホスフィンリガンドの構造を導入したTSILが一般のイオン液体によく溶解し，相間移動触媒として働くことを報告した[4]。同時に，それらを用いた二相系でのヒドロホルミル化反応で貴金属の水相への溶解（ロス）が小さいことも見出した。金属錯体がイオン液体の構成イオンと強く静電相互作用するため，水相への移動が抑えられたと考えられる。同様に，Leeらはキラルリガンドの構造を導入したTSILを使い，イオン液体中でキラル合成を試みている[5]。Shreeveらもポリカチオンをリガンドとした金属錯体を1-オクテンのヒドロホルミル化反応に利用している[6]。

　有機合成への応用でもとりわけエレガントな成果は，Bazureauらによるものであろう[7]。彼らは固相有機合成（Solid Phase Organic Synthesis：SPOS）の固相担体の代わりにイオン液体を用いることを提案した。彼らはこのコンセプトを「イオン液体相有機合成（Ionic Liquid Phase Organic Synthesis：IoLiPOS）」と命名した。すでにIoLiPOSで多くの生理活性のヘテロ環化合物が合成されている。例えば，水酸基を持ったTSILを固定相に利用することで，2-チオキソテトラヒドロピリジノンが高収率で得られている（Scheme 2）。固定相のイオン液体から切り離された後に生成物を単離する過程を考慮すれば，IoLiPOSは（イオン性ではなく）中性の生成物を得る合成系に適していると言える。最近，ChanらもIoLiPOSを利用してSuzukiカップリング反応などの触媒活性を報告している[8]。

　金属とTSILの組み合わせは多様性を増している。構成イオンが遷移金属元素と錯形成したイオン液体や，金ナノ粒子がTSILで安定化できることが近年続けて報告された。詳細は筆者の最

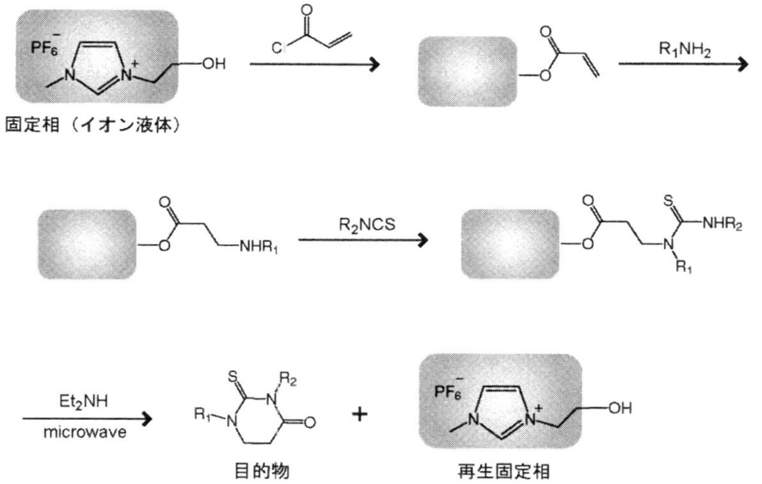

第9章　新規イオン液体群

Scheme 2　IoLiPOS による 2-チオキソテトラヒドロピリジノンの合成

近の総説[1] を参照されたい。

5.4.2　分離・抽出技術への応用

イオン液体には水に溶解しないものが意外と多く，分離・抽出技術に応用すべく検討されている。特に注目されているのが水中からの重金属イオンの抽出であるが，従来のイオン液体では期待されたほどの抽出効率は得られなかった（分配係数比は20以下）。そこでRogersらは，尿素結合を持ったTSILを合成し，水中の水銀イオン（Hg^{2+}）やカドミウムイオン（Cd^{2+}）の抽出を行った[9]。このTSILへの重金属の分配比は300以上となり，従来系を大きく上回った。これは，尿素構造のS原子やO原子がルイス塩基として働き，重金属イオンに強く配位した結果であると推測される。さらに，尿素構造を持ったTSILがpHに依存したイオン選択性を持っていることも明らかとなった。これを利用すれば，Cd^{2+} と Hg^{2+} が混在する水溶液から Hg^{2+} を優先的に除去できる。

5.4.3　酸性 TSIL と塩基性 TSIL

2002年，筆者らはブレンステッド酸性を持つTSILを報告した（Scheme 3）[10]。前駆体は，イミダゾリウムなどのカチオンとスルホネートアニオンを共有結合させた，Zwitterionic型の塩である（Zwitterionic型のイオン液体については第16章3節を参照されたい）。これに pK_a が十分に低いブレンステッド酸を等モル混合し，スルホネートとイオン交換させることでスルホン酸化した。Scheme 3のコンセプトには様々な強酸が適用できそうだが，PF_6^- や BF_4^- アニオンは，条件によっては加水分解されるので避けたほうがよい。

酸性TSILの有機合成反応への応用も進められている。筆者らは酸性TSILがフィッシャー反応や，アルコールの脱水素化反応，およびピナコール転移反応を触媒することを報告した。筆者ら以外のグループからも，スルホン酸を持ったイオン液体と酢酸と1-ヘプテン，および様々な環状オレフィンとのエステル縮合，トリアゾール環型酸性TSILを使ったフィッシャー合成やヘテロマイケル反応が報告されている[1]。酸性TSILの前駆体であるZwitterion塩も非常に興味深い

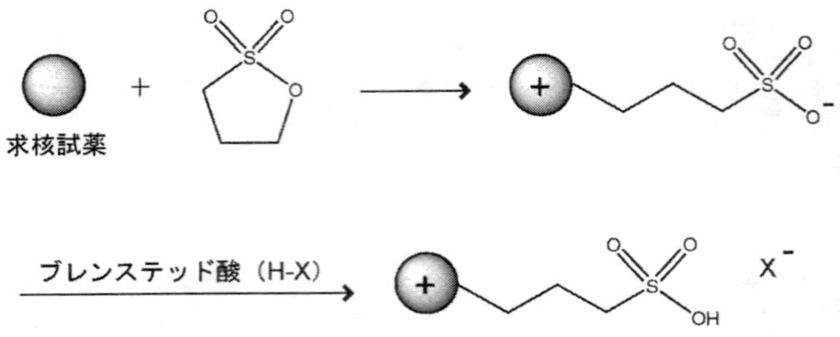

Scheme 3 酸性 TSIL の合成スキーム

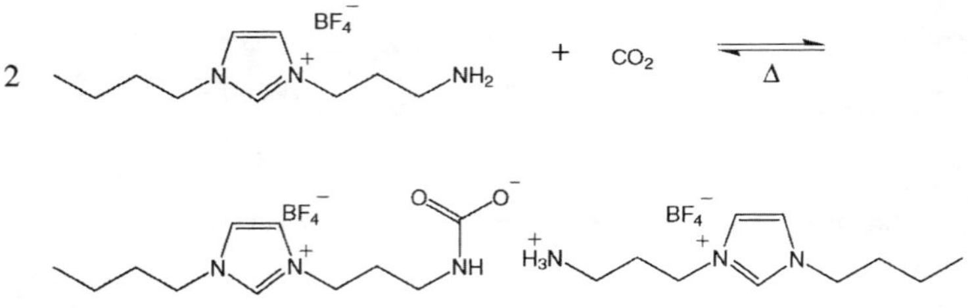

Scheme 4 塩基性 TSIL による二酸化炭素の捕捉

が，高融点を克服しなければならない。Ohno らは Zwitterionic 塩の融点を下げるため，アニオン席に TFSI 酸類似の構造を導入している。詳細は，本書第 16 章を参照されたい。

　塩基性 TSIL も開発されている。2002 年，筆者らは末端に第一級アミンを有するアルキル鎖を結合させたイミダゾリウム塩を合成した[11]。この塩基性 TSIL に CO_2 捕捉能力があることも併せて報告した。^{13}C-NMR 測定から，塩基性 TSIL がアンモニウムカルバメート塩となって CO_2 捕捉する仕組みが明らかとなった（Scheme 4）。既に種々のアミン化合物が天然ガスから CO_2 を除去するためのスクラバー剤として使用されているが，塩基性 TSIL は溶媒である水を使わなくてもよく，揮発しないという点で利便性が良い。

5.4.4　フッ素型 TSIL

　アニオンにはフッ素がよく用いられる（理由は第 9 章を参照のこと）が，カチオンにフッ素を導入した例は少ない。1998 年の Koch らによる US Patent のクレーム項には「荷電部位（イミダゾリウム環など），および有機骨格（アルキル基）の両方がフルオロ化されたタイプのイオン液体」が含まれている[12]。彼らはこれに「イオン性テフロン」という華々しい名を与えているが，以降，研究が進展していないようである。2001 年，筆者らも一連のフッ素型 TSIL を合成し，通常のイオン液体にフッ素型 TSIL をわずか 5 mol％加えただけで，フルオロカーボンとイオン液体の分散液の安定性がよくなるという結果を得た[13]。フッ素型 TSIL は，同時期にいくつかのグループで検討されている。最近は，トリアゾール環を有したものや，様々な鎖長のフッ化アルキル基を持ったものが合成され，各構成要素が物性に及ぼす影響が次第に明らかになってきている。フッ素化物が酸素を良く溶解させることは，パーフルオロ化合物が人工血液として期待され，多くの研究がなされたことを引用するまでも無いであろう。フルオロアルキル基の導入によって，

第9章 新規イオン液体群

イオン液体中の溶存酸素の量が増大することも確認された。また，フルオロアルキル基の末端をSF_5基にした系も合成され，イオン液体の密度の増大，熱安定性の改善が実現されている[14]。このフッ素型TSILは，中温～中高温域のガスバリアーとしての応用が期待される。

5.5 まとめと展望

TSILの最近の進歩について述べた。機能席が導入できる性質は有機イオンの最大の特徴であり，今後の発展が大いに期待される。ただし，機能席の導入によって粘性の上昇などの望ましくない効果が現れることも多い。また，コストや精製の手間を考えると，多段反応でTSILを得るのはできるだけ避けたい。現在は機能に関する良い点だけがアピールされがちであるが，この分野の本質的な発展と産業への応用には，基礎物性についての知見の充実と，それに伴う利点・欠点の明確化が欠かせない。

文　献

1) J. H. Davis, Jr., *Chem. Lett.*, **33**, 1072 (2004)
2) S. V. Dzyuba and R. A. Bartsch, *Tetrahedron Lett.*, **43**, 4657 (2002)
3) N. Gathergood, M. T. Garcia, and P. J. Scammells, *Green Chem.*, **6**, 166 (2004)
4) P. Wasserscheid, H. Waffenschmidt, P. Machnitzki, K. Kottsieper, and O. Selzer, *Chem. Commun.*, 451 (2001)
5) S. G. Lee, Y. J. Zhang, J. Y. Piao, H. Yoon, C. F. Song, J. H. Choi, and J. Hong, *Chem. Commun.*, 2624 (2003)
6) B. A. Omotowa and J. M. Shreeve, *Organometallics*, **23**, 783 (2004)
7) H. Hakkou, J. J. Van den Eynde, J. Hamelin, and J. P. Bazureau, *Tetrahedron*, **60**, 3745 (2004)
8) W. Miao and T. H. Chan, *Org. Lett.*, **5**, 5003 (2003)
9) J. D. Holbrey, A. E. Visser, S. K. Spear, W. M. Reichert, R. P. Swatlowski, G. A. Broker, and R. D. Rogers, *Green Chem.*, **5**, 129 (2003)
10) A. C. Cole, J. L. Jensen, I. Ntai, K. L. T. Tran, K. J. Weaver, D. C. Forbes, and J. H. Davis, Jr., *J. Am. Chem. Soc.*, **124**, 5962 (2002)
11) E. D. Bates, R. D. Mayton, I. Ntai, and J. H. Davis, Jr., *J. Am. Chem. Soc.*, **124**, 926 (2002)
12) V. Koch, U. S. Patent, 5,827,602
13) T. L. Merrigan, E. D. Bates, S. C. Dorman, and J. H. Davis, Jr., *Chem. Commun.*, 2051 (2000)
14) R. P. Singh, R. W. Winter, G. L. Gard, Y. Gao, and J. M. Shreeve, *Inorg. Chem.*, **42**, 6142 (2003)

第10章　イオン液体中での化学合成

1　イオン液体の反応場としての新しい動き

北爪智哉*

1.1　化学反応用溶媒としての要件

　イオン液体を各種の物質生産の反応場として利用する研究例は，2000年以降世界各国の研究者から活発に報告されており，概観すれば一般的な有機溶媒中で進行する合成反応の反応場としてイオン液体は使用可能であり，総説等も数多いので反応例については参考文献をあげておきたい。では，反応場としてイオン液体を利用するためにはどのようなことに気をつけて用いるべきなのであろうか。イオン液体は酸や塩基，熱に対して安定であるという概念を常に研究者は持っており，何の疑いもなく使用しているのではないだろうか。筆者の研究室でも研究を始めた10年前は，安定であり繰り返し使用可能であることからイオン液体を利用する研究に着手したのであるが，各種の反応を様々な条件下で遂行している研究段階で安定という点に対する疑問をいだくことになり，どのような条件下でどのようなタイプのイオン液体が不安定であるのかを検証することとなった。まず気づいた点は，加熱反応の際にイオン液体に由来する分解物がNMRで検出されたことである。特に，アニオン部位にPF_6を有するイオン液体では，130℃以上に加熱すると分解生成物が検出されるのでこの種のイオン液体を100℃以上で使用するときには注意が必要であるが，激しい分解反応は起こらない。また，Rogers等のグループからは，湿気でも[bmim][PF_6]は加水分解されHFを発生する危険性があると指摘されているので注意が必要である。

　イオン液体が反応に関与する例としては，筆者等のグループが報告したHoner-Wadsworth-Emmons反応をあげてみたい。この反応では，[emim][PF_6]や[emim][BF_4]を使用した系ではイオン液体の回収率が良くないのが図2の表から判明する。この種の反応では，塩基としてDBU（1,8-diazabicyclo-[5,4,0]-7-undecene）を使用しておりこの種の塩基によりイオン液体が反応に関与したのが原因と考えられる。

　イオン液体が反応に関与している例としては，Aggarwal等のグループが塩基の作用によりイミダゾール環上の水素が引き抜かれ系内に存在するアルデヒドと反応することを報告しており，図2に示した筆者等の反応例でイオン液体の回収率が低い理由もこのような反応が起きている可能性を示唆している。

　筆者等はイオン液体そのものが分解しその一部が基質と反応し生成物を高収率で与える例を見出している。イオン液体，alkylthiomethylium saltはDBU塩基存在下で室温で攪拌すると分解がおこり，アルキルチオアニオンを発生する。反応系に発生したアニオンをトラップする基質を存在させておくと反応生成物を単離することが可能である。筆者等は，フッ素系オレフィン類

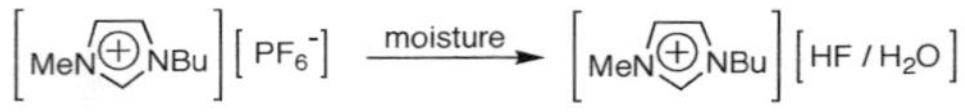

図1　[bmim][PF_6]の湿気による加水分解

---

*　Tomoya Kitazume　東京工業大学大学院　生命理工学研究科　教授

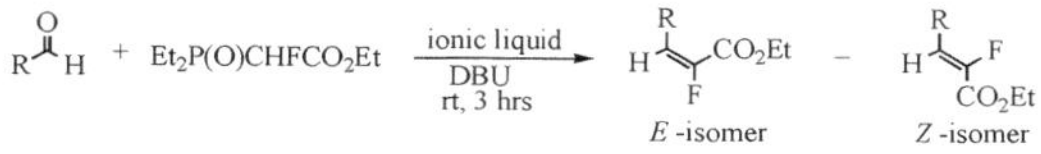

	Yield (%)	Recoverd ionic liquid (%)
[EtDBU][OTf]	70-81	98
[emim][BF_4]	34	75
[emim][PF_6]	27	81

図2　Horner-Wadsworth-Emmons反応におけるイオン液体の回収率

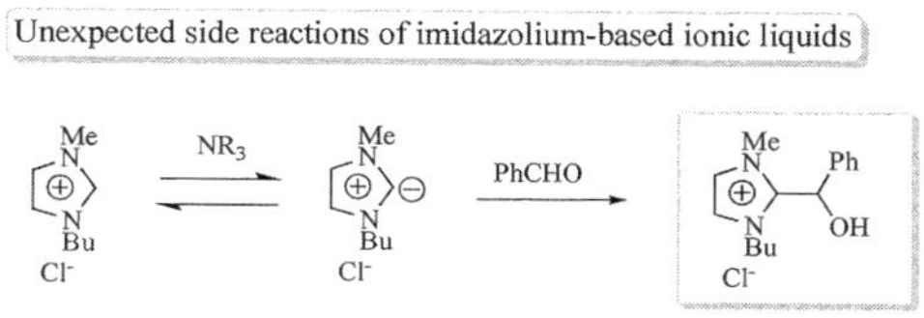

図3　イオン液体が反応に関与した例

を存在させ，付加反応生成物の収率がオレフィン類を基準として80%以上となり，イオン液体から発生するアニオンを捕らえることに成功している。この反応がマイクロリアクター中でも進行することも明らかにしており，イオン液体の安定性という固定概念に捕らわれすぎないことが重要であることを示唆しているデータである。

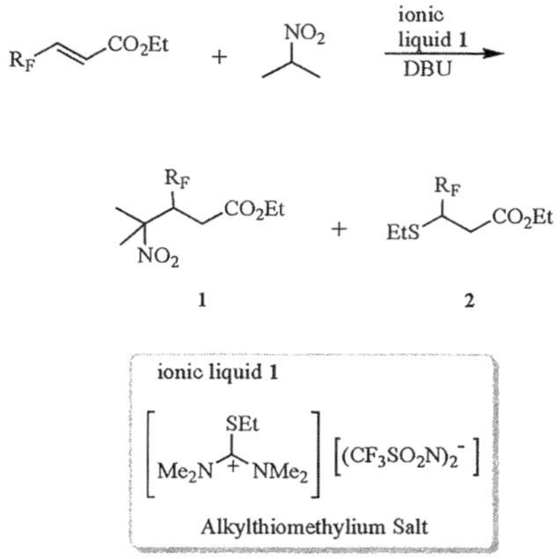

R_F	Micro-reactor 1	Micro-reactor 2	Flask 1	Flask 2
CF_3	0	45	0	87
CHF_2	0	54	0	99

図4　アルキルチオメチリウム塩の発生と反応

1.2　反応場としての新しい動き

前述したようにイオン液体を反応場として活用する研究は，2000年以降加速的に報告されており，その内容については総説等を参照していただくことにして，ここでは新しい動きについて紹介してみたい。

1.2.1　光学活性体の創製

立体制御や炭素—炭素結合形成反応という課題は，有機合成化学において常に新しい方法論が展開され活発に研究が行われている領域である。勿論，この両課題を同時に進行させることは有機合成化学の重要な課題点であり，イオン液体の分野でも酵素を利用した光学活性体の創製がなされており，本書でも詳細に紹介されている。ここでは，光学活性なイオン液体の創製と光学活性な反応場としての利用について紹介したい。

光学活性なイオン液体の合成例はいくつか知られているが，いずれの場合でも図示したように光学活性なアミン類や酸を出発物質として利用しており，その化学的性質や物性，不斉反応場としての有用性などについていくつかの報告例が知られている。マイケル付加反応の報告例では，一般的なDMSO，DMF，トルエンなどが共溶媒として使用されているので純粋な光学活性なイオン液体の反応場と言い難たく，しかも生成物の光学純度が25%ee以下という現時点での不斉合成反応の範疇には入れがたい低さであるが，試みとしては興味深いものがある。

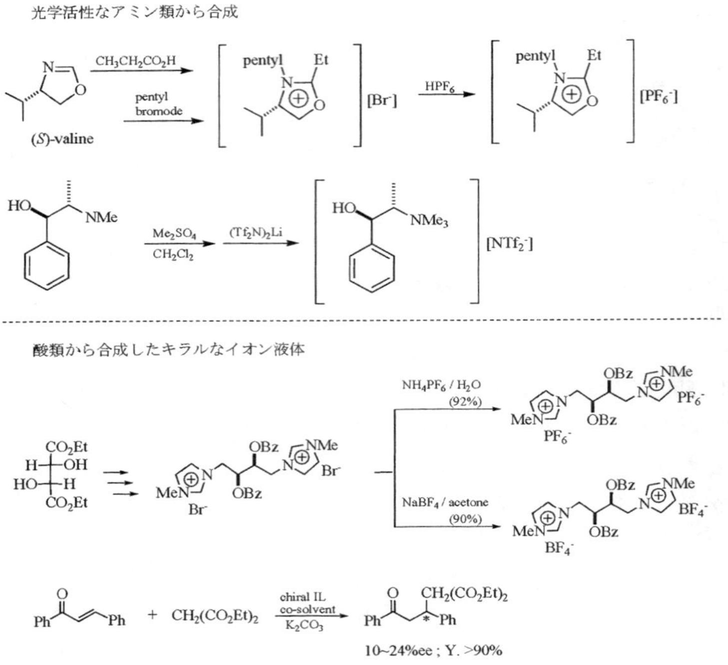

図5 光学活性なイオン液体の合成例

1.2.2 ニコチン由来の光学活性なイオン液体

光学活性なイオン液体中での反応としては，筆者等のグループによる Diels–Alder 反応と Vo-Thanh 等による不斉バイリス–ヒルマン反応が知られている。後者の反応では，光学純度が 45〜50%ee 程度まで向上している。

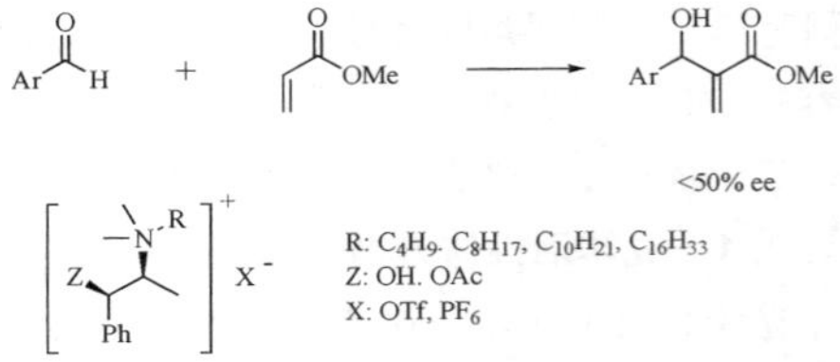

筆者等は，天然に存在するニコチン由来の光学活性なイオン液体を創製し，反応場として利用している。

図6 キラルなイオン液体中での不斉バイリスーヒルマン反応

合成されたイオン液体 [Et·(S)-nicotine][NTf₂] を Diels–Alder 反応の反応溶媒として使用したところ，期待した通りに良好な収率で目的生成物が得られたが，比旋光度を測定したところ，その値は小さなものであり不斉反応場としての機能発現は認められなかった。

このニコチン由来のイオン液体が通常のイオン液体と異なる点は，フリーの三級アミノ基を有する点である。この三級アミノ基が塩基性触媒として機能するのである。例えば，ジエン体に3-ヒドロキシ-2-ピロンを用いて Diels–Alder 反応を行うとルイス酸が基質に結合することにより，基質のHOMOのエネルギー準位が低下し反応が進行しないことが知られている。しかしながら塩基は容易にジエン体のフェノール性水酸基の水素原子を引き抜き，オキシアニオンを生成し，基質ジエンのHOMOのエネルギー準位を上昇させ反応を容易に進行させる。また，ジエノフィルとしてアクリル酸メチルを用いると，高収率でエンド／エキソ比3.1の目的化合物を生成する。

第10章　イオン液体中での化学合成

図7　ニコチン由来の光学活性なイオン液体　　　図8　塩基性触媒としての機能発現

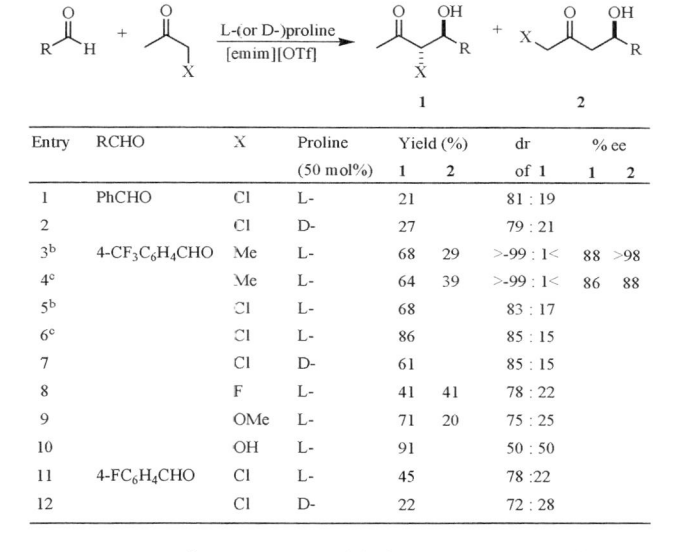

Entry	RCHO	X	Proline (50 mol%)	Yield (%) 1	2	dr of 1	%ee 1	2
1	PhCHO	Cl	L-	21		81 : 19		
2		Cl	D-	27		79 : 21		
3[b]	4-CF$_3$C$_6$H$_4$CHO	Me	L-	68	29	>-99 : 1<	88	>98
4[c]		Me	L-	64	39	>-99 : 1<	86	88
5[b]		Cl	L-	68		83 : 17		
6[c]		Cl	L-	86		85 : 15		
7		Cl	D-	61		85 : 15		
8		F	L-	41	41	78 : 22		
9		OMe	L-	71	20	75 : 25		
10		OH	L-	91		50 : 50		
11	4-FC$_6$H$_4$CHO	Cl	L-	45		78 : 22		
12		Cl	D-	22		72 : 28		

図9　L-プロリン-イオン液体中でのアルドール反応

　この反応を通常のイオン液体［emim⁻］［NTf$_2$］中で行うと反応が進行しない。この結果から，ニコチン由来のイオン液体の塩基性触媒という特性が明らかである。しかしながら，塩基触媒としてシンコニジンを使用した場合には光学純度が74%eeでエンド体が得られているが，ニコチン由来のイオン液体の場合には3.5%eeの純度の生成物しか得られていない。両者の相違としては，シンコニジンにはアミノ基のみならず水酸基も存在しており，この水酸基が基質のカルボニル酸素と水素結合するために高い光学純度で生成物が得られている点である。

　イオン液体中での不斉合成に関する報告例は，一般的な有機溶媒中で応用展開されてきた方法がイオン液体中でも進行するタイプが数多く知られている。例えば，酵素反応を模倣した不斉アルドール反応に関しては，筆者等とLoh等のプロリンを触媒とする反応が知られている。この報

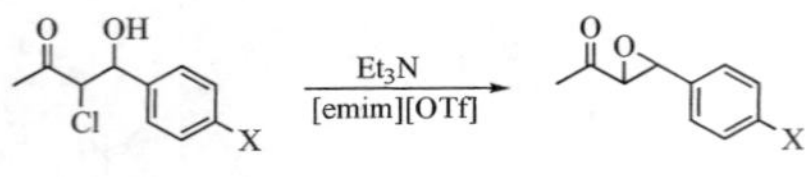

イオン液体 II

図10 光学活性なエポキシ化合物

Entry	X	dr of 基質 (proline)	Yield of エポキシド (%)	%ee
1	H	81 : 19 (L)	69	78
2		65 : 35 (D)	75	70
3	F	69 : 31 (L)	66	68
4		58 : 42 (D)	76	65
5	CF_3	55 : 45 (L)	81	75
6		64 : 36 (D)	83	69
7	NO_2	61 : 39 (L)	48	67
8		61 : 39 (D)	79	70

図11 触媒を利用する不斉アルキル化反応

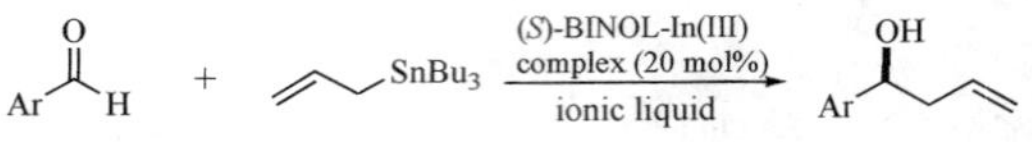

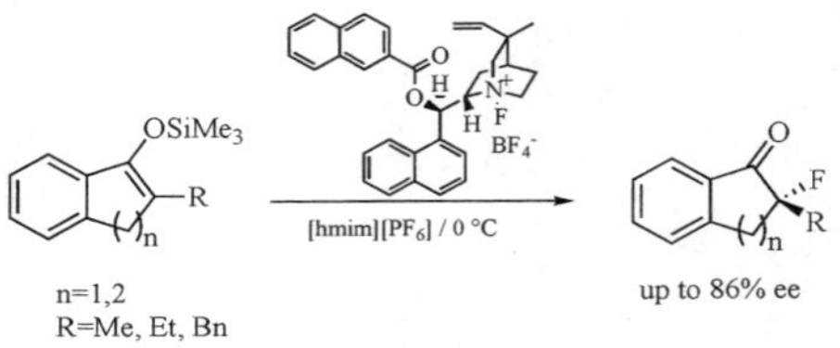

Entry	Aldehyde	Yield (%)	%ee
1	PhCHO	62	70
2	4-ClC_6H_4CHO	42	72
3	(E)-PhCH=CHCHO	60	92
4	$PhCH_2CH_2$CHO	40	74
5	C_8H_{17}CHO	72	26

図12 不斉フッ素化反応

告例では，L-プロリンとアセトン誘導体から生成させた反応種を利用しており，生成物の光学純度は基質に依存して大きく変化することが知られている。筆者等の例では，エチル＝メチル＝ケトンを用いると高い光学純度で立体制御を行うことができるが，アセトンではラセミ体が生成してくる。しかし，Loh等は反応させるアルデヒド類を選択することにより高い光学純度で反応を進行させることが可能であると報告している。さらに，クロロアセトン以外のハロゲン化アセトンでは，位置および立体選択性ともに制御が不可能である。クロロアセトンから生成したハロヒドリン中間体を光学活性なエポキシ化合物へと変換できることも知られているが，光学純度は70%ee程度であり物質創製としては満足できる光学純度ではない。

最近，Loh等は(S)-BINOL-In(III)触媒を利用したイオン液体中での不斉アルキル化反応を報告しているが，不斉合成として眺めた場合，光学純度がプロリンを利用した反応に比較して満足いく程高いものではない。

不斉合成に利用した例としては，不斉フッ素化反応が報告されているが基質が特殊であり一般的なフッ素系物質の不斉合成に使用することは困難である。筆者等のグループもイオン液体中でのフッ素化反応を検討し，報告している。フッ素化剤としてDFIを利用し，光学活性なエポキシアルコールのフッ素化により光学活性なフッ素化エポキシ化合物を合成している。また，銅塩触媒によるシクロプロパン化反応においては，ジアステレオ選択性とエナンチオ選択性について検討されており，光学純度の向上がみられイオン液体の用途としての一面を開いている。

不斉合成反応の中でも不斉エポキシ反応は，一般的な有機溶媒中で優れた方法が開発展開されており研究がすすんでいる領域である。イオン液体中でも不斉エポキシ化反応が試みられているが，一般的な合成法にはなっておらず基質が限定されているのが現時点での状況である。

イオン液体中での不斉合成はいくつか知られているが，合成化学的な立場から満足な光学純度を与える反応としては，不斉シアノ化反応がある。各種のアルデヒド類を基質として触媒の存在下にTMSCNを反応させ，シアノ化を行い光学純度も非常に高い不斉シアノ化合物を合成してい

第10章　イオン液体中での化学合成

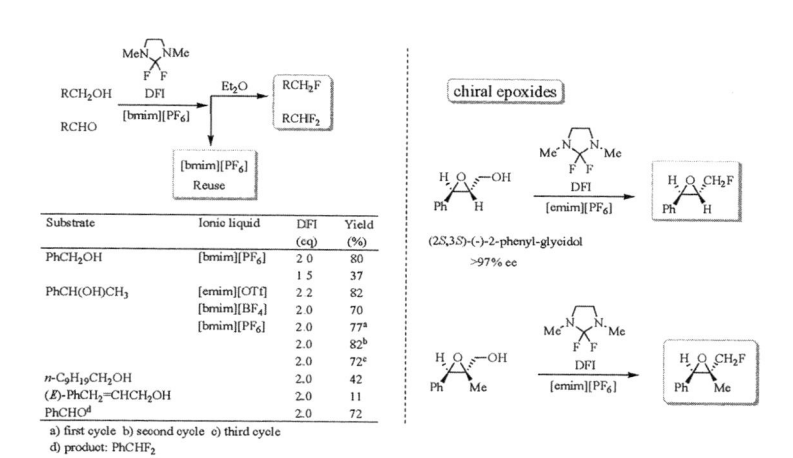

図13　DFIを用いるフッ素化反応

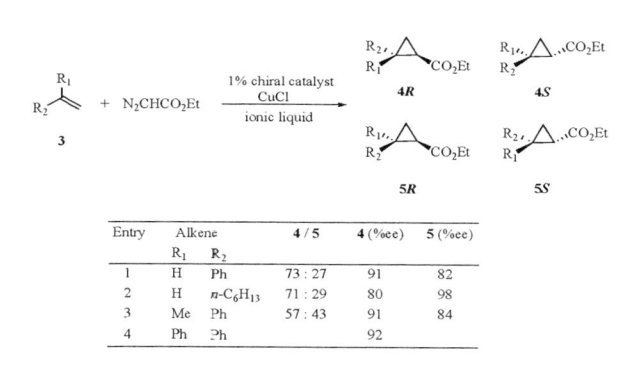

図14　銅塩を触媒として利用するシクロプロパン化反応

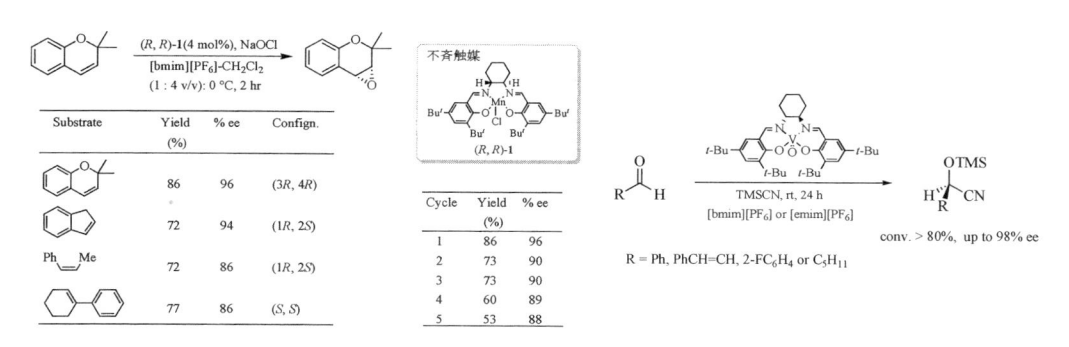

図15　不斉エポキシ化反応

図16　不斉シアノ化反応

1.3 担体としてのイオン液体

　急速に展開されているイオン液体の用途は，化学の反応場とはどの様なものなのかということへの新しい動きとして現れており，イオン液体を分子内の一部分あるいは触媒機能を保持した担体として捕らえ，繰り返し利用可能な触媒機能発現の反応場が開発されつつある。

　最初に，分子内にイオン液体の骨格を構築し，触媒をこの分子内の一部として組み入れることにより，疑似イオン液体としての特徴を活かしたような環化反応を紹介したい。この系で構築されているイミダゾリウム塩の構造は，フルオロリン酸を用いて構築されているため厳密な意味においてはイオン液体ではないという見解も一部の研究者から言われているが，広義の意味でのイオン液体として取り扱っても良いのではないだろうか。この系では，分子内に存在する官能基に金属錯体を形成させ，この部分に触媒機能を発現させ環化反応を推進させている。このように，分子内にプラスとマイナスの荷電を有する反応場によって反応基質が認識され，反応経路がはっきりと区別できれば優れた反応場が構築できるわけであるが，この系ではまだ単に反応が進行することのみが報告されている。

　荷電体としての反応場を担体として利用し，最終的には生成物から切り離すことにより再生させ再利用するという形式も知られている。この反応では，分子内にモノ塩を形成させ，[2＋4]のDiels-Alder型反応のモノ塩の基質として利用しているわけであり，反応後にはエステル結合を切断してイオン液体を再生させている。これまでにもDiels-Alder型反応の場としてイオン液体が使用されているが，基質の一部として用いられているところに新しさがある。

　TEMPO担持のイオン液体を酸化反応に利用するという報告は，まず，我が国や中国さらに筆者

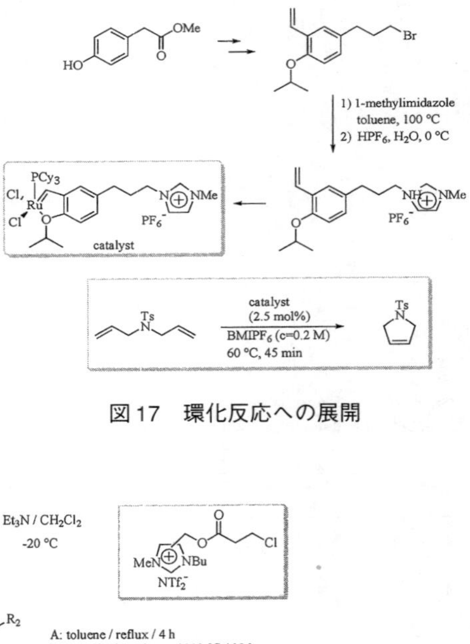

図17　環化反応への展開

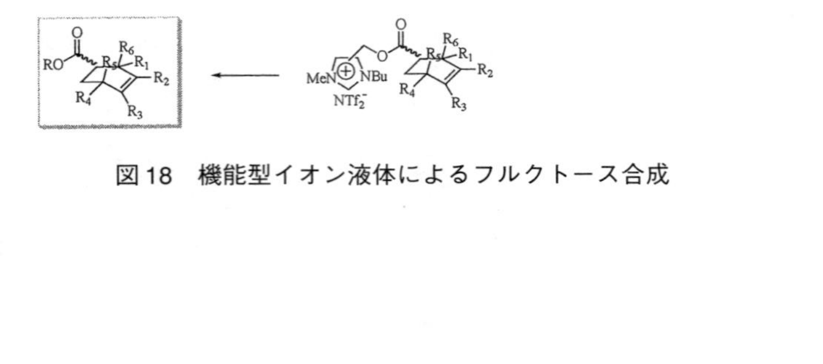

図18　機能型イオン液体によるフルクトース合成

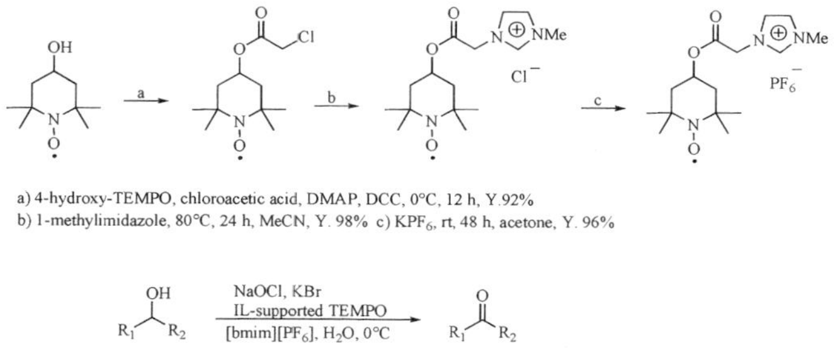
OH
Cl
NMe
Cl⁻
PF6⁻
a
b
c
a) 4-hydroxy-TEMPO, chloroacetic acid, DMAP, DCC, 0°C, 12 h, Y. 92%
b) 1-methylimidazole, 80°C, 24 h, MeCN, Y. 98%　c) KPF6, rt, 48 h, acetone, Y. 96%
NaOCl, KBr
IL-supported TEMPO
[bmim][PF6], H2O, 0°C
R1
R2

図19　TEMPO担持イオン液体の例

等のグループからも報告されている。

文　　献

1)　北爪智哉, 渕上寿雄, 沢田英夫, 伊藤敏幸, イオン液体, コロナ社(2005)

2)　北爪智哉, 化学工業, **55**, 5, 26–30(2004); **55**, 11, 9–13(2004)

3)　北爪智哉, マテリアルインテグレーション, **5**, 15–19(2003)

2 イオン液体とマイクロ化学プロセス

柳　日馨[*1]，福山高英[*2]

2.1 はじめに

現代の物質生産における触媒反応プロセスの重要性については論を待たない。触媒の回収，再利用の観点から，そして揮発性有機溶媒に置き換わる回収再利用可能な反応メディアとしてイオン液体の潜在力に注目が集まっている[1]。一方で「疎有機性」を有するイオン液体においては適応可能な有機基質，有機試薬の化学構造による制約性もしばしば経験されることである。

近年，従来のバッチ型ガラスフラスコに代わる新しい反応デバイスとしてマイクロリアクターを用いたマイクロ化学反応プロセスが大きな関心を集めている[2]。マイクロ化学反応プロセスにおいては数十から数百ミクロンのマイクロチャンネル内の微細空間を用いて反応を実施するのだが，そのような空間では圧倒的な比表面積／体積が達成される。内容積あたりの表面積が大きいということは温度制御が極めて効率良く行えることを意味しており，より大きなチャンネル内で問題となる温度むら（ホットスポット）が回避できる。特に固定化触媒反応においてはマイクロリアクターの器壁面積の特徴がさらに活かされる。すなわち，壁面あるいはマイクロチャンネル内に固定化した固体触媒と反応基質や反応試薬が接する比表面積／体積を算出するなら，マイクロ空間を用いることで，飛躍的に大きな接触面積が達成されることが主な理由である。マイクロ空間では高効率混合が達成され，液─液および気─液界面積も飛躍的に増大する。例えば，以下に単純なT型ミキサーとドイツのIMM製マイクロミキサーを示した。特に後者は数十ミクロンオーダーの流束を作り出すことでA液，B液の接触界面面積を飛躍的に向上させ高効率混合を実現している（図1）。

我々は，イオン液体の疎有機性の克服のためにマイクロミキサーによる高効率混合が効果を発

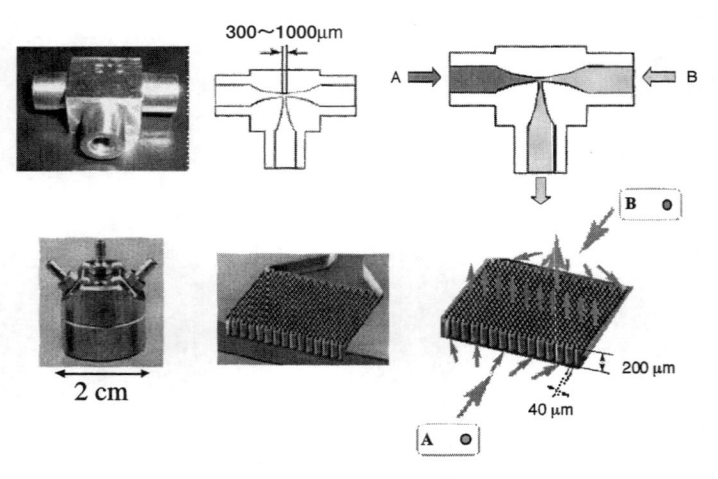

図1　T型マイクロミキサーとIMM製マイクロミキサーの混合方式

---

*1　Ilhyong Ryu　大阪府立大学大学院　理学系研究科　教授
*2　Takahide Fukuyama　大阪府立大学大学院　理学系研究科　助手

第10章 イオン液体中での化学合成

揮するとの作業仮説のもと,イオン液体,マイクロリアクター双方の特徴を最大限に活かすことの出来る均一系触媒反応プロセスの開拓をめざしている。以下に最近の成果について紹介する。

2.2 イオン液体中での薗頭カップリング反応

薗頭カップリング反応は芳香族ハロゲン化物と末端アセチレン化合物から置換アセチレン類を合成する合成化学的に有用な反応であり,機能性材料から天然物合成まで幅広く利用されている[3]。我々はイミダゾール系イオン液体である[bmim]PF_6を反応媒体とする薗頭カップリング反応をバッチ式反応装置で検討したところ,通常助触媒として必要とされる銅塩の添加なしに良好に反応が進行することを見いだした(式1)[4]。通常の薗頭カップリング反応においてアセチレンの活性化のために銅塩が必要とされるが,本系ではイオン液体の高い極性によりアセチレンの活性化が促進されたものと考えている。この銅塩フリーの反応系においてはホスフィン配位子のない系ではアセチレンの二量化が副反応となる。銅塩フリーの系で収率のよい反応を行なうにはパラジウム塩に対して少なくとも1当量のトリフェニルホスフィンの添加が有効であることがわかった。さらに触媒活性種に関する知見を得るため,$PdCl_2(PPh_3)_2$とイオン液体[bmim]PF_6をTHF中,アミン存在下で反応させたところ2種類のカルベン錯体1,2が約1:1の比で主生成物として生成することがわかった(式2)。これらのカルベン錯体を別途合成し,触媒活性を検討したところカルベン錯体1が特に高い活性を有することがわかった。これらのことから銅塩フリーの系においてはモノホスフィンカルベン錯体1が活性種であると考えられる。式(3)にはカルベン錯体1の合成法を示す。

$$Ar-I + H-\!\!\!\equiv\!\!\!-R \xrightarrow[{}^iPr_2NH \text{ or piperidine}]{PdCl_2(PPh_3)_2 \;\; [bmim]PF_6} Ar-\!\!\!\equiv\!\!\!-R \tag{1}$$

$$PdCl_2(PPh_3)_2 \;\; + \;\; [bmim]PF_6 \xrightarrow[\text{THF, reflux, 12 h}]{{}^iPr_2NH \;(5.0\,equiv)} \mathbf{1} + \mathbf{2} + others \tag{2}$$
(1 equiv / 1 equiv)

$$PdCl_2(CH_3CN)_2 + \text{Bu-Im-Me}\;Cl^- + PPh_3 \xrightarrow[\text{THF, reflux}]{{}^iPr_2NH\,(5\,equiv)} \mathbf{1}\;\;94\% \tag{3}$$
(1 equiv / 1 equiv / 1 equiv)

この反応を40μmのチャンネル幅を有するIMM製マイクロミキサーを用いてマイクロフロー系で実施した。シリンジポンプを用いて基質混合物と[bmim]PF_6に溶解したPd触媒を送液し,マイクロリアクター内で混合することで加熱下のフロー系で反応させた。反応終了後にヘキサンで抽出したところカップリング生成物が良好に得られた(図2)[4]。イオン液体相を水洗し副成するアンモニウム塩を除去したところ,最下相にイオン液体相が相分離した。相分離したイオン液体にはパラジウム触媒が固定化されており再利用が可能である。この反応にはチャンネルサイズ効果が認められている。すなわち比較のためこの反応を内径1000μmのチャンネル幅を有す

るT字型ミキサーを用いて実施したところ，カップリング生成物の収率は大きく低下した。よって本系ではマイクロミキサーのマイクロチャンネル空間において，触媒を含むイオン液体相と基質・反応試薬相との高効率混合が実現し，カップリング反応が円滑に進行したものと考えられる。

2.3 溝呂木―Heck反応

パラジウムカルベン錯体はイオン液体を溶媒とした溝呂木―Heck反応に対しても高い活性を示した。一般に，基質の拡散速度は溶媒の粘度が低くなる程速くなることから低粘性のイオン液体には反応効率の向上が大いに期待できる。そこで我々はシクロヘキサノールと同程度の粘性を有する低粘性イオン液体[bmim]NTf_2に着目し，これを用いて溝呂木―Heck反応を検討したところ反応は良好に進行した[5]。[bmim]NTf_2も[bmim]PF_6同様に非水溶性であることから有機溶媒による生成物の抽出後，水処理による水溶性塩の除去を経て，触媒・反応メディアの再利用を行ったところ，収率の低下なく最低7回の使用が可能であった（式4）。

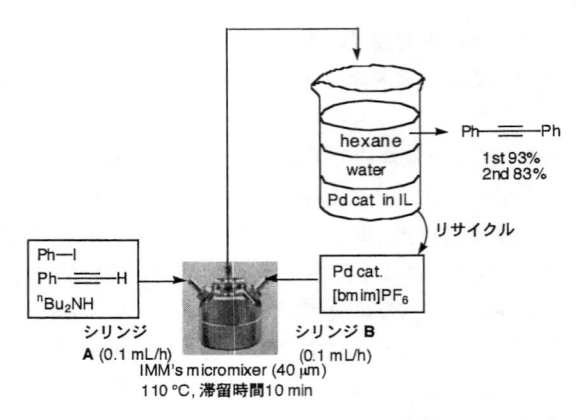

図2 マイクロフロー系での薗頭カップリング反応

$$\text{PhI} + \text{CH}_2\text{=CHCOOBu} \xrightarrow[\substack{Pr_3N\ (1.5\ equiv)\\ [bmim]NTf_2\\ 100\ ^\circ C,\ 1\ h}]{Pd\ cat.\ 1\ (2\ mol\%)} \text{PhCH=CHCOOBu} \quad 95\text{-}98\%(7\ runs) \tag{4}$$

次にマイクロフロー系反応を検討した。マイクロフロー系での触媒反応では，効率ミキシングとともに滞留時間の確保のため，マイクロミキサーにチューブ型マイクロリアクターユニットを連結させた。例えばIMM製マイクロミキサーと，滞留時間確保のため内径1000μmのチューブ型リアクターを直列につなぎ，ヨードベンゼンとアクリル酸ブチルの混合物とパラジウムカルベン錯体**1**の[bmim]PF_6溶液をシリンジポンプによって送液，混合し，加熱下で反応させた。反応は良好に進行し，期待した桂皮酸エステルが高収率で得られた（図3）[6]。

次にこの反応をモデルに触媒およびイオン液体を連続的に再利用するための触媒循環型の連続フローシステムを検討した。マイクロフロー反応ユニットには100μmのマイクロチャンネルを有するマイクロミキサーユニットと滞留時間ユニット，および送液ポンプを備えたドイツCPC社製CYTOS Lab Systemを活用した。イオン液体として[bmim]PF_6を用いた時，その高い粘性のため圧力損失が大きくポンプによる円滑送液に支障をきたした。圧力損失は反応媒体の粘性が低くなる程小さくなることから，低粘性イオン液体[bmim]NTf_2を用いることとした。その結果，スムーズな送液が可能となり，カップリング生成物が高収率で得られた[6]。基質の拡散速度は粘度に依存することから低粘性のイオン液体とマイクロ空間の併用は反応効率の向上に最適と考えている。

次にマイクロミキサーを用いて後処理の段階をフロー系で行なうことにより触媒循環の自動化

第10章　イオン液体中での化学合成

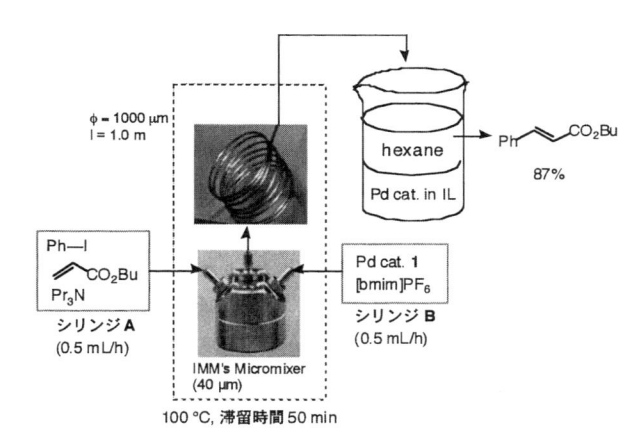

図3　マイクロフロー反応装置を用いた溝呂木—Heck反応

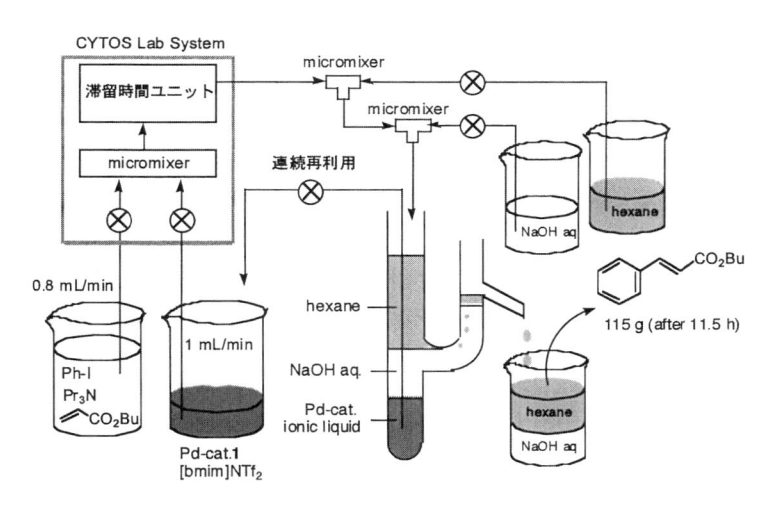

図4　触媒循環型連続マイクロフローシステム

を行った。すなわち，二つのT字型マイクロミキサーを生成物の抽出，アミン塩の除去の段階に組み込むことで後処理システムを作り，相分離した触媒含有の[bmim]NTf$_2$相を連続的に再利用出来る触媒循環型自動化システムへとつなげた（図4）。この装置を11.5時間の間連続運転させたところ，115gのカップリング生成物が得られた[6]。この触媒循環型システムはベンチトップファクトリーの原型になるものと考えている。

2.4　マイクロフロー系での触媒的カルボニル化反応

　Pd触媒による芳香族ハロゲン化物と一酸化炭素と末端アセチレンとのカップリング反応はアセチレンケトン合成の有用な反応である[7]。我々は最近，イオン液体[bmim]PF$_6$中，PdCl$_2$(PPh$_3$)$_2$を触媒とし，バッチ式反応装置を用いて芳香族ヨウ素化物とアセチレンを一酸化炭素加圧下で反応させるとアセチレンケトンが良好な収率で得られることを報告した（式5）[8]。

イオン液体 II

$$\text{Ar—I} + \text{CO} + \overset{}{\equiv}\text{R} \xrightarrow[\text{20 atm}]{\underset{[\text{bmim}]\text{PF}_6,\text{Et}_3\text{N}}{\text{PdCl}_2(\text{PPh}_3)_2}} \text{Ar}\overset{\text{O}}{\underset{}{\|}}\text{C}\equiv\text{R} \quad (5)$$

この反応では，一酸化炭素を取り込まない薗頭カップリング生成物の生成を抑制するため，通常20～30気圧程度の加圧を必要とする。我々は，マイクロ空間で気-液界面積を飛躍的に増大させることでより効率的にカルボニル化反応を実施できるものと考え，この反応をモデルとし，加圧マイクロフロー式反応装置を用いた触媒的カルボニル化反応の検討を行った。用いた装置図を図5に示す。滞留時間ユニットの後に背圧弁を接続することで系の圧力を調節した。一酸化炭素はマスフローコントローラを用いて流速を制御しながら導入し，高圧下でも送液可能なシリンジポンプを用いて触媒を溶解させたイオン液体を送液し，これらを内径$1000\mu\text{m}$のT字型ミキサーで混合した。さらに基質混合物をHPLCポンプで送液し内径$400\mu\text{m}$のT字型ミキサーで混合した後，チューブ型リアクターで反応を行なった。この装置を用いてo-ヨードトルエンとフェニルアセチレンとの反応を一酸化炭素圧20気圧で行なったところアセチレンケトンが良好な収率で得られた[9]。

バッチ式反応においては一酸化炭素圧を20気圧から5気圧に減じて行なうと一酸化炭素を取り込まない薗頭カップリング生成物が副成するが，マイクロフロー系での反応では興味深いことに一酸化炭素圧5気圧においても薗頭カップリング生成物の生成は認められず，アセチレンケトンが高選択的に得られることがわかった（式6）。これはマイクロミキサーによる高効率ミキシングにより，気液相間の接触面積が飛躍的に向上した結果であると考えられる。実際，本系では

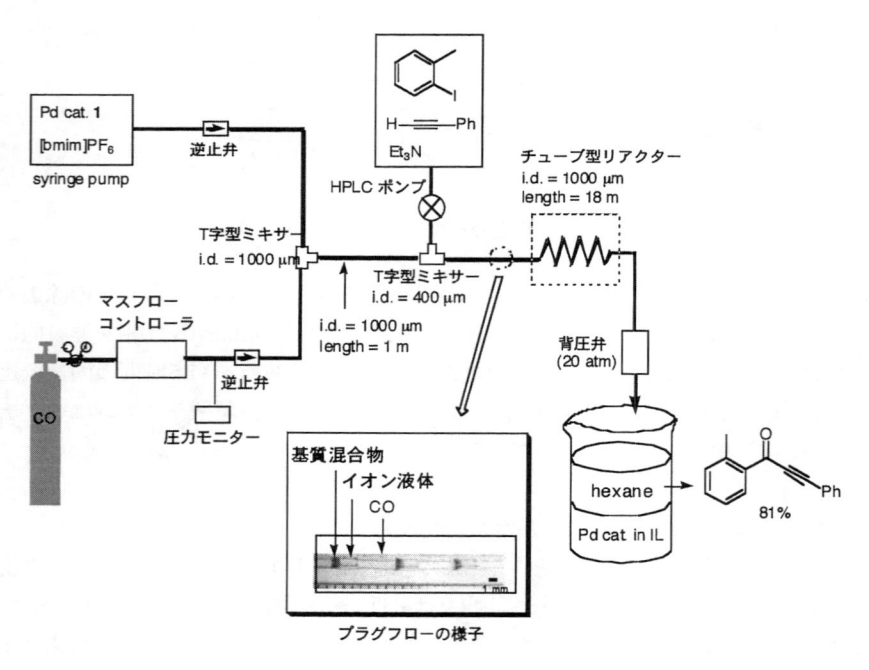

図5 加圧マイクロフロー系による触媒的カルボニル化反応

第10章 イオン液体中での化学合成

	batch	
	36%	37%
microflow	92%	–

(6)

気液が交互に並んだプラグフローが確認されており，マイクロ空間においてはダイナミックな一酸化炭素吸収が行なわれているものと考えられる。

以上，本稿ではわれわれが最近検討したマイクロリアクターを用いたイオン液体を反応メディアとするフロー型触媒反応の実施例について取り上げた。イオン液体へのPd触媒の固定によるクロスカップリング反応がマイクロフロー系で効率的に実現できた。さらに触媒循環型マイクロフロー系を利用し，連続運転により100 gオーダーの生成物が合成できることを示したが，この際，低粘性イオン液体の優越性が認められた。また，マイクロフロー系を用いた一酸化炭素加圧系での触媒的カルボニル化反応ではバッチ系よりも低い加圧条件下でカルボニル化生成物が高選択的に得られた。触媒反応設計とデバイス設計のシナジー効果により，好結果が期待されることから，今後，マイクロリアクターの活用研究はさらに盛んになっていくものと予想される。

文　　献

1) イオン液体と触媒反応に関する総説：(a) P. Wasserscheid, W. Keim, *Angew. Chem. Int. Ed.*, **39**, 3772 (2000); (b) C. M. Gordon, *Appl. Catal. A: General*, **222**, 101 (2001); (c) R. Sheldon, *Chem. Commun.*, **2001**, 2399; (d) J. Dupont, R. F. de Souza, P. A. Z. Suarez, *Chem. Rev.*, **102**, 3667 (2002); (e) 福山高英，柳日馨，有機合成化学協会誌，**63**, 503 (2005)

2) マイクロリアクターに関する成書：(a) W. Ehrfeld, V. Hessel, and H. Löwe, *Microreactor: New Technology for Modern Chemistry*, WILEY-VCH, Weiheim (2000); (b) マイクロリアクター「新時代の合成技術」，吉田潤一監修，シーエムシー出版 (2003); (c) マイクロリアクタテクノロジー，エヌ・ティー・エス (2005); マイクロリアクターに関する総説：(d) K. Jähnisch, V. Hessel, H. Löwe, and M. Baerns, *Angew. Chem. Int. Ed.*, **43**, 406 (2004); (e) H. Pennemann, P. Watts, S. J. Haswell, V. Hessel, and H. Löwe, *Org. Process Res. Dev.*, **8**, 422 (2004); (f) 吉田潤一，菅誠治，永木愛一郎，有機合成化学協会誌，**63**, 511 (2005)

3) (a) Sonogashira, K. In Metal-Catalyzed Cross-Coupling Reactions, Diederich, F,. Stang, P. J., Eds.; Wiley-VCH: New York, 1998; pp 203-229; (b) Beller, M; Zapf, A. In Handbook of Organopalladium Chemistry for Organic Synthesis, Negishi, E. Ed, John Wiley & Sons, Hoboken, 2002, pp1209-1222; (c) Nicolaou, K.C.; Bulger, P. G. Sarlar, D.; *Angew. Chem. Int. Ed.*, **44**, 4442 (2005)

4) T. Fukuyama, M. Shinmen, S. Nishitani, M. Sato, and I. Ryu, *Org. Lett.*, **4**, 1691 (2002)

5) S. Liu, T. Fukuyama, M. Sato, and I. Ryu, *Synlett*, 1814 (2004)

6) S. Liu, T. Fukuyama, M. Sato, and I. Ryu, *Org. Process Res. Dev.*, **8**, 447 (2004)
7) (a) T. Kobayashi and M. Tanaka, *J. Chem. Soc. Chem. Commun.*, 333 (1981); (b) L. Delaude, A.M. Masdeu, and H. Alper, *Synthesis*, 1149 (1994); (c) M.S. Mohamed Ahmed and A. Mori. *Org. Lett.*, **5**, 3057 (2003)
8) T. Fukuyama, R. Yamaura, and I. Ryu, *Can. J. Chem.*, **83**, 711 (2005)
9) Md. T. Rahman, T. Fukuyama, N. Kamata, M. Sato, and I. Ryu, 投稿中

第11章　イオン液体中の高分子合成

吉澤正博*

1　はじめに

　イオン液体中において重合反応を行うメリットは何か？　他の反応と同様に，溶媒であるイオン液体が揮発しないため繰り返し使用できる，室温を含む広い温度範囲で液体である，広い電位窓を有するため電気化学的安定性に優れることなどがそのメリットとして挙げられる。しかし，他の反応と決定的に異なる点もある。それは，高分子も揮発しないということである。つまり，生成物の分離，精製において蒸留という手法が使えないため，現段階では少なくとも有機溶媒を用いた抽出，洗浄という作業を強いられることになる。一見するとイオン液体の特徴が半減しているようではあるが，従来の溶媒では達成できない優れた結果も得られている。例えば，熱安定性に優れるイオン液体は発熱重合を温和にする効果があり，安全性の向上と分解による有毒ガスの発生を抑制することができるのである[1]。これは，イオン液体が重合溶媒として有望であるという好例だろう。以下の節では重合方法により分類し，それらを順次取り上げる。最近，簡単なレビューも報告されているので，そちらも参照されたい[2,3]。

2　ラジカル重合

　イオン液体中の重合反応の中で，ラジカル重合に関する報告が圧倒的に多い。これは，イオン重合などに比べると厳密な条件を必要としないことや多種類のモノマーを利用できることなどが主な理由だろう。Rogers らは 1-butyl-3-methylimidazolium PF_6（$[C_4mim]PF_6$）中でメタクリル酸メチル（MMA）とスチレンの重合反応を行った[4]。比較としてベンゼンも溶媒として用いている。MMAの重合速度はイオン液体中の方がベンゼン中よりも速く，得られた高分子の分子量も10倍以上大きかった。イオン液体中のMMAの成長速度定数（k_p）が増加し，逆に停止速度定数（k_t）が一桁以上低下することが，上記のような結果につながったことはほぼ間違いない[4~6]。なぜかという問いへの明確な回答は難しい状況ではあるが，まずk_tの低下はイオン液体の高粘度に基づくだろう。そして，k_pの増加に関しては，イオン液体がマクロラジカルを安定化し，その結果成長反応の活性化エネルギーを減少させているのではないかと考えられている[7]。

　イオン液体中でラジカル重合を行うと従来の有機溶媒中よりも重合速度が促進され，高分子量の重合体が得られるというのは一般的な傾向のようである[8]。同様の効果は，基転移重合[9]，電荷移動重合[10]，放射重合[11~14]においても確認されている。やはり活性種の安定化がイオン液体により促進されるためだろう。イオン液体を重合溶媒として用いるメリットは他にもある。例えば，$[C_4mim]BF_4$ 中でアクリロニトリルの重合を行ったところ，ポリアクリロニトリル（PAN）

---

*　Masahiro Yoshizawa-Fujita　Monash University　School of Chemistry，博士研究員

の熱安定性が従来の溶媒中で重合した系よりも増加した[15]。イミダゾリウムカチオンとPANの相互作用により、架橋点が壊されたことが理由のようである。このように、イオン液体は生成高分子の構造にも影響を及ぼすことがあり、今更言うまでもなく興味深い溶媒である。

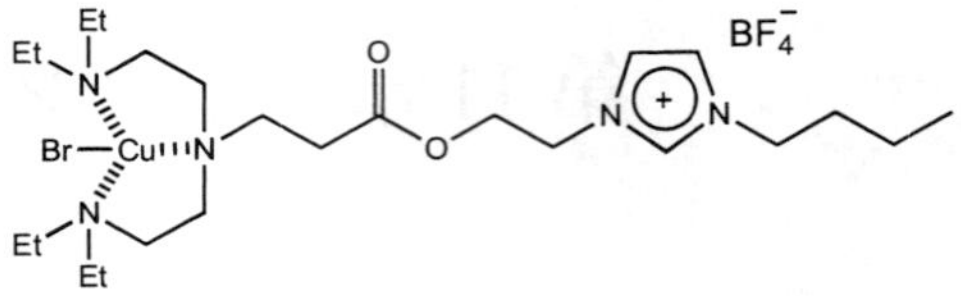

図1 側鎖にCu^I／アミン触媒を有するイミダゾリウム塩

スチレンとMMAのラジカル共重合がイオン液体中で行われた[16, 17]。一般的な有機溶媒やバルク中では、スチレンの反応性比（r_{ST}）の方がMMAの反応性比（r_{MMA}）よりも高くなるが、[C_4mim]PF_6中で共重合を行ったところr_{MMA}の方が高かった。共重合に影響を及ぼす因子には溶媒も含まれるが、イオン液体中では従来の有機溶媒とは異なるモノマー反応性比を示すことから、これまでにない組成やシークエンスを持った共重合体を得ることも可能となるだろう。

SeddonらはCu^I／アミン触媒を用いて[C_4mim]PF_6中でMMAの重合を行った[18]。重合速度がモノマー濃度の一次に比例すること、数平均分子量が重合率とともに増加すること、得られたPMMAの多分散度がラジカル重合の理論的限界値1.5よりも低いことなどから、この触媒の存在下ではイオン液体中においてもリビングラジカル重合が可能であることを明らかにした。適切な溶媒を用いてPMMAをイオン液体から抽出すると、銅触媒はイオン液体相に残るためPMMA中の残存触媒量を最小限にとどめることができる。また、イオン液体のリサイクルも可能であることが合わせて報告された。この報告以降、イオン液体中のリビングラジカル重合に関する研究が活発化した[19~30]。最近、キラルイオン液体中でリビングラジカル重合が行われたり[31, 32]、イミダゾリウムカチオンの側鎖にCu^I／アミン触媒を固定化したイオン液体が合成されている（図1）[33]。イオン液体のデザインは無限であり、今後の展開が益々楽しみである。

3 イオン重合

イオン重合は活性種がイオンであり、イオン液体の高い極性がそれらの安定化に大きく寄与することが期待できる。しかし、実際にはイオン液体中におけるイオン重合に関する報告数はわずかであり、さらに初めて報告されたのは2004年のことである。MacFarlaneらは、[$p_{1, 4}$]TFSA中においてブレンステッド酸（HBOB）を触媒として用いスチレンのカチオン重合を行った（図2）[34]。重合温度が低いと反応は進行しなかったが、60℃では重合反応が進行し、90％を超える高い収率と1.3～1.5という狭い多分散度を達成した。さらに、重合反応の終了後に新たにスチレンを加えたところ、重合が進行し分子量がほぼ2倍になったことから、リビングカチオン重合が起こっていることを確認した。ジクロロメタン／$AlCl_3$またはHBOBの組み合わせでは、リビングカチオン重合はわずかにしか起こらない。

Kubisaらも[C_4mim]PF_6中におけるスチレンのカチオン重合を報告しているが、前述の報告とは少し異なる（図3）[35]。触媒として1-phenetyl chloride/$TiCl_4$が用いられており、結果の相違は触媒に因るところが大きい。重合反応自体は室温でも進行し、高分子への転化率も90％を超える。しかし、分子量が転化率の増加と比例せず、またモノマーと開始剤の比から計算された

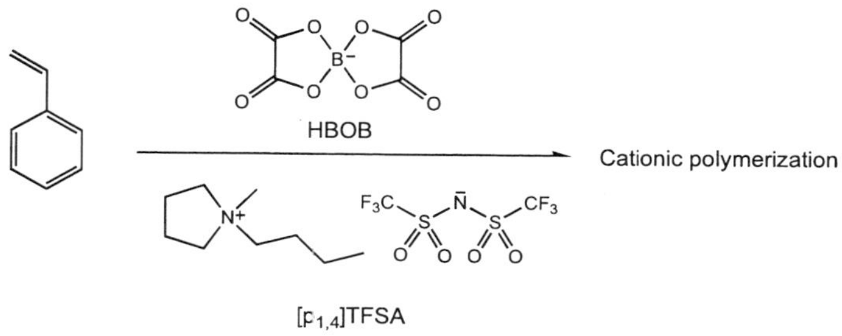

第11章　イオン液体中の高分子合成

図2　HBOBを触媒とするスチレンのカチオン重合

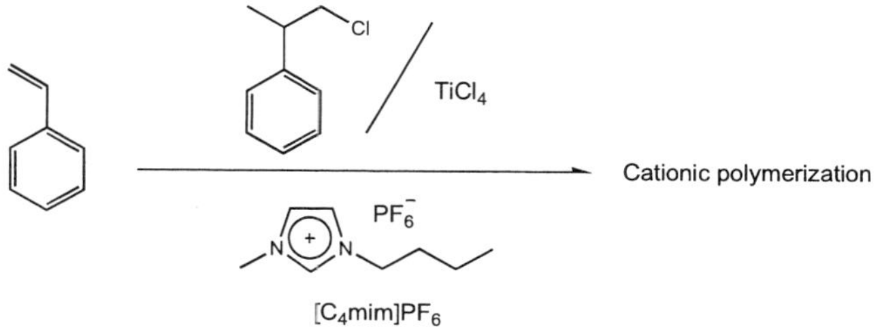

図3　1-phenyl chloride/TiCl₄を触媒とするスチレンのカチオン重合

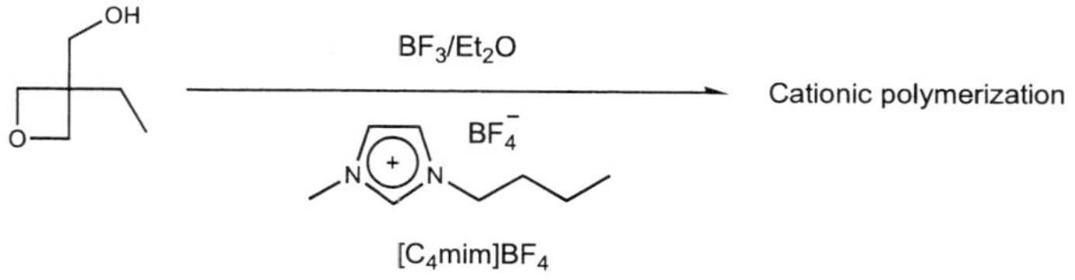

図4　EOXのカチオン開環重合

値とも一致しない。MALDI-TOFスペクトルの結果から，ヘッドグループの異なる2種類の高分子の存在が認められ，用いた触媒以外にも開始剤としてのプロトンが存在することが明らかにされた。以上の結果から，適切なイオン液体／触媒の組み合わせが非常に重要であることがわかる。

また，Kubisaらは3-ethyl-3-hydroxymethyloxetane（EOX）のカチオン開環重合を[C_4mim]BF_4中で行った（図4）[36)]。触媒にはBF_3/Et_2Oを用いている。残念ながら，室温で反応させて得られた高分子の分子量は1300程度であり，バルク及びジクロロメタン中の結果と比較しても全く差はない。ポリ(EOX)は多くの水酸基を有しているため，分子内及び分子間水素結合により凝集していることが明らかにされており，イオン液体がそれらの結合を切断し，さらなる分子量の改善に効果があるのではないかと期待されたが，特にそのような効果は認められなかった。ところが，重合温度を180℃まで上昇させると，分子量の改善にはつながらなかったものの，少

なくとも分子間水素結合の低減には効果があり，ポリ(EOX)の凝集を防ぐことができた。イオン液体のアニオンをより強い水素結合能力を持つアニオン，例えばClアニオンにすることで更なる効果が期待できるだろう。

4　金属触媒重合

Seddonら及びRogersらは，パラジウム触媒を用いてスチレンと一酸化炭素の交互共重合をイオン液体中で行った（図5）[37, 38]。2つの報告で異なる点もあるが，高分子量の交互共重合体を得るためのイオン液体の特徴はほぼ一致する。それらの知見を以下にまとめる。

- ・イミダゾリウムカチオンよりもピリジニウムカチオンの方が良い。
- ・オニウムカチオンのアルキル側鎖は短い方が良い。
- ・Br，BF_4と比較して，TFSAアニオンの方が良い。

それぞれの理由として，粘度とアニオンの配位力が挙げられる。つまり，イオン液体の粘度が低い方が気相からイオン液体相への一酸化炭素の拡散がスムーズになるためアルキル側鎖は短い方が良く，またTFSAアニオンのような配位力の弱いアニオンの方が触媒活性を高く保つことができると考えられている。得られた共重合体を有機溶媒で抽出した後も，イオン液体中の触媒活性は保たれており，繰り返し使用可能である。

ロジウム触媒を用いたフェニルアセチレンの重合が，Mastrorilliら及びZiokowskiらによって行われている（図6）[39, 40]。イオン液体中におけるロジウム触媒の活性は配位子に強く依存した。Mastrorilliらは，配位子としてジエン及びClアニオンまたは酢酸アニオンを用いたロジウム触媒を使用したが，トリエチルアミンが共触媒として存在しなければ全く機能しなかった。一方，配位子としてジエン及びボレート誘導体を用いた場合，共触媒の存在なしでポリ(フェニルアセチレン) (PPA) を得ることができた。後者の系では，メタノールの存在によりさらなる高分子量PPAが得られた。また，トリエチルアミンを添加しても顕著な効果は認められなかった。以上のことから，イオン液体中においてロジウム触媒の活性を高く保つ条件は配位子によって変えなければならないことがわかった。しかし，これらの報告で用いられたイオン液体は典型的なものばかりであり，触媒活性保持の最適条件の探索として，イオン液体のデザインを積極的に進めて行くことも面白そうである。

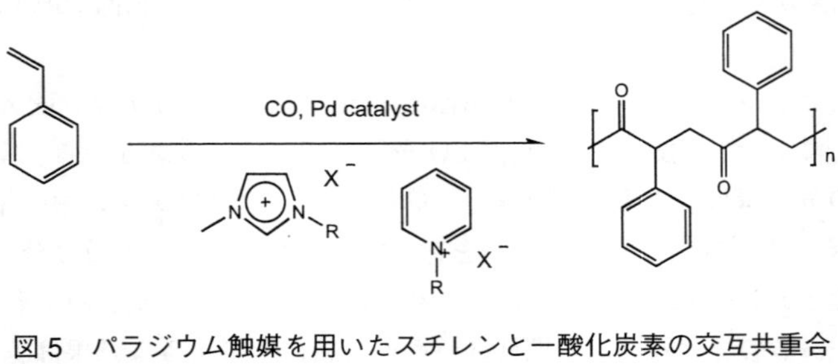

図5　パラジウム触媒を用いたスチレンと一酸化炭素の交互共重合

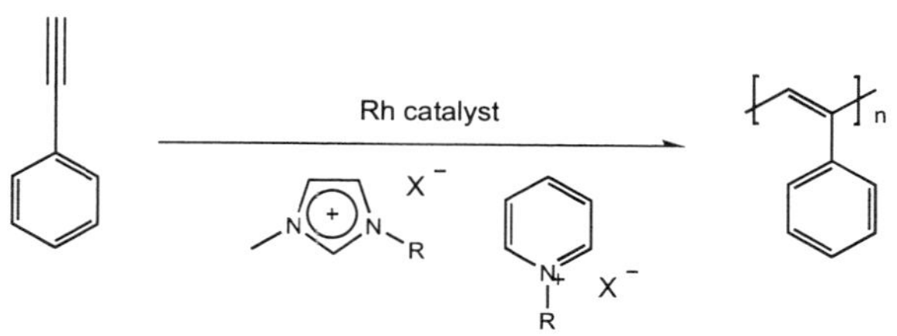

第11章　イオン液体中の高分子合成

図6　ロジウム触媒を用いたフェニルアセチレンの重合

5　重縮合

　イオン液体が熱安定性に優れた溶媒である割には，重縮合反応に関する報告数はかなり少ないように思う。筆者の知る限り，芳香族系ポリアミド及び芳香族系ポリイミドの合成[41, 42]とリパーゼ触媒によるポリエステルの合成のみである[43, 44]。しかし，芳香族系縮合高分子の合成はVygodskiiらにより精力的に研究されている（図7）。2報合わせたイオン液体構造のバリエーションは30種類に上り，得られた縮合系高分子の分子量はイオン液体構造に強く影響を受けることが明らかにされた。高分子量の縮合系高分子を得るためのイオン液体構造上の特徴は，以下のようにまとめられる。

・ピリジニウムカチオン，キノリニウムカチオンと比較して，イミダゾリウムカチオンの方が良い。
・イミダゾリウムカチオンの場合，側鎖がアルキル直鎖の場合は短い方が良く，bulkyならなお良い。また，2位がアルキル化された系よりもプロトンの方が良い。
・BF_4，PF_6，TFSA，SiF_6，HSO_4，NO_3，I，CH_3COOと比較して，Brアニオンの方が良い。

　上記の条件以外だと，多くの場合反応の進行に伴い生成高分子が析出してしまうために，高分子量の縮合系高分子が得られないようである。Brアニオンが他のアニオンに比べて優れていることは，Clアニオンが種々の高分子の溶解性に優れていることから，ある程度理解できる（第13章参照）。興味深いのは，なぜイミダゾリウムカチオンが他のカチオンより優れているかということである。これは，2位がアルキル化された系よりもプロトンの方が良い結果を示すことからわかる。つまり，2位のプロトンがこの縮合反応に対して触媒能を有するのである。一般的に，

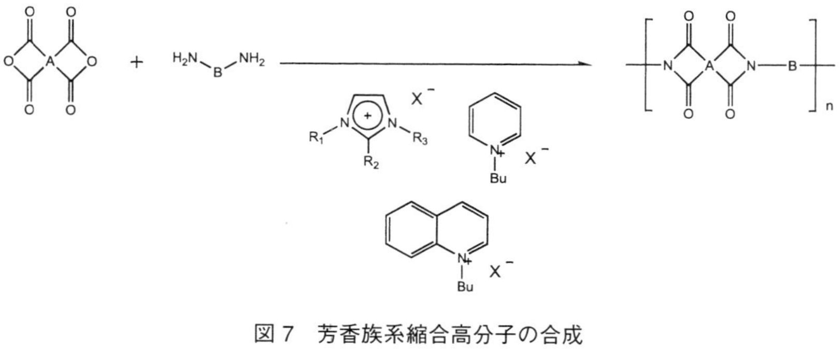

図7　芳香族系縮合高分子の合成

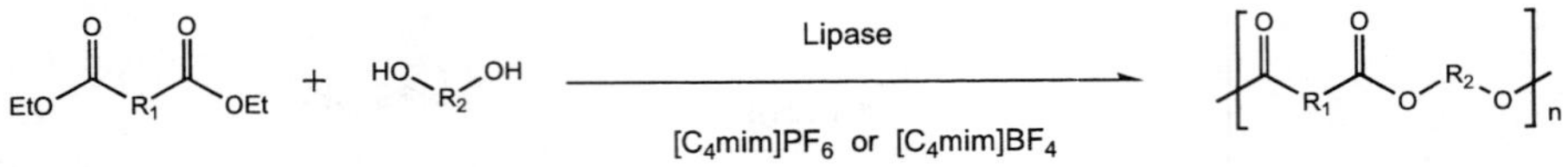

図8 リパーゼ触媒による縮合系ポリエステルの合成

有機溶媒中で同じ反応を行う場合,酸触媒を必要とすることから,この反応に関してはイミダゾリウムカチオンがそれらに匹敵する触媒能を持った溶媒として機能することを裏付ける。

Kobayashiら[43]とSalunkheら[44]はリパーゼ触媒による縮合系ポリエステルの合成をイオン液体中で行った(図8)。それぞれ異なるリパーゼ(Candida antarcticaまたはPseudomonas cepaciaリパーゼ)を触媒として用いているが,高分子量体を得るためのポイントは同じで,反応の進行に伴い生成するアルコールを除き,反応を生成系にシフトさせることである。つまり,温度を上げるか減圧下で反応を行うといずれの場合も分子量が倍近くまで増加する。揮発しないイオン液体の特徴が機能している良い例の一つだろう。

6 開環重合

Kobayashiらは,リパーゼ触媒によるε-カプロラクタムの開環重合もイオン液体中において行っている(図9)[43]。重合度に及ぼす因子としては,反応時間はもちろん,リパーゼ触媒の濃度も影響することを報告している。リパーゼ濃度が濃い場合,一週間反応させても生成高分子の分子量が1200だったのに対し,より薄い濃度では同じ反応時間で4200まで増加した。理由は明らかにされていないが,リパーゼを重合開始剤として位置づけると他の重合反応同様,開始剤の濃度は極力少ない方がいいのかもしれない。

一方,ルテニウム触媒を用いたノルボルネンの開環重合がDixneufらによって行われた(図10)[45]。高価な触媒の回収,リサイクル方法の確立は,コスト及び金属残留物の低減という2つの観点から非常に重要な課題である。それらを実現するためにイオン液体が溶媒として用いられた。また,イオン液体との相溶性を考慮してイオン性のルテニウム化合物を触媒とした。期待されたように触媒は均一にイオン液体に溶解し,触媒能を示した。しかし,わずか2度のリサイクルで高分子の収率は98%から10%にまで落ち込んだ。リサイクル効率の向上を目的にイオン液体/トルエンの2相系が用いられたが,わずか一種類のイオン液体[C$_4$dmim]PF$_6$しか検討されておらず,改善の余地を多く残している。

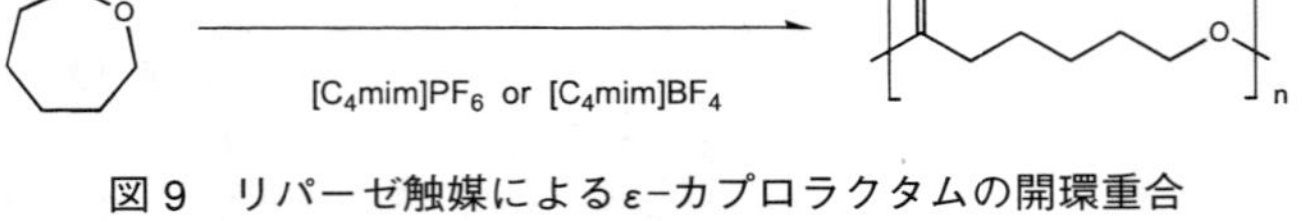

図9 リパーゼ触媒によるε-カプロラクタムの開環重合

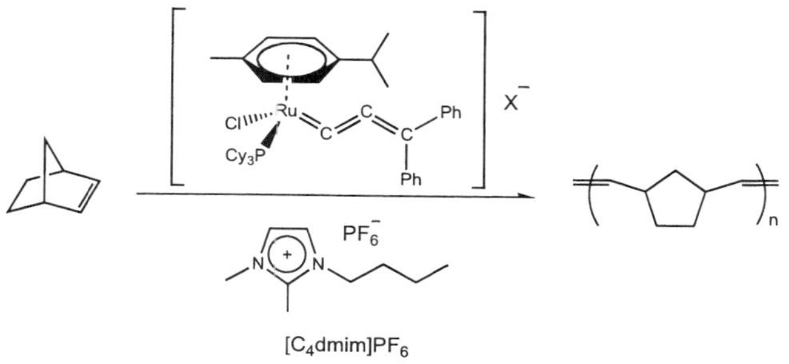

第11章　イオン液体中の高分子合成

図10　ルテニウム触媒を用いたノルボルネンの開環重合

7　電解重合

　イオン液体の高い電気化学的安定性と高イオン伝導度は，電解反応の媒体として極めて魅力的である。事実多くの電解重合が行われており，報告数もラジカル重合に次いで多い。これまでに，ポリピロール（PPy）[46〜50]，ポリアニリン（PANI）[47,48]，ポリチオフェン[47]，ポリ（3,4-エチレンジオキシチオフェン）（PEDOT）[48,51〜55]，ポリ（3-(4-フルオロフェニル）チオフェン）[56]，ポリフェニレン[57,58]がイオン液体中において合成されている。

　Fuchigamiらは[C_2mim]CF_3SO_3中においてピロールの電解酸化重合を行い，水やアセトニトリル中よりも反応が速やかに進行することを報告した（図11）[46,47]。ピロールなどの電解重合においては，成長反応過程にあるマクロモノマーが電極近傍に蓄積されていた方が，重合速度の改善につながるため，イオン液体の高い粘度が有利に働いたのではないかと考えられている。さらに，陽極上に析出したPPyフィルムのモルフォロジーも報告されている。SEM観察の結果，10,000倍まで拡大しても粒塊の存在は認められず，極めて平滑な表面を有することが明らかにされた。水やアセトニトリル中で析出させたPPyフィルムの場合，はっきりと粒塊の存在が認められている。一方，Pringleらの報告によれば[C_2mim]TFSA中ではPPyに関して同様の重合速度の促進効果が認められたものの，[C_4mim]PF_6と[$p_{1,4}$]TFSAではそのような効果は認められていない[49]。3種類のイオン液体の中では比較的粘度の低い[C_2mim]TFSAにおいて重合速度の促進効果が得られたこと，さらに室温における[C_2mim]CF_3SO_3と[C_2mim]TFSAの粘度はほぼ等しいことから，適切な粘度領域が存在するのかもしれない。しかし，析出したPPyフィルムのモルフォロジーは前者の報告と決定的に異なる。重合速度の促進効果が認められた[C_2mim]TFSAから析出したフィルムは表面が粗く粒塊もはっきりと存在するのに対し，むしろ促進効果の認められなかった[$p_{1,4}$]TFSAから析出したフィルムの方が平滑な表面を有していた。[C_2mim]TFSAを溶媒とした場合，重合速度が速いために表面が粗くなることが理由として挙げられており，重合速度の促進が表面モルフォロジーに対しては負に働いてしまったようである。しかし，すでに述べたように前者の報告とは異なるため，粘度のみならずイオン液体構造も重要な因子となるようである。

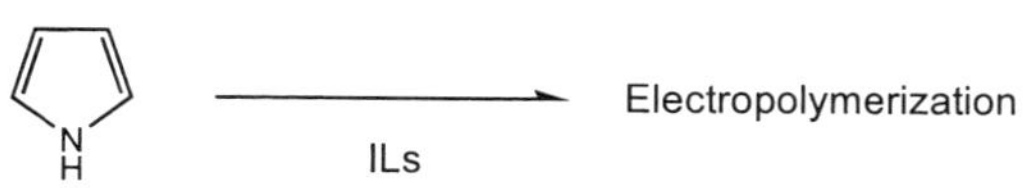

図11　ピロールの電解重合

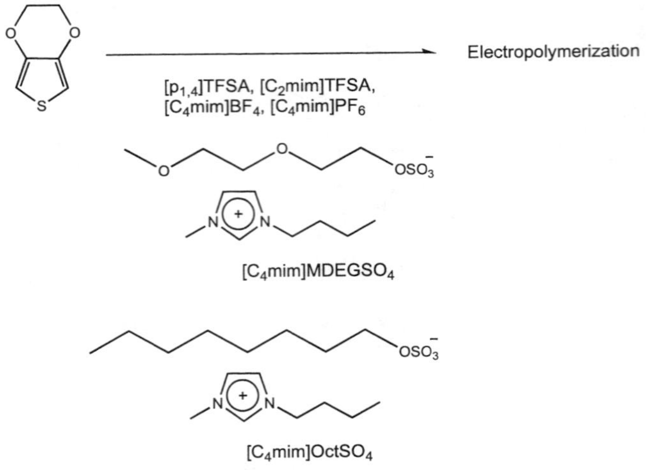

図12 種々のイオン液体中におけるPEDOTの合成

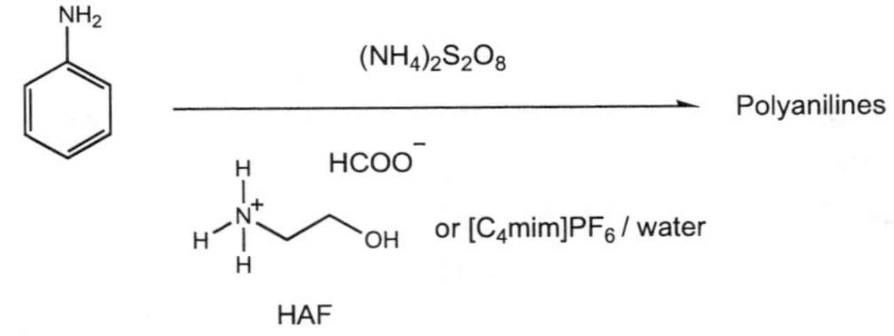

図13 酸化剤を用いたアニリンの重合

　PEDOTの電解重合に関する報告はPPyと並んで多い。これは，PEDOTが低いバンドギャップを有し，高い安定性と高い導電性を兼ね備える高分子として知られているためだろう。PEDOTの重合溶媒としては，[C_2mim]TFSAのような典型的なイオン液体や下の（図12）に示す比較的長い側鎖を有するイオン液体などが報告されている。[C_2mim]TFSAを用いた場合，有機溶媒中の重合速度と比較して重合速度の促進が確認され，[$p_{1,4}$]TFSA中ではそのような効果を確認することはできなかった。その理由としてPPyと同様に粘度の相違を挙げている。[C_4mim]BF_4と[C_4mim]PF_6中においてもPEDOTの生成が確認されている。それに対し，[C_4mim]$MDEGSO_4$を溶媒として用いた場合，重合反応が全く進まず高分子を得ることができなかった。モノマー濃度を濃くしても，効果はほとんどなかった。しかし，[C_4mim]$OctSO_4$中では速やかに反応が進行し，得られたPEDOTのキャパシタンスも大きい。これらの結果からPEDOTの合成はアニオン種に強く影響されることがわかる。

　電解重合とは全く関係ないが，酸化剤を用いたアニリンの重合がイオン液体中で行われているので，ここで紹介する（図13）[59]。重合時間（室温で3日間）が長いことが難点ではあるが，HAF中で重合したPANIはアセトン，テトラヒドロフラン，ジオキサン，DMFなど多くの有機溶媒

第11章　イオン液体中の高分子合成

によく溶ける。また，重合温度を0℃まで下げるとPANIの導電性が37倍増加した。一方，[C$_4$mim]PF$_6$/水界面においてアニリンの界面重合が行われた[60]。この場合，生成したPANIは重合の進行とともに水相に移動した。TEM顕微鏡観察から30〜80nmサイズのナノパーティクルを形成していることが確認されている。これらの知見は他の高分子合成にも生かすことが出来るだろう。

8　おわりに

この章では，あくまでも高分子合成の溶媒としてイオン液体を扱った。率直な印象としては，高分子とイオン液体の組み合わせが多種多様である割には，モノマー及び高分子構造に特化したイオン液体のデザインが少ないように思う。しかし，すでに2004年春のアメリカ化学会の高分子セッションでイオン液体の可能性が議論されたことからもわかるように，世界中で活発に研究が進んでいることは想像に難くない[61, 62]。今後も基礎研究から応用に至るまで，イオン液体と高分子の組み合わせが益々重要になることは間違いなく，この章がその一助となれば幸いである。

文　　献

1) R. Vijayaraghavan, M. Surianarayanan, D. R. MacFarlane, *Angew. Chem. Int. Ed.*, **43**, 5363 (2004)
2) P. Kubisa, *Prog. Polym. Sci.*, **29**, 3 (2004)
3) P. Kubisa, *J. Polym. Sci. Part A: Polym. Chem.*, **43**, 4675 (2005)
4) K. Hong, H. Zhang, J. W. Mays, A. E. Visser, C. S. Brazel, J. D. Holbrey, W. M. Reichert, R. D. Rogers, *Chem. Commun.*, 1368 (2002)
5) S. Harrisson, S. R. Mackenzie, D. M. Haddleton, *Chem. Commun.*, 2850 (2002)
6) S. Harrisson, S. R. Mackenzie, D. M. Haddleton, *Macromolecules*, **36**, 5072 (2003)
7) S. Harrisson, S. R. Mackenzie, D. M. Haddleton, *Polym. Prep. (Am. Chem. Soc. Div. Polym. Chem.)*, **43**, 883 (2002)
8) M. G. Benton, C. S. Brazel, *Polym. Int.*, **53**, 1113 (2004)
9) R. Vijayaraghavan, D. R. MacFarlane, *Chem. Commun.*, 1149 (2005)
10) R. Vijayaraghavan, D. R. MacFarlane, *Aust. J. Chem.*, **57**, 129 (2004)
11) G. Wu, Y. Liu, D. Long, *Macromol. Rapid Commun.*, **26**, 57 (2005)
12) Y. Liu, G. Wu, D. Long, G. Zhang, *Polymer*, **46**, 8403 (2005)
13) Y. Liu, G. Wu, D. Long, M. Qi, Z. Zhu, *Nuc. Inst. Methods in Phys. Research B*, **236**, 443 (2005)
14) Y. Liu, G. Wu, *Rad. Phys. Chem.*, **73**, 159 (2005)
15) L. Cheng, Y. Zhang, T. Zhao, H. Wang, *Macromol. Symp.*, **216**, 9 (2004)
16) H. Zhang, K. Hong, J. W. Mays, *Macromolecules*, **35**, 5738 (2002)
17) H. Zhang, K. Hong, M. Jablonsky, J. W. Mays, *Chem. Commun.*, 1356 (2003)
18) A. J. Carmichael, D. M. Haddleton, S. A. F. Bon, K. R. Seddon, *Chem. Commun.*, 1237 (2000)
19) T. Biedron, P. Kubisa, *Macromol. Rapid Commun.*, **22**, 1237 (2001)
20) T. Biedron, P. Kubisa, *J. Polym. Sci. Part A: Polym. Chem.*, **40**, 2799 (2002)
21) T. Sarbu, K. Matyjaszewski, *Macromol. Chem. Phys.*, **202**, 3379 (2001)

22) H. Ma, X. Wan, X. Chen, Q. F. Zhou, *Polymer*, **44**, 5311 (2003)
23) S. Perrier, T. P. Davis, A. J. Carmichael, D. M. Haddleton, *Chem. Commun.*, 2226 (2002)
24) S. Perrier, T. P. Davis, A. J. Carmichael, D. M. Haddleton, *Eur. Polym. J.*, **39**, 417 (2003)
25) Y. L. Zhao, J. M. Zhang, J. Jiang, C. F. Chen, F. Xi, *J. Polym. Sci. Part A: Polym. Chem.*, **40**, 3360 (2002)
26) Y. L. Zhao, C. F. Chen, F. Xi, *J. Polym. Sci. Part A: Polym. Chem.*, **41**, 2156 (2003)
27) H. Ma, X. Wan, X. Chen, Q. F. Zhou, *J. Polym. Sci. Part A: Polym. Chem.*, **41**, 143 (2003)
28) V. Percec, C. Grigoras, *J. Polym. Sci. Part A: Polym. Chem.*, **43**, 5609 (2005)
29) H. Zhang, K. Hong, J. W. Mays, *Polym. Bull.*, **52**, 9 (2004)
30) J. Ryan, F. Aldabbagh, P. B. Zetterlund, B. Yamada, *Macromol. Rapid Commun.*, **25**, 930 (2004)
31) T. Biedron, P. Kubisa, *J. Polym. Sci. Part A: Polym. Chem.*, **43**, 3454 (2005)
32) T. Biedron, P. Kubisa, *Polym. Int.*, **52**, 1584 (2003)
33) S. Ding, M. Radosz, Y. Shen, *Macromolecules*, **38**, 5921 (2005)
34) R. Vijayaraghavan, D. R. MacFarlane, *Chem. Commun.*, 700 (2004)
35) T. Biedron, P. Kubisa, *J. Polym. Sci. Part A: Polym. Chem.*, **42**, 3230 (2004)
36) T. Biedron, M. Bednarek, P. Kubisa, *Macromol. Rapid Commun.*, **25**, 878 (2004)
37) C. Hardacre, J. D. Holbrey, S. P. Katdare, K. R. Seddon, *Green Chem.*, **4**, 143 (2002)
38) M. A. Klingshirn, G. A. Broker, J. D. Holbrey, K. H. Shaughnessy, R. D. Rogers, *Chem. Commun.*, 1394 (2002)
39) P. Mastrorilli, C. F. Nobile, V. Gallo, G. P. Suranna, G. Farinola, *J. Mol. Catal. A: Chem.*, **184**, 73 (2002)
40) A. M. Trzeciak, J. J. Ziokowski, *Appl. Organometal. Chem.*, **18**, 124 (2004)
41) Y. S. Vygodskii, E. I. Lozinskaya, A. S. Shaplov, *Macromol. Rapid Commun.*, **23**, 676 (2002)
42) Y. S. Vygodskii, E. I. Lozinskaya, A. S. Shaplov, K. A. Lyssenko, M. Y. Antipin, Y. G. Urman, *Polymer*, **45**, 5031 (2004)
43) H. Uyama, T. Takamoto, S. Kobayashi, *Polym. J.*, **34**, 94 (2002)
44) S. J. Nara, J. R. Harjani, M. M. Salunkhe, A. T. Mane, P. P. Wadgaonkar, *Tetrahedron Lett.*, **44**, 1371 (2003)
45) S. Csihony, C. Fischmeister, C. Bruneau, I. T. Horvath, P. H. Dixneuf, *New J. Chem.*, **26**, 1667 (2002)
46) K. Sekiguchi, M. Atobe, T. Fuchigami, *Electrochem. Commun.*, **4**, 881 (2002)
47) K. Sekiguchi, M. Atobe, T. Fuchigami, *J. Electroanal. Chem.*, **557**, 1 (2003)
48) W. Lu, A. G. Fadeev, B. Qi, B. R. Mattes, *Synth. Met.*, **135-136**, 139 (2003)
49) J. M. Pringle, J. Efthimiadis, P. C. Howlett, J. Efthimiadis, D. R. MacFarlane, A. B. Chaplin, S. B. Hall, D. L. Officer, G. G. Wallace, M. Forsyth, *Polymer*, **45**, 1447 (2004)
50) A. M. Fenelon, C. B. Breslin, *J. Electrochem. Soc.*, **152**, D6 (2005)
51) K. Wagner, J. M. Pringle, S. B. Hall, M. Forsyth, D. R. MacFarlane, D. L. Officer, *Synth. Met.*, **153**, 257 (2005)
52) P. Danielsson, J. Bobacka, A. Ivaska, *J. Solid State Electrochem.*, **8**, 809 (2004)
53) P. Damlin, C. Kvarnstrom, A. Ivaska, *J. Electroanal. Chem.*, **570**, 113 (2004)
54) H. Randriamahazaka, C. Plesse, D. Teyssie, C. Chevrot, *Electrochem. Commun.*, **6**, 299 (2004)
55) H. Randriamahazaka, C. Plesse, D. Teyssie, C. Chevrot, *Electrochem. Commun.*, **5**, 613 (2003)
56) E. Naudin, H. A. Ho, S. Branchaud, L. Breau, D. Belanger, *J. Phys. Chem. B*, **106**, 10585 (2002)
57) S. Z. E. Abedin, N. Borissenko, F. Endres, *Electrochem. Commun.*, **6**, 422 (2004)

第11章 イオン液体中の高分子合成

58) O. Schneider, A. Bund, A. Ispas, N. Borissenko, S. Z. E. Abedin, F. Endres, *J. Phys. Chem. B*, **109**, 7159(2005)
59) N. Bicak, B. F. Senkal, E. Sezer, *Synth. Met.*, **155**, 105(2005)
60) H. Gao, T. Jiang, B. Han, Y. Wang, J. Du, Z. Liu, J. Zhang, *Polymer*, **45**, 3017(2004)
61) M. Freemantle, *Chem. & Eng. News*, **82**, 26(May 3, 2004)
62) Ionic Liquids in Polymer Systems: Solvents, Additives, and Novel Applications, C. S. Brazel, R. D. Rogers, Eds., ACS Symposium Series 913, American Chemical Society, Washington, DC, 2005

第12章　イオン液体中での有機電解反応

淵上寿雄*

1 はじめに

　反応溶媒は基質を溶解させ，反応を制御する役割を担っている。有機化合物の多くが水に不溶なため有機反応には有機溶媒が用いられてきた。また，生成物の分離精製にも有機溶媒は多用されている。環境への配慮から有機溶媒の回収が今日義務付けられている。21世紀の持続可能な発展には，有機溶媒の使用をできるだけ低減し，無溶媒系を指向した有機合成プロセスの開発が必要不可欠である。一方，有機電解反応は環境調和プロセスとして認知されてから久しい。しかしながら，有機電解合成にも有機溶媒が多用されてきた。水は理想的な電解溶媒であるが，有機物の溶解性や水の酸化還元分解との競合などから適用範囲が制限される。有機溶媒は基質である有機化合物や支持電解質を溶解させる媒体として重要であるが，環境面や安全性に加え，電位窓を狭くする負の要因としても働く。このため，支持塩を必要としないSPE電解合成[1]や薄層電解[2,3]，さらには固体塩基を利用した新しい電解システム[4,5]が開発されてきた。

　一方，イオン液体はイオンのみから成り，難燃性で安定かつ良好な導電性を有し，しかも広い電位窓を有する。従って，イオン液体を電解メディアに利用すれば，有機溶媒を用いることなく有機電解反応が可能になる筈である。しかしながら，有機電解反応への応用は始まったばかりで報告例はまだ少ない[6～11]。

2 イオン液体中でのボルタンメトリー

2.1 有機化合物の電解酸化還元に及ぼすイオン液体の影響

　イオン液体はルイス酸塩基性，ブレンステッド酸塩基性，水素結合能，π-π相互作用などを示し，特異な物理化学的性質を有している。従って，イオン液体が有機化合物の酸化還元電位や酸化還元挙動に及ぼす影響（溶媒効果）には極めて興味が持たれる。

　フェロセン[12]やコバルトセン[13]はイオン液体中で可逆な酸化還元波を示し，イオン液体系での基準電極として利用できる。イオン液体をサイクリックボルタンメトリー（CV）測定のメディアとして用いると観測される酸化還元波は一般に小さくなる。これはイオン液体の粘性が高いため基質の拡散係数が小さくなるためである。たとえば，$EMIM^+Tf_2N^-$中でのフェロセンの拡散係数は$6.3×10^{-8}$ cm^2/sで，通常の分子性有機溶媒に比べ1/100～1/300と小さい。また，$BMIM^+BF_4^-$中でのNi(II)(salen)錯体の拡散係数は$1.8×10^{-8}$ cm^2/sと0.1 M Et$_4$NClO$_4$/DMF中に比べ1/500以下と小さい[14]。水分を含む$BMIM^+BF_4^-$中でのメチルビオローゲンの拡散係数が乾燥状態のものに比べ10倍程大きくなることも示され，イオン液体中の水分がボルタンメトリー

＊　Toshio Fuchigami　東京工業大学大学院　総合理工学研究科　教授

第12章 イオン液体中での有機電解反応

に大きな影響を与えることが明らかにされている[15]。

一方，Hapiotらはイミダゾール系イオン液体中でアントラセン，ナフタレン，1,2-ジメトキシベンゼン，1,2,4,5-テトラメチルベンゼンなどの芳香族化合物の電解酸化挙動についてCVによる詳細な研究を行い，通常の有機溶媒中にくらべ基質からの陽極への電子移動速度や電解発生ラジカルカチオン種の二量化速度が約10分の1に減少することを明らかにしている[16]。また，1,2,4,5-テトラメチルベンゼンのEMIM$^+$Tf$_2$N$^-$中での酸化電位がMeCN中に比べ約0.2 V卑側になる。これはイオン液体が基質のカチオンラジカルをより安定化するためとしている。

Dahertyらもベンズアルデヒドがイオン液体中で1電子移動に基づく2つの還元波を示すこと，イミダゾリニウム塩（BMIM$^+$Tf$_2$N$^-$）中での第1および第2還元電位がピロリジニウム塩，（BMPyr$^+$Tf$_2$N$^-$）中に比べそれぞれ約0.98 V，0.53 Vも卑側に大きくシフトすることを見出している[17]。これは，芳香環をもつイミダゾリニウムカチオンがアルデヒドのアニオンラジカルやジアニオンをπ-π相互作用により強く安定化するためと説明されている。これに関連し，Fryもイオン液体が有機化合物の電子移動に大きく影響を与えることを見出している[18]。すなわち，o-とp-ジニトロベンゼンはBu$_4$NBF$_4$/MeCN中では2つの1電子還元波（-1.08V, -1.28 Vvs Ag/0.1MAg$^+$）を示すが，イオン液体（BMIM$^+$BF$_4$$^-$）中では第2波目のピークが第1波目のピークと重なり，ひとつの2電子還元波を与える。この劇的な変化はイミダゾリウムカチオンがジニトロベンゼンのジアニオンと強固なイオン対を形成し，安定化するためと説明されている。しかしながら，筆者らはイミダゾリウムカチオンの2位の水素をメチル基で置換したイオン液体中ではこのような第2波目のシフトが観測されないことから，この現象はイミダゾリウムカチオンの2位の水素とジニトロベンゼンのジアニオンとの水素結合に起因するものと考えている[19]。

先に述べたようにイミダゾール系イオン液体中では有機分子と電極との不均一系電子移動速度が1桁小さくなる。たとえば，イオン液体中でのベンズアルデヒドの電解還元のみかけの不均一電子移動速度はイミダゾール系のBMIM$^+$Tf$_2$N$^-$と脂肪族のBMPyr$^+$Tf$_2$N$^-$では粘性はあまり変わらないにもかかわらず，前者の方が後者にくらべ電子移動が遅くなる[17]。これは電子移動時に起こるBMIM$^+$Tf$_2$N$^-$の再配向がBMPyr$^+$Tf$_2$N$^-$よりも遅く，しかも電気二重層の遅い緩和のためとしている。

2.2 イオン液体中での遷移金属錯体メディエーターの電極触媒能の検討

PetersらはNi(II)(salen)錯体がBMIM$^+$BF$_4$$^-$中でEt-IやFCl$_2$C-CClF$_2$（フロン113）の電解還元脱塩素化のメディエーターとなりうることをCV測定により示している[14]。筆者らはCo(II)(salen)錯体がイオン液体によく溶け，図1のように可逆な酸化還元波を示し，この系に有機ハロゲン化合物を添加すると還元波が増大

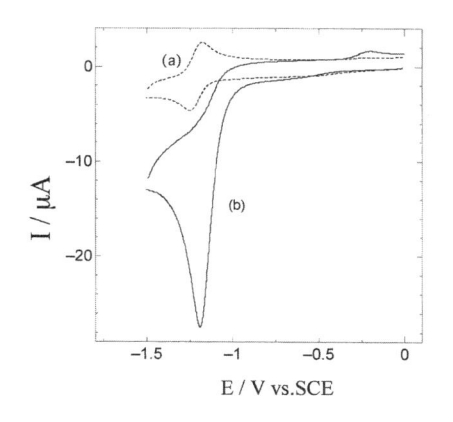

図1 BMIM$^+$BF$_4$$^-$中でのサイクリックボルタモグラム

(a) 3mM Co(salen) (b) 3mM Co(salen)＋5mM 2,3-ジブロモ-1,2,3,4-テトラヒドロナフタレン：グラッシーカーボン電極，掃引速度，100mVs^{-1}。

し，一方，酸化波が消失することからこのCo錯体が有機ハロゲン化合物の還元的脱ハロゲン化の良いメディエーターとして機能することを見出すとともに次節で述べるようにこれをマクロ電解により実証した[20]。Bediouiらも$BMIM^+PF_6^-$中でCo(II)(salen)錯体がCCl_3COOH，$CHCl_2COOH$，$PhCH_2Cl$，$BrCH_2CH_2Br$などの還元の電極触媒能を有することをCV測定により示している[21]。

3 イオン液体中での有機電解合成

3.1 イオン液体自身の電解酸化還元

イオン液体中での有機電解合成はイオン液体の電位窓内で電解酸化還元を行う必要があるが，酸化還元分解を伴うことも考慮すべきである。Johnsonらによりイオン液体自身の電解酸化還元挙動が調べられている[22]。たとえば，$BMIM^+BF_4^-$の場合にはBF_4^-が1電子酸化されBF_3とF_2が生成し，発生したF_2と$BMIM^+$からCF_4のようなフルオロカーボンが生成する。一方，$BMIM^+$は1電子還元によりカルベンが生成し，ついで二両化や脱アルキル化が起こることが明らかにされている。これに対し，嵩高いメジチル基(2,4,6-トリメチルフェニル基)を両窒素原子上にもつイミダゾリニウム塩の電解還元により，相応するカルベンが発生し，これがイオン液体テトラデシル（トリヘキシル）ホスホニウムクロリド中で安定に存在することも示されている[23]。

3.2 環状カーボナート類の電解合成

CO_2はイオン液体$BMIM^+BF_4^-$中，銅陰極により-2.4 V vs. Ag/AgClで還元される。陰極に銅，陽極にMg又はAlを用い，プロピレンオキシド，エピクロロヒドリン，スチレンオキシド存在下，$BMIM^+BF_4^-$，$EMIM^+BF_4^-$，$BMIM^+PF_6^-$，$BPy^+BF_4^-$などのイオン液体中でCO_2を電解還元すると相応するエチレンカーボナート誘導体が良好な収率で得られる（スキーム1）[24]。

3.3 金属錯体触媒による電解還元的カップリング

Jouikovらはスキーム2に示すようにイオン液体（$BMIM^+Tf_2N^-$）中でPhBrやPhCH$_2$BrのNi(II)錯体による電極触媒的ホモカップリングを報告している[25]。

これに対し，Barhdadiらは粘性の高いOctyl-MIM$^+$BF$_4^-$イオン液体とDMF(10% v/v)の混合液中で反応性電極を用い有機ハロゲン化合物のホモカップリングを行っている[28]。彼らはまた，スキーム3に示すような芳香族ハロゲン化合物と活性

第12章 イオン液体中での有機電解反応

PhBr + RCH=CHY $\xrightarrow[\text{Stainless (+) - Ni (-)}]{\substack{2e \\ \text{cat. NiBr}_2\text{(bpy)} \\ \text{OctylMIM}^+ \text{BF}_4^- \\ /\text{DMF (9:1 v/v)}}}$ Ph-CHR-CHY

R = H, Y = COMe : 58 %
R = H, Y = COBu : 61 %
R = Y = COOMe : 41 %

スキーム 3

オレフィン類のNi触媒による電解還元的カップリングにも成功している[26]。

3.4 Co錯体による電極触媒的脱ハロゲン化

筆者らは前節で述べたようにCo(II)(salen)錯体がイオン液体中で有機ハロゲン化合物の還元的脱ハロゲン化の良いメディエーターとして機能することをCV測定のみならずDSA陽極を用いたマクロ電解によりこのことを実証した（スキーム4）[20]。生成物はエーテルにより溶媒抽出でき，Co(II)(salen)錯体はイオン液体中に残存することから反応の後処理，生成物の単離が通常の溶媒を用いた場合に比べ格段に容易である。また，Co(II)(salen)錯体を含むイオン液体は再利用が可能である。

スキーム 4

3.5 ニトロキシルラジカルによるアルコールの電極触媒的酸化

ニトロキシルラジカルTEMPOは種々の有機化合物の電解酸化のメディエーターとして知られている。ごく最近，ニトロキシルラジカルTEMPOをイミダゾール環に固定した塩（TEMPO–MIM$^+$Tf$_2$N$^-$）が合成され，これをメディエーターとしてBMIM$^+$Tf$_2$N$^-$イオン液体中，室温下でアルコールを電解酸化することにより相応するケトンが高収率で得られることが報告された（スキーム5）[27]。さらに，メディエーターとイオン液体，両者とも繰り返し再利用できることも示されている。

3.6 ベンゾイル蟻酸およびN-メチルフタルイミドの電解還元

EMIM$^+$Br$^-$イオン液体中，80℃でベンゾイル蟻酸をグラッシーカーボン陰極により定電位還元することによりマンデル酸が高収率で得られる（スキーム6）[28]。プロトン源としてフェノールを含むEMIM$^+$Tf$_2$N$^-$中，60℃でグラッシーカーボン陰極によりN-メチルフタールイミドを電解還元するとモノヒドロキシ体が得られる。電解中，超音波照射を行うと電流効率が向上することも見出されている（スキーム7）[29]。

3.7 有機伝導体の電解合成

OsteryoungらはEMIM$^+$BF$_4^-$中でテトラチアフルバレン（TTF）のTTF/TTF$^+$/TTF^{2+}の可逆な酸化還元波を観測し，CVの掃引速度を遅くするとオレンジ色の導電性のTTF塩が生成する

スキーム 5

スキーム 6

スキーム 7

ことを見出し，有機伝導体の合成にこの系が利用できる可能性を示した[12]。第21章4節にイオン液体を利用した有機超伝導体の合成が述べられている。

4　有機化合物の選択的電解フッ素化

フッ素系医薬品は合成医薬品売上げ高のトップ100位に多数占めており，ファインケミカルズの代表例ともいえる。また，フッ素系機能性有機材料は先端技術を支えるキーマテリアルのひとつでもある。有機フッ素化合物は天然に存在せず，人工的に有機分子の特定位置にフッ素を導入しなければならない。また，atom economyの観点からできるだけターゲット分子に近い合成工程でフッ素を導入するのが望ましい。筆者らは安全で取り扱い容易なアミンのポリフッ化水素酸塩や4級アンモニウムフロリドのポリフッ化水素酸塩を支持塩とし，アセトニトリルやジメトキシエタンなどの有機溶媒中で有機化合物を電解酸化すると一段階で高選択的に有機化合物をフッ素化できる方法を開発している[30]。しかしながら，難酸化性の化合物の場合には溶媒が主に酸化されてしまうためフッ素化できなかった。我々はこれらの支持フッ化物塩が耐酸化性で，しかも常温で液状を示すいわゆるイオン液体であることに着目し，有機溶媒を用いることなく，こ

第12章 イオン液体中での有機電解反応

れらの塩の中でテトラヒドロフランやラクトン，エチレンカーボナートなどの含酸素環状化合物を高電流密度で電解酸化したところ，基質のみが選択的に酸化され，フッ素化が効率良く進行することを見出した（スキーム8，9）[31]。本フッ素化では陽極でフッ素化が起こり，陰極ではフッ化水素のプロトンが還元され水素が発生するのみであり，極めてクリーンな反応である。エーテル類のフッ素化体はイオン液体が不揮発性であることから電解液を蒸留するだけでフッ素化生成物を単離収得できる。これにより含フッ素カーボナートのようにリチウム二次電池用の有機電解液として有望視されているものも合成可能である。

筆者らは難酸化性のフタリドが$Et_3N \cdot 5HF$を含むイオン液体$EMIM^+OTf^-$中で効率良く位置選択的にフッ素化されることも見出している（スキーム10）[32]。本フッ素化は通常の有機溶媒中やイオン液体$Et_3N \cdot 5HF$中のみでは殆ど進行しないことからスキーム10に示すように$EMIM^+OTf^-$がフタリドのカチオン中間体（A）の活性化に寄与しているものと思われる。

さらに最近，我々は電解脱硫フッ素化反応において，イオン液体はジメトキシエタン（DME）よりもジクロロメタン（CH_2Cl_2）に類似した溶媒効果を示すことを見出した[32]。すなわち，フェニルチオ基を有するフタリドはイオン液体$Et_3N \cdot 5HF$を含むCH_2Cl_2中で電解酸化により脱硫フッ素化体のみを与えるが，DME中ではα-フッ素化体を選択的に与える。これに対し，イオン液体$EMIM^+TfO^-$中では専ら脱硫フッ素化のみが起こり，相応するフッ素化体を良好な収率で与えた（スキーム11）。これは$EMIM^+TfO^-$がCH_2Cl_2同様，原料の1電子酸化で生成するカチオンラジカル（B）を不安定化し活性化することを示唆している。さらに筆者らは，イオン液体である$Et_3N \cdot 4HF$を溶媒を

兼ねて用いることにより有機溶媒を全く使わずに，スキーム11の電解脱硫フッ素化にくり返し利用できることを示した[33]。同様の電解脱硫フッ素化はフッ化糖の合成にも適用できる(スキーム12)[27]。

これらに加え，筆者らはα-フェニルチオ酢酸エステル(1)の電解フッ素化の電流効率が超音波照射により飛躍的に向上することを見出している[8]。特に，$Et_3N \cdot 3HF/MeCN$中では困難であったジフッ素化が超音波照射下で進行し，選択的に3を与えることは注目に値する(スキーム13)。この顕著な超音波照射効果は原料基質(1)の物質移動が促進されたためである。

スキーム12

スキーム13

	2F/mol		
Under sonication:	2F / mol:	85 %	4 %
Non sonication:	2F / mol:	33 %	24 %
Under sonication:	6F / mol:	0 %	63 %
Non sonication:	6F / mol:	9 %	23 %

5 導電性高分子の電解合成

筆者らは$EMIM^+TfO^-$イオン液体中でピロールやチオフェンの電解重合を電位掃引法に行うと電解重合が円滑に進行し，白金板電極表面上にポリマーが速やかに析出することを見出した。興味深いことに，得られたポリピロール膜やポリチオフェン膜は他の溶媒中で作成した膜とは異なり，粒塊が全くみられず極めて平滑化されていることが判明した[34〜36]。表1に示すように得られたポリマーは通常の溶媒中で作成したものに比べはるかに良好な導電性と高い電気化学容量密度を有していた。前者はイオン液体に多量に存在するドーパントアニオンによるものであり，一方，後者は膜の平滑化に起因するものと思われる。イオン液体中で作成した重合膜は上述した特性の他にいずれも優れた強度と密着性を兼備していることから電解コンデンサーなどの高容量

表1 種々の電解メディア中において作製されたポリピロールおよびポリチオフェンの物性

ポリマー	メディア	電気化学的容量密度 $/C\ cm^{-3}$	電気電導度 $/S\ cm^{-1}$	ドーピングレベル /%
ポリピロール	H_2O	77	1.4×10^{-7}	22
ポリピロール	CH_3CN	190	1.1×10^{-6}	29
ポリピロール	$EMIM^+TfO^-$	250	7.2×10^{-2}	42
ポリチオフェン	CH_3CN	9	4.1×10^{-8}	—
ポリチオフェン	$EMIM^+TfO^-$	45	1.9×10^{-5}	—

第12章　イオン液体中での有機電解反応

密度化のみならず種々の表面保護膜や帯電防止フィルムなどへの応用が期待されている。なお，ここで用いたイオン液体は繰り返し使用可能である。

　Luらも筆者らと同時期にBMIM$^+$BF$_4^-$やBMIM$^+$PF$_6^-$イオン液体中で得られたポリピロールフィルムの電気化学的サイクル（繰り返し電位掃引）をイオン液体中において検討した結果，100万回以上の酸化・還元サイクル寿命を有し，しかも100 msという早いスイッチング速度が得られることからエレクトロクロミック表示素子として有望であることを示した[37,38]。Luらはまたポリアニリンが高分子電気化学メカニカルアクチュエーターとして極めて有用であることも示している[38]。

　この他，ビチオフェンやターチオフェン[39]さらには3位にパラフルオロフェニル基をもつチオフェンの導電性高分子[40]やポリ（3,4-エチレンジオキシチオフェン）（PEDOT）[41]，ポリフェニレンなどの導電性高分子がイオン液体中で電解合成されている[42,43]。

6　おわりに

　イオン液体の粘性が高いことが典型的な不均一系反応である有機電解合成には不利に働くが，イオン液体は単に従来の有機溶媒の代替としてのみならず，反応の促進，生成物選択性の向上，材料物性の大幅な改善にも寄与する特異な効果を示すことが明らかになりつつある。特にイオン液体中での選択的電解フッ素化や導電性ポリマーの電解合成は実用性の面からも有望であり，今後これら関連分野の急速な展開が見込まれる。

文　献

1) 小久見善八，西尾晃治，友沢田郎，電気化学(Electrochemistry), **49**, 212(1981)
2) D. Horii, M. Atobe, T. Fuchigami, and F. Marken, *Electrochem. Commun.*, **7**, 35(2005)
3) R. Horcajada, M. Okajima, S. Suga, and J. Yoshida, *Chem. Commun.*, 1303(2005)
4) T. Tajima, and T. Fuchigami, *J. Am. Chem. Soc.*, **127**, 2848(2005)
5) T. Tajima, and T. Fuchigami, *Angew. Chem. Int. Ed.*, **44**, 4760(2005)
6) 石井英樹，淵上寿雄, *Electrochemistry*, **70**, 46(2002)
7) 淵上寿雄，跡部真人，マテリアルインテグレーション, **16**, 46(2002)
8) 淵上寿雄監修，有機電解合成の新展開，第II-12章，シーエムシー出版(2004)
9) 淵上寿雄，化学工業, **55**, 839(2004)
10) 淵上寿雄，機能材料, **24**, (11) 20(2004)
11) 北爪智哉，淵上寿雄，沢田英夫，伊藤敏幸，イオン液体―常識を覆す不思議な塩，第4章，コロナ社(2005)
12) J. Fuller, R. T. Carlin, and R. A. Osteryoung, *J. Electrochem. Soc*, **144**, 3881(1997)
13) V. M. Hultgren, A. W. A. Mariotti, A. M. Bond, and A. G. Wedd, *Anal. Chem.*, **74**, 3151(2002)
14) B. K. Sweeny and D. G. Peters, *Electrochem. Commun.*, **3**, 712(2001)
15) U. Schroder, J. D. Wadhawan, R. G. Compton, F. Marken, P. A. Z. Suarez, C. S. Consorti, R. F.

Souza, and J. Dupont, *New J. Chem.*, **24**, 1009(2000)
16) C. Lagrost, D. Carrie, M. Vaultier, and P. Hapiot, *J. Phys. Chem. A*, **107**, 745(2003)
17) C. A. Brooks and A. P. Doherty, *J. Phys. Chem. B*, **109**, 6276(2005)
18) A. J. Fry, *J. Electroanal. Chem.*, **546**, 35(2003)
19) 岩佐哲郎, 跡部真人, 淵上寿雄, 電気化学第71回大会講演要旨集, 1B 29(2004)
20) Y. Shen, M. Atobe, T. Tajima, and T. Fuchigami, *Electrochemistry*, **72**, 849(2004)
21) L. Gaillon and F. Bedioui, *J. Molecular Cat. A*, **214**, 91(2004)
22) L. Xiao and K. E. Johnson, *J. Electrochem. Soc.*, **150**, E307(2003)
23) B. Gorodetsky, T. Ramnial, N. R. Branda, and J. A. C. Clyburne, *Chem. Commun.*, 1972(2004)
24) H. Yang, Y. Gu, Y. Deng, and F. Shi, *Chem. Commun.*, 274(2002)
25) M. Mellah, S. Gmouh, M. Vaultier, and V. Joulkov, *Electrochem. Commun.*, **5**, 591(2003)
26) R. Barhdadi, C. Courtinard, J. Y. Nedelec, and M. Troupel, *Chem. Commun.*, 1434(2003)
27) M. Kuroboshi, J. Fujisawa, and H. Tanaka, *Electrochemistry*, **72**, 846(2004)
28) J. -X. Lu, Q. Sun, and M. -Y. He, *Chinese J. Chem.*, **21**, 1229(2003)
29) C. Villagran, C. E. Banks, W. R. Pitner, C. Hardacre, and R. G. Compton, *Ultrasonic Sonochem.*, **12**, 423(2005)
30) 淵上寿雄監修, 有機電解合成の新展開, 第II-5章, シーエムシー出版(2004)
31) M. Hasegawa, H. Ishii, and T. Fuchigami, *Tetrahedron Lett.*, **43**, 1502(2002)
32) M. Hasegawa, H. Ishii, and T. Fuchigami, *Green. Chem.*, **5**, 512(2003)
33) M. Hasegawa and T. Fuchigami, *Electrochim. Acta*, **49**, 3367(2004)
34) K. Sekiguchi, M. Atobe, and T. Fuchigami, *Electrochem. Commun.*, **4**, 881(2002)
35) K. Sekiguchi, M. Atobe, and T. Fuchigami, *J. Electroanal. Chem.*, **557**, 1(2003)
36) 淵上寿雄, 跡部真人, 化学と工業, **57**, 605(2004)
37) W. Lu, A. G. Fadeev, B. Qi, E. Smela, B. R. Mattes, J. Ding, G. M. Spinks, J. Mazurkiewicz, D. Zhou, G. G. Wallace, D. R. MacFarlane, S. A. Forsyth, and M. Forsyth, *Science*, **297**, 983(2002)
38) W. Lu, A. G. Fadeev, B. Qi, B. R. Mattes, *Synth. Met.*, **135/136**, 139(2003)
39) J. M. Pringle, M. Forsyth, D. R. MacFarlane, K. Wagner, S. B. Hall, and D. L. Officer, *Polymer*, **46**, 2047(2005)
40) E. Naudin, H. A. Ho, S. Branchaud, L. Breau, and D. Belanger, *J. Phys. Chem. B*, **106**, 10585(2002)
41) H. Randriamahazaka, C. Plesse, D. Chevrot, *Electrochem. Commun.*, **6**, 299(2004)
42) M. P. Scott, M. Rahman, and C. S. Brazel, *Eur. Polym. J.*, **39**, 1947(2003)
43) S. Z. E. Abedin, N. Borissenko, and F. Endres, *Electrochem. Commun.*, **6**, 422(2004)

第13章　難溶性物質の可溶化

1　多糖類

深谷幸信[*1]，大野弘幸[*2]

1.1　はじめに

　多糖類は人類が太古から用いている天然高分子のひとつである。力学的強度以外にも生体適合性，生理活性など様々な特性を持ち，衣料，製紙，紡糸，食品，医療など多方面で幅広く応用されている。しかし，多くの多糖類は一般的な溶媒には難溶であるため，これらの難溶性多糖類を扱う際には適切な溶媒を見出すことが重要であった。多糖類の溶媒としてすでに幾つかの溶液系が提案されているが，いずれも環境への飛散が懸念される揮発性溶媒を基礎としているため，爆発性や有毒ガスの発生を伴うなど，改善すべき点が残っている。

　これら難溶性多糖類の溶媒となりうるイオン液体の開発は，従来の方法論では得られない様々な新規機能の発現や新分野への応用につながる重要な項目である。本稿では，代表的な多糖類であるセルロースの溶媒としての展開や，その他の各種天然多糖類の溶解性について，我々が見出した最新の知見も含めて紹介する。

1.2　セルロースを溶解するイオン液体

　セルロースを溶かすことのできるイオン液体の開発はRogersらによって先駆的に始められ[1]，それ以降図1に示すようないくつかのイオン液体がセルロース溶解能を持つことが報告されている[2,3]。RogersらはアニオンとしてCl$^-$，Br$^-$，SCN$^-$，BF$_4^-$，PF$_6^-$などを持つ1-ブチル-3-メチルイミダゾリウム（C4mim）塩を用い，セルロースの溶解性を検討した。その結果，対アニオンとしてCl$^-$を持つイオン液体を加熱して用いれば，セルロースを溶解できることを明らかにした。また，アニオン種の違いによって溶解性が大きく異なることから，イオン液体を形成するアニオンがプロトンアクセプターとしてセルロースの溶媒和に寄与することが示唆されている。さらに，カチオン構造によってもその溶解性が異なることが報告され，いくつかのカチオンを比較した結果，現在ではイミダゾリウム塩が高濃度溶解に有効であることが確認されている。

　イオン液体中のセルロース（モデル化合物も含む）に関する検討がNMRを用いて行われている。イオン液体中では糖鎖が結晶を形成せず[3,4]，高分子反応による誘導体形成も起こっていないことが明らかとなっている。これらの結果から，セルロースの

図1　セルロースを溶解するイオン液体

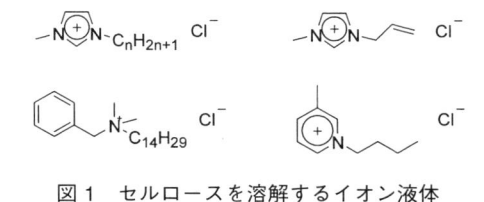

*1　Yukinobu Fukaya　東京農工大学大学院　工学教育部　生命工学専攻
*2　Hiroyuki Ohno　東京農工大学大学院　共生科学技術研究部　ナノ未来科学研究拠点　教授

イオン液体への溶解は，プロトンアクセプター性の強いCl⁻のようなアニオンを成分とするイオン液体が，セルロースの分子間で形成されている強い水素結合ネットワークを切断するのに有効に働き，溶解させたものと考えられている。

1.3 セルロースの可溶化に有効な新規イオン液体

前述のセルロースの溶解に関する一連の研究は，アルキルイミダゾリウムクロライドが有用であることを示している。しかしながら，これらのクロライド塩は物性に改善すべき点（高融点，高粘性など）が残されていることも事実である。たとえば，アリル基はイオン液体の融点低下に有効である[5]ためブチル基やプロピル基を導入したイミダゾリウムカチオンよりも優れた物性を示す。実際に，1-アリル-3-メチルイミダゾリウムカチオンを用いるとクロライド塩を常温で液体にできる。検討の結果，[Amim]Clは他のイミダゾリウムクロライドよりも良好な溶液物性を示し，セルロースの溶解度の温度依存性も改善された。しかし，含ハロゲンイオン液体の持つ本質的な性質が応用に適さない場合もあるため，実際の応用展開に際してはクロライド塩に代わる新たな候補が求められている。

多糖類を溶媒和するには，多数存在するヒドロキシル基に対して相互作用するプロトンアクセプター能を持つ構造が有用であろう。そのため，クロライドアニオンと同程度またはより高いプロトンアクセプター能を有するイオンの利用が有効である。我々はこれまで，イオン液体のプロトンアクセプター性とイオン構造との相関を検討し，いくつかのカルボン酸塩が比較的高いプロトンアクセプター能を有することを見出している。特に，ギ酸をアニオンとして持つイオン液体は，既存のクロライド塩よりも高いプロトンアクセプター性を示し，低粘性の液体となることを見出した。このギ酸塩の基礎物性については"第9章3節，新規アニオン系"で解説したので，詳細はそちらを参照されたい。このアルキルイミダゾリウムのギ酸塩を用いて，セルロースの溶解性を検討した。図2に1-アリル-3-メチルイミダゾリウムのギ酸塩（[Amim][HCOO]）及び比較として上述のクロライド塩（[Amim]Cl）への溶解性を示す。[Amim]Clは[C4mim]Clよりも溶解能に進歩が見られたが，[Amim][HCOO]へのセルロールの溶解度は[Amim]Clを用いた場合よりも格段に高くなった。例えば[Amim][HCOO]は60℃で10wt%までのセルロース溶液を得ることができるが，同濃度の溶液を[Amim]Clで得るためには，約95℃までの加熱を要した。これらからも明らかな様に，アルキルイミダゾリウムのギ酸塩は既存のクロライド塩と比較して，より温和な条件で高濃度溶解させることができる。

1.4 一般天然多糖類の溶解

イミダゾリウムのギ酸塩がセルロースの可溶化に有効であったことから，このイオン液体は各種の一般天然多糖類の溶解に関しても有効であろうと期待された。そこで，いくつか異なる天然多糖類に対して，[Amim][HCOO]への溶解性を検討した。検討

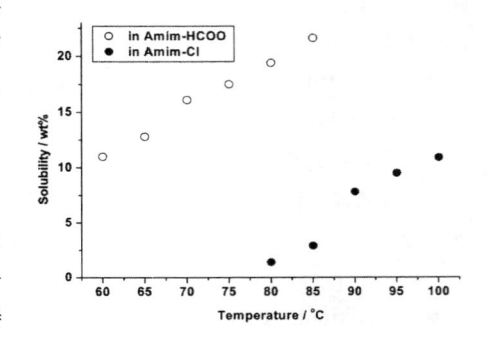

図2　[Amim][HCOO]と[Amim]Clへのセルロースの溶解度の温度依存性

第13章　難溶性物質の可溶化

の結果，[Amim][HCOO]は各種の天然多糖類をよく溶解させることが明らかとなった（図3）。特にデキストリンやイヌリン，アミロースなどの様に，比較的一般的な分子性液体にも溶解する多糖類はイオン液体にも溶解しやすく，ほとんど加熱しなくとも（30℃程度で）4wt%程度は溶解する。一方で，キシランは加熱すれば20wt%以上溶解するが，溶解させるために必要な温度は上述の3つの多糖類よりも高い（図3(□)）。

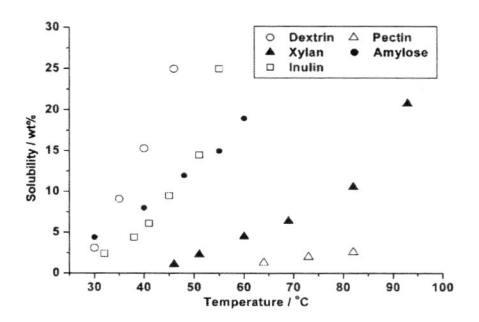

図3　[Amim][HCOO]への各種多糖類の溶解度の温度依存性

現時点では，これらの溶解性の差異の原因は解明されていないが，デキストリンなどは糖ユニットに3つのヒドロキシル基を有するのに対し，キシランの場合，ヒドロキシル基は2つと，分子の親水性が両者では異なる。親水的な[Amim][HCOO]との相互作用の程度が両者では異なったために，この様な溶解挙動の差が生じたものと考えられる。立体構造や他の因子なども考慮した解析の詳細は別の機会に報告する。また，ペクチンは可溶化の際にゲルが生じてしまい，溶解度は低い値に留まった。この多糖ゲルはイオン液体の他方面への応用に貢献するかもしれない。

1.5　おわりに

本稿では，多糖類を溶解するイオン液体についてまとめた。ここでは紹介しなかったが，幾つかのイオン液体を用いてセルロースの化学修飾[6,7]や，フィルム化[8]などの応用展開も試みられており，興味深い知見が報告されている。それらからもわかる様に，既存の溶媒に代わってイオン液体が多糖類を扱う分野で重要な存在となるであろうと予測され，今後更なる発展が期待される。

文　献

1) R. D. Swatloski, S. K. Spear, J. D. Holbrey, and R. D. Rogers, *J. Am. Chem. Soc.*, **124**, 4974 (2002)
2) J. Wu, J. Zhang, H. Zhang, J. He, Q. Ren, and M. Guo, *Biomacromolecules*, **5**, 266 (2004)
3) T. Heinze, K. Schwikal, and S. Barthel, *Macromol. Biosci.*, **5**, 520 (2005)
4) J. S. Moulthrop, R. P. Swarloski, G. Moyna, and R. D. Rogers, *Chem. Commun.*, 1557 (2005)
5) T. Mizumo, E. Marwanta, N. Matsumi, and H. Ohno, *Chem. Lett.*, **33**, 1360 (2004)
6) H. Zhang, J. Wu, J. Zhang, and J. He, *Macromolecules*, **38**, 8272 (2005)
7) Susann Barthel, Thomas Heinze, *Green Chem.*, 2006, Advanced Article
8) M. B. Turner, S. K. Spear, J. D. Holbrey, D. T. Daly, and R. D. Rogers, Biomacromolecules, 2005, ASAP article

2 ポリペプチド類

深谷幸信[*1], 大野弘幸[*2]

2.1 はじめに

代表的なポリペプチドであるシルクは，優れた特性を持つことから繊維の女王として古くから衣料へ利用されてきた。また，他のポリペプチドも繊維としての応用にとどまらず，生分解性プラスチックや医療用材料などへの応用が試みられており，その適用範囲は同じ生体高分子である天然多糖類に匹敵する。しかし，多糖類と同様にポリペプチドも難溶性であるものが多く，多種類のポリペプチドを溶解する液体の開発が，ポリペプチドの応用展開に重要な意味を持つ。

近年，イオン液体がシルクをはじめ，いくつかのポリペプチドを溶解できることが明らかとなってきている。本稿では，ポリペプチド類を溶解するイオン液体に関する報告をまとめ，更に著者らが作成した新規イオン液体を用いたポリペプチド類の溶解についても紹介したい。

2.2 シルクの溶解性

一般的な家蚕シルクフィブロインタンパク質は，"グリシン—アラニン"もしくは"グリシン—セリン"の繰り返し配列を基本とし，約400kDa及び約25kDaの大小2つのサブユニットから構成される。セルロースと同様に分子内及び分子間で多重の水素結合ネットワークを形成するため，セルロースなどと同様に一般的な分子性液体には難溶である。ペンタフルオロアセトンなどの特殊な溶媒がシルクを溶解させることができるが，溶解能に関しては改善の余地が残されている。

一方，イオン液体がシルクを溶解できることがMantzらによって報告され[1,2]，イオン液体が既存の溶媒に代わる新たな溶媒となる可能性が示された。C4mim，C4mmim及びC2mimの3種類のカチオンに対して，それぞれCl，Br，I，BF_4，$AlCl_4$の5種のアニオンを組み合わせてイオン液体を作成し，シルクの可溶化を試みたところ，表1に示すようにCl塩がもっとも優れた溶解性を示した。シルクの溶解性がCl＞Br＞Iの順で高くなったことや，BF_4や$AlCl_4$などのアニオンの場合には，シルクが溶解しなかったことから，シルクの溶解にも，セルロースの場合と同

表1 各種イオン液体へのシルクの溶解度

Cation	Anion				
	Cl	Br	I	BF_4	$AlCl_4$
C4mim	13.2	0.7[a]	0.2[a]	0.0[a]	c
C4mmim	8.3	c	c	c	c
C2mim	23.3	c	c	0.0	0.0[b]

With the exception of BF_4^-, these solutions are not saturated.
[a] only sericin was soluble. [b] emimCl/emimAlCl$_4$ mixture (1.0：0.7 in molar ratio). [c] not tested.

[*1] Yukinobu Fukaya　東京農工大学大学院　工学教育部　生命工学専攻
[*2] Hiroyuki Ohno　東京農工大学大学院　共生科学技術研究部　ナノ未来科学研究拠点　教授

第13章 難溶性物質の可溶化

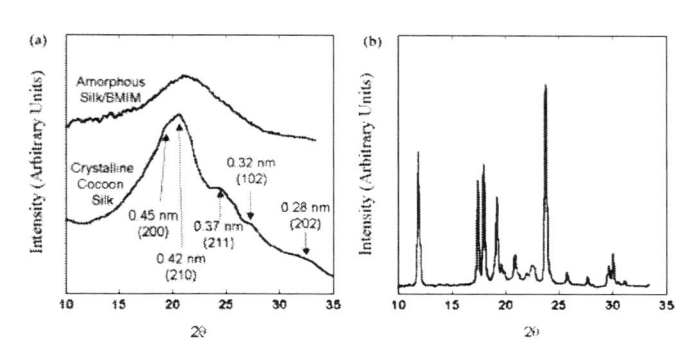

図1 溶解前及びC4mim-Cl溶解後のシルクのX線回折像(a)、及びC4mim-ClのX線回折像(b)
（D. M. Phillips *et al.*, *J. Am. Chem. Soc.*, **126**, 14350（2004）より引用）

様にプロトンアクセプター能が重要な因子であると考えられる。

シルクを溶解したイオン液体のWAXS測定が行われている（図1）。溶解前に見られたβ-シート構造に帰属される特徴的なピークは溶解後に観測されず，[C4mim]Clに相当するピークもこの溶液中では観測されなかった。これは溶液中では，それぞれの成分（イオン液体及びシルク）がアモルファスな状態であることを示しており，結晶を安定化させているβ-シート構造の水素結合ネットワークを乱すことが溶解に重要であることを示している。

2.3 一般的なポリペプチド類の溶解

シルク以外のポリペプチドに関しては，ケラチン[3]のイオン液体への溶解性が報告されている。ケラチンに関してもシルクと同様の検討が行われており（表2），アルキルイミダゾリウムCl塩が溶解に有効であった。アニオン種の違いが顕著であるので，上述の水素結合の切断が重要であることがわかる。また，リパーゼも乳酸などの様なプロトンアクセプター性の高いイオン液体に溶解するという報告がある[4]。酵素などは単に溶解させれば良いというものではなく，立体構造の保持など，機能発現の立場からの繊細な検討が要求されている。これらについては第14章1，2節に興味深い解説がまとめられているので参照されたい。

表2 ケラチン繊維のイオン液体への溶解性

Ionic liquids	Temperature/℃	Time / h	Solubility/wt%
[C4mim]Cl	100	10	4
	130	10	11
[C4mim]Br	130	10	2
[Amim]Cl	130	10	8
[C4mim]BF$_4$	130	24	Insoluble
[C4mim]PF$_6$	130	24	Insoluble

2.4 高極性イオン液体へのポリペプチドの溶解性

シルクやその他のポリペプチドの検討例から，ポリペプチドを溶解できるかどうかは，用いるイオン液体のプロトンアクセプター性が基準となるようである。既に前項で我々が新規に開発した1-アルキル-3-メチルイミダゾリウムのギ酸塩が各種天然多糖類の可溶化に有効であることは述べた。そこで，このイオン液体［Rmim］［HCOO］（シルクは［C3mim］［HCOO］，その他は［Amim］［HCOO］）を用いて，シルク及びカゼイン，ゼラチン，フィブリンの4種類のポリペプチドの可溶化を試みた（図2, 3）。

［Rmim］［HCOO］へのポリペプチドの溶解挙動は構成するアミノ酸の種類によって異なったが，いずれも比較的温和な条件で溶解した。一般のポリペプチドの中で最も良く溶解したのがカゼインであった。フィブリンの場合，カゼインと比較して溶解温度はより高くなったが，カゼインと同様の溶解度曲線を描いた。一方，ゼラチンは溶解時にゲル化が生起したため，溶解性は低い値に留まった。アミノ酸配列や立体構造の違いが溶解度の差異の原因であることが考えられるが，他の原因についても現在検討しており，詳細はいずれ報告する。

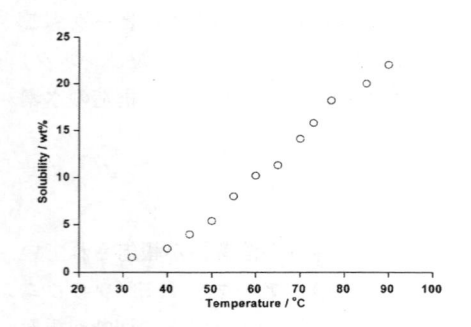

図2　［C3mim］［HCOO］へのシルクの溶解性　　図3　［Amim］［HCOO］へのポリペプチドの溶解性

2.5 おわりに

ポリペプチドは天然多糖類と異なり，単位となるアミノ酸が20種類あり，その配列によって物性や立体構造が大きく異なる。そのため，アミノ酸シークエンスによってその溶解挙動も大きく異なる。現在のところ，どのような構造を持つポリペプチドがどのようなイオン液体に溶解するのかに関する良好な指針はない。しかしながら，ポリペプチドを溶解させるために，イオン液体に要求される特性に関しては次第に明らかになりつつある。今後更なる検討が必要であるが，イオン液体を溶媒とすることで，既存の分子性液体では不可能なプロセスや応用展開も見出されるものと期待している。

第13章　難溶性物質の可溶化

文　　献

1) D. M. Phillips, L. F. Drummy, D. G. Conrady, D. M. Fox, R. R. Naik, M. O. Stone, P. C. Trulove, H. C. De Long, and R. A. Mantz, *J. Am. Chem. Soc.*, **126**, 14350(2004)
2) D. M. Phillips, L. F. Drummy, R. R. Naik, H. C. De Long, D. M. Fox, P. C. Trulove, R. A. Mantz, *J. Mater. Chem.*, **39**, 4206(2005)
3) H. Xie, S. Li and S. Zhang, *Green Chem.*, **7**, 606(2005)
4) R. M. Lau, M. J. Sorgedrager, G. Carrea, F. v Rantwijk, F. Secundo, and R. A. Sheldon, *Green Chem.*, **6**, 483(2004)

3 核　酸

深谷幸信[*1]，大野弘幸[*2]

3.1 はじめに

核酸は生物の遺伝情報を司る生体高分子である。バイオテクノロジーを支える重要な機能物質であると同時に，天然に豊富に存在する安価かつ大量に得ることのできる有用バイオマスとして，2つの異なる特徴を有する高分子である。核酸を機能材料および機能のプラットフォームとして捉えると，伝導体やナノマテリアルなどへの応用に代表される新分野につながる[1,2]。しかし，核酸は水にのみ溶解し，我々が見出したいくつかの有機溶媒[3]以外，ほとんどの非水溶媒には溶解しない。そのため，核酸を溶解する新たな溶媒の開発は，これら有用なバイオマスの応用展開に重要となる。著者らはこれらの核酸の溶媒としてイオン液体に着目し，核酸を温和な条件で可溶化するイオン液体の作成をいち早く行ってきた。本節では，一連の検討で得られている知見をもとに，主にイオン構造と核酸の溶解性との関連について言及し，核酸の溶解に有効なイオン液体について紹介する。

3.2 核酸の可溶化に有効なアニオン構造の検討

核酸を溶解するイオン液体を探索する上で，まず注目したのがアニオン構造である。カチオンを1-ブチル-3-メチルイミダゾリウムに固定し，対アニオンとしてCl^-，Br^-，$HCOO^-$，BF_4^-，$CF_3SO_3^-$，PF_6^-，およびTFSIアニオンを有する7種類のイオン液体を合成し，核酸（DNA及びRNAのNa塩）を1.0 wt%まで溶解するために必要な温度（溶解温度）を測定した。検討の結果，クロライド塩，ブロマイド塩などのハライド塩やギ酸塩が核酸の溶解に有効であることを我々は見出した。溶媒のプロトンアクセプター性やドナー性の指標として分光学的に求めることのできるKamlet-Taftパラメーター[4]によって，用いたイオン液体のアニオンに由来するプロトンアクセプター能（表1中のβ値）を評価したところ，これら核酸溶解能を持つイオン液体は

表1　1-ブチル-3-メチルイミダゾリウムカチオンを有する各種イオン液体への核酸の溶解温度

Anion species	Dissolution temp./℃		Kamlet-Taft
	DNA	RNA	β value
$HCOO^-$	72	65	0.99
Cl^-	107	95	0.85
Br^-	125	115	0.71
$CF_3SO_3^-$	–	–	0.49
BF_4^-	–	–	0.35
PF_6^-	–	–	0.22
TFSI	–	–	0.24

[*1] Yukinobu Fukaya　東京農工大学大学院　工学教育部　生命工学専攻
[*2] Hiroyuki Ohno　東京農工大学大学院　共生科学技術研究部　ナノ未来科学研究拠点　教授

第13章　難溶性物質の可溶化

比較的高いプロトンアクセプター性を示した。このことから，核酸を溶解させる際には，多糖類の可溶化と同様に比較的高いプロトンアクセプター性が必要であることが明らかとなった。

核酸溶解能を有する3種類のイオン液体のうち，ギ酸をアニオンとするイオン液体が最も低温で核酸を溶解した。そこで，鎖長の異なるカルボン酸アニオンを持つイオン液体を作成し，核酸の溶解温度との関連性を調べた。核酸の溶解性はイオン液体のプロトンアクセプター性に一義的には支配されず，カルボン酸のアルキル鎖長にも依存していた。核酸の溶解温度はアルキル鎖長の増大によって上昇したが，フッ化アルキル基を持つトリフルオロ酢酸塩では核酸の溶解能が著しく低下した。核酸は親水基を多数有するため，イオン構造中の非極性基の増大によって核酸との親和性が減少したものと考察される。アルキル鎖長の増大に伴う核酸の溶解温度の上昇は，それぞれのイオン液体の親水性・疎水性と関連しているものと考えられる。詳細は略すが，高極性イオン液体を構成するアニオンに要求される特性の概要が得られたことは意義が大きい。

3.3　カチオン構造が及ぼす核酸の溶解性への影響

カルボン酸塩に溶解させる際に，アニオンのアルキル鎖長に依存して核酸の溶解性が異なったことから，カチオンのアルキル鎖長も溶解性に影響するものと期待された。そこで，カチオン構造が核酸の溶解性に及ぼす効果を検討した。

まず，イミダゾリウム環1位のアルキル鎖長に着目した。アルキル鎖長の異なる6種類のアルキルイミダゾリウム塩（対アニオン：Br^-）への核酸の溶解温度を図1に示す。溶解温度は1位のアルキル鎖長の増大に伴って上昇した。カルボン酸アニオンの場合と同様に，核酸を温和な条件で溶解させる際には，プロピル基などの短鎖のアルキル鎖が有効であった。次いでイミダゾリウム環2位のプロトンに焦点を当てた。イミダゾリウム環2位のプロトンをメチル基置換することで，核酸の溶解温度は上昇することが明らかとなった（表2）。イミダゾリウム環2位のプロトンは比較的高い酸性度を示すことが分光学的な解析から明らかとなっている[5]。このことは，核酸の溶解に際しては，イミダゾリウム環2位のプロトンに由来する水素結合供与性が関与していることを示唆している。そこで，カチオンに水素結合供与能を有する極性基を導入したイオン液体を数種類合成し，核酸の溶解温度の改善を試みた。

核酸の溶解温度は，これらのイオン液体のうち[C3OHmim]Cl及び[C1OC2mim]Clを用いた場合

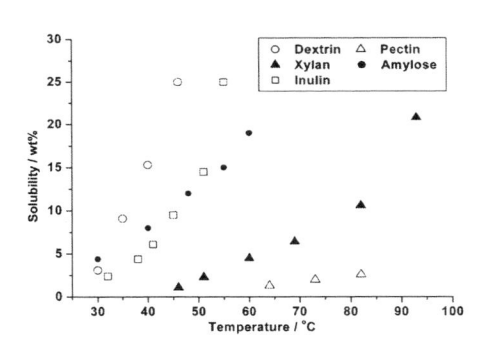

図1　鎖長の異なる1-アルキル-3-メチルイミダゾリウムブロマイドへの核酸の溶解温度

表2　核酸の溶解温度に与えるイミダゾリウム環2位プロトンの効果

ILs	n	Dissolution temp./℃	
		RNA	DNA
[Cnmmim]Br	4	130	123
	6	138	133

表3 側鎖に極性基を導入したイミダゾリウム塩への核酸の溶解温度及び用いたイオン液体の水素結合能

ILs	Dissolution temp. /℃		Kamlet–Taft parameters	
	DNA	RNA	α	β
[C3OHmim]Cl	86	73	0.70	0.70
[C1OC2mim]Cl	95	78	0.53	0.82
[C1OC1mim]Cl	insol	insol	0.58	0.31
[C4mim]Cl	106	95	0.46	0.88

に改善された。Kamlet–Taftパラメーターによる極性値を併せて表3に示した。通常のアルキル鎖を持つ[C4mim]Clと比較して，これら2つのイオン液体は高い水素結合供与性を示しており，水素結合供与性の向上が核酸の溶解性を改善する上で有効であることが認められた。一方，これらと同様に比較的高い水素結合供与性を示した[C1OC1mim]Clへは核酸は溶解しなかった。これは，このイオン液体のプロトンアクセプター性が著しく低下していることに関連しているものと考えられる。

3.4 核酸の溶解に有効な構造を持つ新規イオン液体

これまでの検討で得られた知見を基に，核酸を溶解する上で有効となるイオン液体を設計，合成した。得られた水素結合供与性の高いギ酸系イオン液体は既存のイオン液体(アルキルイミダゾリウムクロライド塩)と比較して，いずれも約40℃程度低い溶解温度を示した(表4)。また，溶解後に溶液を室温に戻しても溶液は相分離せず，1年以上経過した現在でも溶液状態を保っている。

この溶液に，核酸の沈殿溶媒であるエタノールや2-プロパノールを添加すると，核酸の沈殿形成を促すことができ，容易に核酸を回収することができる。従って，核酸をイオン液体中で化学修飾し，反応後単離することのできるプロセスが提案できた。

表4 新規イオン液体への核酸の溶解温度

Ionic Liquids	DNA	RNA
[C1OC2mim][HCOO]	69	55
[C3OHmim][HCOO]	63	52

3.5 おわりに

核酸の有用性や用途の多様性はここで述べる必要は無いであろう。核酸の用途によって溶媒に要求される物性は異なる。物性のチューニングが比較的容易であることがイオン液体の特徴であり，面白さでもある。本稿で述べた核酸の溶解性とイオン液体の構造との関連性は，イオン液体を多種類の物質の溶媒として用いるときの物性のチューニングに重要な知見となるであろう。

第13章　難溶性物質の可溶化

文　　献

1) C. J. Murphy, M. R. Arkin, Y. Jenkins, N. D. Ghatlia, S. H. Bossmann, N. J. Turro, J. K. Barton, *Science*, **262**, 1025 (1993)
2) N. Nishimura, H. Ohno, *J. Mater. Chem.*, **12**, 2299 (2002)
3) Y. Fukaya, N. Nishimura, H. Ohno, *Proc. Chemical Society of Japan*, 4G8-01 (2003)
4) M. J. Kamlet, R. W. Taft, *J. Am. Chem. Soc.*, **98**, 377 (1976)
5) L. Crowhurst, P. R. Mawdsley, J. M. Perez-Arlandis, P. A. Salter, T. Welton, *Phys. Chem. Chem. Phys.*, **5**, 2790 (2003)

4 イオン液体中の高分子

Neil Winterton[*1], 訳：玉田政宏[*2]

4.1 はじめに

高分子/イオン液体コンポジットを得る簡単な方法はイオン液体中に高分子を溶解させることである。だが驚くべきことに，この方法を経験的に行った研究はほとんど無い。ここでは，著者らの研究成果を他の知見とともに紹介する。

4.2 イオン液体中の高分子の可溶化の報告例

イオン液体中への高分子の可溶化の報告はそう多くない。おそらく最初の報告は，Watanabeらによる[bpy]Br/AlCl$_3$中への（正確な構成が与えられてはいないが）poly(MMA)，poly(St)，poly(AN)，poly(EO)の不溶性の報告であろう[1]。Wilkesらは，塩基性，酸性，超酸性の[emim]Cl/AlCl$_3$による，ナイロン6，高密度もしくは低密度のポリエチレン，poly(VC)，poly(St)，Black rubber，ブチルゴムなどの成形前の高分子の抽出を調査している[2]。Forsythらは，poly(N, N-ジメチルアクリルアミド)，poly(DMMA)，poly(AN)，poly(1-vinyl-pyrrolidone)，(**1**)，およびpoly(VPyr-co-VAc)を[Me$_3$NBu][NTf$_2$]に溶解させている[3]。Nodaらは[bpy]BF$_4$にpoly(HEMA)は可溶であるが，poly(MMA)とpoly(AN)は不溶であり，[emim][BF$_4$]にはpoly(AN)が不溶でpoly(HEMA)が可溶であることを報告している[4]。Bentonは，St，MMA，HEMAのイオン液体中での重合の後の研究において，poly(St)，poly(PMMA)，poly(HEMA)の可溶性の定性分析を行い，[bmim]PF$_6$中ではそれぞれ不溶，不溶，不溶，[bmim]Cl中では不溶，不溶，可溶となることを見出した[5]（注目に値すべきは，たとえ溶媒の扱いによってこの影響を減少させる原因となっても，poly(HEMA)は[bmim]Clを分離した状態で保持したことである）。[Me$_3$NCH$_2$CH$_2$OH][ZnCl$_3$]への高分子の溶解性は，poly(MMA) ＞ poly(MBA) ＞ poly(St)の順となった[6]。KSCN/NaSCN共晶中のANから高分子量のアタクチックpoly(AN)が重合できた[7]。Poly(AN)は，KSCN/NaSCN共晶と溶融した水和物(LiClO$_4$・3H$_2$O)の両方に溶解し，その融解物から冷却により回収できることが明らかにされた。Lewandowskiらによって報告された，[emim]$_3$PO$_4$中におけるpoly(AN)，poly(vinylidene fluoride)(poly(VdF))，poly(vinylidene fluoride-co-hexafluoropropene)(poly(VdF-HFP))，poly(VAc)，poly(EO)などの溶解状態解析から，高分子固体電解質の研究が進展した[8]。poly(AN)／イオン液体／スルホランの三元系も報告され，[emim][BF$_4$]，[bmim][PF$_6$]，[bmpyr][NTf$_2$]などのイオン液体が用いられた。最近では，セルロース／高分子ブレンドマーの研究において，[bmim]Cl中への poly(VAc)，poly(HEMA)，poly(AN)，poly(VC)，poly(EO)，poly(PO)，DNAなどが研究された[9]。

最近ではSneddenらが，経験則ではあるものの，より包括的な研究に着手している[10]。このグループは3種の異なるイオン液体（典型的なアニオンとカチオンを有している[emim][BF$_4$]，[bmim][PF$_6$]，及び[omim][NTf$_2$]）中で，

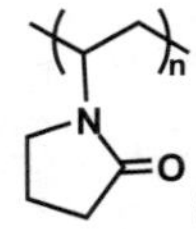

図1 **1**の構造

[*1] University of Liverpool, Professor
[*2] Masahiro Tamada　東京農工大学大学院　工学教育部　生命工学専攻

第13章 難溶性物質の可溶化

一連の高分子(アクリル酸，BMA，EO，St，Vpy，VPyrなどのホモポリマーと1-ビニルイミダゾールと1-ビニル2-ピロリドンとのコポリマー)を作成した。これらの高分子の多くは，5wt%の濃度では，[bmim][PF_6]と[omim][NTf_2]両方に不溶であった。高分子溶液は，揮発性の分子性溶媒との共溶媒中で溶解させ，続いて真空下で分子性溶媒を留去することにより作成される。相分離は11～15週間の間の濁度の増大，ないしは沈殿形成の確認により，定性的ではあるが評価することができる。結果を表1に示す。注目すべきことは，この期間の後でさえ，全く変化が起こらないとは言えないことである。[omim][NTf_2]は，様々な高分子に対する最も効果的な溶媒であった。[emim][BF_4]の挙動は[bmim][PF_6]と類似していた。この3種のイオン液体中でよい(初期の)溶解性を示した高分子は1-butylpyridinium型の高分子電解質と，親水性のポリエーテルであるpoly(EG)であった。高い疎水性を有するpoly(St)は3つのイオン液体全てに不溶であった。一方で，比較的疎水性であるpoly(BMA)は，理由が不明であるものの，2つのイオン液体に自由に溶解し，残りのイオン液体には完全に不溶であった。いくつかの高分子は溶液中からの相分離が遅かったため，高分子の溶解と相分離の両方が物質移動や相間移動を制限していることが示唆された。最初は均質である高分子／イオン液体溶液の多くは，時間が経つにつれ相分離を示した。

これらの実験は，当初予想されたよりも多様な挙動を示し，イオン液体中の高分子の溶解性の原因が複雑で，容易に予測できないことを示唆した。従って，高分子／イオン液体混合物の詳細な相挙動は，今後のより詳細な研究によって解明されるものと期待される。

Marcillaなどによってなされた研究では，文字通り"like dissolve like(似たものは似たものをよく溶かす)"という原理を取り入れるべきであることを主張している[11]。重合されたイオン液体であるpoly(1-ビニル-3-エチルイミダゾリウムX)(poly([veim]X))がイオン液体[veim][NTf_2]に可溶であることは予想されていた。Xが[OTf]，[NTf_2]，および[$N(SO_2CF_2CF_3)_2$]の時には溶解し，XがBr，[BF_4]，[PF_6]の時には溶解しなかった。

最近[bmim][PF_6]中で，立体規則性のあるアイソタクチックなポリ(メタクリル酸メチル)(it-poly(MMA)；mm = 97%)とシンジオタクチックなポリ(メタクリル酸メチル)(st-poly(MMA)；rr = 90%)との安定なステレオコンプレックスの形成が認められた[12]。このことは，熱可逆的なゲル形成と関連している。このコンプレックス形成は，イオン液体のカウンターアニオン種に敏感であり，[bmim][NTf_2]中では形成がより遅くなり，[bmim][CF_3SO_3]では形成されなかった。it-およびst-poly(MMA)は[bmim][BF_4]中には不溶であった。

4.3 関連系

系が(最終的に)到達する熱力学的に安定な状態として，ミクロ溶媒和，ミクロ偏析，可塑化，ゲル生成などが見られることから，状況はさらに複雑となる[13]。[emim][NTf_2]中でのポリ(アクリロニトリル—ブタジエン)ゴムの示差走査熱量測定により2つのT_gが観測されたことから，ミクロ相分離構造が提案されてきた[14]。また，予期しない結果であったが，イオン液体とカーボンナノチューブとのゲル(bucky gel)が見出された。Fukushimaらはこのゲルのレオロジー特性を研究し，ナノチューブのもつれによってというよりも，イオン液体の局所的な分子秩序の介在によるナノチューブの束同士の物理的架橋によってこのゲルが結成されることを示唆し

イオン液体 II

表1 イオン液体中での高分子溶液による相挙動

Polymer[b]		IL: weeks:	[emim][BF$_4$] 0 2 4 6 11	[bmim][PF$_6$] 0 2 4 6 15	[omim][NTf$_2$] 0 2 4 6 11
A	P(BuVPBr–VPy)		+ + + + +	+ + + + +	+ + + + +
B	P(BuVPBr–VPy–styrene)		o – – – –	o o – – –	+ + c c c
C	P(BuVPBr–VPy–BMA)		– – – – –	o – – – –	c c c c c
D	P(BuVPTf$_2$N–VPy)		+ + + + +	c c c c –	+ + + + +
E	P(MeVIm[NTf$_2$])		– – – – –	c c c c c	+ + + + +
F	P(VIm–VPyr), 50% VPyr		o – – – –	+ c o o –	+ + + + +
G	P(MeVImMeOSO$_3$–VIm–VPyr)		+ + + + +	+ + c c c	+ + + + +
H	P(MeVImCl–VIm–VPyr)		+ + + + +	c c c c c	+ + o o –
I	P(MeVImMeOSO$_3$–Vim–VPyr–VCap)		o o o o o	+ c c c c	+ + + + +
J	P(acrylic acid), M_w 2×10^3 g mol^{-1}		+ + + + +		– – – – –
K	P(BMA), M_w 337×10^3 g mol^{-1}		+ + + + +		+ + + + +
L	P(EG), M_w 10×10^3 g mol^{-1}		+ – – – –	+ + + + +	+ + + + +
M	P(St), M_w 30×10^3 g mol^{-1}		– – – – –		– – – – –
N	P(VPy), M_w 160×10^3 g mol^{-1}		– – – – –		+ c – – –
O	P(Vpy–St), 10% styrene		– – – – –		+ c – – –
P	P(VPy–BMA), 10% BMA		– – – – –		+ c – – –
Q	P(Vpyr), M_w 10×10^3 g mol^{-1}		+ + + + –	+ + c – –	+ + + + –

Key: +(clear solution), c(cloudy), o(opaque), –(precipitate). [b]A–E synthesized, F–Q commercially available; abbreviations: BMA(butyl methacrylate), [NTf$_2$]$^-$[(CF$_3$SO$_2$)$_2$N$^-$], VCap(1-vinylcaprolactam), VIm(1-vinylimidazole), VPy(4-vinylpyridine), VPyr(1-vinyl-2-pyrrolidinone). M_w values for A–I, O and P were not determined.

Materials Poly(1-vinylimidazole-co-1-vinyl-2-pyrrolidinone) F (Luvitec VPI K72W; comonomer content=50%) was kindly donated by BASF. Poly(1-methyl-3-vinylimidazolium methylsulfate-co-1-vinylimidazole-co-1-vinyl-2-pyrrolidinone) G (Luviquat MS370), poly(1-methyl-3-vinylimidazolium chloride-co-1-vinylimidazole-co-1-vinyl-2-pyrrolidinone) H (Luviquat HM552) and poly(1-methyl-3-vinylimidazolium methylsulfate-co-1-vinylimidazole-co-1-vinyl-2-pyrrolidinone-co-N-vinylcaprolactam) I (Luviquat HOLD) were obtained from Fluka. Poly(acrylic acid) J (M_w=2,000 g mol^{-1}), poly(BMA) K (M_w=337,000 g mol^{-1}), poly(EG) L (M_w=10,000 g mol^{-1}), poly(VPy) N (M_w=160,000 g mol^{-1}), poly(VPy-co-St) O (styrene content=10%), poly(VPy-co-BMA) P (BMA content=10%) and poly(VPyr) Q (M_w=10,000 g mol^{-1}) were obtained from Aldrich. Poly(St) M (M_w=30,000 g mol^{-1}) was obtained from Polysciences. Polymers A–C were prepared by the respective quaternization reaction of polymers N–P with butyl bromide in chloroform. Polymer D was prepared by the ion-exchange reaction of aqueous solutions of polymer A and Li[NTf$_2$]. Polymer E was prepared by the persulfate-initiated free-radical polymerization of [veim][NTf$_2$]. Divinylbenzene (DVB; tech., 55%, mixture of isomers), trimethylolpropane trimethacrylate (TRIM; tech.), 4-vinylpyridine (VP; 95%) and 1-vinyl-2-pyrrolidinone (VPyr; 99%) were obtained from Aldrich and used as supplied. $α, α'$-Azoisobutyronitrile (AIBN) was purchased from Fisher and recrystallized (methanol) prior to use. [bmim][PF$_6$] ($≥$99%) and [emim][BF$_4$] ($≥$98%) were obtained from Solvent Innovation. [omim][NTf$_2$] was prepared by the ion-exchange reaction of aqueous solutions of [omim]Cl and Li[NTf$_2$] according to a literature method (P. Wasserscheid, M. Sesing and W. Korth, *Green Chem.*, **4**, 134–138(2002)).

Procedure for polymer solubility screening, Polymers A–Q (25 mg) were individually dissolved in solvent (0.5 ml: acetone D, E; MeOH A–C, F–J; CH$_2$Cl$_2$ K–Q) and the resultant polymer solutions (5 wt%) injected (glass syringe) into glass vials (2 ml capacity, fitted with silicone–PTFE seals) containing ionic liquid (0.5ml; [emim][BF$_4$], [bmim][PF$_6$] or [omim][NTf$_2$]) and the resultant solutions briefly agitated. A syringe needle was inserted into each sample vial lid seal (to provide an air bleed) and the volatiles removed *in vacuo* (oil pump) at 50 ℃ for 3 d. Phase changes in the ionic liquid/polymer solutions were monitored over the course of 11 ([emim][BF$_4$], [omim][NTf$_2$]) or 15 ([bmim][PF$_6$]) weeks.

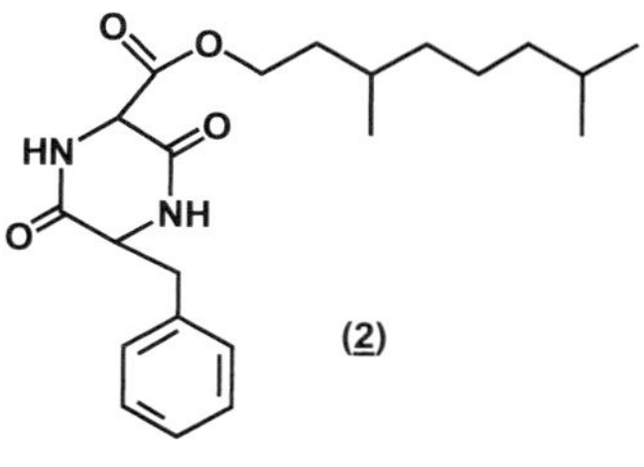

第13章　難溶性物質の可溶化

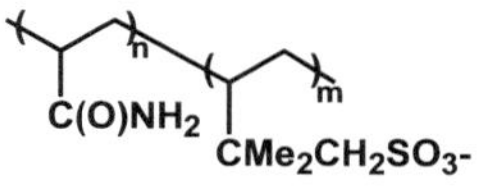

た[15]。詳細は本書第23章2節を参照のこと。cyclo（L-β-3, 7dimethyloctyl-asparaginyl-L-phenylalanyl）（**2**）のような低分子ゲル化剤の添加によるイオン液体の物理ゲル化は，6種のアニオンと6種のカチオンの組み合わせから構成される典型的なイオン液体中で行われた[16]。分光学的な研究から，アミド基同士の分子間水素結合がゲル化の原因であることが示唆された。KimizukaとNakashimaは，炭水化物（β-D-glucose，α-cyclodextrin，amylose，agarose），およびグリコシル化タンパク質であるグルコースオキシダーゼを溶解させるために，エーテル基を含む"sugar-philic"なイオン液体［Rmim］Cl（R＝MeOCH$_2$, MeOCH$_2$CH$_2$）を使用した[17]。アミド基の多い糖脂質の溶液は，二分子膜または繊維状の集合体である自己組織化イオノゲルを与える。Sawadaらは，-CF(CF$_3$)OC$_6$F$_{13}$などのフルオロアルキルグループによって末端を保護した2-acrylamido-2-methylpropanesulfonic acidオリゴマー（**3**）に1-methylpyrazolium tetrafluoroborate［mpz］［BF$_4$］を含ませることで，高いプロトン伝導を示すゲルとなることを報告した[18]。また，イオン液体をゲル化させるために架橋されたポリエチレングリコールネットワークも合成した[19]。

図2　**2**の構造

図3　**3**の構造

4.4　溶液中でのイオン液体と高分子の相互作用

溶質/イオン液体相互作用は，イオン間相互作用におけるエネルギー論と動力学だけでなく，イオン液体の液体構造の理解に大きく影響する注目すべき重要な点である[20]。^{13}C NMR, 磁場勾配型スピンエコーNMR，原子間力顕微鏡（AFM），小角中性子散乱（SANS），小角X線散乱（SAXS），動的光散乱（DLS），FTラマン分光測定などを含む，物理的・分光学的な技術を用いた高分子/溶媒相互作用を解析するこれらの研究に興味が集まってきている。有機ELデバイスの初期の電気的な劣化を調べるために，（［NHex$_4$］［NTf$_2$］，［NOct$_4$］［NTf$_2$］，および［PHex$_3$C$_{12}$H$_{25}$］［NTf$_2$］）と，一連の含フッ素発光性共役高分子との混合物に見られるミクロ相分離構造が，Habrardらによって原子間力顕微鏡（AFM）を用いて解析されている[21]。溶融塩は自己組織化されたミクロドメインを成形し，その大きさと密度は，高分子側鎖と分子量，イオン液体の性質に依存する。劣化は高分子とイオン液体のドメイン間に存在する成分が分解することに起因している。

Stancikらは，低濃度溶液におけるミセルサイズと形状を測定し，高濃度溶液におけるミセルの相互作用を評価するために，SANSとDLSを用いて一連のポリスチレン/イミダゾリウム機能化ポリスチレンブロック共重合体の会合体を解析している[22]。このブロックの長さは，水を微小空間に隔離することができるミセルの次元を決定することが認められている。Firestoneらは SAXSを用いて，［dmim］X(X＝Br, NO$_3$)と水から形成されたイオノゲルにおいて，アニオンと水との間の水素結合に注目した[23]。

磁場勾配スピンエコーNMRは，［2-Mebmim］［NTf$_2$］とpoly(VdF-HFP)高分子ゲルのカチオンとアニオンの拡散係数を決定するために用いられる[24]。この方法によりイオン液体と高分子ゲ

ルの輸率が計算できる。イオン液体とポリマーゲルの両方の伝導度は，温度と活性化エネルギーの関数である。関連した研究はクロロアルミネート系イオン液体系中でも行われている。共焦点ラマン分光法を用いて，Schafer らは，[bmim]X(X=[BF$_4$], [PF$_6$], [NO$_3$], [NTf$_2$])とスルホン化ポリ（テトラフルオロエチレン）膜，ナフィオン®，および電荷を持たない poly(dimethylsiloxane) 膜とのコンポジットを解析した。ナフィオンの対カチオンとしてイオン液体由来の[bmim]$^+$が，イオン交換により導入され，溶媒というよりも電解質のように働くことが示唆されている[25]。共晶の（NaSCN/KSCN），または溶解塩の水和物（LiClO$_4$・3H$_2$O）中の poly(AN) における塩とポリマーとの間の化学的な相互作用を^{13}C-NMR スペクトルを用いて研究した結果，KSCN/NaSCN 中への高分子の溶解（140℃）は高分子の $α$ 位の H と CN との水素結合が解離することによるものであることが示された[8]。また，興味深いことに，poly(VPyr) のイオン性プラスチッククリスタル [pmpyr][PF$_6$] への添加により，機械的強度は大きく増大し伝導度は低下するが，その一方で，相挙動への効果はほとんどないことが認められている[26]。

4.5 まとめと今後の展望

　他の系における溶媒和や溶解性と比較して，溶質が高分子で溶媒がイオン液体という組み合わせは，特別な事例と考えられる。イオン液体と分子性溶媒の特性は大きく異なるため，イオン液体中の高分子の溶解性及びイオン液体と高分子との溶媒和について，古典的なアプローチを改良し，修正する必要がある。このことは，ミクロ溶媒和，ミクロ偏析（ミセルとエマルジョンの形成），可塑化，およびゲル化などの現象によってさらに複雑となっている。さらに，溶媒または溶液の粘度が高く，物質移動や相間移動に重大な障害をもたらすのであれば，イオン液体中の高分子の溶解とイオン液体からの相分離は，数週間のタイムスケールと非常に遅くなる。イオン液体/高分子コンポジットを使用しているデバイスの動作寿命は，このような長い期間の効果によって決定されるだろう。

　イオン液体中での高分子の溶解性についての情報は，文献によって広められる。だが，イオン液体の高分子に対する溶解力に注目した研究はほとんど無い。なぜなら，イオン液体中の高分子の溶解性の要因が複雑で，簡単に予測できないため，様々な挙動を示すからである。これらの理由から，高分子/イオン液体混合物の詳細な相挙動について，より詳細な研究が必要とされている。

　訳者注：執筆者による当初の原稿は膨大な内容量で，高分子とイオン液体に関わる課題の多くをカバーしていたが，ページ数の制限と他の執筆者との内容の重複を避けるために，執筆者の承諾を得て大幅に削除した。

文　　献

1) M. Watanabe, S. Yamada and N. Ogata, *Electrochim. Acta*, **40**, 2285(1995); N. Ogata, K. Sanui, M. Rikukawa, S. Yamada and M. Watanabe, *Synth. Met.*, **69**, 521(1995); M. Watanabe and T.

第13章 難溶性物質の可溶化

    Mizumura, *Sol. State Ionics*, **86**–**88**, 353(1996)
2) J. S. Wilkes, P. J. Castle, R. Schoske, C. J. Humphrey, F. B. Layo and R. Slanger, *Molten Salts*, Xii, **99**, 65(2000)
3) M. Forsyth, S. Jiazeng and D. R. MacFarlane, *Electrochim. Acta*, **45**, 1249(2000)
4) V. Percec and C. Grigoras, *J. Polym. Sci., A*, **43**, 5609(2005)
5) M. G. Benton and C.S. Brazel, Chapter 10 in Ionic Liquids: Industrial Applications for Green Chemistry, R. D. Rogers and K., Seddon, Eds., *ACS Symp. Ser.*, **818**, 125(2002)
6) T. Biedron and P. Kubisa, *J. Polym. Sci., A*, **40**, 2799(2002)
7) K. Hettrich, S. Fischer, E. Brendler and W. Voigt, *J. Appl. Polym. Sci.*, **77**, 2113(2000)
8) A. Lewandowski and A. Swiderska, *Pol. J. Chem.*, **78**, 1371(2004); A. Lewandowski and A. Swiderska, *Sol. State Ionics*, **169**, 21(2004)
9) J. D. Holbrey, J. Chen, M. B. Turner, R. P. Swatloski, S. K. Spear and R. D. Rogers, Chapter 5 in Ionic Liquids in Polymer Systems: Solvents, Additives and Novel Applications C. S. Brazel and R. D. Rogers, Eds., *ACS Symp. Ser.*, **913**, 71(2005)
10) P. Snedden, A.I. Cooper, K Scott and N. Winterton, *Macromolecules*, **36**, 4549(2003)
11) F. Sevil and A. Bozkurt, *J. Phys. Chem. Solids*, **65**, 1659(2004)
12) T. Kawauchi, J. Kumaki, K. Okoshi and E. Yashima, *Macromolecules*, **38**, 9155(2005)
13) P. V. Wright, *MRS Bull.*, **27**, 597(2002)
14) E. Marwanta, T. Mizumo, N. Nakamura and H. Ohno, *Polymer*, **46**, 3795(2005)
15) T. Fukushima, A. Kosaka, Y. Ishimura, T. Yamamoto, T. Takigawa, N. Ishii and T. Aida, *Science*, **300**, 2072(2003)
16) K. Hanabusa, H. Fukui, M. Susuki and H. Shirai, *Langmuir*, **21**, 10383(2005)
17) N. Kimizuka and T. Nakashima, *Langmuir*, **17**, 6759(2001)
18) H. Sawada, K. Shima, J. Kyokane, K. Oharu, H. Nakagawa and T. Kitazume, , *Eur. Polym. J.*, **40**, 1595(2004)
19) M. A. Klingshirn, S.K. Spear, J.D. Holbrey, J. G. Huddleston and R.D. Rogers, Chapter 10 in Ionic Liquids in Polymer Systems: Solvents, Additives and Novel Applications C.S. Brazel and R. D. Rogers, Eds., *ACS Symp. Ser.*, **913**, 149(2005)
20) W. R. Carper, A. Dölle, C. C. Hanke, C. Hardacre, A. Leuchter, R. M. Lynden-Bell, Z. Meng, G. Palmer and J. Richter, Chapter 4 in ref 2, p127
21) F. Habrard, T. Ouisse, O. Stephan, M. Armand, M. Stark, S. Huant, E. Dubard and J. Chevrier, *J. Appl. Phys.*, **96**, 7219(2004)
22) C. M. Stancik, A. R. Lavoie, J. Schutz, P. A. Achurra, P. Lindner, A.P. Gast and R. M. Waymouth, *Langmuir*, **20**, 596(2004)
23) M.U. Araos and G.G. Warr, *J. Phys. Chem., B*, **109**, 14275(2005)
24) R. A. Mantz, H. C. De Long, R. A. Osteryoung and P. C. Trulove, *Molten Salts*, Xii, 169(2000); R.A. Mantz, T. E. Sutto, H. C. De Long and P. C. Trulove, *Molten Salts*, Xiii, 94(2002)
25) T. Schafer, R. E. Di Paolo, R. Franco and J. G. Crespo, *Chem. Commun.*, 2594(2005)
26) S. J. Pas, J. M. Pringle, M. Forsyth and D. R. MacFarlane, *Phys. Chem. Chem. Phys.*, **6**, 3721(2004)

5　合成高分子

玉田政宏[*1]，大野弘幸[*2]

近年，エンジニアリングプラスチック（エンプラ）が注目を集めている。ポリアミドやポリイミドなどの例を引き出すまでも無いが，これらは概ね剛直であり，力学強度が高い，非常に高いガラス転移温度や分解温度，溶媒耐性，などの特徴を有している。これらの特徴から，無機材料や金属材料の代替物として，電気・電子産業，家電・OA機器，自動車産業分野などにおいて広く応用されている[1]。しかし，エンプラは耐溶媒性が大きな特徴であるため，合成後のポリマーは不溶性であり，これを溶液として取り扱うことができない。適切な溶液が得られれば，再利用も含め様々なプロセスが提案されることになる。このような背景があって，溶媒に可溶なポリイミドが開発された[2]。しかしこのようなポリイミドは，可溶性を優先するあまり，ガラス転移温度や分解温度が大きく低下してしまったことが欠点として挙げられる。一方，エンプラのリサイクルを目標に，強酸[3]や超臨界水[4]などが新しい溶媒として提案されている。これらは環境負荷や人体への影響が大きいことや，大掛かりな装置を必要とするといった欠点が挙げられる。

本章では，様々な難溶性物質の溶媒としてイオン液体が有用であることが述べられてきた。ではエンプラを溶解させるイオン液体はできないのであろうか？　2005年12月現在，エンプラを溶解させるイオン液体の報告はない。しかし，イオン液体中でエンプラの一つであるポリイミドを合成した報告はある[5]。だがこれらはイオン液体に可溶な出発物質を用いており，溶解能力を強化すべくデザインされたイオン液体を用いたものではない。我々は，代表的なポリイミドであるpyromellitic dianhydride（PMDA）と4,4'-oxydianiline（ODA）との重縮合から得られるポリイミド（PMDA–ODA，図1）の合成を可能とするイオン液体を開発している。

代表的なイオン液体を用いてこれらの成分の溶解性を検討したが，TFSIアニオンを有するイオン液体（図2(a)）単独ではPMDA，ODAを共に溶かすことはできなかった。しかし，さまざまな系を検討した結果，このイオン液体（図2(a)）にzwitterion（詳細は第16章3節を参照のこと）の一種（ZI，図2(b)）を添加することによって，ポリイミド出発物質を可溶化できることを見出した[6]。PMDA及びODAの溶解性に及ぼすZIの添加量の効果を表1に示す。ZIを添加することにより，PMDA，ODAの溶解度が大きく上昇した。特にイオン液体：ZI＝6：4のモル比のときは，加熱して溶解させた後に室温に戻しても溶液は均一のままで，相分離などは認められなかった。溶解度が上昇した

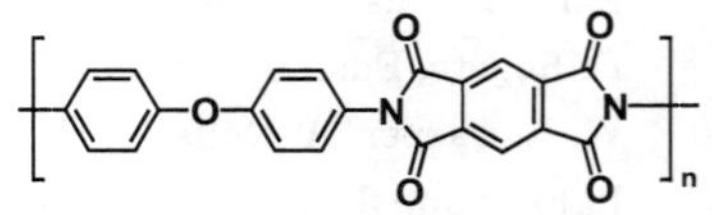

図1　ポリイミド（PMDA–ODA）の構造式

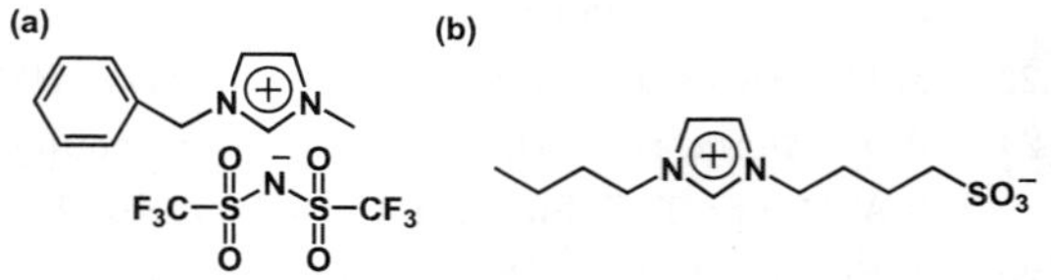

図2　イオン液体（a）及びzwitterion（b）の構造式

---

* 1　Masahiro Tamada　東京農工大学大学院　工学教育部　生命工学専攻
* 2　Hiroyuki Ohno　東京農工大学大学院　共生科学技術研究部　ナノ未来科学研究拠点　教授

第13章　難溶性物質の可溶化

表1　Zwitterion（b）の添加によるODA及びPMDAの溶解性の改善

IL（a）：ZI（b）/molar ratio	ODA		PMDA	
	r. t.	70℃	r. t.	70℃
6：4	△	◎	△	◎
7：3	△	◎	○	◎
8：2	△	◎	○	◎
9：1	△	◎	△	◎
10：0	×	×	×	○

×：insoluble, △：slightly soluble, ○：soluble,
◎：completely soluble, concentration：5wt%.

のは極性が上昇したためであると考えられるが，詳細は検討中である。

　そこで，このイオン液体：ZI＝6:4の混合溶媒中でポリイミドを合成したところ，PMDA-ODAが得られた。この混合溶媒中で合成されたPMDA-ODAの特有粘度は 1.1 dL・g^{-1}（0.05g/10ml 濃硫酸中）であった。これらは以前に報告された系[5]の特有粘度 0.5 dL・g^{-1}（上述と同様の条件）と比べて高い値となったため，ハロゲンアニオンを有するイオン液体中よりも高分子量のPMDA-ODAが得られたものと推定した。室温でPMDAおよびODAを溶解させることができないハロゲンアニオンを有するILは，高分子量のPMDA-ODAを得るための溶媒には向かない。一方，イオン液体／ZI混合物中では，室温でポリアミド酸の合成を行うことができた。溶解性が高いので，分子量の増大に伴う相分離が起こらず，反応もより低温で行えたので結果的に高分子量のPMDA-ODAが得られたものと考えている。

　イオン液体中でこのようなエンプラの出発物質を溶解させ，合成することは可能になってきたが，逆に，強いπ共役などによって安定化した合成後のエンプラを溶解させることは非常に困難である。πスタックした物質の溶解は興味深いテーマである。我々は極めて多種のイオン液体を作成しており，多くの物質の溶解メカニズムについても検討を行っている。エンプラの可溶化という「solution」を与える溶媒として，新規なイオン液体が現れる日もさほど遠くはないであろう。

文　　献

1) 井上俊英他著，高分子学会編，「高分子先端材料 One Point 8, エンジニアリングプラスチック」，共立出版（2004）
2) 今井淑夫，横田力男他著，日本ポリイミド研究会編，「最新ポリイミド」，エヌ・ティー・エス（2002）
3) 東レ㈱，特開平9-255810号広報
4) 東レ・デュポン㈱，特開2001-163973号広報
5) (a) Y. S. Vygodskii, E. I. Lozinskaya, A. S. Shaplov, *Macromol. Rapid Commun.*, **23**, 676 (2002),
(b) Y. S. Vygodskii, E. I. Lozinskaya, A. S. Shaplov, K. A. Lyssenko, M. Yu. Antipin, Y. G. Urman, *Polymer*, **45**, 5031 (2004)
6) M. Tamada, T. Hayashi, H. Ohno, *Chem. Comm.*, in contribution.

第14章　生物化学

1　イオン液体を反応媒体に用いるリパーゼ触媒反応

伊藤敏幸*

1.1　はじめに

　酵素の反応には最適温度や至適pHがあり，高濃度の塩の水溶液中ではタンパク質の変性を伴うことが良く知られている。従って，「塩」そのものであるイオン液体を酵素反応の溶媒として使おうというアイデアは，生物学的には常識はずれの発想と言えよう。ところが，イオン液体溶媒中で酵素反応が進行することがわかってきた[1]。イオン液体の特徴を活かした反応がもっとも進展しているのはリパーゼ触媒反応[2]であり，本稿ではイオン液体中のリパーゼ触媒反応について概要を述べる。

1.2　イオン液体と生体触媒

　2000年7月にロンドン大学Cullらが［bmim］［PF_6］：水（1：4）という2相系溶媒中で*Rhodococcus*によるベンゾニトリルからベンズアミド化の反応が進行することを報告した[3a]。続いてピッツバーグ大学RussellらはCbz保護したアスパラギン酸とL-フェニルアラニンメチルエステルの*Thermolysin*触媒アミド化が［bmim］［PF_6］-リン酸緩衝液混合液中で実現することを明らかにした[3b]。ただし，これらの研究ではいずれも水-［bmim］［PF_6］の混合溶媒を用いており，［bmim］［PF_6］は水と全く混じり合わず，酵素反応はもっぱら水中で進行している。イオン液体のみを反応媒体に用いた最初の酵素反応はオランダ，デルフト工科大学Sheldonらが2000年12月に報告したものである[4]。Sheldonらは，イミダゾリウム塩［bmim］［BF_4］溶媒中でオクタン酸とアンモニアによるアミド化が酵母*Candida antarctica*から単離したリパーゼ（CAL-B）により進行することを見いだした。また，CAL-B触媒によりオクタン酸と過酸化水素から過オクタン酸が生成することを利用し，系内で発生させた過オクタン酸でシクロヘキセンのエポキシ化が良好な収率で進行することも明らかにした（図1）[4]。ただし，いずれの反応も不斉反応ではない。筆者らは，イオン液体を反応媒体としてリパーゼによる2級アルコールの不斉アシル化反応を検討し，［bmim］［BF_4］，［bmim］［PF_6］が良い溶媒になり，CAL（Novozym435も同じ酵素）や*Burkholderia cepacia*[5]リパーゼ（PSと略記）で不斉アシル化反応が進行することを明らかにした[6a]。反応終了後エーテルを加えると，エーテル層とイオン液体層に綺麗に分離し，未反応アルコールと生じたエステルはエーテル層に移り，イオン液体には酵素が残る。そこで，基質アルコールとアシル化剤を加えると再度アシル化が進行し，酵素を再利用することができた（図2）[6a]。筆者らとほぼ同時にドイツ，ロストック大学のKraglらもイオン液体中でのリパーゼ触媒不斉アシル化反応を報告し[7a]，さらに2ヶ月後には韓国ポーハン工科大のKim[7b]，ついでスペイン，マルシア大学のLozanoとフランス，レンヌ大学のIborraらの合同チーム[7c, e]，

---

*　Toshiyuki Itoh　鳥取大学　工学部　物質工学科　精密合成化学講座　教授

第14章 生物化学

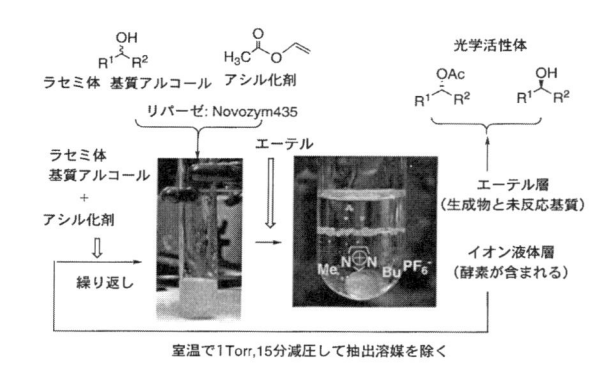

図1 純イオン液体溶媒中の最初の酵素反応

図2 リパーゼ繰り返し利用システム

さらにMacGill大学Kazlauskas（現ミネソタ大学）[7d]がイオン液体中のリパーゼ触媒反応を報告し，世界中でイオン液体を反応媒体に用いてリパーゼ不斉触媒反応の研究が始まった．

1.3 イオン液体溶媒中のリパーゼ触媒不斉反応

イオン液体のなかでいわば酵素を「固定化」して再利用できることがわかったが，リサイクルを繰り返すと反応速度が低下してくるという問題が生じた．リパーゼ触媒アシル化反応では，アシル化剤によりacyl-enzyme complexが生じ，これをアルコールが攻撃してアシル転移が起こる．酢酸ビニルがアシル化剤として広く利用されている理由は，アシル化後に生じたビニルアルコールが直ちに互変異性しアセトアルデヒドとなるため逆反応が起こらず円滑にアシル化が進行するためである．アセトアルデヒドはタンパク中のアミノ酸残基とシッフ塩基を形成するため酵素阻害を起こすことが知られているが，揮発性のため反応系から速やかに逃げていき問題を起こすことはない．ところが，再使用を繰り返した［bmim］［PF_6］にはアセトアルデヒドオリゴマーが蓄積しており，実際に，アセトアルデヒドが蓄積した［bmim］［PF_6］がリパーゼを阻害することがわかった[6c]．

メチルエステルは生じたメタノールによる逆反応速度が大きくリパーゼ触媒のアシル化剤には適さないことが知られている．減圧条件で反応を行い，生じたメタノールを直ちに反応系から除去すれば問題は起きないが，減圧条件ではアシル化剤を溶媒兼用で大過剰使用する必要があった[8]．イオン液体は蒸気圧がほとんどない溶媒である．そこで，［bmim］［PF_6］溶媒中でフェニルチオ酢酸メチルをアシル化剤に用いて減圧条件アシル化を行ったところ，効率的に不斉アシル化が進行し，基質あたり0.5当量という理論量で不斉アシル化反応が実現した．反応を繰り返しても反応速度，エナンチオ選択性ともに全く低下しない（図3）[6b, c]．最近，加藤らもCAL-B触媒によるアミンとアルコールの不斉アミド化がイオン液体を溶媒に用いて減圧条件で行うことで効率的に進行することを報告している[9]．

イオン液体中でアセトアルデヒドが蓄積する理由を考察したところ，イオン液体を構成するイミダゾリウム塩の2位のプロトンの酸性度が高く[10]，酸触媒として作用してアセトアルデヒドのオリゴマー化を促進していると予想された．そこで，2位をメチル化した［bdmim］［BF_4］を

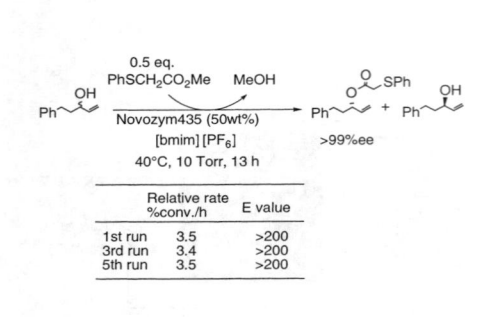

図3 減圧条件リパーゼ触媒不斉アシル化反応

図4 [bdmim][BF$_4$]溶媒を用いるリパーゼ再使用反応結果

図5 イオン液体を用いる効率的なDKR反応

図6 イオン液体を用いるリパーゼ触媒によるポリエステル合成
減圧条件が効果的に使用できる。

反応溶媒に用いたところ，期待通りアセトアルデヒドオリゴマーの蓄積が認められなくなり，10回反応を繰り返しても反応速度が低下せず酵素を再利用することができた（図4）[6d]。

スルホン酸を対アニオンにできれば，イオン液体の種類を飛躍的に増やすことができる。そこでスルホン酸アニオンを持つイオン液体を各種合成しリパーゼ触媒反応を検討した結果，メトキシエトキシスルホン酸イオンを持つイミダゾリウム塩が良い溶媒になることがわかった[6d]。ただし，スルホン酸のイミダゾリウム塩は親水性のため含水量が高く，不斉アシル化反応速度が遅くなるという問題があった。そこで，フッ素化アルキル硫酸イオンを対アニオンとするイミダゾリウム塩を合成したところ，疎水性のアルキルスルホン酸イミダオゾリウムを合成でき，この溶媒中でリパーゼ触媒不斉反応が円滑に進行することがわかった[11]。

Kimらは，Lipase-Ruthenium combo触媒による動的光学分割（Dynamic kinetic resolution：DKR）がイオン液体[bmim][PF$_6$]中で効率的に進行することを報告している（図5）[12]。Lipase PSを用いると（R）-体，プロテアーゼSubtilisinを用いると（S）-体が収率よく得ることができる。この反応では，イオン液体中でラセミ化が速やかに進行することが効いている。DKRはイオン液体の特徴を活かすことができる反応であり，今後の進展が大いに期待される。

リパーゼは，不斉反応のみならずポリエステル合成にも利用でき，この場合もイオン液体シス

第14章　生物化学

テムが有効である。小林，宇山らは［bmim］［BF_4］を溶媒に用いてε-カプロン酸の開環重合反応やアジピン酸エチルと1,4-ブタンジオールのポリエステル化を達成している。後者の反応では減圧条件が有効なことを明らかにした（図6）[13]。さらに，Russel[14]やNara[15]もイオン液体を溶媒に用いるポリエステル化反応を報告している。

1.4　イオン液体による酵素の安定化と活性化

Lozanoらは，CALによる酪酸ビニルと1-ブタノールとの反応による酪酸ブチル合成をイオン液体中で検討し，［bmim］［PF_6］中では酵素が徐々に失活す

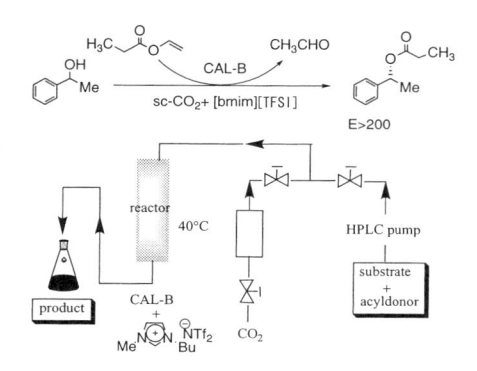

図7　超臨界CO_2とイオン液体の組み合わせによるリパーゼ触媒反応

るが，基質が存在すると半減期7500時間と顕著に安定化することを明らかにした[7c, e]。さらに，超臨界二酸化炭素中でリパーゼを反応させる場合，イオン液体を補助溶媒とすると酵素の寿命が大幅に延びることを見いだし，イオン液体と超臨界二酸化炭素を組み合わせた効率的な酵素連続使用システム構築に成功している（図7）[16]。さらに，Lozanoらは興味深いイオン液体による酵素安定化効果を報告している。50℃で，水中でCALを保存する場合，ヘキサン中では4日後に25％まで活性が低下するが，［emim］［TFSI］中では75％の活性を保持していた。CD測定でその理由を探ったところ，α-ヘリックスとβ-シートの割合に変化が認められ，β-シートの割合はあまり変化しないが，酵素が失活する場合，α-ヘリックスの割合が大きく減少し，たとえばリパーゼをヘキサン溶媒に加えると，加えた直後にα-ヘリックスの割合が31％に減少し，4日後はわずか2％に減少した。一方，［emim］［TFSI］中ではα-ヘリックスの減少率が低い。酵素の活性維持にα-ヘリックスの割合が重要と見られる[17]。

ポリエチレングリコール処理すると酵素などの不安定なタンパク質を安定化することがよく知られているが，後藤らはポリエチレングリコール（PEG）で処理したリパーゼをイオン液体［omim］［PF_6］を溶媒中で用いて桂皮酸ビニルとブタノールのエステル交換反応を行い，PEG処理した酵素がイオン液体中で安定であると報告している[18]。Russelらはビニルエステルとアルコールとのエステル交換反応をモデルに，イオン液体のPEG処理リパーゼに及ぼす効果を詳細に調べた（図8）[14]。［bmim］塩の場合，対アニオンが重要であり，［PF_6］塩で良好な酵素活性が観測されるが，［NO_3］，［OAc］，［NO_3］，［CH_3SO_3］，［OTf］，［TFA］いずれも活性を示さない。例外はあるものの（対アニオンがNO_3^-の場合，［bmim］塩は反応しないが［mmep］塩は良好な反応性を示す），酵素活性は主にアニオン部に依存することを明らかにした。NO_3，OAcは求核性が高く酵素タンパクに相互作用しやすいことが要因と推察される[14]。

イオン液体のアニオン部が酵素活性に影響するという同様の結果をSheldonらも報告している[19]。酵素が全く溶解しない［bmim］［PF_6］や［bmim］［BF_4］を使うとCAL-Bの酵素活性が高いが，CAL-Bが溶解する［emim］［$EtSO_4$］，［bmim］［lactate］，［$EtNH_3$］［NO_3］，［bmim］［NO_3］中では酵素活性がほとんどない。一方，［Et_3MeN］［$MeSO_4$］にはCAL-Bが溶解するがt-BuOH中と同程度の活性を示し，メチル硫酸塩とエチル硫酸塩で大きく反応性が異なる。FT-

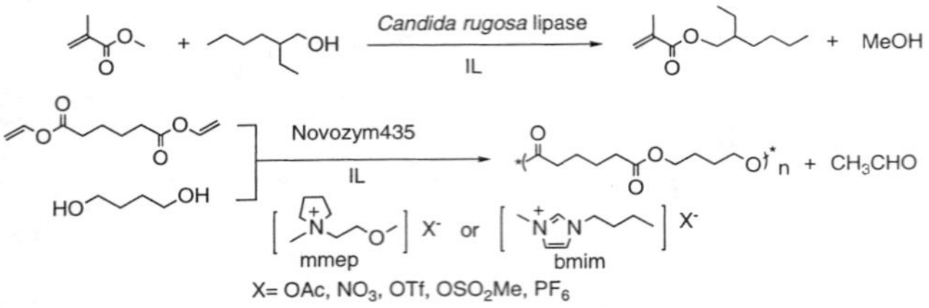

図8 イオン液体によるアシル化反応
対アニオンにより大きく異なる反応性。

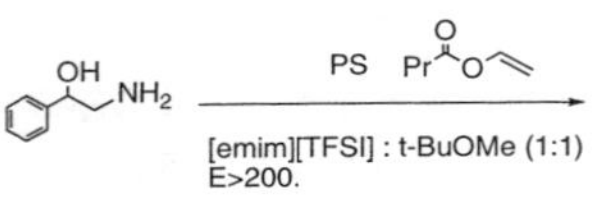

図9 イオン液体とt-BuOMeの混合溶媒がエナンチオ選択性に効果的
Microwave条件でもアシル化がエナンチオ選択的に進行

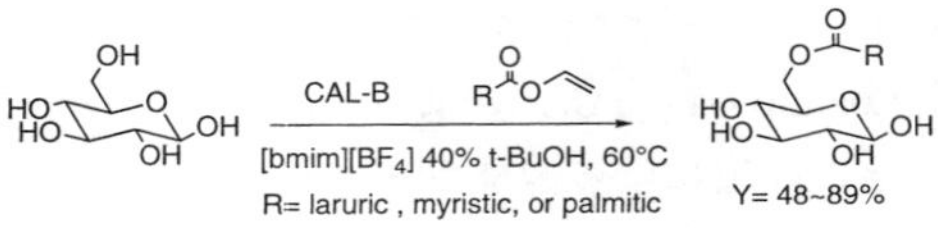

図10 グルコースの位置選択的脂肪酸エステル化
イオン液体とt-BuOH混合溶媒システム。

IRで酵素タンパクのアミド領域のスペクトル変化を調べたところ，[Et$_3$MeN][MeSO$_4$]中の酵素タンパクのIRスペクトルは水溶液中と差がないが，酵素が失活する[bmim][lactate]では大きく変化していることがわかり，対アニオンが酵素タンパクと相互作用して好ましくないコンフォーメーション変化を引き起こしたのが失活の主因と著者らは結論づけている[19]。

イオン液体を利用する場合，水や有機溶媒との混合溶媒システムも有効であり，純イオン液体溶媒にこだわる必要はない。Lundellらはアミノアルコールのアシル化反応の場合にイオン液体とt-BuOMe混合溶媒で良い結果を得ている[20]。イオン液体（[emim][TFSI]，[BMPy][BF$_4$]）のみを溶媒に用いた場合，反応は進むもののエナンチオ選択性がt-BuOMe溶媒より低い。一方，[emim][TFSI]/t-BuOMe（1/1）混合溶媒とすると良好なエナンチオ選択性で反応が進行する。さらに，[emim][TFSI]/t-BuOMe（1/1）混合溶媒を利用すると，マイクロ波照射条件下80℃で酵素反応が進行することを明らかにした（図9）[20]。

Ganskeらはグルコースの6位脂肪酸エステル化をリパーゼで検討し，イオン液体のみでは酵素活性が認められなかったが，t-ブチルアルコールと[bmim][BF$_4$]混合溶媒として使用すると高活性を示し，ビニルエステルのみならず，パルミチン酸のみでも6位のみがエステル化されることを報告している（図10）[21]。イオン液体との混合溶媒にすることでグルコースの溶解性が向上することが効いていると思われる。

その他，イオン液体を反応溶媒に使うと酵素反応の選択性が向上する例がいくつか報告されている[7d, 22, 23]。KazlauaskasやKimらは[mmim][PF$_6$]を溶媒に用いると，グルコースのアシル化反応の位置選択性がTHF溶媒中に較べて大幅に向上することを報告している（図11）[7d, 23]。最近，Wuらは，リパーゼ触媒不斉アシル化によるイブプロフェンの光学分割において，イソオクタン中ではE値13であるが，[bmim][BF$_4$]ではE値24とエナンチオ選択性が向上することを見いだしている（図12）[24]。この反応ではエナンチオ選択性がイオン液体の種類に大きく依存

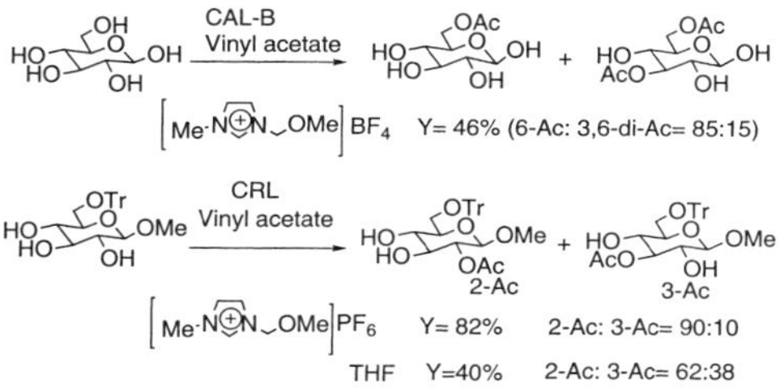

第14章　生物化学

図11　位置選択的なリパーゼ触媒アシル化反応
イオン液体を溶媒にすると選択性が向上する。

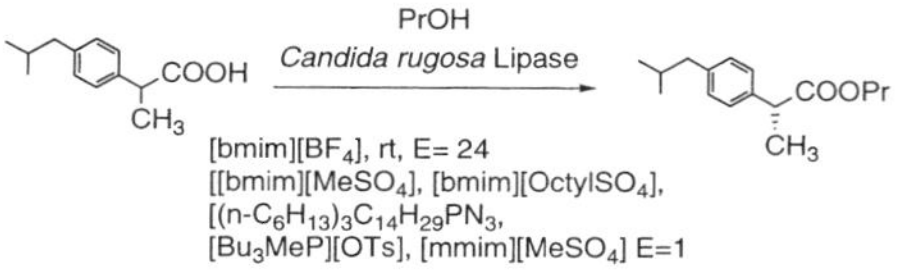

図12　イオン液体の種類でエナンチオ選択性大きく変化

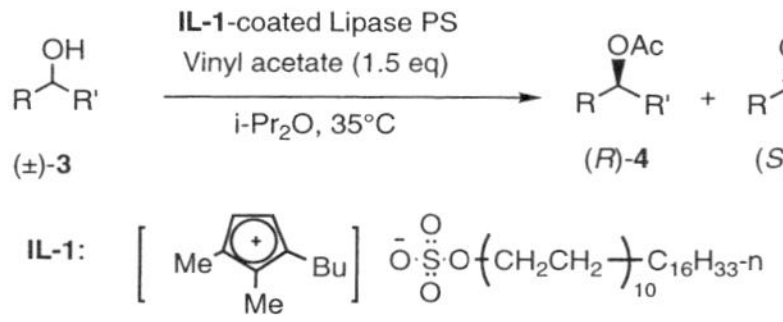

し，[bmim][MeSO$_4$]，[bmim][OctylSO$_4$]，[Bu$_3$MeP][OTs]，[mmim][MeSO$_4$]中では，反応は進行するがエナンチオ選択性がない[24]。非酵素的アシル化反応がこれらのイオン液体中で進行してしまったのか，あるいはイオン液体が酵素に与える効果なのかは不明であるが，イオン液体の適切な選択が重要であることがわかる。少しテストして簡単に諦めてはいけないという例であろう。

図13　イオン液体によるリパーゼアシル化反応活性化
エナンチオ選択性保持して最高1000倍の反応加速。コーティングしないと効果少ない。

最近，筆者らは有機溶媒中にイオン液体を基質あたり3～10 mol%程度添加してアシル化を行うとエナンチオ選択性が大きく向上することを見いだした[6g]。さらに，ポリオキシエチレンアルキル硫酸イオンを対アニオンとするイミダゾリウム塩で酵素をコートすることで，リパーゼやアルカリプロテアーゼ*Subtilisin*の有機溶媒中での安定性が顕著に向上することを明らかにした[6g]。エナンチオ選択性を保持したまま，基質によってはアシル化速度が飛躍的に向上し，エナンチオ選択性も大きく向上する（図13）[6g, 11]。イオン液体のデザイン次第ではさらなる酵素の活性化ができるものと大いに期待している。

1.5　おわりに

イオン液体を酵素反応の媒体に使う利点として次の4点が挙げられる。
1) 反応後の抽出操作が容易で有機溶媒を含む排水を出さない。
2) 酵素の再使用システムを容易に構築できる。
3) イオン液体の機能を活かした反応設計ができる。
4) 酵素反応制御ができる。

リパーゼに限らず他の生体触媒反応にもイオン液体を溶媒に使うことができる。水―イオン液体混合溶媒中ではあるが，グルコースオキシダーゼやパーオキシダーゼ[25a]，ヒドロキシニトリルリアーゼ[25b]，パン酵母による不斉還元反応[25c]，ラクトバチルスのような微生物[25d]の反応が報告されている。さらに，北爪らは抗体酵素の反応も[bmim][PF$_6$]中で進行することを見いだしている[26]。酵素反応を無水条件で利用しようという場合，従来の有機溶媒よりイオン液体が

イオン液体Ⅱ

優れているのは間違いないと思われ，コスト問題がクリアできればイオン液体溶媒による酵素触媒反応は広く普及すると思われる。

文　　献

1) Reviewの例：(a) P. Wasserscheid and T. Welton (Eds), "Ionic Liquids in Synthesis", Wiley–VCH Verlarg, (2003), (b) N. Jain, A. Kumar, S. Chauhan and S. M. S. Chauhan, *Tetrahedron*, **61**, 1015 (2005), (c) 大野弘幸(監修), イオン液体―開発の最前線と未来―, シーエムシー出版(2003), (d) R. D. Rogers and K. R. Seddon (Eds), "Ionic Liquids as Green Solvents", ACS Symposium Series 856, American Chemical Society (2002), (e) S. Park and R. J. Kazlauskas, *Current Opinion Biochemistry*, **14**, 432 (2003), (f) U. Kragl, M. Eckstein and N. Kaftzik, *Current Opinion Biochemistry*, **14**, 565 (2003), (g) 伊藤敏幸, 機能材料, **24**, 27-33 (2004), (h) 北爪智哉, 淵上寿雄, 沢田英夫, 伊藤敏幸, イオン液体, コロナ社(2005)

2) 太田博道, 生体触媒を使う有機合成, 講談社サイエンティフィク(2003)：リパーゼを使う有機合成に関する日本語の本としてベスト

3) (a) S. G. Cull, J. D. Holbrey, V. V-Mora, K. R. Seddon and G. J. Lye, *Biotechnol. Bioeng.*, **69**, 227 (2000), (b) M. Erbeldinger, A. J. Mesiano and A. J. Russell, *Biotechnol. Prog.*, **16**, 1131 (2000)

4) R. M. Lau, F. van Rantwijk, K. R. Seddon and R. A. Sheldon, *Org. Lett.*, **2**, 4189 (2000)

5) 以前は*Pseudomonas cepacia*と呼ばれていたが, 最近, 命名法が変更された

6) (a) T. Itoh, E. Akasaki, K. Kudo and S. Shirakami, *Chem. Lett.*, 262 (2001), (b) T. Itoh, E. Akasaki and Y. Nishimura, *Chem. Lett.*, 154 (2002), (c) T. Itoh, Y. Nishimura, M. Kashiwagi and M. Onaka, Ionic Liquids as Green Solvents: Progress and Prospects, ACS Symposium Series 856, Eds, R. D. Rogers and K. R. Seddon, American Chemical Society: Washigton DC, Chapter 21, 251-261 (2003), (d) T. Itoh, N. Ouchi, S. Hayase and Y. Nishimura, *Chem. Lett.*, **32**, 654 (2003), (e) T. Itoh, Y. Nishimura, N. Ouchi, S. Hayase, *J. Mol. Catalysis B: Enzymatic*, **26**, 41 (2003), (f) T. Itoh, N. Ouchi, Y. Nishimura, S. -H. Han, N. Katada, M. Niwa, and M. Onaka, *Green Chem.*, **5**, 494 (2003), (g) T. Itoh, S. -H. Han, Y. Matsushita and S. Hayase, *Green Chem.*, **6**, 437 (2004)

7) (a) S. H. Schöfer, N. Kaftzik, P. Wasserscheid and U. Kragl, *Chem. Commun.*, 425 (2001), (b) K-W. Kim, B. Song, M-Y. Choi and M-J. Kim, *Org. Lett.*, **3**, 1507 (2001), (c) P. Lozano, T. De Diego, J. P. Guegan, M. Vaultier and J. L. Ibora, *Biotechnol. Bioeng.*, **75**, 563 (2001), (d) S. Park and R. J. Kazlauskas, *J. Org. Chem.* **66**, 8395 (2001), (e) P. Lozano, T. DeDiego, D. Carrie, M. Vaultier and J. L. Iborra, *Biotech. Lett.*, **23**, 1529 (2001)

8) 減圧条件でリパーゼ触媒アシル化を行った例：(a) G. G. Haraldsson, B.O. Gudmundsson and O. Almarsson, *Tetrahedron Lett.*, **34**, 5791 (1993), (b) G. G. Haraldsson and A. Thorarensen, *Tetrahedron Lett.*, **35**, 7681 (1994), (c) T. Sugai, M. Takizawa, M. Bakke, Y. Ohtsuka and H. Ohta, *Biosci. Biotech. Biochem.*, **60**, 2059 (1996), (d) A. Cordova and K. D. Janda, *J. Org. Chem.*, **66**, 1906 (2001)

9) R. Irimescu and K. Kato, *Tetrahedron Lett.*, **45**, 523 (2004)

10) S. Tsuzuki, H. Tokuda, K. Hayamizu and M. Watanabe, *J. Phy. Chem. B.*, **109**, 16474 (2005)

11) M. Tsukada, K. Iwamoto, H. Furutani, Y. Matsushita, Y. Abe, K. Matsumoto, K. Monda, S. Hayase,

第14章 生物化学

M. Kawatsura and T. Itoh, *Tetrahedron Lett.*, in press

12) M-J. Kim, H. M. Kim, D. Kim, Y. Ahn and J. Park, *Green Chem.*, **6**, 471 (2004)
13) H. Uyama, T, Takamoto and S. Kobayashi, *Polymer J.*, **34**, 94 (2002)
14) J. L. Kaar, A. M. Jesionowski, J. A. Berberich, R. Moulton and A. J. Russell, *J. Am. Cherm. Soc.*, **125**, 4125 (2003)
15) S. J. Nara, J. R. Harjani, M. M. Salunkhe, A. T. Mane and P. P. Wadgaonkar, *Tetahedron Lett.*, **44**, 1371 (2003)
16) P. Lozano, T. de Diego, D. Carrié, M. Vaultier and J. L. Iborra, *Chem. Commun.*, 692 (2002)
17) T. De Diego, P. Lozano, S. Gmouh, M. Vaultier and J. L. Iborra, *Biomacromolecules*, **6**, 1457 (2005)
18) (a) T. Maruyama, S. Nagasawa and M. Goto, *Biotechnology Lett.*, **24**, 1341 (2002), (b) T. Maruyama, H. Yamamura, T. Kotani, N. Kamiya and M. Goto, *Organic & Biomolecular Chem.*, **2**, 1239 (2004)
19) L. R. Madeira, M. J. Sorgedrager, G. Carrea, F. Van Rantwijk, F. Secundo and R. A. Sheldon, *Green Chem.*, **6**, 483 (2004)
20) K. Lundell, T. Kurki, M. Lindroos and L. T. Kanerva, *Advanced Synthesis & Catalysis*, **347**, 1110 (2005)
21) (a) F. Ganske and U. T. Bornscheuer, *J. Mol. Catalysis B: Enzymatic*, **36**, 40 (2005), (b) F. Ganske and U. T. Bornscheuer, *Organic Lett.*, **7**, 3097 (2005)
22) (a) W-Y. Lou, M-H. Zong, H. Wu, R. Xu and J-F. Wang, *Green Chem.*, **7**, 500 (2005), (b) J-Y. Xin, Y-J. Zhao, Y-G. Shi, C-G. Xia and S-B. Li, *World Journal of Microbiology & Biotechnology*, **21**, 193 (2005), (c) S. J. Nara, S. S. Mohile, J. R. Harjani, P. U. Naik and M. M. Salunkhe, *J. Mol. Catalysis B: Enzymatic*, **28**, 39 (2004), (d) M. Noel, P. Lozano, M. Vaultier, J. L. Iborra, *Biotechnology Lett.*, **26**, 301 (2004), (e) M. S. Rasalkar, M. K. Potdar and M. M. Salunkhe, *J. Mol. Catalysis B: Enzymatic,* **27**, 267 (2004), (f) S. S. Mohile, M. K. Potdar, J. R. Harjani, S. J. Nara and M. M. Salunkhe, *J. Mol. Catalysis B: Enzymatic*, **30**, 185 (2004), (g) O. Ulbert, T. Frater, K. Belafi-Bako and L. Gubicza, *J. Mol. Catalysis B: Enzymatic*, **31**, 39 (2004), (h) N. J. Roberts, A. Seago, J. S. Carey, R. Freer, C. Preston and G. J. Lye, *Green Chem.*, **6**, 475 (2004), (i) M. Eckstein, P. Wasserscheid, U. Kragl, *Biotechnology Lett.*, **24**, 763 (2002), (j) A. Kamal and G. Chouhan, *Tetrahedron Lett.*, **45**, 8801 (2004)
23) M-J. Kim, M. Y. Choi, J. K. Lee and Y. Ahn, *J. Mol. Catalysis B: Enzymatic*, **26**, 115 (2003)
24) H. Yu, J. Wu and C. C. Bun, *Chirality*, **17**, 16 (2004)
25) (a) K. Okrasa, E. Guibé-Jampel and M. Therisod, *Tetrahedron:Asym.*, **14**, 2487 (2003), (b) R. P. Gaisberger, M. H. Fechter and H. Griengl, *Tetrahedron:Asymmetry*, **15**, 2959 (2004), (c) J. Howarth, P. James and J. Dai, *Tetrahedron Lett.*, **42**, 7517 (2001), (d) M. Matsumoto, K. Mochiduki, K. Fukunishi and K. Kondo, *Separation and Purification Technology*, **40**, 97 (2004)
26) T. Kitazume, Z. Jiang, K. Kasai, Y. Mihara and M. Suzuki, *J. Fluorine Chem.*, **121**, 205 (2003)

2 タンパク質の保存用溶媒としてのイオン液体

藤田恭子[*1], Douglas R. MacFarlane[*2], Maria Forsyth[*3]

タンパク質は様々な細胞内コンパートメントや細胞外マトリックスに存在しており，一般的に *in vitro* な環境下では不安定である。そのため，各タンパク質の保存には特異的な条件が要求され，それらの条件が満たされない場合，タンパク質は分解・凝集などにより速やかに活性を失ってしまう。タンパク質の長期保存には，一般的に凍結保存が用いられているが，氷結晶の形成によるタンパク質の構造破壊などが生じてしまう。このようなダメージを防ぐために凍結保護剤と防腐剤，あるいは他の様々な化合物が保存期間延長のためにタンパク質溶液に添加される。また，タンパク質によっては温度の変動で大きく損傷を受けるため室温でしか保存ができず，その結果，精製後数日で廃棄処分されるタンパク質もある[1]。さらに今日，タンパク質医薬品の市場は拡大しつつあるが，一方でタンパク質の安定性の問題により製薬化の困難なケースが多く存在する[2]。本稿では，これらのタンパク質の安定性の問題を克服する保存溶媒としてのイオン液体の可能性について紹介する。

イオン液体は通常の溶媒では達成することが難しい熱的，化学的安定性を有することから，反応溶媒や電解質材料はもちろんのこと，それ以外にもバイオセンサー[3]や生体触媒の反応場[4,5]，あるいは生体分子の保存溶媒[6]としての研究も進められている。しかしながら，一般的にイオン液体へのタンパク質の溶解度は非常に低く[4,7]，溶解した場合でもタンパク質の二次構造に変化を引き起こし[8,9]，結果として活性低下につながる場合がほとんどである[10,11]。そのため溶解には，イオンとの親和性が強いエーテル鎖をタンパク質表面，またはイオン液体に導入するなどの工夫がされてきた[3,7]。これに対してネイティブタンパク質のイオン液体中への可溶化を目的に，我々は dihydrogen phosphate (dhp) の構造からなる生体適合性イオン液体を合成し，タンパク質の保存溶媒として評価した[12]。

カチオン構造としては，1-butyl-3-methylimidazolium (bmim), N-butyl-N-methylpyrro-

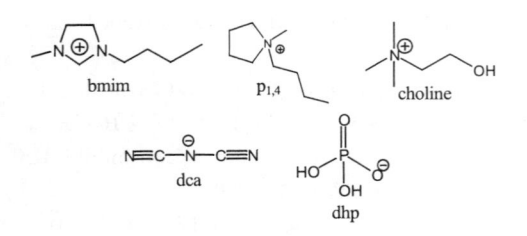

図1 Structures of ionic liquids

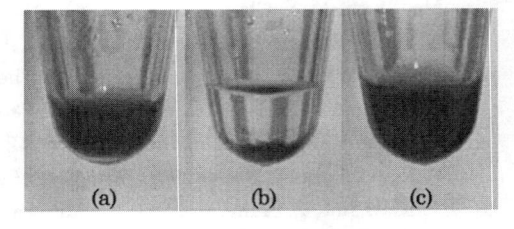

図2 Photographs of cyt *c* in (a) phosphate buffer, (b) $p_{1,4}$ dca with 20 wt% water and (c) choline dhp with 20 wt% water

---

*1 Kyoko Fujita　Monash University　School of Chemistry，博士研究員
*2 Monash University　School of Chemistry，Professor
*3 Monash University　School of Physics and Materials Engineering，Professor

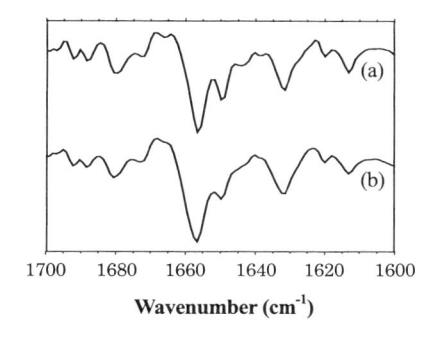

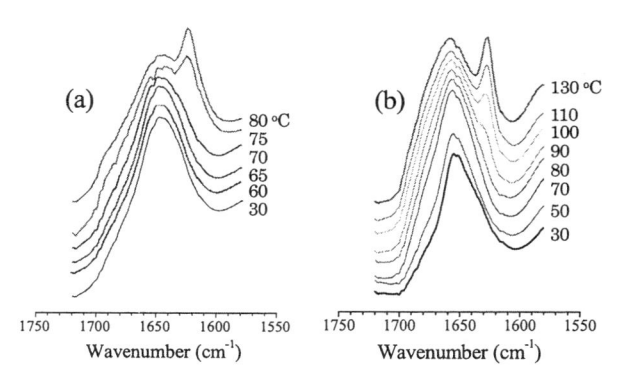

図3 Comparison of the second derivative spectra in the amino I region of cyt c in (a) phosphate buffer, (b) choline dhp

図4 ATR-FTIR spectra in the amide I region of cyt c in (a) 50 mM sodium phosphate buffer, (b) choline dhp

lidinium（$p_{1,4}$），cholineを採用し，水素結合能を持つdhpと組み合わせイオン液体を合成した（図1）。ヘムタンパク質の一種であるチトクロム c (cyt c) をモデルタンパク質として，cyt c の dhp イオン液体への溶解性について検討を行った。これらの dhp イオン液体はいずれも室温で固体だったが，10〜20 wt%の水を加えることで透明で均一な溶液となった。これらの溶液を用いて cyt c の溶解度を検討した結果，いずれの溶液にも 3 mM（37mg/mL）という高濃度で溶解することが可能だった。一方，ルイス塩基性を有し，タンパク質の溶解能が期待される$p_{1,4}$ dicynamide (dca) に同量の水を加えた場合でも，cyt c の溶解は観測されなかった（図2）。

図3に buffer 中及び，dhp イオン液体に溶解した cyt c の二次構造に関する ATR-FTIR の二次微分スペクトル解析結果を示す。dhp イオン液体に溶解後も二次構造成分である β シート，ランダムコイル，α ヘリックス，ターン構造に基づく1632，1650，1656，1680 cm^{-1}の吸収が buffer 中とほぼ同様に保持されているのが分かった。つまり，これまでの報告とは異なり，タンパク質の二次構造変化を引き起こすことなく，ネイティブな構造を保ったまま dhp イオン液体中へ溶解可能であることが示された。

さらに興味深いことに，dhp イオン液体中に溶解した cyt c に耐熱性の向上が観測された。通常，cyt c は buffer 中では80℃程度で変性による熱量変化が DSC 測定により観測される[12, 13]。また，ATR-FTIR ではその際に生じる二次構造の変化が同様の温度で新たな吸収ピークとして観測される[12, 14]（図4 (a)）。この熱変性による新たな吸収ピークが，choline dhp イオン液体中では100℃以上の温度域になるまで検出されなかった。さらに，cyt c の耐熱性の向上に及ぼす dhp イオン液体の影響を明らかにするため，過剰の水（80 wt%）をイオン液体に混合して同様の解析を行ったところ，DSC，ATR-FTIR の結果は共に通常の buffer 中と同等あるいはそれ以下の温度での変性を示した。これらの結果から，dhp イオン液体を構成するイオンが添加塩として水溶液中に存在しても，耐熱性の向上にはつながらないことが明らかになった。

以上のことから，dhp アニオンを有する新規イオン液体は，これまで困難であったネイティブタンパク質の可溶化を高濃度で達成でき，しかも二次構造を維持したまま溶解させることが可能

であることが示された。dhpアニオンの構造に注目すると，プロトン活性や水素結合能を有するなど水分子と多くの共通点を持つことに気づく。従って，それらの性質を合わせ持つことがタンパク質の溶解に重要な因子となっていることが考えられる。さらに，このイオン液体中において，タンパク質の耐熱性の向上も観測されたことから，タンパク質の新たな保存用溶媒としてのイオン液体の発展に期待が持たれる。

文　　献

1) W. Wang, International Journal of Pharmaceutics, **185**, 129(1999)
2) L. Bartkowski, Contract Pharma. 2002, Issue Jan-Feb. http://www.contractpharma.com/JanFeb 022.htm
3) H. Ohno, C. Suzuki, K. Fukumoto, M. Yoshizawa, and K. Fujita, *Chem. Lett.*, 450(2003)
4) U. Kragl, M. Eckstein, and N. Kaftzik, *Curr. Opin. Biotechnol.*, **13**, 565(2002)
5) F. van Rantwijk, R. Madeira Lau, and R. A. Sheldon, *Trends Biotechnol.*, **21**, 131(2003)
6) P. Majewski, A. Pernak, M. Grzymislawski, K. Iwanik, and J. Pernak, *Acta histochem.*, **105**, 135 (2003)
7) N. Kimizuka and T. Nakashima, *Langmuir*, **17**, 6759(2001)
8) S. N. Baker, T. M. McCleskey, S. Pandey, and G. A. Baker, *Chem. Comm.*, 940(2004)
9) T. De Diego, P. Lozano, S. Gmouh, M. Vaultier, and J. L. Iborra, *Biotechnol. Bioeng.*, **88**, 916 (2004); T. De Diego, P. Lozano, S. Gmouh, M. Vaultier, and J. L. Iborra, *Biomacromolecules*, **6**, 1457(2005)
10) R. Madeira Lau, M. J. Sorgedrager, G. Carrea, F. Van Rantwijk, F. Secundo, and R. A. Sheldon, *Green Chem.*, **6**, 483(2004)
11) M. Erbeldinger, A. J. Mesiano, and A. J. Russell, *Biotechnol. Prog.*, **16**, 1131(2000)
12) K. Fujita, D. R. MacFarlane, and M. Forsyth, *Chem. Comm.*, 4804(2005)
13) V. Razumas, K. Larsson, Y. Miezis, and T. Nylander, *J. Phys. Chem.*, **100**, 11766(1996)
14) Q. Xu and T. A. Keiderling, *Biopolymers*, **73**, 716(2004)

3 PEO修飾した金属タンパク質の合成

中村暢文*

イオン液体などの非水系の溶媒にタンパク質を溶かす方法のひとつとして，ポリエチレンオキシド（PEO）によって，タンパク質の表面を化学修飾する方法がある[1]。タンパク質を化学修飾する研究は，遺伝子工学的にタンパク質を改変する研究が一般的になる以前から行われている方法であり，その歴史は古い。遺伝子工学的な改変が部位特異的であることを特徴とするのに対し，化学修飾によるタンパク質の化学修飾は，狙った部位のみを修飾するには不向きであるが，一度に多くの変異を導入し，その性質を劇的に変化できるところに特徴がある。タンパク質の化学修飾の際に，ポリエチレンオキシド（PEO）を用いる方法は，当初，抗原性の軽減のために導入され，その後，各種の有機溶媒への可溶化などにも適用された。タンパク質の応用を見据えた化学修飾としては，最も一般的なものの一つであるといえる。タンパク質へのPEOの導入に関しても，末端官能基の種類によって様々な方法が検討されてきている[1]。この節では，活性化PEO法による，PEO修飾タンパク質の合成法について述べる[2,3]。タンパク質同士が結合するクロスリンクの問題が起こらない方法である。

活性化PEOの合成法を，図1に示す。末端のアルコールに無水コハク酸を用いてカルボキシル基を導入し，続いて，N-ヒドロキシスクシンイミドを，カルボジイミドを用いて脱水縮合させることによって，活性化PEOが合成される。この活性化PEOはタンパク質のリジン残基の側鎖および主鎖のN末端のアミノ基と反応する。アミノ基1つあたり過剰の活性化PEOを反応させることにより，数時間でほぼすべてのアミノ基が修飾されたPEO修飾タンパク質が得られる。反応させる活性化PEOの当量や，反応時間を変化させることによって，修飾数を経験的に変えることもできる。

タンパク質に存在する全アミノ基のうち，何個のアミノ基が修飾されたかを知るためには，2,4,6-トリニトロベンゼンスルホン酸により，化学修飾されていない残存アミノ基を定量し[4]，全アミノ基からの差として見積もることができる（図2）。どのアミノ基が反応したかについて知ることは難しいが，基本的にはタンパク質の表面にあって，他のアミノ酸側鎖との相互作用の弱いアミノ基の方が反応しやすいので，同一タンパク質では比較的決まった部位から修飾されていると考えられる。

PEO修飾がタンパク質の構造や反応性に影響する可能性もある。用いるPEOの鎖長，修飾数，合成過程での反応条件などに依存すると考えられるので，各PEO

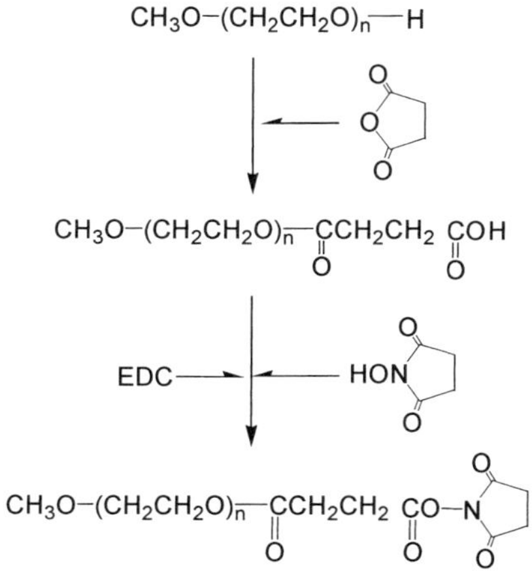

図1 活性化PEOの合成スキーム

* Nobuhumi Nakamura 東京農工大学大学院 共生科学技術研究部 ナノ未来科学研究拠点 助教授

修飾タンパク質について合成後に構造変化等がないかどうかの確認は必要である。銅や鉄を活性中心に持つ金属タンパク質の場合，タンパク質は特有の色をしており，紫外可視吸収スペクトルの測定によって，活性中心の構造変化についての情報が得られる。紫外可視吸収スペクトルが修飾前後で変化していなければ活性中心の構造がネイティブのものと同じであると結論できる（図3）。また，ポリペプチド鎖の立体構造に関しては，円偏光二色性スペクトル（CD）の測定により，変化の有無を観測することができる。

筆者らは，活性中心に銅や鉄を持っている金属タンパク質のポリエチレンオキシド修飾について，イオン液体をはじめとする各種の非水系溶媒への溶解を検討している。ミオグロビン，ヘモグロビン，チトクロムc，チトクロムP450など，補欠分子族として大環状化合物であるヘミンの鉄錯体（ヘム）を持つタンパク質を総称してヘムタンパク質という。これらのヘムタンパク質はPEO修飾に対して比較的安定であり，水を溶媒として用い，紫外-可視吸収スペクトル（図3），ESRスペクトル，共鳴ラマンスペクトルなどを測定してもネイティブのものとほとんど変化を示さず，活性中心近傍の構造が保持されていることがわかった[5]。また，CDスペクトルを測定し，ポリペプチド鎖の構造を比較してもほとんど変化は見られず，PEO修飾は，ヘムタンパク質には非常に良い化学修飾法であることがわかった。また，ブルー銅タンパク質と総称される，活性中心に銅イオンを持ち，生体中で電子伝達に関与するタンパク質についてもPEO修飾を行い，非水系での酸化還元応答について調べている[6]。その活性中心（銅イオン）の構造も，紫外可視吸収スペクトル，ESRスペクトルや共鳴ラマンスペクトル測定によって調べられる。もともと熱的安定性に優れたアズリンといわれるブルー銅タンパク質の場合，ヘムタンパク質同様，ネイティブのものと化学修飾したサンプルの間に分光学的な性質の違いはまったく見られなかった[6]。一方，同じブルー銅タンパク質であって，アズリンとは少し構造の異なるタンパク質であるシュードアズリンの場合，PEOの分子量の違い，修飾数の違いにより共鳴ラマンスペクトル，ESRスペクトルに違いが現れた。このことは，PEO修飾により，活性中心

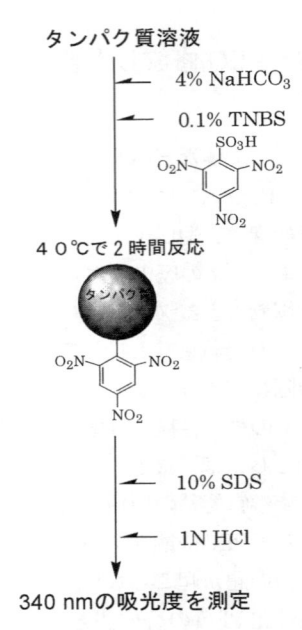

図2 タンパク質のアミノ基のトリニトロベンゼンスルホン酸（TNBS）を用いた定量

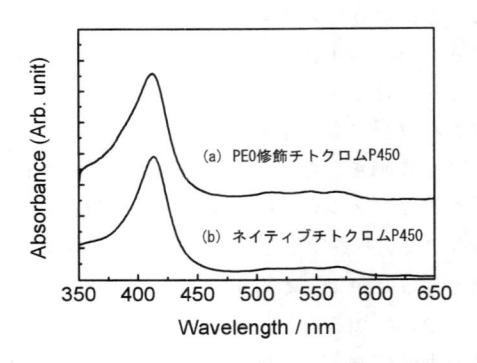

図3 チトクロムP450水溶液の紫外可視吸収スペクトル
(a) PEO修飾チトクロムP450, (b) ネイティブチトクロムP450

第 14 章 生物化学

の構造にわずかながら変化をもたらしている結果であると考えられる。ただし，タンパク質が変性してその機能を失うというところまでは構造変化しているわけではない。どんなタンパク質であっても，PEO修飾によって完全にそのままの構造を保つというわけではないことがわかる。しかし，中性付近のpHで，室温で攪拌するという比較的マイルドな条件で反応をおこなえるため，他の化学修飾法と比較して，修飾する反応の過程でのタンパク質機能の損失が少ない修飾法であるといえる。

文　　献

1) 稲田，和田編,「タンパク質ハイブリッド　第Ⅲ巻―化学修飾最前線―」, 共立出版 (1990)
2) A. Abuchowski, G. M. Kazo, C. R. Verhoest, Jr., T. van, Es, D. Kafkewitz, M. L. Nucci, A. T. Viau, and F. F. Davis, *Cancer Biochem. Biophys.*, **7**, 175–186 (1984)
3) H. Ohno and T. Tsukuda, *J. Electroanal. Chem.*, **341**, 137–149 (1992)
4) T. Okuyama and K. Satake, *J. Biochem.*, **47**, 454–466 (1960)
5) H. Ohno, C. Suzuki, K. Fukumoto, M. Yoshizawa, and K. Fujita, *Chem. Lett.*, **32**, 450–451 (2003)
6) N. Nakamura, Y. Nakamura, R. Tanimura, N. Y. Kawahara, H. Ohno, Deligeer, and S. Suzuki, *Electrochim. Acta*, **46**, 1605–1608 (2001)

4 タンパク質のイオン液体への可溶化

中村暢文*

イオン液体中で，生体触媒を用いて反応をおこなう研究が近年活発になってきた[1~3]。しかし，そのほとんどの研究は，イオン液体に酵素を分散させた状態で行われている。タンパク質をイオン液体に溶解することができれば，酵素の触媒能をより高めることができるものと期待される。また，タンパク質の応用範囲が格段に広がり，バイオデバイスを極限状態で使用可能にできるかもしれない。しかしながら，タンパク質をイオン液体に溶解させることは容易なことではない。ただ単に溶解させればよいということではなく，タンパク質はその高次構造が保たれてこそ，機能するものであるからである。タンパク質の高次構造を維持したままイオン液体に可溶化させる方法として，前節で述べた，タンパク質のポリエチレンオキシド（PEO）修飾法を適用できるのではないかと考えられる。PEOは，両親媒性の高分子であり，イオンとエーテル酸素の相互作用により，塩を比較的良く溶解することが知られている。イオンと相互作用のあるPEOで化学修飾されたタンパク質であれば，イオンのみから構成されるイオン液体に溶解できるのではないかというのがその発想の原点である。

実際に，チトクロムcという，ヘムタンパク質にPEO修飾を行い，エチルメチルイミダゾリウムビス（トリフルオロメチル）スルフォニルイミド（[emim][TFSI]）に溶解させることができたという報告がある[4]。また，チトクロムcと同じくヘムタンパク質に属し，分子量が4倍ほどチトクロムcより大きいチトクロムP450という有用な酵素について，PEO修飾によるイオン液体への溶解を試みた。チトクロムP450は，生体中で様々な有機化合物の一原子酸素添加反応などの重要な反応を触媒することで注目されているタンパク質であり，工業的な応用に関しても興味がもたれている[5, 6]。このタンパク質の分子量は約43,000であり，リジン残基とN末端あわせて34のアミノ基が存在している。そのうち半数（17）のアミノ基を平均分子量2,000のPEOで修飾した。このPEO修飾チトクロムP450の[emim][TFSI]への溶解性を調べた。

図1(a)は，PEO修飾していないチトクロムP450であり，図1(b)はPEO修飾チトクロムP450である。(a)では不溶であることが明らかであるが，(b)では，均一に溶解していることがわかる。紫外可視吸収スペクトルを測定する

図1　チトクロムP450の[emim][TFSI]への溶解 (a)ネイティブチトクロムP450，(b)PEO修飾チトクロムP450

---

*　Nobuhumi Nakamura　東京農工大学大学院　共生科学技術研究部　ナノ未来科学研究拠点　助教授

第14章　生物化学

と，ベースラインの紫外域での上昇は見られない（図2）。このことは，タンパク質がイオン液体中に分散しているのではなく，均一に溶解していることを端的に示している。共鳴ラマンスペクトルの測定（図3）においても，活性中心のヘムの構造に，イオン液体中と水中でほとんど変化がないことが見てとれる。イオン液体の種類にも依存すると考えられるが，PEO修飾法はタンパク質のイオン液体への可溶化に有効な方法の一つであると結論付けられる。

　直鎖状のPEOをタンパク質に修飾してイオン液体に導入する方法[4, 7]に加えて，くし型のPEOを用いると，よりイオン液体への溶解性が高くなるという報告もある[8]。

　まったく別のアプローチとして，イオン液体がデザイナー溶媒であることから，タンパク質を化学修飾しないで，イオン液体自体を工夫することにより溶解することも可能であろう。非常に特殊なケースであるとは考えられるが，化学修飾がなくとも溶解するという例は既に知られており，モネリンという95のアミノ酸残基よりなる，比較的小さなタンパク質が，ブチルメチルピロリジニウムビス（トリフルオロメチル）スルフォニルイミドに10^{-5}M程度溶解すると報告されている[9]。イオン液体のカチオンおよびアニオンの構造を変化させ，化学修飾していないチトクロムcをイオン液体に溶解させることを試

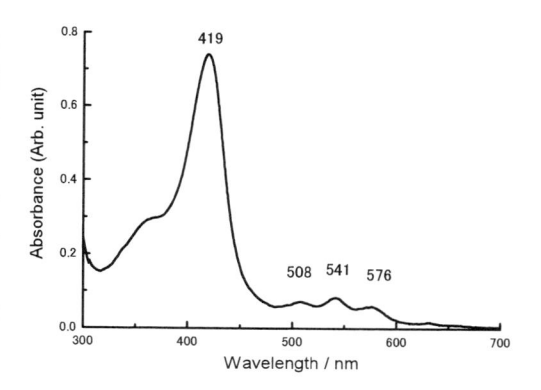

図2　[emim][TFSI] 中におけるPEO修飾チトクロムP450の紫外可視吸収スペクトル

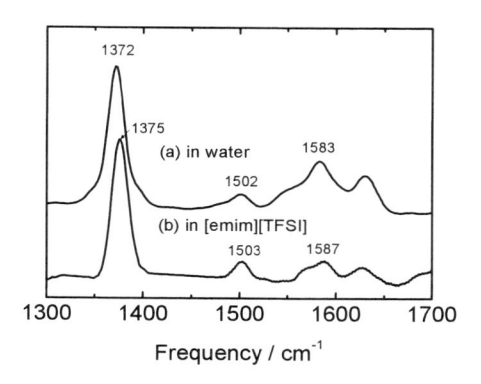

図3　PEO修飾チトクロムP450の共鳴ラマンスペクトル
　　溶媒：(a)水, (b)[emim][TFSI]

みた，チャレンジングな研究も報告されている[10]。現段階では，まだ10〜20％程度の水を加えなければ完全には溶解しないと報告されているが，イオン液体の構造を工夫することによって溶解度を向上させることに成功した例である。立体構造を変化させることなく（機能，触媒能を失うことなく），タンパク質を均一に溶解可能なイオン液体が設計され，実用に供されるようになる日も近いと考えられる。

文　　献

1) U. Kragl, M. Eckstein, and N. Kaftzik, *Curr. Opin. Biotechnol.*, **13**, 565-571 (2002)
2) F. van Rantwijk, R. M. Lau, and R. A. Sheldon, *Trends Biotechnol.*, **21**, 131-138 (2003)

3) N. Jain, A. Kumar, S. Chauhan, and S. M. S. Chauhan, *Tetrahedron*, **61**, 1015–1060(2005)
4) H. Ohno, C. Suzuki, K. Fukumoto, M. Yoshizawa, and K. Fujita, *Chem. Lett.*, **32**, 450–451(2003)
5) N. Bistolas, U. Wollenberger, C. Jung, F. W. Scheller, *Biosens. Bioelectron.*, **20**, 2408–2423(2005)
6) V. V. Shumyantseva, T. V. Bulko, A. I. Archakov, *J. Inorg. Biochem.*, **99**, 1051–1063(2005)
7) J. L. Kaar, A. M. Jesionowski, J. A. Berberich, R. Moulton, and A. J. Russell, *J. Am. Chem. Soc.*, **125**, 4125–4131(2003)
8) K. Nakashima, T. Maruyama, N. Kamiya, and M. Goto, *Chem. Commun.*, 4297–4299(2005)
9) S. N. Baker, T. M. McCleskey, S. Pandey, and G. A. Baker, *Chem. Commun.*, 940–941(2004)
10) K. Fujita, D. R. MacFarlane, and M. Forsyth, *Chem. Commun.*, 4804–4806(2005)

5 耐熱性の付与

大野弘幸[*1], 田村 薫[*2]

5.1 はじめに

タンパク質はわずかな環境の変化でも変性してしまうと考えられており，通常の緩衝水溶液中での利用においても"気難しい物質"と思われている。しかし，タンパク質の中には耐熱性細菌由来のものなど，"丈夫なタンパク質"も知られており，タンパク質の全てが取り扱いの難しいものではない。多くのタンパク質の利用条件の制限が，溶媒である水に起因していることは十分に知られてはおらず，「高次構造を持った生体高分子は使いづらい」という印象が一般的である。水中でさえ安定に溶解させて機能させるのが難しいため，イオン液体中には全く溶解せず，もし溶解しても直ちに変性してしまうと考えられている。事実，無作為にタンパク質とイオン液体を選び，溶解を試みても，ほぼ間違いなく溶けないか，たとえ溶解しても変性してしまうかのいずれかの結果になってしまうであろう。ところが，前節でも述べたように，近年イオン液体にタンパク質を可溶化させる試みが増えてきた。しかも，タンパク質を変性させずに溶解できるイオン液体が見出されている。少量の水を添加しているものの，水溶液よりも安定に溶解できることは注目に値する。我々はあらゆるタンパク質の可溶化に利用できる"ポリエチレンオキシド(PEO)修飾法"によって可溶化されたタンパク質のイオン液体中での耐熱性について，従来から検討してきた。ここでは比較的新しい結果を紹介する。

5.2 光導波路分光法

イオン液体中での生物電気化学の解析法としては，ボルタンメトリー法と分光分析が良く使われる。しかし，イオン液体やタンパク質などが高価であることなどを考慮すると，少スケールで測定できる方法論が望ましい。さらに，わずかな，あるいは遅い変化を追跡するのには，変化が積分値として得られる分光法が望ましい。光導波路分光法は基板に全反射条件で光を入射したときに表面に染み出してくるエバネッセント波を用いた方法である。エバネッセント波の吸収を解析することで基板上の分子の状態を選択的に非破壊で測定できる。また，この方法は多重反射を利用することにより高感度化を達成しており，マイクロリットル程度の少量のサンプルでも感度の高い測定が可能となるので，まさにイオン液体中での生物電気化学の解析法として適切である。

光導波路分光測定法は，直接型導波路分光法と非接触型導波路分光法の2つに分けることができる。ほとんどの研究が前者であるが，これは導波路上に試料溶液を塗布するだけで，可視領域のスペクトルが得られる。イオン液体には蒸気圧がないので，微量であっても安定した測定が可能である[1]。また，入射光に偏光を用いると，導波路上の分子の配向状態が解析できる[2]。一方，導波路上に電極を置き，電極近傍の試料の酸化還元応答を追跡することもできる[1]。後者の非接触法を用いた研究例としては，導波路から染み出たエバネッセント波が届く範囲内に基板を配置することで，光不透過な基板表面に存在する分子の挙動を測定できることが報告されている[3]。

[*1] Hiroyuki Ohno 東京農工大学大学院 共生科学技術研究部 ナノ未来科学研究拠点 教授

[*2] Kaori Tamura 東京農工大学大学院 工学教育部 生命工学専攻

表1 一連のPEO-cyt.cの特徴

略称	PEOの平均分子量	平均修飾本数	修飾PEO総量（Da）
PEO$_{150(17.4)}$-cyt.c	150	17.4	2610
PEO$_{1000(15.4)}$-cyt.c	1000	15.4	15400
PEO$_{2000(13.8)}$-cyt.c	2000	13.8	27600
PEO$_{5000(12.5)}$-cyt.c	5000	12.5	62500

導波路と基板の間（gap）の距離は感度に大きく影響するので，粒径120nmのラテックスビーズを分散させた溶液をgapに入れることにより，エバネッセント波の届く範囲に基板を固定することができる。

光導波路分光法はλ_{max}から分子の電気化学的な情報を得ることはできるが，定量的な情報は得られ難いことに注意が必要である。詳細な本法の特徴は文献[4]を参照されたい。本稿ではこの方法を用い，イオン液体に溶解したPEO修飾チトクロムc(PEO-cyt.c)の熱安定性の評価を行った結果を紹介する。

図1 高極性イオン液体1

5.3 タンパク質の耐熱性

耐熱性の検討としてPEO修飾量の異なるPEO-cyt.cを用いた。それぞれのPEO-cyt.c作成に用いたPEOの平均分子量及び修飾量を表1に示す。この4種類のPEO-cyt.cについて，イオン液体中における熱安定性を評価した。

実験に用いたイオン液体は極性の高い1-allyl-3-methyl imidazolium chloride[5]（図1，1）である。このイオン液体1には全てのPEO-cyt.cが溶解し，水中の酸化体と同様に409nmにλ_{max}を有する吸収スペクトルを示した。他のイオン液体に溶解させるためにはある程度以上のPEO鎖の修飾が不可欠である[6]が，溶解性は用いるイオン液体の構造（特に極性）に依存している。このイオン液体にPEO-cyt.cを溶解させ，昇温と保温を繰り返しながら，徐々に高温での可視スペクトルを解析すると，100℃を超えても大きな変化は認められず，140℃においても同様の吸収スペクトルが観測された（図2, 実線）。

そこで，試料溶液を140℃に保温し，時間経過に伴う吸光度変化を追跡したところ，短鎖のPEOを修飾したPEO$_{150(17.4)}$-cyt.cの吸光度は，測定開始から7時間後までに大きく減衰した（図2, (a), 点線）。一方，修飾したPEO総量の多いPEO$_{5000(12.5)}$-cyt.cの吸光度は，7時間後でもほとんど変化しなかった（図2, (b)実線）。今回用いた4種のPEO-cyt.cの中で7時間後も吸収スペクトルがほとんど減衰しなかったものはPEO$_{5000(12.5)}$-cyt.cのみであり，他のPEO-cyt.cの吸光度は，時間経過に伴い徐々に減衰していった。cyt.cの分子量は約12000Daであるが，PEO$_{5000(12.5)}$-cyt.cの場合，修飾したPEO総量は62500Daであることから，大まかではあるが，タンパク質の分子量の5倍程度以上のPEOを修飾させると140℃でも長時間安定に保存できるようである。

5.4 タンパク質の高温電気化学

高温でのPEO-cyt.cの酸化還元活性を検討するため，作用極をカーボン電極，参照極を銀線，対極を白金線として電気化学セルを構築し，±500mV(vs. Ag)の電位を1時間に1回印加した。140℃においても-500mV(vs. Ag)の電位を印加すると還元体となり，λ_{max}は418nmにシフトし

第14章 生物化学

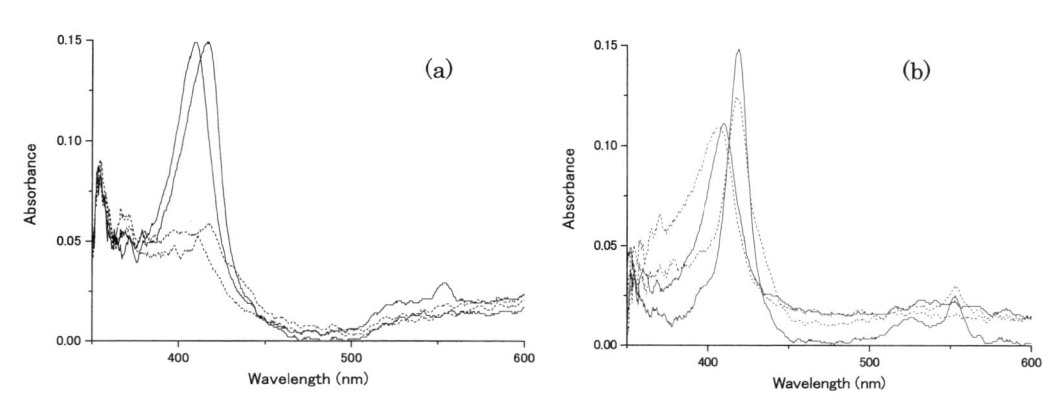

図2 イオン液体1中のPEO$_{150(17.4)}$-cyt.c(a), 及びPEO$_{5000(12.5)}$-cyt.c(b)の140℃における吸収スペクトル
実線：140℃加熱直後，点線：加熱7時間後

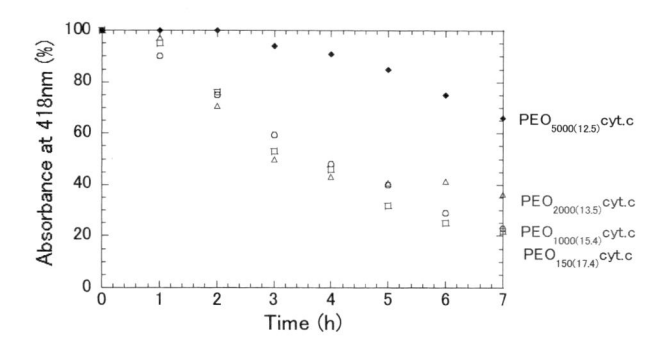

た。逆に＋500mVの電位を印加すると，λ_{max}は再び409nmに戻り，再酸化されたことを示した。上述の図2に酸化体と還元体の両方のスペクトルについて加熱直後と7時間後の場合を併せて示した。PEO$_{150(17.4)}$-cyt.cの場合は時間経過に伴い吸光度は減衰し，7時間過熱後には明瞭な酸化還元応答は観測されなくなった。一方，PEO$_{5000(12.5)}$-cyt.cにおいては140℃で7時間加熱し続けても，明瞭な酸化還元応答を繰り返し示した。図3にPEO-cyt.cの還元体に帰属される418nmの吸光度の比の経時変化を示す。時間ゼロのときの値で吸光度を割ってパーセント表示することにより，各系の劣化状態を比較した。この図より，PEOの修飾量が多いほど時間経過に伴う吸光度の減衰が緩やかであり，PEO$_{5000(12.5)}$-cyt.cにおいては7時間後でも66％以上の酸化還元応答を保持していることが示された。140℃で4時間加熱していても95％の酸化還元活性を保っており，7時間後でも34％程度しか減少しないことは驚異的である。イオン液体に溶解したPEO-cyt.cは高温下においても高次構造及び酸化還元活性を長時間保持していることが示された。

図3 140℃のイオン液体1中のPEO-cyt.cの酸化還元サイクルに伴う418nmの吸光度変化

5.5 イオン液体中のタンパク質化学の将来展望

　水中では考えることができないような過酷な加熱状態でも，イオン液体中でタンパク質は変性せずに，機能を保持している可能性は大きい。水中での生物電気化学しか経験したことのない方々は，イオン液体中の異常な挙動は理解できないであろう。あるいは，理解しようとすることすら拒否するかもしれない。しかし，タンパク質などの生体物質の変性，劣化は溶媒である水が原因であることが分かれば，ここで述べた実験結果を考察できると思う。ここで紹介した驚異的な耐熱性は，生体由来分子の工業的な利用につながる。酵素電極をイオン液体中に固定し，生物電池を構築すれば，現在の水と白金に依存した燃料電池よりも安価で大量に供給でき，使用温度域も広がるものと期待される。この可能性は第20章4節で紹介されるであろう。

文　　献

1) H. Ohno, C. Suzuki, K. Fukumoto, M. Yoshizawa, and K. Fujita, *Chem. Lett.*, **32**, 450 (2003)
2) K. Fujita, K. Taniguchi, and H. Ohno, *Talanta*, **65**, 1066 (2005)
3) K. Fujita, C. Suzuki, and H. Ohno, *Electrochem. Commun.*, **5**, 47 (2003)
4) 高橋浩三，大野弘幸，クロミック材料のエバネッセント波分光測定法，関隆広監修，新規クロミック材料の設計・機能・応用，第27章，p360, シーエムシー出版 (2005)
5) T. Mizumo, E. Marwanta, N. Matsumi, and H. Ohno, *Chem. Lett.*, **33**, 1360 (2004)
6) H. Ohno, C. Suzuki, and K. Fujita, *Electrochim. Acta.*, 印刷中 (2006)

第15章　電解質としての新展開

1　電解質に要求される特性とイオン液体の利点

宇恵　誠*

1.1　はじめに

　電気エネルギーと化学エネルギーとの相関関係を扱う電気化学は，電池，電解，表塩処理などの伝統的産業を支えているだけでなく，オプトエレクトロニクスやバイオテクノロジーなどとの融合により，ますますその応用分野を拡大している。その中でも図1に示すような一対の電極を用いる「電解系」では，電極を通して電解系から外部にあるいは電解系に外部から電気が電子として流れると同時に，電解質中では電気がイオンとして流れる。つまり，電解質はイオン伝導体と学問的に同義である。しかしながら，この「電解系」での電解質としての応用に限定しても，イオン液体が検討されている分野は表1に示すように多岐にわたっており，各用途にはそれぞれに固有の要求特性があり，共通的な要求性能を抽出することは困難な状況となっている。そこで，本稿では最も研究が精力的に進められている表2に示したエネルギーデバイスに焦点を絞って解説することにしたい。

1.2　エネルギー貯蔵デバイス用電解質

　表3に電池に使用されている電解質の例を示したが，イオン液体は非水系電解液の一種として分類することが出来る。水系電解液と非水系電解液の特徴を表4に比較したが，一般的に，非水系電解液は水系電解液より電気伝導率が1桁劣るという短所を有するが（表3参照），図2に示したように利用可能な電位領域（電位窓）が広いという長所を有する（PC：Propylene carbonate）。非水系電解液を利用する最大の利点は，この広い電位窓の領

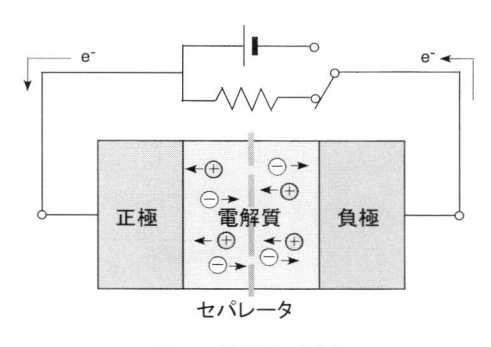

図1　電解系の構成

表1　イオン液体の電解系電解質としての応用分野

応用分野	具体例
表面処理	電気メッキ
エネルギー貯蔵デバイス	電池，キャパシタ
エネルギー変換デバイス	燃料電池，太陽電池
情報変換デバイス	センサー，アクチュエーター
情報表示デバイス	液晶ディスプレイ，エレクトロクロミックディスプレイ

---

*　Makoto Ue　三菱化学㈱　筑波センター　副センター長

表2 エネルギーデバイスの構成

デバイス	正極	電解質	負極
電気二重層キャパシタ	活性炭	イオン伝導体	活性炭
リチウムイオン電池	遷移金属酸化物	リチウムイオン伝導体	黒鉛
色素増感太陽電池	白金	ヨウ素イオン伝導体	色素吸着酸化チタン
燃料電池	白金（O_2）	プロトン伝導体	白金（H_2）

表3 電解質の分類

種類			代表例	電気伝導率*	用途
液体	水系	酸性	35 wt.% H_2SO_4/H_2O	848	鉛電池
		アルカリ性	30 wt.% KOH/H_2O	625	ニッカド電池
		中性	30 wt.% $ZnCl_2/H_2O$	105	マンガン乾電池
	非水系	有機	1 M $LiPF_6$/EC＋EMC	9.6	リチウムイオン電池
		無機	2 M $LiAlCl_4/SOCl_2$	20.5	リチウム電池
		イオン液体	Me–N◯N–Et BF_4	13.6	
固体		有機	$Li(CF_3SO_2)_2N/(C_2H_4O)_n$	0.1	
		無機	Li_2S–P_2S_5	1.0	

* $mS\ cm^{-1}$, 25℃

表4 水系電解液と非水系電解液との比較

種類	長所	短所
水系電解液	高い電気伝導率 高い安全性 安い価格 密閉封口不要	低い耐電圧 狭い温度領域 高い腐食性
非水系電解液	高い耐電圧 広い温度領域 低い腐食性	低い電気伝導率 低い安全性 高い価格 密閉封口要

域内で動作電圧を設定することができるという点である．図3に示すように，電池のエネルギー密度Wは動作電圧Vの1乗に，キャパシタの場合は動作電圧の2乗に比例するので，非水系電解液の方が水系電解液より，高密度エネルギー化あるいは小型化に対して圧倒的に優位になる．

第15章 電解質としての新展開

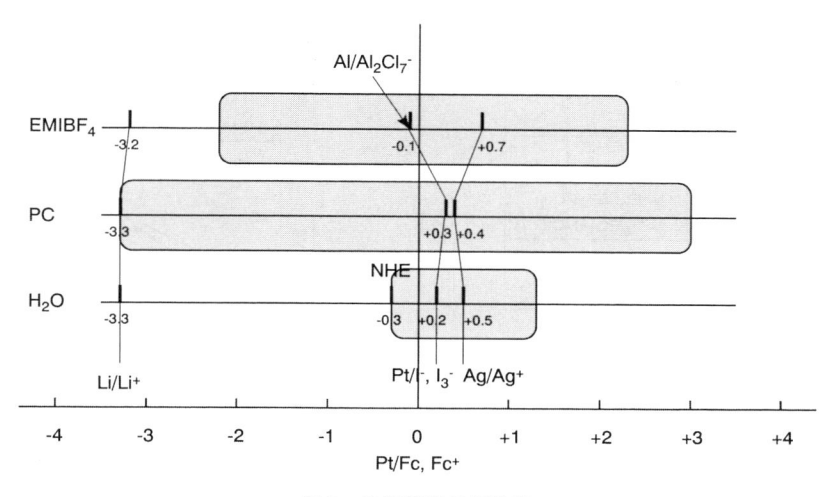

図2　各種媒体の電位窓

エネルギー貯蔵デバイス用の電解質に要求される一般的特性としては，下記の項目を列挙することができる。

(1) 電気伝導率が高いこと。

デバイスの内部抵抗は充放電時の電圧降下によるエネルギー損失に直結するので，電解質の電気伝導率を高くして，内部抵抗を低く抑える必要がある。

(2) 電位窓が広いこと。

デバイスの最大作動電圧は電解質の分解電圧に規制されるので，使用する電極の電位範囲において安定な電位窓の広い電解質が必要である。

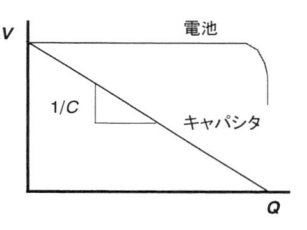

$W = \int V(t)I(t)dt = \int V(Q)dQ$
$W = QV$ （電池）
$W = 1/2\ QV = 1/2\ CV^2$ （キャパシタ）

図3　放電曲線とエネルギー密度

(3) 使用可能温度領域が広いこと。

デバイスは少なくとも-20〜60℃で動作する必要があるので，その温度領域において，上記の電気伝導率と電位窓が十分高い必要がある。

(4) 安全性が高いこと。

デバイスの安全性を向上させ，環境に優しい材料であることが好ましい。

(5) 価格が安いこと。

デバイスの汎用化のためには，低価格の材料であることが必須条件となっている。

最も代表的なイオン液体として$EMIBF_4$ (1-Ethyl-3-methylimidazolim tetrafluoroborate) を例にとって，各項目についてイオン液体の特徴を代表的な電気二重層キャパシタ用有機電解液$MeEt_3NBF_4$/PCおよびリチウムイオン電池用有機電解液$LiPF_6$/EC＋EMC(3：7)（EC：Ethylene carbonate，EMC：Ethyl methyl carbonate）との比較で説明する。

電気二重層キャパシタ用電解質のように，特定のイオン種を必要としないデバイスにはイオン液体を電解質としてそのまま使用することが可能であるが，リチウム電池あるいはリチウムイオ

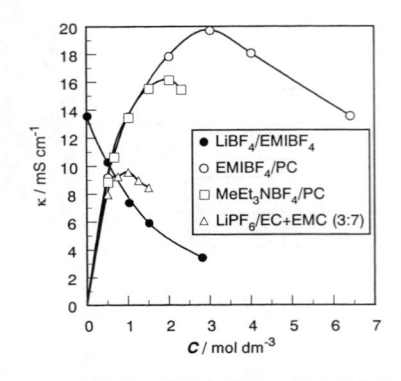

図4　電解液の電気伝導率の濃度依存性 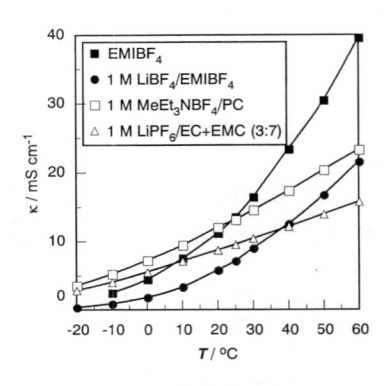　　　　図5　電解液の電気伝導率の温度依存性

ン電池用電解質はリチウムイオン伝導体である必要があり，電気伝導率が高いといってもリチウムイオンの伝導率が高い必要がある。

　図4にEMIBF$_4$中にLiBF$_4$を溶解させた時の25℃における電気伝導率の変化を示したが，有機電解液系の挙動とは全く異なり，溶質濃度の増加とともに電気伝導率は単調的に減少する。これはイオン液体は既に濃厚溶液であるが，リチウムイオンがさらに加わることによって，静電的相互作用が増加し，粘度が増加することによるものと解釈されている。いずれにしても室温付近においては有機電解液系と比較しても余り遜色のない電気伝導率を示す。

　図2にEMIBF$_4$の電位窓を示したが，EMIカチオンの酸化および還元で規制されており，リチウムの酸化還元電位では分解してしまうことが理解できる。ただし，リチウム塩が共存する場合には，還元される際に電極上に固体電解質層（SEI；Solid electrolyte interphase）が形成され，還元分解電位がよりマイナス側にシフトすることが知られている。したがって，金属リチウムあるいは炭素負極上に安定なSEIを形成させることにより，電解質のさらなる分解を抑制することが可能になるので，リチウムあるいはリチウムイオン電池でEMI塩が使用不可能という訳ではない。ただし，EMIカチオンよりも酸化還元に強い脂肪族四級アンモニウムイオンを有するイオン液体の方が好ましく，R$_4$Nカチオンの還元分解電位はリチウムの酸化還元電位に近く，酸化分解電位も有機溶媒よりも高い。

　図5はEMIBF$_4$およびその中にLiBF$_4$を1モル濃度溶解した電解液の電気伝導率の温度依存性を示したものである。EMIBF$_4$自身の凝固点は15℃であるが，リチウム塩が共存すると-20℃でも液体として安定的に存在する。しかしながら，低温領域での電気伝導率は有機電解液系に比較して低く，イオン液体の本質的課題の一つとなっている。一方，EMIBF$_4$は約290℃まで分解せずに安定に存在し，図5に示したように高温での電気伝導率も有機電解液系より優れるので高温での用途には適する。しかしながら，電位窓は高温では狭くなるので，その両立が課題となる。

　イオン液体は不揮発，不燃性という特徴を有するので，デバイスの安全性を抜本的に改善できる可能性を秘めており，有機電解液系を代替する最大の利点であると考えられる。まだ，有機電解液系に比較して満足なデバイス性能が得られていないので，デバイスの安全性に関する検討はあまり報告されていないのが現状である。

　イオン液体の最大の課題とも言えるのが価格である。一般的に電解質塩（溶質）の価格は有機

第15章　電解質としての新展開

溶媒より1桁高く，イオン液体は電解質塩の化学構造を有しながら，溶媒として使用するのであるから，有機電解液より価格が高くなることは当然である。したがって，有機電解液系にはないイオン液体の利点を前面に出した商品設計が必須と思われる。

1.3　エネルギー変換デバイス用電解質

　色素増感太陽電池や燃料電池などに使用される電解質の要求特性も先に記述した項目と本質的には同じである。しかしながら，電解質中で動くイオンの種類と起電力が1V以下と非水系電解液の広い電位窓を積極的には利用しない点が異なる。

　色素増感太陽電池の場合には，色素の酸化体を還元するためのレドックス対としてI^-/I_3^-を使用しているので，これらのレドックス対が電解質中で速く移動する必要がある。ヨウ化物のイオン液体をそのまま使用することも可能であるが，低粘度化するために他のイオン液体で希釈するのが一般的である。起電力は理論的には光照射下における酸化チタンのフェルミ準位とヨウ素レドックス対の平衡電位との差になり，電解質は色素の基底状態と励起状態の電位において安定な電位窓を有する必要がある。イオン液体を使用する最大の利点は電解液の揮発による性能劣化の抑制である。

　燃料電池の場合には，プロトンがイオン液体中で移動する必要があるが，生成する水分を中温領域（100〜200℃）で安定なイオン液体中に保持できる特徴を生かして，無加湿中温型燃料電池に応用することが試みられている。

文　　　献

1)　電気化学, **70**, 126, 190(2002)
2)　イオン性液体, シーエムシー出版(2003)
3)　イオン性液体の機能創成と応用, エヌ・ティー・エス(2004)
4)　Electrochemical Aspects of Ionic Liquids, Wiley(2005)

2 電解質用新規イオン液体

宇恵　誠[*]

2.1 はじめに

イオン液体の構成イオンの例を図1に示すが，大きなイオンサイズを有する多原子カチオンや

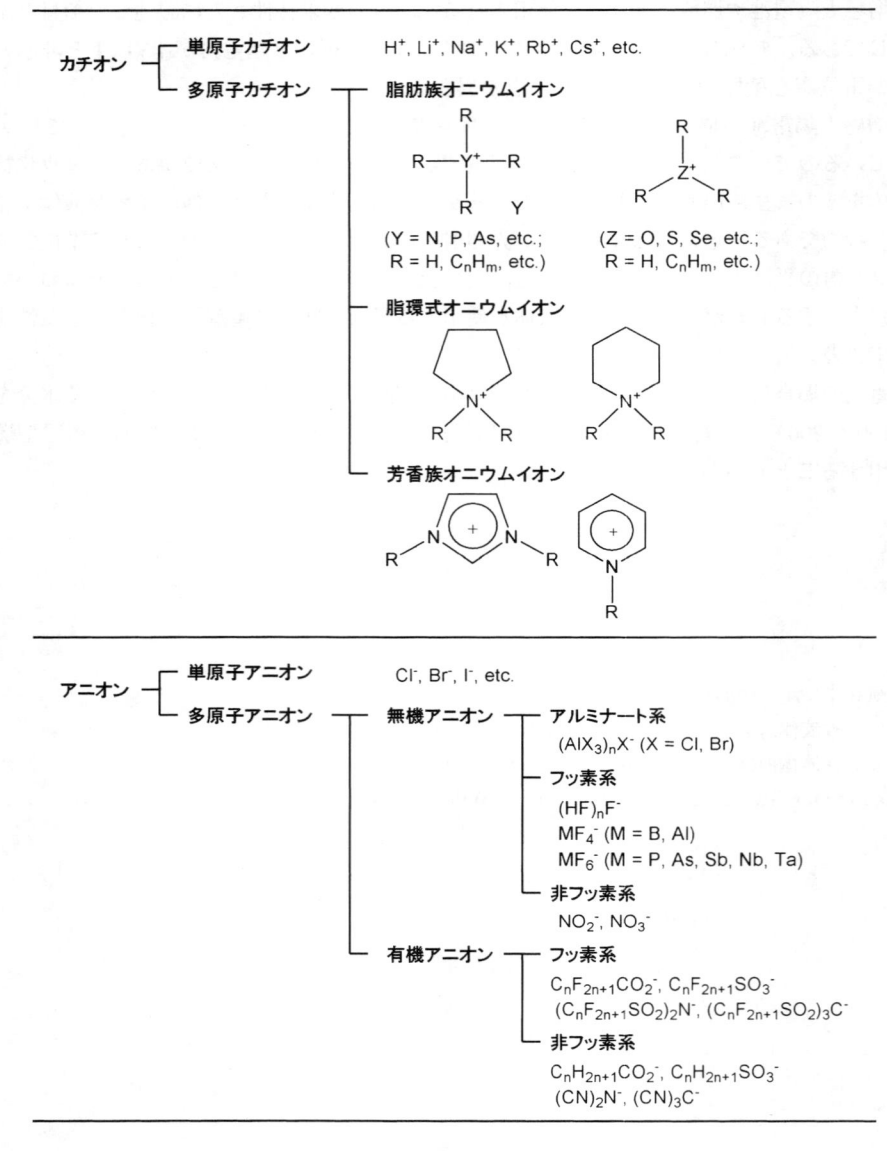

```
カチオン ─┬─ 単原子カチオン    H⁺, Li⁺, Na⁺, K⁺, Rb⁺, Cs⁺, etc.
          └─ 多原子カチオン ─┬─ 脂肪族オニウムイオン
                                   (Y = N, P, As, etc.; R = H, CnHm, etc.)
                                   (Z = O, S, Se, etc.; R = H, CnHm, etc.)
                              ├─ 脂環式オニウムイオン
                              └─ 芳香族オニウムイオン

アニオン ─┬─ 単原子アニオン    Cl⁻, Br⁻, I⁻, etc.
          └─ 多原子アニオン ─┬─ 無機アニオン ─┬─ アルミナート系
                                                │   (AlX₃)ₙX⁻ (X = Cl, Br)
                                                ├─ フッ素系
                                                │   (HF)ₙF⁻
                                                │   MF₄⁻ (M = B, Al)
                                                │   MF₆⁻ (M = P, As, Sb, Nb, Ta)
                                                └─ 非フッ素系
                                                    NO₂⁻, NO₃⁻
                              └─ 有機アニオン ─┬─ フッ素系
                                                │   CnF₂n+1CO₂⁻, CnF₂n+1SO₃⁻
                                                │   (CnF₂n+1SO₂)₂N⁻, (CnF₂n+1SO₂)₃C⁻
                                                └─ 非フッ素系
                                                    CnH₂n+1CO₂⁻, CnH₂n+1SO₃⁻
                                                    (CN)₂N⁻, (CN)₃C⁻
```

図1　イオン液体の構成イオン

---

[*] Makoto Ue　三菱化学㈱　筑波センター　副センター長

第15章 電解質としての新展開

多原子アニオンを含有することが特徴である。アルカリ金属イオンやプロトンなどの単原子カチオンを有するイオン液体やハロゲン化物イオンなどの単原子アニオンを有するイオン液体も存在し，そのものを電解質（リチウムイオン伝導体，プロトン伝導体，ヨウ素イオン伝導体など）として利用することも検討されているが，まだ，電気伝導率が実用的レベルにまで到達していないため，イオン液体を種々の電解質塩（溶質）の溶媒として使用し，電解質として利用することの方が一般的である。そこで，本稿では電解質の溶媒として使用可能なイオン液体について解説したい。

文献にもっとも高い頻度で掲載されているイオン成分は1-Ethyl-3-methylimidazolium（EMI$^+$），1-Butyl-3-methylimidazolium（BMI$^+$）とPF$_6^-$，BF$_4^-$，CF$_3$SO$_3^-$，(CF$_3$SO$_2$)$_2$N$^-$であるが，電解質への応用という点からは，電気伝導率が高く，電位窓の広いEMIBF$_4$，EMI(CF$_3$SO$_2$)$_2$Nが圧倒的に多い。

2.2 カチオン

(CF$_3$SO$_2$)$_2$N$^-$（TFSI；Bis(trifluoromethanesulfonyl)imide）をアニオンとして使用するとイオン液体になることが多いので，代表的な四級アンモニウムTFSI塩の物性を表1に示す。芳香族四級アンモニウム塩系のEMI塩が9.1 mS cm^{-1}と最も高い電気伝導率を示すが，EMIカチオンの酸化還元によっておおよそ0.8〜5.5 V vs. Li/Li$^+$に電位窓が規制されるという短所を有する。一方，非対称脂肪族四級アンモニウム塩はおおよそ0〜5.8 V vs. Li/Li$^+$と広い電位窓を有するが，EMI塩と比較して電気伝導率が低いという短所を有する。その中でもTrimethylpropylammnoium（TMPA）塩および5員環構造の1-Metyl-3-propylpyrrolidinium（P13）塩がそれぞれ3.3および3.6 mS cm^{-1}と高い電気伝導率を示す。また，アルキル基中にエーテル酸素を導入すると粘度の低下によって電気伝導率が向上し，Trimethyl(methoxymethyl)ammonium（TMMMA）塩は4.7 mS cm^{-1}と脂肪族系で最大の電気伝導率を示すが，エーテル酸素の電子吸引効果のため約0.4 V還元に対して弱くなる。

最近，Diethylmethyl(2-methoxyethyl)ammonium（DEME）TFSI塩がリチウムイオン電池[10]あるいは金属リチウム二次電池[11]用溶媒として応用された。同様に，DEMEBF$_4$塩も電気二重層キャパシタ用電解質として応用されたが，高い粘度を有するため低温特性の満足できるものは得られていない[12]。表2に代表的なBF$_4$塩の物性を示すが，EMIBF$_4$塩以外は対応するTFSI塩より高い粘度と低い電気伝導率を示し，BF$_4$アニオンは電解質用のイオン液体を形成するのに最適なものでないことが理解できる。

2.3 アニオン

EMIをカチオンとして使用するとイオン液体になることが多いので，代表的なEMI塩の物性を表3に示す。EMIF・2.3HFが最も低い粘度5 mPa sと高い電気伝導率100 mS cm^{-1}を有するが，プロトンが存在するため還元に弱いという特徴を有する。イオン液体の電位窓を規制しないアニオンはAlCl$_4^-$，BF$_4^-$，TaF$_6^-$，(CF$_3$SO$_2$)$_2$N$^-$，(C$_2$F$_5$SO$_2$)$_2$N$^-$，(CF$_3$SO$_2$)$_3$C$^-$と意外とその数は少ない。

最近，新しいアニオン(CN)$_2$N$^-$，(CN)$_3$C$^-$，(CF$_3$SO$_2$)(CF$_3$CO)N$^-$がイオン液体に応用され，

イオン液体 II

表1 TFSI塩の物性

Cation		T_{mp} / °C	d / g cm^{-3}	η / mPa s	κ / mS cm^{-1}	E_{red} / V vs. Li/Li$^+$ in PC^a	E_{ox}	Ref.
1-methyl-3-R-imidazolium	R = CH$_3$	26	1.57	38	9.0			2
	= C$_2$H$_5$	-18	1.52	33	9.1	0.8	5.5	1,2
	= C$_4$H$_9$	-3	1.44	50	3.8			2
N-R-pyridinium	R = C$_2$H$_5$	?						
	= C$_4$H$_9$	26	1.45	60	3.3	1.8	5.8	1,3
N-methyl-N-R-pyrrolidinium	R = C$_2$H$_5$	86						4
	= C$_3$H$_7$	12	1.45	63	3.6	0.0	5.5	4,5
	= C$_4$H$_9$	-15	1.40	75	2.8			3
N-methyl-N-R-piperidinium	R = C$_2$H$_5$	?		217	1.2			6
	= C$_3$H$_7$	9		117	1.5	-0.1	5.8	7
	= C$_4$H$_9$	?		214	1.1			6
(CH$_3$)$_3$N$^+$R	R = C$_3$H$_7$	17	1.44	72	3.3	0.0	5.8	1,8
	= C$_4$H$_9$	19	1.39	98	2.1	0.0	5.8	3,9
	= CH$_2$OCH$_3$	5	1.51	50	4.7	0.4	5.8	1,8
	= C$_2$H$_4$OCH$_3$	37						9
(CH$_3$)$_2$(C$_2$H$_5$)N$^+$R	R = C$_3$H$_7$	?		76				6
	= C$_4$H$_9$	?		110				6
	= C$_2$H$_4$OCH$_3$	none	1.45	60	3.1	0.2	5.7	9
(CH$_3$)(C$_2$H$_5$)$_2$N$^+$R	R = C$_3$H$_7$	14	1.42	94	2.2			9
	= C$_4$H$_9$	9	1.38	120	1.6	-0.1	5.6	9
	= C$_2$H$_4$OCH$_3$	none	1.42	69	2.6	0.0	5.6	9
(C$_2$H$_5$)$_3$N$^+$R	R = C$_3$H$_7$	?		100				6
	= C$_4$H$_9$	?						
	= C$_2$H$_4$OCH$_3$	20	1.40	85	2.1	-0.1	5.6	9

25°C, ^{a} GC, 1.0 mA cm^{-2}, 50 mV s^{-1}.

表2 BF$_4$塩の物性

Cation		T_{mp} / °C	d / g cm^{-3}	η / mPa s	κ / mS cm^{-1}	E_{red} / V vs. Li/Li$^+$ in PC^a	E_{ox}	Ref.
1-methyl-3-R-imidazolium	R = C$_2$H$_5$	15	1.28	32	13.6	0.9	5.5	13,14
	= C$_3$H$_7$	-17	1.24	103	5.9	1.0	5.6	14
	= C$_4$H$_9$	none	1.21	180	3.5	0.8	5.5	14
N-R-pyridinium	R = C$_4$H$_9$	-1	1.22	130	2.5			15
(CH$_3$)$_2$(CH$_2$CH$_2$OCH$_3$)N$^+$R	R = CH$_3$	54						9
	= C$_2$H$_5$	4	1.21	335	1.7			9
(C$_2$H$_5$)$_2$(CH$_2$CH$_2$OCH$_3$)N$^+$R	R = CH$_3$	8	1.20	426	1.3	-0.1	5.5	9
	= C$_2$H$_5$	56						9

25°C, ^{a} GC, 1.0 mA cm^{-2}, 50 mV s^{-1}.

第15章 電解質としての新展開

低い粘度と高い電気伝導率を示すことが報告されたが，これらのアニオンは酸化に弱いという特徴を有する。著者らはBF_4^-のひとつのフッ素原子をパーフルオロアルキル基で置換した新しいアニオン$C_nF_{2n+1}BF_3^-$（FAB；Perfluoroalkyltrifluoroborate）を応用し，そのEMI塩（n＝1～4）はEMIBF$_4$塩の電位窓を維持しながら，図2に示すように低温においても高い電気伝導率を示すことを報告し，電気二重層キャパシタの電解質として利用可能であることを示した[35]。表4および表5に代表的なCF_3BF_3塩および$C_2F_5BF_3$塩の物性を示すが，EMIBF$_4$塩以外は対応するBF$_4$塩やTFSI塩より低い粘度と高い電気伝導率を

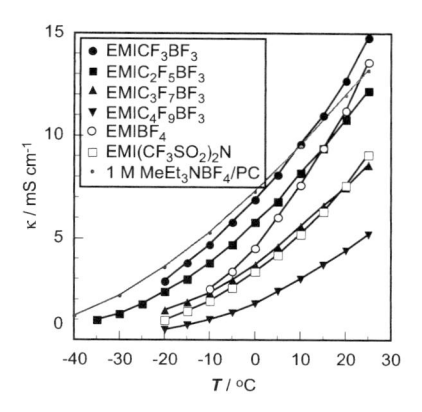

図2 低温での電気伝導率

表3 EMI塩の物性

Salt	T_{mp} /°C	d / g cm^{-3}	η / mPa s	κ / mS cm^{-1}	E_{red} / V vs. Li/Li$^+$ in PC[a]	E_{ox}	Ref.
EMIAlCl$_4$	8	1.29	18	22.6	1.0	5.5	16-18
EMIAl$_2$Cl$_7$	none	1.39	14	14.5	3.0	5.5	16-18
EMIF·HF	51						19
EMIF·2.3HF	-65	1.13	5	100	1.5	4.4	20
EMINO$_2$	55						21
EMINO$_3$	38						21
EMIBF$_4$	15	1.28	32	13.6	0.9	5.5	13,14
EMIAlF$_4$	45						22
EMIPF$_6$	62						23
EMIAsF$_6$	53						24
EMISbF$_6$	10	1.85	67	6.2	1.8[b]	5.8[b]	24
EMINbF$_6$	-1	1.67	49	8.5	2.1[b]	5.7[b]	24
EMITaF$_6$	2	2.17	51	7.1	1.1[b]	5.7[b]	24
EMIWF$_7$	-15	2.27	171	3.2	3.2	5.7	24
EMICH$_3$CO$_2$	-45		162[c]	2.8[c]			21
EMICF$_3$CO$_2$	-14	1.29[d]	35[c]	9.6[c]	1.1[b]	4.6[b]	25
EMIC$_3$F$_7$CO$_2$	none	1.45[d]	105[c]	2.7[c]			25
EMICH$_3$SO$_3$	39	1.25	160	2.7	1.2[b]	4.8[b]	16
EMICF$_3$SO$_3$	-10	1.38	43	9.3	1.0[b]	5.3[b]	16
EMIC$_4$F$_9$SO$_3$	28						25
EMI(CF$_3$CO)(CF$_3$SO$_2$)N	-2	1.46	25	9.8	1.1	5.2	26,27
EMI(FSO$_2$)$_2$N	-13	1.44	25	16.5	0.8[b]	5.0[b]	28
EMI(CF$_3$SO$_2$)$_2$N	-18	1.52	33	9.1	0.8	5.5	1,2
EMI(CF$_3$SO$_2$)(C$_2$F$_5$SO$_2$)N	none	1.55	49	4.2			29
EMI(C$_2$F$_5$SO$_2$)$_2$N	-1		61	3.4	1.0	5.7	30,31
EMI(CF$_3$SO$_2$)$_3$C	39						24
EMI(CN)$_2$N	-12	1.08[c]	17[d]	27[c]	1.0	4.9	32
EMI(CN)$_3$C	-11	1.11[c]	18[d]	18[c]	1.0	4.4	32
EMICF$_3$BF$_3$	-20	1.35	26	14.8	0.8	5.4	33
EMIC$_2$F$_5$BF$_3$	-1	1.42	27	12.2	0.8	5.5	33
EMIC$_3$F$_7$BF$_3$	8	1.49	32	8.6	0.8	5.5	33
EMIC$_4$F$_9$BF$_3$	-4	1.55	38	5.2	0.8	5.5	33

25°C, [a] GC, 1 mA cm^{-2}, 50 mV s^{-1} ([b] Pt), ([c] 20°C, [d] 22°C)

イオン液体 II

表4 CF$_3$BF$_3$塩の物性

Cation		T_{mp} / °C	d / g cm^{-3}	η / mPa s	κ / mS cm^{-1}	E_{red} / V vs. Li/Li$^+$ in PC[a]	E_{ox}	Ref.
1,3-dialkylimidazolium	R = CH$_3$	15	1.40	27	15.5			33
	= C$_2$H$_5$	-20	1.35	26	14.8	0.8	5.4	33
	= C$_3$H$_7$	-21	1.31	43	8.5			33
	= C$_4$H$_9$	none	1.27	49	5.9			33
	= CH$_2$OCH$_3$	17	1.41	55	6.5			33
	= C$_2$H$_4$OCH$_3$	2	1.36	43	6.9			33
(C$_2$H$_5$)(C$_2$H$_5$)(CH$_3$)N$^+$R	R = C$_3$H$_7$	95						9
	= C$_4$H$_9$	-3	1.18	210	2.1	-0.1	5.6	9
(CH$_3$)(CH$_3$)(CH$_2$CH$_2$OCH$_3$)N$^+$R	R = CH$_3$	77						9
	= C$_2$H$_5$	8	1.27	97	2.5	0.3	5.5	9
(C$_2$H$_5$)(C$_2$H$_5$)(CH$_2$CH$_2$OCH$_3$)N$^+$R	R = CH$_3$	-22	1.25	108	3.0	-0.1	5.6	9
	= C$_2$H$_5$	10	1.22	151	2.0	-0.1	5.6	9

25°C, [a] GC, 1.0 mA cm^{-2}, 50 mV s^{-1}.

表5 C$_2$F$_5$BF$_3$塩の物性

Cation		T_{mp} / °C	d / g cm^{-3}	η / mPa s	κ / mS cm^{-1}	E_{red} / V vs. Li/Li$^+$ in PC[a]	E_{ox}	Ref.
1,3-dialkylimidazolium	R = CH$_3$	27	1.47	33	11.7			33
	= C$_2$H$_5$	1	1.42	27	12.0	0.8	5.5	33
	= C$_3$H$_7$	-42	1.38	35	7.5			33
	= C$_4$H$_9$	-42	1.34	41	5.5	0.8	5.5	33
	= CH$_2$OCH$_3$	-21	1.46	47	6.0			33
	= C$_2$H$_4$OCH$_3$	-9	1.42	38	6.1			33
1-methylpyrrolidinium	R = C$_3$H$_7$	63						34
	= C$_4$H$_9$	22	1.30	71	3.5			34
	= CH$_2$OCH$_3$	26	1.39	37	6.8			34
	= C$_2$H$_4$OCH$_3$	-3	1.36	52	4.5			34
(C$_2$H$_5$)(C$_2$H$_5$)(CH$_3$)N$^+$R	R = C$_3$H$_7$	54						9
	= C$_4$H$_9$	15	1.25	104	2.3	-0.1	5.5	9
(CH$_3$)(CH$_3$)(CH$_2$CH$_2$OCH$_3$)N$^+$R	R = CH$_3$	30						9
	= C$_2$H$_5$	-33	1.33	58	3.8			9
(C$_2$H$_5$)(C$_2$H$_5$)(CH$_2$CH$_2$OCH$_3$)N$^+$R	R = CH$_3$	none	1.31	68	3.2	0.0	5.6	9
	= C$_2$H$_5$	3	1.28	87	2.4	-0.1	5.5	9

25°C, [a] GC, 1.0 mA cm^{-2}, 50 mV s^{-1}.

第 15 章 電解質としての新展開

示し,これらのアニオンは電解質用のイオン液体を形成するのに最適なものであることが理解できる。

文　献

1) H. Matsumoto, M. Yanagida, K. Tanimoto, T. Kojima, Y. Tamiya, Y. Miyazaki, *Proc. Electrochem. Soc.*, **99-41**, 186(2000)
2) H. Tokuda, K. Hayamizu, K. Ishii, M. A. B. H. Susan, M. Watanabe, *J. Phys. Chem. B*, **109**, 6103 (2005)
3) H. Tokuda, K. Ishii, M. A. B. H. Susan, S. Tsuzuki, K. Hayamizu, M. Watanabe, *J. Phys. Chem. B*, **110**, 2833(2006)
4) D. R. MacFarlane, P. Meakin, J. Sun, N. Amini, M. Forsyth, *J. Phys. Chem. B*, **103**, 4164(1999)
5) P. C. Howlett, D. R. MacFarlane, A. F. Hollenkamp, *Electrochem. Solid–State Lett.*, **7**, A97(2004)
6) 片岡,イオン性液体の機能創成と応用, 27, エヌ・ティー・エス(2004)
7) H. Sakaebe, H. Matsumoto, *Electrochem. Commun.*, **5**, 594(2003)
8) H. Matsumoto, M. Yanagida, K. Tanimoto, M. Nomura, Y. Kitagawa, Y. Miyazaki, *Chem. Lett.*, 922(2000)
9) Z. -B. Zhou, H. Matsumoto, K. Tatsumi, *Chem. Eur. J.*, **11**, 752(2005)
10) T. Sato, T. Maruo, S. Marukane, K. Takagi, *J. Power Sources*, **138**, 253(2004)
11) Y. Seki, Y. Kobayashi, H. Miyashiro, Y. Ohno, Y. Mita, A. Usami, N. Terada, M. Watanabe, *Electrochem. Solid–State Lett.*, **8**, A577(2005)
12) T. Sato, G. Masuda, K. Takagi, *Electrochim. Acta*, **49**, 3603(2004)
13) A. Noda, K. Hayamizu, M. Watanabe, *J. Phys. Chem. B*, **105**, 4603(2001)
14) T. Nishida, Y. Tashiro, M. Yamamoto, *J. Fluorine Chem.*, **120**, 135(2003)
15) H. Tokuda, K. Hayamizu, K. Ishii, M. A. B. H. Susan, M. Watanabe, *J. Phys. Chem. B*, **108**, 16593 (2004)
16) E. I. Cooper, E. J. M. O'Sullivan, *Proc. Electrochem. Soc.*, **92-16**, 386(1992)
17) J. S. Wilkes, J. A. Levisky, R. A. Wilson, C. L. Hussey, *Inorg. Chem.*, **21**, 1263(1982)
18) P. R. Gifford, J. B. Palmisano, *J. Electrochem. Soc.*, **134**, 610(1987)
19) K. Matsumoto, T. Tsuda, R. Hagiwara, Y. Ito, O. Tamada, *Solid St. Sci.*, **4**, 23(2002)
20) R. Hagiwara, K. Matsumoto, Y. Nakamori, T. Tsuda, Y. Ito, H. Matsumoto, K. Momota, *J. Electrochem. Soc.*, **150**, D195(2003)
21) J. S. Wilkes, M. J. Zaworotko, *J. Chem. Soc., Chem. Commun.*, 965(1992)
22) M. Ue, M. Takeda, T. Takahashi, M. Takehara, unpublished results(2001)
23) H. L. Ngo, K. LeCompte, L. Hargens, A. B. McEwen, *Thermochim. Acta*, **357/358**, 97(2000)
24) K. Matsumoto, R. Hagiwara, R. Yoshida, Y. Ito, Z. Mazej, P. Benkič, B. Žemva, O. Tamada, H. Yoshino, S. Matsubara, *J. Chem. Soc., Dalton Trans.*, 144(2004)
25) P. Bonhôte, A. -P. Dias, N. Papageorgiou, K. Kalyanasundaram, M. Grätzel, *Inorg. Chem.*, **35**, 1168(1996)
26) H. Matsumoto, H. Kageyama, Y. Miyazaki, *J. Chem. Soc., Chem. Commun.*, 1726(2002)
27) H. Matsumoto, H. Kageyama, Y. Miyazaki, *Proc. Electrochem. Soc.*, **2002-19**, 1057(2002)

28) M. Kikuta, Symposium on Science of Ionic Liquid, Tokyo, Oct. 5 (2005)
29) H. Matusmoto, private communication (2003)
30) A. B. McEwen, H. L. Ngo, K. LeCompte, J. L. Goldman, *J. Electrochem. Soc.*, **146**, 1687 (1999)
31) J. L. Goldman, A. B. McEwen, *Proc. Electrochem. Soc.*, **98-15**, 507 (1999)
32) Y. Yoshida, K. Muroi, A. Otsuka, G. Saito, M. Takahashi, T. Yoko, *Inorg. Chem.*, **43**, 1458 (2004)
33) Z.-B. Zhou, H. Matsumoto, K. Tatsumi, *Chem. Eur. J.*, **10**, 6581 (2004)
34) Z.-B. Zhou, H. Matsumoto, K. Tatsumi, *Chem. Lett.*, **33**, 1636 (2004)
35) Z.-B. Zhou, M. Takeda, M. Ue, *J. Fluorine Chem.*, **125**, 471 (2004)

3 フルオロハイドロジェネート系イオン液体

萩原理加[*]

3.1 はじめに

1999年，図1に示すカチオンa（R1 = ethyl, R2 = methyl）および2種類のフルオロハイドロジェネートイオンd, eからなる室温イオン液体（Room Temperature Ionic Liquid, RTIL），1-エチル-3-メチルイミダゾリウムフルオロハイドロジェネート，EMIm(FH)$_{2.3}$Fが報告され[1]，ついでこのイオン液体が室温で10^2 mScm^{-1}というきわめて高い導電率を示すことが明らかとなった[2]。これを契機にこのフルオロハイドロジェネートイオンを対アニオンとする一連のイオン液体が合成され，その物性や構造[1〜11]，電気化学デバイス用電解質としての応用[12〜16]，また，イオン液体合成を含むフッ素化反応試薬としての応用[17〜22]に関する研究が今日まで進められてきている。ここではこれらフルオロハイドロジェネート系イオン液体の概要と最近の応用研究の成果を紹介する。

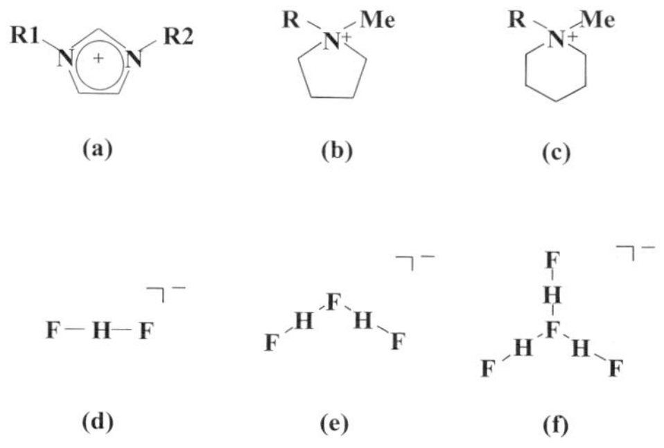

図1 フルオロハイドロジェネートイオン液体の分子構造
(a) RMIm$^+$, (b) RMPyr$^+$, (c) RMPip$^+$,
(d) FHF$^-$, (e) (FH)$_2$F$^-$, (f) (FH)$_3$F$^-$

3.2 イオン液体 1,3-ジアルキルイミダゾリウムフルオロハイドロジェネート

イオン液体1-アルキル-3-メチルイミダゾリウムフルオロハイドロジェネート，RMIm(FH)$_{2.3}$F（R：n-alkyl group）は，イオン液体の合成法として最も一般的な複分解法により合成される。出発原料である塩化物に過剰のフッ化水素を反応させた後，副生する塩化水素や過剰のフッ化水素をポンピングなどで取り除くことにより，目的とするイオン液体がほぼ100%の収率で得られる。

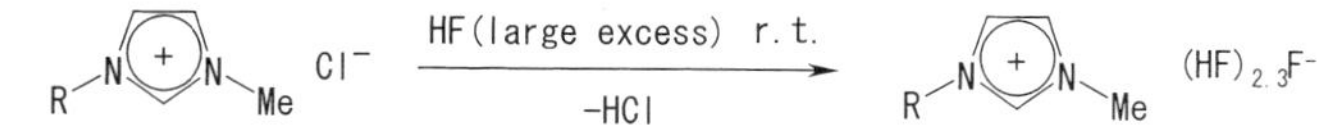

$$\text{R-N}^+\text{-Me} \cdot \text{Cl}^- \xrightarrow[-\text{HCl}]{\text{HF(large excess) r.t.}} \text{R-N}^+\text{-Me} \cdot (\text{HF})_{2.3}\text{F}^- \quad (1)$$

室温で蒸気圧のない塩はアルキルイミダゾリウムイオンの種類によらず，図1に示す対アニオンである(FH)$_2$F$^-$(d)と(FH)$_3$F$^-$(e)の2種類が7：3で混合した塩，すなわち(FH)$_{2.3}$Fで表される組成を示す。これら2種類のアニオンは^{1}H-NMR測定では233Kにおいても区別できず，IR測定などによってのみ別々のイオン種として確認されており，アニオン間で高速のHF交換が起こっていると考えられている[9,10]。室温で，この組成においては，遊離している分子状のHFは分光学的には検出されない。2.3という"マジックナンバー"についてはいまだに明確な説明がなされていないが，このように遊離HFが存在しないため，図2のようにパイレクス製の容器に入れてもガラスが腐食されることはない。EMIm(FH)$_{2.3}$Fは，同一組成のアルカリ金属塩中最も塩基度の高いCsFとHFの反応により生成するCs(FH)$_{2.3}$F（因みにこの塩も室温で液体である）に対しても塩基としてはたらき，Cs(FH)$_{2.3}$FからHFを奪って，Cs(FH)$_2$F塩を沈殿析出さ

---

[*] Rika Hagiwara　京都大学大学院　エネルギー科学研究科　教授

せる[23]。このことはイミダゾリウム塩がHFを放出する能力がきわめて低く，むしろルイス塩基としてさらにHFを受容する能力があることを意味しており，この塩中のフルオロハイドロジェネートイオンが安定であることを示すよい例である。

$$EMIm(FH)_{2.3}F + Cs(FH)_{2.3}F \rightarrow EMIm(FH)_{2.5}F + Cs(FH)_2F\downarrow \quad (2)$$

EMIm(FH)F(EMIm$^+$HF$_2^-$)，1-エチル-3-メチルイミダゾリウムバイフルオライドはEMIm(FH)$_{2.3}$Fの熱分解で得られる融液の中に析出する，融点324Kの無色結晶である（図3）[4]。この塩の中では，イミダゾリウムカチオンは同一平面上にあるバイフルオライドイオン（図1(C)）のフッ素原子と芳香環上のプロトンの間に加えて，上下に位置するカチオンの環上プロトンとπ電子の間で水素結合を形成し，柱状構造を形成している。バイフルオライドイオンはカチオンのエチル側鎖をはさむことによりアニオン同士の反発を減らして，やはりカチオンと同じ方向に柱状に配列している。その結果全体として結晶は同一平面上にある水素結合でつながったカチオンとアニオンからなる平面が結晶b軸方向に積み重なった層状構造をとっている。この層間距離はファンデルワールス距離に極めて近く，上述の隣り合うカチオン同士の間に存在するプロトン―π電子間の水素結合による吸引的相互作用と，同符号電荷のイオン間の静電反発が打ち消し合った結果であると考えられている。高エネルギーX線回折による液体状態のフルオロハイドロジェネート塩の構造解析により，このような平面カチオンとアニオン分子からなる規則構造が，液体状態においてもある程度保持されていることが示唆されている[5, 6]。

図2　EMIm(FH)$_{2.3}$F（容器はパイレックス製ビーカー）

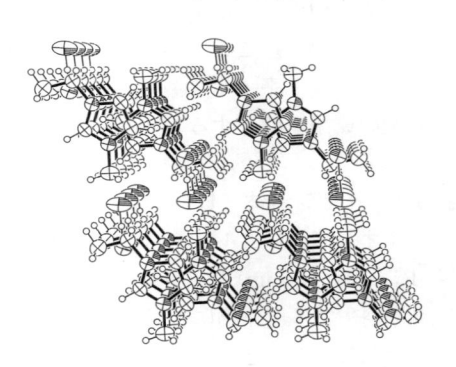

図3　結晶b軸方向から見たEMIm(FH)Fの結晶構造

EMIm(FH)Fを一定量のHFと反応させることにより，室温でのHF解離圧がないEMIm(FH)$_n$Fを$1 < n \leq 2.3$の組成範囲で合成することができる。$n < 1$の領域に存在すると考えられるフッ化1-エチル-3-メチルイミダゾリウムEMImFは，安定なバイフルオライド塩の生成を避けるため，水溶液中で塩化物塩をアニオン交換で水酸化物にし，HF水溶液で滴定して厳密に中和することによって得られるが，少なくとも室温では熱的に不安定で固相を単離することはできず，溶媒を除去すると分解する[17]。図4にEMImF-HF系の2成分状態図を示す[10]。塩は$n > 1.3$の領域において，室温以上の温度域で液体状態を示す。また$n > 1.7$の領

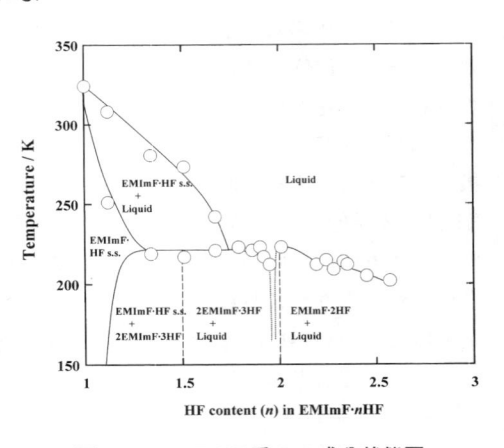

図4　EMImF-HF系の2成分状態図

第15章 電解質としての新展開

域では223 K以下の融点を示す。粘性率はHF組成によって大きく変化し，従って導電率も大きく変化する。EMIm(FH)$_n$Fの導電率はnの値が小さくなるにつれて単調に減少し，EMIm(FH)$_{1.3}$FでEMIm(FH)$_{2.3}$Fの約半分の導電率にまで落ちる。一方電気化学窓はnの値によらず常に3 V程度で，組成の影響をあまり受けない。

図5にRMIm(FH)$_{2.3}$F (R＝methyl, ethyl, n-propyl, n-butyl, n-pentyl, n-hexyl) の導電率の温度依存性を示す。この中で1,3-ジメチルイミダゾリウムフルオロハイドロジェネートDMIm(FH)$_{2.3}$Fが，イオン液体の298 Kにおける最も高い導電率，110 mScm^{-1}を示している（表1）。これらのイミダゾリウム系フルオロハイドロジェネート塩は他のイオン液体にくらべて1桁高い導電率を示す。カチオンのアルキル側鎖が長くなるにつれて粘性率が増加し，導電率が減少する。最近側鎖のプロピル基を同じ炭素数のアリル基に換えると導電率が向上することがわかってきた[24]。カチオンへの不飽和側鎖の導入効果は興味ある研究テーマである。

図6はフルオロハイドロジェネート塩を含むアルキルイミダゾリウム塩の粘性率に対するモル導電率の逆数のプロット，すなわちワルデンプロットである（フルオロハイドロジェネート塩は○に色をつけて示してある）。粘性率やモル導電率はいずれも2桁以上にわたっているので，両対数軸で示してある。これらのパラメータが直線関係を示すことから，ワルデン則が成り立っており，イオン伝導は構成イオンの易動度に支配されていることがわかる。すなわちこれらのイオン液体の高い導電率は液体の粘性率が低いことによるものであり，アニオン間のプロトン交換（注：上述したHFの交換ではない）

図5 RMIm(FH)$_{2.3}$Fの導電率のアレニウスプロット
◇：DMIm(FH)$_{2.3}$F, ●：EMIm(FH)$_{2.3}$F, ○：MIm(FH)$_{2.3}$F, ■：PrMIm(FH)$_{2.3}$F, ◆：BMIm(FH)$_{2.3}$F, △：PeMIm(FH)$_{2.3}$F, □：HMIm(FH)$_{2.3}$F.

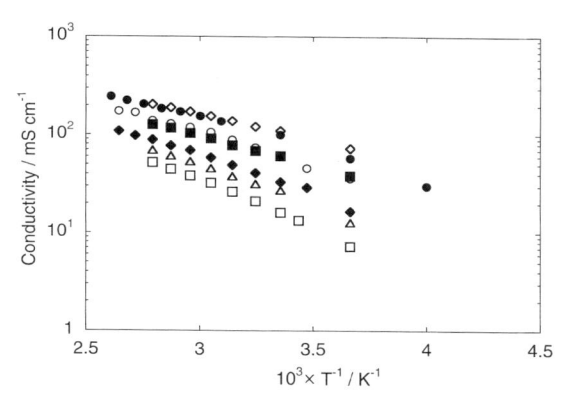

表1 RMIm(FH)$_{2.3}$Fの物性値[7, 24]

Salts	M.W.	T_m /K	T_g /K	Density* /g cm^{-3}	Viscosity* /cP	Conductivity* /mS cm^{-1}
DMIm(FH)$_{2.3}$F	162	272	−	1.17	5.1	110
EMIm(FH)$_{2.3}$F	176	208	148	1.13	4.9	100
PrMIm(FH)$_{2.3}$F	190	−	152	1.11	7.0	61
BMIm(FH)$_{2.3}$F	204	−	154	1.08	19.6	33
PeMIm(FH)$_{2.3}$F	218	−	158	1.05	26.7	27
HMIm(FH)$_{2.3}$F	232	−	157	1.00	25.8	16

＊298Kの値。

DMIm : 1,3-dimethylimidazolium, EMIm: 1-ethyl-3-methylimidazolium,
PrMIm : 1-methyl-3-propylimidazolium, BMIm: 1-butyl-3-methylimidazolium,
PeMIm : 1-methyl-3-pentylimidazolium, HMIm: 1-hexyl-3-methylimidazolium.

による高速導電機構は存在しない。PGSE-NMRによるカチオン，アニオンの自己拡散係数の測定によると，たとえばEMIm(FH)$_{2.3}$Fの場合で，平均的にみてフルオロハイドロジェネートアニオンがイミダゾリウムカチオンよりやや速く動いていることが示唆されるが，他のイオン種と異なった導電機構により著しく速く動くイオン種の存在は認められていない[9]。

これらのイオン液体の電気化学窓はグラシーカーボン電極使用時，0.5 mAcm^{-2}カットオフで3ないし3.5 V程度であり，カチオン上のアルキル側鎖が長くなるにつれて，主にカソード限界電位が卑にシフトすることにより若干大きくなる（図7）[3]。カソード限界での反応は水素発生であるが，カチオンの違いがカソード限界に及ぼす影響について詳しいことはわかっていない。アノード限界電位での反応はカチオンの酸化であると思われるが，アルキル側鎖の違いによらずほぼ同じ電位で起こっており，脂肪族のアルキルアンモニウムカチオンの塩に比べると低く，電気化学窓が狭くなる主な原因となっている。

HF組成の低いフルオロハイドロジェネート塩は導電率がやや低いが，熱的により安定になるので，応用できる温度範囲が広がる。現在EMIm(FH)$_{1.3}$Fを電解質に用いて，100℃以上の温度で無加湿のまま運転できる燃料電池の開発が進められている[15]。

3.3 非イミダゾリウム系のフルオロハイドロジェネートイオン液体

一般に脂肪族のオニウムカチオンの(FH)$_n$F塩は，芳香族系のアルキルイミダゾリウムやアルキルピリジニウム塩とは異なり，n～～2.3の組成では，まだ室温でHFの解離圧があり，ポンピングや不活性ガスのパージによりHFをある程度失う。しかしながら例外的に安定な塩として，最近N-アルキル-N-メチルピロリジニウム（RMPyr，図1(b)）やN-アルキル-N-メチルピペリジニウム（RMPip，図1(c)）などの非芳香族系環式カチオンのフルオロハイドロジェネート塩が開発された[8]。表2にこれらのイオ

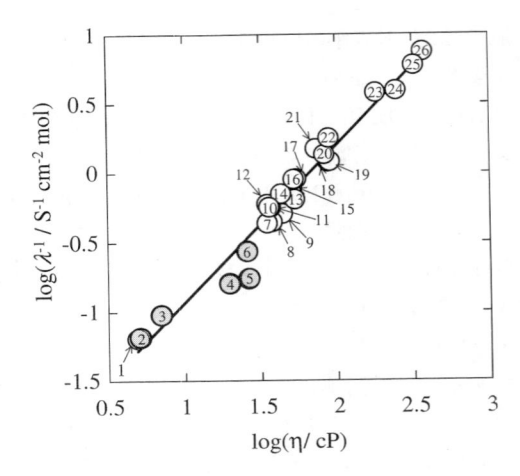

図6 アルキルイミダゾリウムカチオンとフルオロアニオンからなるイオン液体のワルデンプロット
(1) EMIm(FH)$_{2.3}$F，(2) DMIm(FH)$_{2.3}$F，(3) PrMIm(FH)$_{2.3}$F，(4) BMIm(FH)$_{2.3}$F，(5) PeMIm(FH)$_{2.3}$F，(6) HMIm(FH)$_{2.3}$F，(7) 1,3-diethylimidazolium bis(trifluoromethylsulfonyl)amide，(8) EMImBF$_4$，(9) DMIm(CF$_3$SO$_2$)$_2$N，(10) 1-ethyl-3,4-dimethylimidazolium bis(trifluoromethylsulfonyl)amide，(11) 1,3-dimethyl-4-methylimidazolium bis(trifluoromethylsulfonyl)amide，(12) EMImCF$_3$CO$_2$，(13) 1,3-diethylimidazolium triflate，(14) 1,3-diethylimidazolium trifluoromethylcarboxylate，(15) 1-ethyl-3,4-dimethylimidazolium triflate，(16) BMIm(CF$_3$SO$_2$)$_2$N，(17) 1-etoxymethyl-3-methylimidazolium bis(trifluoromethylsulfonyl)amide，(18) 1-ethyl-2,3-dimethylimidazolium bis(trifluoromethylsulfonyl)amide，(19) BMImCF$_3$SO$_3$，(20) 1-isobutyl-3-methylimidazolium bis(trifluoromethylsulfonyl)amide，(21) BMImCF$_3$CO$_2$，(22) 1-butyl-3-ethylimidazolium trifluoromethylcarboxylate，(23) BMImCF$_2$CF$_2$CF$_3$CO$_2$，(24) 1-(2,2,2-trifluoromethyl)-3-methylimidazolium bis(trifluoromethylsulfonyl)amide，(25) 1-butyl-3-ethylimidazolium perfluorobutylsulfate，(26) BMImCF$_3$CF$_2$CF$_2$CF$_2$SO$_3$。粘性率と導電率の値は文献7)および25)からとった。

第15章 電解質としての新展開

ン液体の物性および電気化学的特性を示す。室温での真空排気に対して安定なアニオンのHF組成はやはり2.3であり，イミダゾリウム塩の場合と同様である。しかしながらこの種のカチオンの中でも，N,N-ジメチルピロリジニウムあるいはN,N-ジメチルピペリジニウムなどの対称性のよいカチオンの塩の場合は異なり，室温で真空排気を続けて得られるのは無色の固体，$DMPyr(FH)_2F$あるいは$DMPip(FH)_2F$である。これはおそらく対称性の良いカチオンとアニオン（いずれもC_{2v}対称）からなる単塩のイオンパッキングがよく，HFを失って固体化するほうが相対的に安定になるためであると考えられる。これらの塩の結晶構造は大変興味があるが，単にHFを除去していくいずれもガム状の固体になり，単結晶作成が難しい。導電率は同じアルキル鎖をもつイミダゾリウム塩にくらべてやや劣るが，それでも一般のイオン液体に比べるとかなり高い値を示している。特にN-エチル-N-メチルピロリジニウムフルオロハイドロジェネート $EMPyr(FH)_{2.3}F$ は室温で74.6 $mS cm^{-1}$ の高い導電率を示す。図8にこれらのイオン液体のサイクリックボルタモグラムを$EMIm(FH)_{2.3}F$の場合と比較して示す。これらの塩の電気化学窓は$EMIm(FH)_{2.3}F$に比べて格段に広く，特にアノード側で貴の方向に広がっていることがわかる。特にピロリジニウム系フルオロハイドロジェネート塩は電気化学窓の広さと導電率の高さを兼ね備えており，今後電解質としての幅広い応用が期待される。

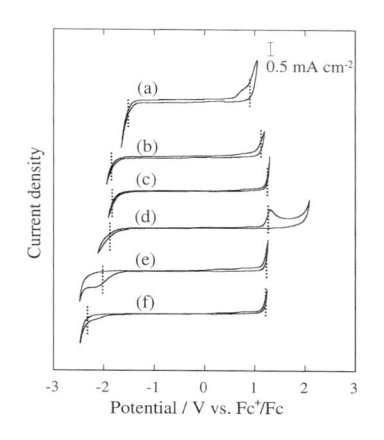

図7 $RMIm(FH)_{2.3}F$ の電気化学窓の比較
作用極：円盤状グラシーカーボン，対極：白金板，走査速度：10 mV s^{-1}。電位はそれぞれのイオン液体中に溶解したフェロセニウムイオンの還元電位で校正した。（a）DMIm$(FH)_{2.3}F$，（b）EMIm$(FH)_{2.3}F$，（c）PrMIm$(FH)_{2.3}F$，（d）BMIm$(FH)_{2.3}F$，（e）PeMIm$(FH)_{2.3}F$，（f）HMIm$(FH)_{2.3}F$。図中垂直の点線はカソードリミット，アノード限界を示す。

表2 RMPyr(FH)$_{2.3}$F および RMPip(FH)$_{2.3}$F の物性値[8]

	M.W.	T_m /K	T_g /K	Density* /g cm^{-3}	Viscosity* /cP	Conductivity* /mS cm^{-1}
EMPyr(FH)$_{2.3}$F	179	–**	–**	1.07	9.9	74.6
PMPyr(FH)$_{2.3}$F	193	–**	–**	1.05	11.2	58.1
BMPyr(FH)$_{2.3}$F	207	–**	–**	1.04	14.5	35.9
EMPip(FH)$_{2.3}$F	193	217, 237	–	1.07	24.2	37.2
PMPip(FH)$_{2.3}$F	207	–	164	1.06	33.0	23.9
BMPip(FH)$_{2.3}$F	221	–	162	1.04	37.1	12.3

＊298Kの値。＊＊145K以上でDSCにて検出できず。
EMPyr：N-ethyl-N-methylpyrrolidinium，PMPyr：N-methyl-N-propylpyrrolidinium，
BMPyr：N-butyl-N-methylpyrrolidinium，EMPip：N-ethyl-N-methylpiperidinium，
PMPip：N-methyl-N-propylpiperidinium，BMPip：N-butyl-N-methylpiperidinium.

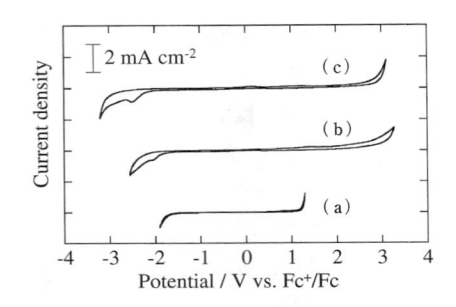

図8 フルオロハイドロジェネートイオン液体の電気化学窓の比較
(a) EMIm(FH)$_{2.3}$F, (b) EMPip(FH)$_{2.3}$F and (c) EMPyr(FH)$_{2.3}$F. 作用極：円盤状グラシーカーボン，対極：白金板またはグラシーカーボン棒，走査速度：10 mV s^{-1}。電位はそれぞれのイオン液体中に溶解したフェロセニウムイオンの還元電位で校正。

3.4 イオン液体合成原料としてのフルオロハイドロジェネート塩

イオン液体の合成は出発ハロゲン化物塩と，組み合わせるイオンの塩の複分解反応によることが多いが，イオン液体は不揮発性であるため蒸留することができず，副生するハロゲン化物塩をイオン液体から完全に取り除くことが難しい。フルオロハイドロジェネート系のイオン液体は(1)式で表される不揮発性の副生成物が生じない方法で純度よく合成でき，さらに2元系フッ化物に対してルイス塩基としてはたらき，フルオロ金属酸塩のイオン液体を純度良く合成するための優れた出発原料になる[16, 17, 21, 22]。

$$\text{[R-Im-Me]}^+ \text{(HF)}_{2.3}\text{F}^- + \text{MF}_n \xrightarrow{-\text{HF}} \text{[R-Im-Me]}^+ \text{MF}_{n+1}^- \quad (3)$$

フッ化物が揮発性の場合は過剰のフルオロハイドロジェネート塩と反応させるが，不揮発性の固体の場合は定量的に反応させなければならない。反応はきわめて激しい発熱反応であり，冷却など反応制御に充分な注意が必要である。表3にこの方法で合成されたイミダゾリウム系およびピロリジニウム系イオン液体（100℃以下に融点を示すもの）の物性値を示す。これまで多くの研究者によって用いられているイオン液体については，報告されている物性値にばらつきが見られる。たとえばEMImBF$_4$についてこれまで報告された粘性率の最大値と最小値はそれぞれ

表3 フルオロアニオンを含むイミダゾリウム系イオン液体の物性値[18, 28]

	T_m /K	Density* /g cm^{-3}	Conductivity* /mS cm^{-1}	Viscosity* /cP
EMImBF$_4$	288	1.28	13.6	32
EMImPF$_6$	333	1.56	−	−
EMImAsF$_6$	326	1.78	−	−
EMImSbF$_6$	283	1.85	6.2	67
EMImNbF$_6$	272	1.67	8.5	49
EMImTaF$_6$	275	2.17	7.1	51
EMImWF$_7$	258	2.27	3.2	171
EMImWOF$_5$	253	2.25	3.0	105

* 298Kの値。

第15章 電解質としての新展開

47, 31.8 cPである[25]。イオン液体中に残存する塩化物が粘性率を増加させる傾向があることが指摘されている[26]。本法により得られた高純度のEMImBF$_4$塩について得られた値は後者に近く,報告されている高い粘性率の値については,残存する未反応,または複分解反応の副生成物である塩化物による影響があった可能性がある。15族元素（A＝P, As, Sb）のヘキサフルオロ金属酸の1-エチル-3-メチルイミダゾリウム塩は固体状態ですべてEMImPF$_6$構造をとる。これらの中でEMImSbF$_6$だけが室温以下に融点を有する。EMImカチオンはSbF$_6^-$アニオンに対しては安定であるが,SbF$_5$は徐々にカチオンを酸化する。さらに過剰のSbF$_5$を反応させると酸化力の強い2量体アニオンSb$_2$F$_{11}^-$が混入してくる。このためこれら強い酸化力を有するアニオンを含む塩は,従来どおりの複分解反応によらなければならないが,前述のようにピロリジニウム塩は酸化に対して強いので,本法による合成が可能であり,さらに二量体アニオンを含むμ-フルオロビス（ペンタフルオロアンチモン酸）N-ヘキシル-N-メチルピロリジニウム,HeMPyrSb$_2$F$_{11}$,は室温イオン液体である[27]。第5族遷移金属元素のフルオロ金属酸塩のイオン液体が,EMIm(FH)$_{2.3}$Fと固体のフッ化物（NbF$_5$, TaF$_5$）との定量的な反応によって合成できる[21]。ニオブとタンタルの原子半径はきわめて近く,フルオロ金属酸イオンのサイズもほぼ同じであり,表3に示す物性値のうち原子量の違いが影響する密度以外はほとんど同じ値を示している[22]。EMImWF$_7$は7配位のタングステン種が室温において液体状態で存在する最初の例である。また,この塩の加水分解,あるいはEMIm(FH)$_{2.3}$FとWOF$_4$の反応によりオキソフルオロ金属酸塩としてははじめてのイオン液体としてEMImWOF$_5$が合成されている[28]。

3.5 おわりに

フルオロハイドロジェネート系のイオン液体はきわめて高い導電率を示すとともに組み合わせるカチオンによっては広い電気化学窓をもたせることができる。また,上述のように純度の高いイオン液体合成用の原料にもなる。今後電気化学分野でのキャパシタや燃料電池,合成化学分野での有機フッ素化反応の試薬兼反応溶媒など,幅広い応用が期待される。

文　献

1) R. Hagiwara, T. Hirashige, T. Tsuda, Y. Ito, *J. Fluor. Chem.*, **99**, No.1, 1 (1999)
2) R. Hagiwara, T. Hirashige, T. Tsuda, Y. Ito, *J. Electrochem. Soc.*, 149, D1 (2002)
3) R. Hagiwara, K. Matsumoto, Y. Nakamori, T. Tsuda, Y. Ito, H. Matsumoto, K. Momota, *J. Electrochem. Soc.*, **150**, No. 12, D195 (2003)
4) K. Matsumoto, R. Hagiwara, T. Tsuda, Y. Ito, O. Tamada, *Solid St. Sci.*, **4**, 23 (2002)
5) R. Hagiwara, K. Matsumoto, T. Tsuda, Y. Ito, S. Kohara, K. Suzuya, H. Matsumoto, Y. Miyazaki, *J. Noncryst. Solids*, **312–314**, 414 (2002)
6) R. Hagiwara, T. Tsuda, Y. Ito, S. Kohara, K. Suzuya, *Nuclear Inst. and Methods in Physics Research, B*, **199**, 29 (2003)
7) R. Hagiwara, K. Matsumoto, Y. Nakamori, T. Tsuda, Y. Ito, H. Matsumoto, K. Momota, *J.*

Electrochem. Soc., **150**, D195(2003)
8) K. Matsumoto, R. Hagiwara, Y. Ito, *Electrochem. Solid-State Lett.*, **7**, E41(2004)
9) Y. Saito, K. Hirai, K. Matsumoto, R. Hagiwara, Y. Minamizaki, *J. Phys. Chem.B*, **109**, 2942(2005)
10) R. Hagiwara, Y. Nakamori, K. Matsumoto, Y. Ito, *J. Phys Chem. B*, **109**, 5445(2005)
11) K. Matsumoto, R. Hagiwara, *Electrochemistry*, **73**(8), 730(2005)
12) H. Matsumoto, T. Matsuda, T. Tsuda, R. Hagiwara, Y. Ito, Y. Miyazaki, *Chem. Lett.*, **2001**, No. 1, 26
13) T. Tsuda, T. Nohira, Y. Nakamori, K. Matsumoto, R. Hagiwara, Y. Ito, *Solid St. Ionics*, **149**, No. 3-4, 295(2002)
14) M. Ue, M. Takeda, A. Toriumi, A. Kominato, R. Hagiwara, Y. Ito, *J. Electrochem. Soc.*, **150**, No.4, A499(2003)
15) R. Hagiwara, T. Nohira, K. Matsumoto, Y. Tamba, *Electrochem. Solid-State Lett.*, **8**, A231(2005)
16) S. Shiraishi, N. Nishina, A. Oya, R. Hagiwara, *Electrochemistry*, **73**(8), 593(2005)
17) K. Matsumoto, R. Hagiwara, Y. Ito, *J. Fluor. Chem.*, **115**, No. 2, 133(2002)
18) K. Matsumoto, R. Hagiwara, R. Yoshida, Y. Ito, Z. Mazej, P. Benkič, B. Žemva, O. Tamada, H. Yoshino, S. Matsubara, *Dalton Trans.*, **2004**, No. 1, 144
19) H. Yoshino, S.Matsubara, K. Oshima, K. Matsumoto, R. Hagiwara, Y. Ito, *J. Fluor. Chem.*, **125**, 455(2004)
20) H. Yoshino, K. Nomura, S. Matsubara, K. Oshima, K. Matsumoto, R. Hagiwara, Y. Ito, *J. Fluor. Chem.*, **125**, 1127(2004)
21) K. Matsumoto, R. Hagiwara, *J. Fluor. Chem.*, **126**, 1095(2005)
22) K. Matusmoto, R. Hagiwara, Z. Mazej, P. Benkič, B. Žemva, *Solid State Sciences*, in press
23) 大槻純也，松本一彦，萩原理加，第29回フッ素化学討論会講演予稿集, pp.110(2005)
24) 今野聡一郎，萩原理加，第29回フッ素化学討論会講演予稿集, pp.38(2005)
25) R. Hagiwara, *Electrochemistry*, **70**, No. 2, 130(2002)中の引用データによる
26) K. R. Seddon, A. Stark M-J. Torres, *Pure Appl. Chem.*, **72**, 2275(2000)
27) 上野竜一，松本一彦，萩原理加，第37回溶融塩化学討論会講演予稿集, pp.59(2005)
28) K. Matsumoto, R. Hagiwara, *J. Fluor. Chem.*, **126**, No. 7, 1095(2005)

第16章　電気化学的な機能を付与したイオン液体

1　メディエーターの可溶化

水雲智信[*1]，大野弘幸[*2]

1.1　はじめに

「メディエーター＝媒介者」は，分野によって定義が異なる場合がある。ここでのメディエーターは，電気化学反応において，電極と基質の酸化還元反応を仲介する電子移動用媒体を指し，通常，エネルギー準位の適切な調整，立体障害による反応抑制の回避のほか，過電圧の低下や経時安定性の向上のために用いられる[1]。実際には，使用するセルの構成（電極や電解質の種類）や電解法，基質の酸化還元電位，立体構造などによって，様々なメディエーターが使い分けられている。イオン液体中の電気化学反応も増えてきており，電解質溶液の代替物としての意味を超える展開も出てきた。当然イオン液体中のメディエーターの設計が重要になるが，ここではキノン類[2]を例にとり，基礎的な研究を紹介する。

電気化学におけるメディエーターの役割は大きいが，イオン液体中でのメディエーターの利用やその挙動に関する知見は少ない。現存のイオン液体は水などの分子性溶媒よりも一般に粘性が高いため（＞30cP），溶質の拡散係数を高めることは困難である。特に，タンパク質のような大きな分子の酸化還元反応を電気化学的に利用する場合には，タンパク質の拡散過程が反応律速となる。それを解決する鍵となるのがメディエーターである。しかし，分子量が小さいメディエーターであっても，高粘性媒体中では相当拡散しにくくなる。自己電子交換反応を利用すると高速化につながるため，望みの性能を発現させるためには，高濃度でイオン液体に溶解させることも必要条件となる。

1.2　市販キノン類のイオン液体への溶解度

様々なキノン化合物（ベンゾキノン類，ナフトキノン類）の 1-ブチル-3-メチルイミダゾリウム塩（[bmim][TFSI]，および [bmim][PF$_6$]）への溶解度を表1に示す。イオン液体へのキノンの溶解度は昇温に伴って増大するものの，室温では1mM以下のものが多かった。溶解度に及ぼす構造因子については検討の余地が多いが，イオン液体への市販のキノン類の溶解度は一般に低く，室温で50mM程度が限界と考えてよい。評価した中で，DDQのように極性基を持った系は，イオン-双極子相互作用を反映して比較的高い溶解度を示すものが多かった。しかし，クロラニルのように極性基の影響で結晶性が高くなり，溶解しないものもあった。また，表1に示した 2,6-t-ブチル-パラベンゾキノン（DtBBQ）のように，非極性のアルキル基を持ったものの中

[*1] Tomonobu Mizumo　東京農工大学大学院　共生科学技術研究部　ナノ未来科学研究拠点　博士研究員

[*2] Hiroyuki Ohno　東京農工大学大学院　共生科学技術研究部　ナノ未来科学研究拠点　教授

表1 市販キノンの有機溶媒およびイオン液体に対する溶解度（mol L^{-1}，25℃）

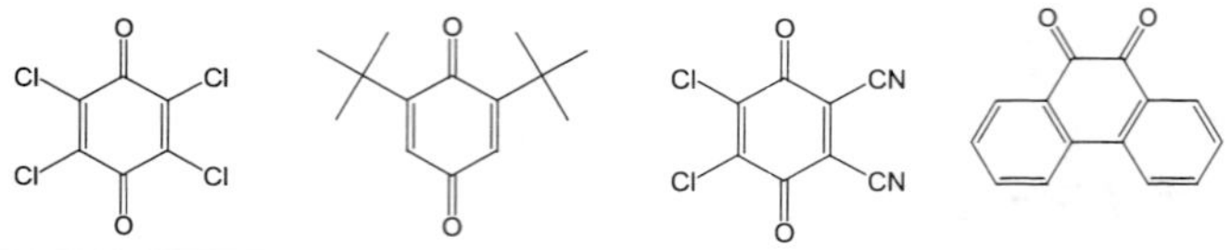

	クロラニル	DtBBQ	DDQ	PhQ
PC	–	0.20	–	–
CH$_3$CN	0.001	0.001	–	0.001
DMF	–	0.50	–	–
[bmim][PF$_6$]	0.001	0.001	0.005	0.001
[bmim][TFSI]	0.001	0.050	0.020	0.001

にも比較的溶解性が良いものが見られた。溶媒であるイオン液体の構成イオン種によってもキノンの溶解度は大きく変化した。いずれのキノンを用いた場合にも，TFSI塩はPF$_6$塩よりも多くキノンを溶解させることが明らかとなった。したがって，キノン類に代表されるメディエーターの溶解性には，イオン液体とメディエーターの両者の親和性の制御が重要であることがわかる。

1.3 ポリエーテルキノンの分子設計

イオン液体へのキノンの溶解度を上昇させるための方法として，我々はキノンのポリエーテル修飾を試みた[3]。ポリエチレンオキシドに代表される低いガラス転移温度を持つポリエーテル類は，酸素原子上の双極子によってイオンを溶媒和し，塩を溶解させることができる。同様の機構で，イオン液体にポリエーテルがよく溶解することは既に知られている[4, 5]。

キノンへのポリエーテル鎖の導入にはBerlinらのメトキシ基の導入に関する報告[6]を応用し，Scheme 1に示す方法で行った。クロラニル（2,3,5,6-テトラクロロベンゾキノン）をトリエチルアミン存在下で片末端をメトキシ基で保護したポリエーテルと混合し，室温で数時間撹拌した。副生成物であるトリエチルアミン塩酸塩を除去した後，抽出，および再結晶を行うことで目的の生成物を得た。

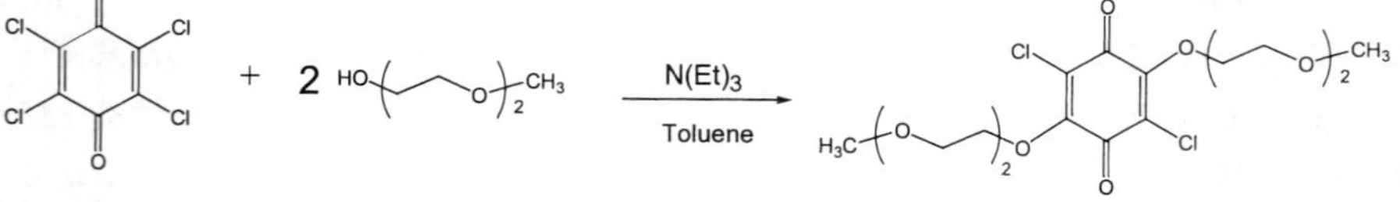

Scheme 1 ポリエチレンオキシドオリゴマーを有するキノン（DEG–Q）の合成

出発物質のクロラニルの融点は294℃と高いが，ポリエーテルの導入によってその融点は劇的に低下した。エチレンオキシド鎖の繰り返し単位が2のもの（DEG–Q）は融点を85℃に持つ黄色結晶として得られた。さらに，トリエチレンオキシドを導入したもの（TEG–Q）は，赤味をおびた褐色の液体として得られ（図1），示差走査熱量測定（DSC）からは融点は観測されなかった。これはポリエーテルの導入がキノンの融点を低下させ，ついにはアモルファスにしたもので

第16章 電気化学的な機能を付与したイオン液体

ある。ポリエーテル／塩ハイブリッド[7, 8]の研究で既に報告されているように，塩にポリエーテルを結合させると液状にできることが知られている。キノン類も同様の効果で液体にすることができた。液状のメディエーターについてはあまり例がないので，これら自身も科学的な意義は大きい。

DEG-QとTEG-Qは，各種の分子性溶媒，およびイオン液体に対して高い溶解性を示した(表2)。分子性溶媒では水，ヘキサンを除く多くの溶媒に簡単に溶解し，とくにアセトニトリルやDMSO，PCなどの極性溶媒に1.0M程度の高い溶解性を示した。DEG-Qのイオン液体への溶解度は室温で0.3Mを超え，市販のポリエーテルの数十倍に達する。液体として得られたTEG-Qは，用いた全ての溶媒と混合比に関わらず自由に混和し，全く相分離しなかった。

TEG-Qの[bmim][TFSI]中における電気化学応答をサイクリックボルタンメトリー法（CV）

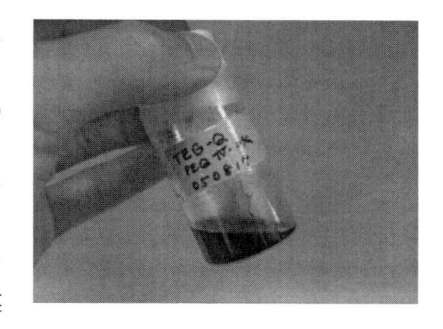

図1 TEG-Q

表2 ポリエーテルキノンの有機溶媒およびイオン液体に対する溶解度（mol L^{-1}，25℃）

	DEG-Q	TEG-Q
PC	0.5	◎
CH$_3$CN	1.0	◎
DMF	1.0	◎
[bmim][PF$_6$]	0.36	◎
[bmim][TFSI]	0.37	◎

◎：自由に混和

によって測定した結果を図2に示す。二段の可逆的な応答が見られた。一段目はキノン―セミキノンの酸化還元，二段目はセミキノン―ジアニオンの酸化還元過程に対応する。同様の結果はDEG-Qを用いた場合でも得られる。イオン液体中での酸化還元反応は，分子性溶媒の中で行った場合よりも数百ミリボルト程度低い電位で起きるが，これはイオン液体中で生じたセミキノンやジアニオンが静電遮蔽によって安定化されているためであると考えられる。

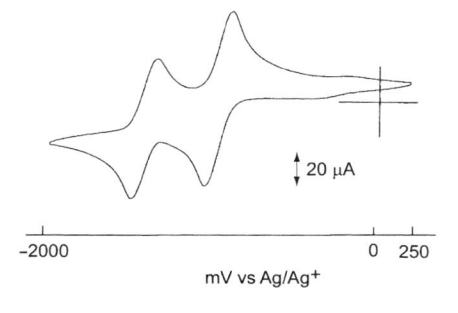

図2 [bmim][TFSI]中におけるTEG-Qのサイクリックボルタンモグラム

1.4 おわりに

以上，イオン液体中へのキノン系メディエーターを溶解させるための研究例を紹介した。バイオセンシングや有機電解反応などにおいてメディエーターのイオン液体への可溶化と，溶解後の特性評価は極めて重要である。ポリエーテル鎖を有するキノンは，アルカリ金属イオンや希土類イオンによって酸化還元電位が変えられるため[9]，イオン液体中での機能の広がりが期待できる。次節で述べるように，メディエーター能を有するイオン液体の設計も始まっている。

文　献

1) 柏村成史, 第5版 電気化学便覧, 電気化学会編, 丸善, 7章4節, p 285 (2000)
2) J. Q. Chambers, "Electrochemistry of quinones", in "The chemistry of the quinonoid compounds" Chapter 14, S. Patai Ed., John Wiley & Sons, London (1974)
3) T. Mizumo, T. Oi, Y. Iwasaki, H. Ohno, *Chemical Sensors*, **21B**, 13 (2005)
4) C. A. Angell, C. Liu, E. Sanchez, *Nature*, **362**, 137 (1993)
5) S. Washiro, M. Yoshizawa, H. Nakajima, H. Ohno, *Polymer*, **45**, 1577 (2004)
6) A. Y. Berlin, A.N. Makarova, *Zh. Obshch. Khim, Eng. Transil.*, **30**, 1411 (1960)
7) 水雲智信, 大野弘幸, 高分子加工, **52**(1), 26 (2003)
8) 水雲智信, 大野弘幸, イオン性液体, 第5章3節, シーエムシー出版, p.130 (2003)
9) A. M. Bond, K. P. Ghiggino, C. F. Hogan, J. A. Hutchison, S. J. Laangford, E. Lygris, M. N. Paddon-Row, *Aust. J. Chem.*, **54**, 735 (2001)

2 酸化還元活性を有するイオン液体

水雲智信[*1], 大野弘幸[*2]

2.1 はじめに

前節では, メディエーターのイオン液体への可溶化とメディエーターの液化について述べた。一方で, イオン液体そのものに酸化還元活性を持たせる試みがある。このような系は酸化還元中心を非常に密に持っている上, 支持電解質としての役割も兼ねる。そのため, 速やかな電子移動, 大電流の取り出し, および長距離の電子移動に有利と考えられる。

酸化還元活性を有する広義のイオン液体の研究は古くからある。イオン液体の一種であるポリエーテル／塩ハイブリッド（塩構造を末端に持つポリエーテルオリゴマー）[1]に酸化還元活性を持たせた研究は90年代から報告されている。それらの例は第16章1節で述べた。しかし, イミダゾリウム塩などのいわゆるイオン液体に酸化還元活性を持たせる研究は, 最近ようやく注目され始めてきた[2]。

2.2 金属錯体を用いる系（リガンド型イオン液体）

酸化還元活性をイオン液体に持たせる方法の一つは, イオン液体にルテニウム, 鉄, コバルト, 銅, 希土類といった酸化還元活性の金属へのリガンドとして働く官能基を導入するものである。金属錯体は酸化体と還元体とで溶解性に大きな変化がないため, 均一系で反応を進める場合に使われる。このようなイオン液体は有機合成の触媒として既にいくつか報告されているが, 残念ながら酸化還元電位や電気化学的な特性の評価が行われているものはほとんどない。また, 錯体は分子量（式量）が大きくなるため, 融点もしくは粘性が高いものが多い。従って, バルクで用いられるものは少なく, 汎用イオン液体の中に溶解させて用いられることがほとんどである。図1に構造の一例としてLeeらによって報告されたキラル触媒としてのイオン液体を示した[3]。

一方, Murrayらのグループは, ルテニウムやコバルト錯体をカチオンとした各種ポリエーテル／塩ハイブリッドを作成し, 電気化学的な性質をいち早く検討している[4,5]。その一つを図2に示した。一連の化合物は粘性液体として得ら

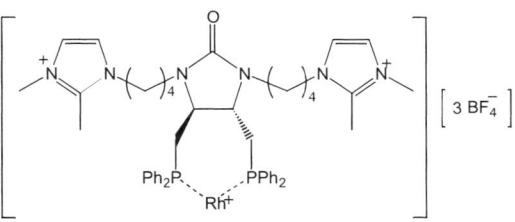

図1 金属触媒のリガンドとしてのイオン液体

図2 ポリエーテル／塩ハイブリッドを対イオンとした溶融金属錯体

[*1] Tomonobu Mizumo　東京農工大学大学院　共生科学技術研究部　ナノ未来科学研究拠点　博士研究員

[*2] Hiroyuki Ohno　東京農工大学大学院　共生科学技術研究部　ナノ未来科学研究拠点　教授

れた。バルクイオン伝導度は室温で$10^{-10} \sim 10^{-6}$ S cm^{-1}程度と非常に低かったが，60℃程度まで加熱してイオン伝導度を上昇させることにより電気化学測定が行われた。微小電極を用いた電気化学測定で，合成された金属含有イオン液体の多くがバルクで可逆～準可逆的な酸化還元を示すことが明らかとなった。粘性が高く，分子の自己拡散係数も非常に小さいが，金属錯体部位が非常に高密度の環境にあるため，比較的スムーズに長距離の電子移動が実現されたと考えられる。ただし，イオン伝導度の低さから，この系ではバルクで大きな電流を取り出すことは困難である。

2.3 金属を用いない系（非リガンド型イオン液体）

有機物で酸化還元活性を示す誘導体は多く，イオン液体に導入させることもできる[2]。ヘテロ環を含んだものも多いため，アルキルハライドやエステルによる四級化を経由したイオン液体化も可能である。中でもビピリジンを出発物質とした4級化塩（ビオローゲン）は，古くから研究されており，構造の簡単さや知見の多さから格好のモデル系と言える。ただし，ビピリジンは液晶のメソゲン基としても知られ[6]，相互作用が強いために誘導体は一般に結晶化しやすい。そのため，室温まで融点を低下させるのはピリジン系ほど簡単ではない。

我々はビオローゲンのイオン液体化に注目して早くから研究を行ってきた[7,8]。まず，平均分子量200～2000のPEOを導入したポリエーテル／塩ハイブリッド型のビオローゲンを合成し，融点を低下させて電気化学特性を検討した[7]。得られた臭化物塩は，ポリエーテル鎖長が1000程度までは液体であり，上述したMurrayらの例と同様，無溶媒で電気化学的な活性を示した。しかしPEOを用いた系の分子の拡散は遅く，加熱しない限り十分な電流値を得ることは困難であった。そこで，より小さな分子でかつ簡便に得られる系として，市販の4,4'-ジアルキルビピリジニウムジブロミドからのイオン液体の作成を試みた（Scheme 1）[8]。アニオンをTFSI$^-$に交換して得られた精製物の融点は，いずれも出発物質より大きく低下した。最も低融点だったのはヘキシル基（C$_6$）を持った系の57.4℃であり，その前後では83.2℃（C$_4$），112.2℃（C$_8$）と急激に上昇することが明らかとなった。ビオローゲンの融点に及ぼすアルキル鎖長の効果はShreeveらによっても報告されている[9]。彼らは，フルオロアルキル基を持ったビオローゲンのTFSI塩を合成し，アルキル鎖長が6の場合に融点が極小の52℃まで低下することを明らかにした。また，我々が用いたものと同じ化合物がBhowmikらによって報告され，液晶相転移を伴うことが確認された[10]。

Scheme 1のTFSI塩はアセトニトリルなどの極性溶媒や，ジエチルイミダゾリウムTFSIなどの汎用イオン液体に極めてよく溶解し，酸化還元応答が観察された。このとき，作用極付近で色の変化も観察されている[8]。ただし，二電子還元させた後にボルタモグラムが安定化せず，ビオローゲンの二量化に伴う析出が起きることが示唆されている。加熱条件下（90℃）ではTFSI塩

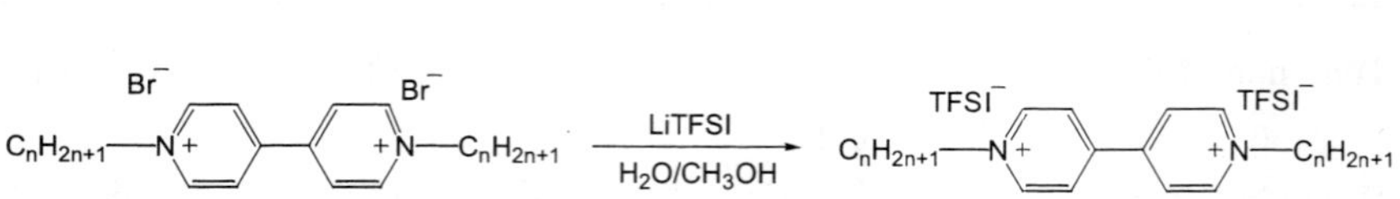

Scheme 1 ビオローゲン型イオン液体の作成

第16章　電気化学的な機能を付与したイオン液体

は溶融し，イオン伝導度も 10^{-3} S cm^{-1} オーダーの高い値を示したため，バルクでも十分な電気化学応答が得られる。

オリゴエチレンオキシド鎖修飾によるキノン類のイオン液体化については前節を参照されたい。これらは特性が異なるので，使用目的に応じて使い分けることが肝要であろう。

2.4　おわりに

以上，酸化還元活性を持つイオン液体について解説した。酸化還元活性を持ったイオン液体は，各種メディエーター，クロミック材料などの電気化学的なアプリケーションを中心とした展開が期待される。ただし，ビオローゲンの例で述べたように，酸化還元体を電気化学的に用いる場合には，電子の出し入れに伴う溶解性の変化（二量化や不均化に伴う析出）や電極・電解質などとの不可逆的な副反応が起きないことが要求される。イオン液体を用いた研究においても今後これらの点を意識した展開がなされるであろう。

文　献

1) 水雲智信，大野弘幸，イオン性液体，第5章3節，シーエムシー出版，p.130(2003)
2) 黒星学ほか，第28回エレクトロオーガニックケミストリー討論会要旨集，O32(2004)
3) S. Lee, Y. J. Zhang, J. Y. Piao, H. Yoon, C. E. Song, J. H. Choi, J. Hong, *Chem. Commun.*, 2624 (2003)
4) M. E. Williams, H. Masui, J. W. Long, J. Malik, R. W. Murray, *J. Amer. Chem. Soc.*, **119**, 1997 (1997)
5) E. Dickinson V, M. E. Williams, S. M. Hendrickson, H. Masui, R. W. Murray, *J. Amer. Chem. Soc.*, **121**, 613(1999)
6) M. Kijima, K. Setoh, H. Shirakawa, *Mol. Cryst. Liq. Cryst.*, **364**, 911(2001)
7) K. Ito, H. Ohno, *Polymer*, **38**, 921(1997)
8) K. I. Akita, H. Ohno, 1999 Electrochemical Society Proceedings, Vol. 99–41, p.193(1999)
9) R. P. Singh, J. M. Shreeve, *Chem. Commun.*, 1366(2003)
10) P. K. Bhowmik, H. Han, I. K. Nedeltchev, J. J. Cebe, *Mol. Cryst. Liq. Cryst.*, **419**, 27(2004)

3 Zwitterions

成田麻子[*1], 大野弘幸[*2]

3.1 はじめに

ほとんど全てのイオン液体は電気化学的に活性なイオンから成ってはいないので,電極反応を伴うようなエネルギーデバイス用の電解質材料として用いるためには,キャリアとなる塩や酸を添加しなくてはならない。しかし,イオン液体と塩(あるいは酸)を混合した系中では,すべてのイオンが電位勾配下で移動してしまい(図1,左側),目的のキャリアイオンの移動度だけを優先的に高めることはできない。このため,イオン液体をイオン伝導マトリックスとして応用するには,目的イオンを選択的に輸送するためのイオン設計が必要となる。マトリックスであるイオンの移動度を抑止し,目的イオンを優先的に移動させるために,われわれはいくつかの戦略を提案している。その中でも,2001年に吉澤,秋田らにより提唱された方法[1,2]はイオン液体のカチオンとアニオンを共有結合で固定したzwitterionをイオン伝導マトリックスとして用いるもので,イオン伝導マトリックスとしてのzwitterionは伝導に全く寄与しないという特徴を有する(図1,右側)。実際に伝導度を測定しても,可動イオンが存在しないのでイオン伝導はみられない。しかしながら初期に合成されたzwitterionは,たとえ優れたイオン液体を構成するイオンから作られたとしても,ほとんどのものは融点が高いため,室温付近では固体であった。経験的に両イオンを共有結合でつなぐと,融点は120℃程度上昇することがわかっているので,常温で液状のzwitterionを得るのは容易ではない。zwitterionのポリエーテル修飾という方法があるが,これでは溶液粘度を大きく下げることが難しく,肝心のイオン伝導度が損なわれてしまう。そこで,選択イオン伝導を行うことのできる新しいイオン液体系の設計が試みられた。

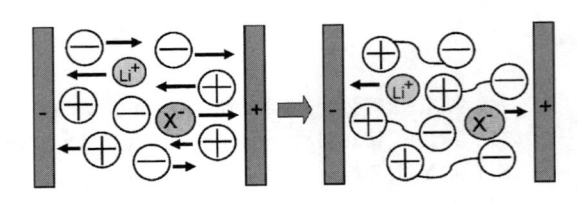

図1 Zwitterionによるマトリックスイオンの移動抑止

3.2 液状化とイオン伝導度の改善

Zwitterionを等モルのlithium bis(trifluoromethanesulfonyl)imide (LiTFSI) と混合すると液体となり(図2),50℃において10^{-5} Scm^{-1}程度のイ

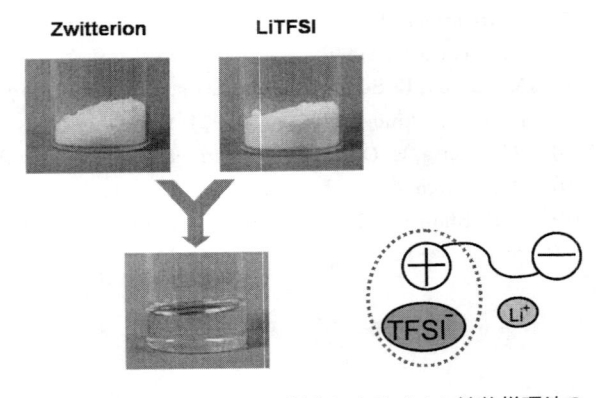

図2 ZwitterionとLiTFSIの混合によるイオン液体様環境の形成

[*1] Asako Narita　東京農工大学大学院　工学教育部　生命工学専攻
[*2] Hiroyuki Ohno　東京農工大学大学院　共生科学技術研究部　ナノ未来科学研究拠点　教授

第16章　電気化学的な機能を付与したイオン液体

オン伝導度を示す[1, 2]。これは，zwitterionのカチオン部分とリチウム塩のアニオンとの間でイオン液体と類似した環境が形成され，ガラス転移温度が大幅に低下し，液体になったものと考えられる。このzwitterionとLiTFSIの混合物は，単体と比較して高いイオン伝導度を示し，zwitterionとLiTFSIの1：1混合物ではリチウムカチオン輸率が0.5を越える[3]。これは有機溶媒にリチウム塩を溶解したものや，典型的なイオン液体と塩の混合物で見られる値（0.1～0.2）を大きく上回る値であり，高いカチオン輸送能を示している。

3.3　合成方法

Zwitterionの合成方法は，大きく次の2通りに分類される。(1)アミンなどのルイス塩基によって環状の酸無水物を開環させ，一段階で得る方法[1, 4]と(2)酸性部位をもつオニウム塩を作製した後に，ハライドイオンを水酸化物イオンに交換し，これを酸で中和する方法[1, 4, 5]である。Zwitterionの合成方法はこれらに限ったものではないが，カチオン席とアニオン席の間に適度な長さのアルキルスペーサーを導入することが重要である（後述）ことから，イオン伝導マトリックスとしての合成にはこれらの方法が簡便で有用である。図3にその合成例を挙げる。これまでに様々な構造のzwitterionが合成されているが，アニオン種で分類すると，スルホネート，カルボキシレート，ジシアノエテノレート，フォスフェート，イミドなどが挙げられる。表1はその一部について融点と分解温度を示したものである。再結晶されたzwitterionの中には，昇温過程においてガラス転移，結晶化，融解をすべて示すものもある[4, 6]。

3.4　融点に及ぼすカチオンの構造

カチオン構造に着目すると，N-アルキルイミダゾリウム，鎖長の異なるアルキル鎖をもつアンモニウムなどが比較的低い融点を示す。さらに，長いアルキル鎖を導入することによって単体の融点をある程度低下させることは容易である[4, 5]。しかし，イオン伝導マトリックスという目的を考慮すると，長いアルキル鎖を安易に導入することはイオン密度の低下を招くため，あまり好ましくない。また，アルキルアンモニウムカチオンをもつzwitterionの中には，融解せず固体のまま分解する場合もある[2, 4]。その点イミダゾリウムカチオンは，高いイオン密度をもちながら低い融点を示す優れた構造である。一方でピロリジニウムやピリジニウムなど，通常のイオン液体において比較的低い融点を示すカチオンであるからといって，zwitterionにしたあとに必

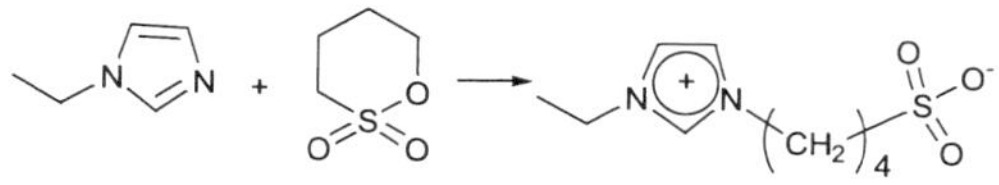

a. 環状酸無水物の開環による合成[4]

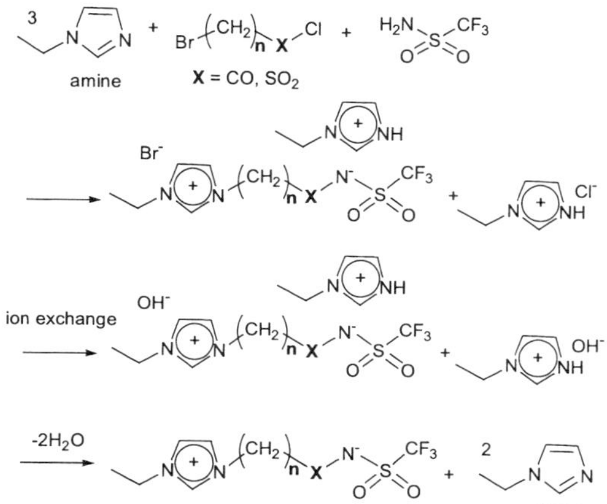

b. 酸性部位の中和による合成[5]

図3　Zwitterionの合成方法

表1 Zwitterion単体の熱物性（単位：℃，T_m：融点，T_d：分解温度）

#	Zwitterion	T_m	T_d	ref	#	Zwitterion	T_m	T_d	ref
1	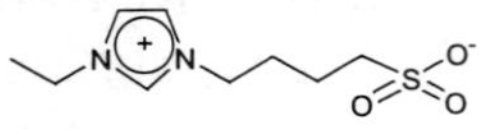	175	326	[3] [4]	6	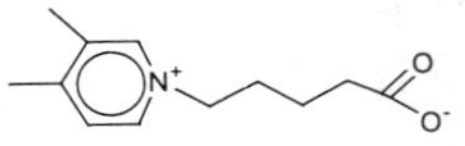	161	184	
2	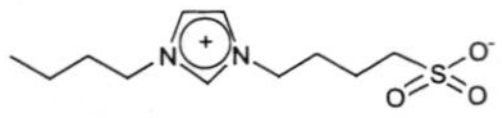	158		[4] [7]	7	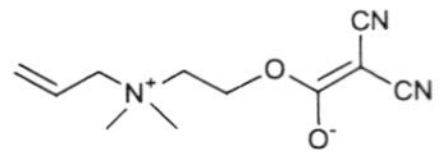	94		[4]
3	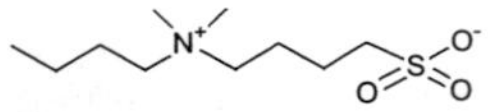	-	276		8	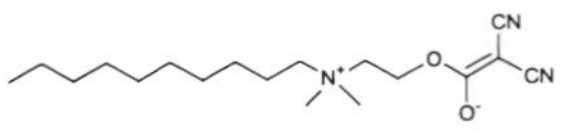	70		[4]
4	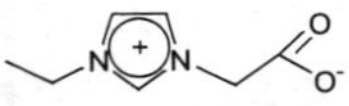	250	270	[4] [5]	9	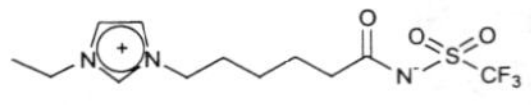	87	295	[5] [8]
5	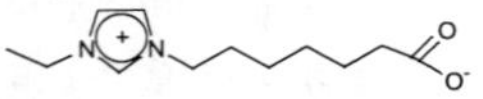	144	245	[4] [5]	10	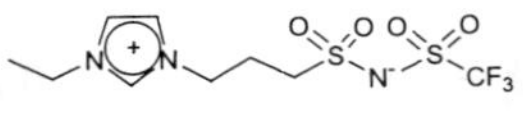	135	346	

-：観測されない　空欄：データなし

ずしも融点の低下が確実に起こるとは限らない。たとえば，ピロリジニウムカチオンを導入したzwitterionは300℃以上の高い融点を示す[2, 4, 5]。またこれらの構造をもつzwitterionでは融点と分解温度が近い場合が多く，液体として振る舞うことのできる温度域は狭い[5]。

Zwitterion単体の融点はカチオンとアニオンを繋ぐアルキルスペーサーの鎖長にも依存する。鎖長が長いほど融点は低くなり，アルキル鎖をCH_2ユニット数で1から10まで伸ばしたところ，融点がおよそ150℃低下した[5]。

3.5 融点に及ぼすアニオンの構造

アニオン種も影響力が大きい。構造を比較すると，カルボキシレート型や非対称イミド型アニオンを持つzwitterion（例：zwitterion-9）では融点の低下が顕著である[5]。さらに図4に示すように，リチウム試薬などを用いてボロン原子に置換基を導入することで，ボレートアニオンを有するzwitterionを合成することもできる[7]。この場合は等モルのリチウム塩を含んだ状態で得ら

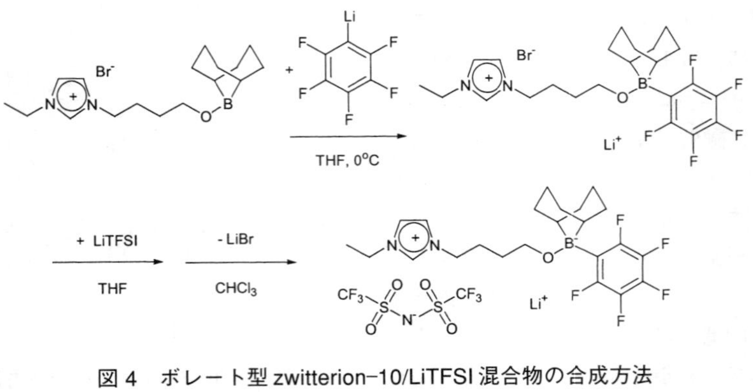

図4　ボレート型zwitterion-10/LiTFSI混合物の合成方法

第16章　電気化学的な機能を付与したイオン液体

れるが，フッ素原子を含まない塩基性の高いリチウム試薬を用いると，イミダゾリウム環の2位の水素と反応してしまうため，合成の際には用いる試薬の選択に注意が必要である。得られたzwitterionの詳細はここでは省略する。

3.6　Zwitterion と LiTFSI の混合物

図5は様々なzwitterionと等モルのLiTFSIとの混合物（zwitterion（No.を表記）/LiTFSI）のイオン伝導度である。図4に示したLiTFSIを含むボレート型のzwitterionは11/LiTFSIとして示した。これらの混合物はほとんどの場合室温で液体となり，高いイオン伝導度を示す。なかでもカルボキシレートアニオンをもつ5/LiTFSIが比較的高いイオン伝導度を示した[5]。一方，同じカルボキシレート型でも，スペーサーが短いzwitterion-4を用いると，混合後でも固体になりやすく，イオン伝導度も比較的低い値に留まる[5]。このzwitterion-4はLiTFSIと相溶するものの，混合物中ではLiTFSIが充分に解離していないことが分光学的な測定から認められている[5]。他のアニオン種を成分とする混合系においても，このようなスペーサー長の影響がイオン伝導度にみられる[8]。スペーサーのアルキル鎖の炭素数が5〜7程度のときに，比較的高いイオン伝導度が得られることが明らかになっている[5]。これは高いイオン伝導度を発現させるときの構造設計の指針のひとつである。

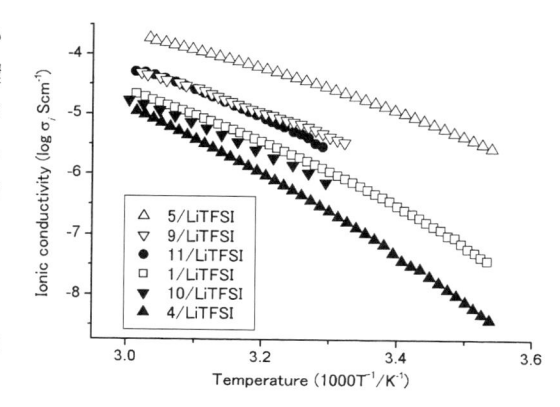

図5　各種zwitterionと等モルのLiTFSIを混合した系のイオン伝導度

また，zwitterion/LiTFSIの耐熱性にも注目すべきである。例えばzwitterion-1単体の分解温度は326℃であるのに対し，1/LiTFSIの分解温度は389℃である。通常のイオン液体においてもイミダゾリウムカチオンとTFSIの組み合わせからなるイオン液体は高い耐熱性を示す[9]ことから，zwitterion単体の分解温度がやや低い場合でも，LiTFSIとの混合によるイオン液体類似の環境が形成されるので，通常のイオン液体並みの耐熱性を付与させることができる。このzwitterion/LiTFSIの耐熱性もスペーサー長に依存している。Zwitterion-5単体の分解温度は245℃だが，LiTFSIとの混合によって401℃にまで向上する。他のスペーサー長ではこれほど大きな耐熱性の向上は見られないことから，イオン伝導度同様に炭素数6前後のスペーサー長が好ましい[5]。

リチウムカチオン輸率においては，スルホネート型[3]（1/LiTFSI，0.56），対称イミド型[5]（10/LiTFSI，0.55）またはボレート型[7]（11/LiTFSI，0.69）などが比較的高い値を示す。これは，アニオン席の解離性がカチオン輸送に大きく影響するためであると考えられる。このように，解離性の高いアニオン構造を用いることがカチオン輸率の向上に有効であると考えられる。また11/LiTFSIのような，アニオン周囲への立体障害や電子吸引基の導入も選択的なカチオン輸送に有効である[7]。逆にアニオン輸送を目的とするのであれば，弱酸の導入も有効であろう。

またリチウム塩の混合と同様に，等モルのプロトン酸と混合した場合でも液体となる[10]。例えば，HTFSIは単独では固体で昇華性があり，大気中の水分に対して非常にセンシティブであり，取り扱いに注意を要する強酸である。しかし，zwitterionと混合することによって，不揮発性で

安定な液体となる。この混合物は熱重量測定において約150℃まで重量減少が見られない。このように，zwitterionとプロトン酸の混合物は高い耐熱性をもつ不揮発性プロトン伝導マトリックスとして期待できる。この系は新しいタイプの耐熱性燃料電池用電解質溶液としての可能性が高い。詳細は17章を参照のこと。

3.7 おわりに

以上のようにzwitterionは，適切なカチオン席，アニオン席，スペーサー構造を組み合わせることにより，イオン伝導度や耐熱性の改善，目的イオンの選択輸送能を向上させることができる。また，zwitterionはある種の塩や酸と組み合わせることにより，特定イオンの輸送に特化した機能性イオン液体（第17章参照）にもなり得るし，イオン伝導体以外の応用，例えば反応触媒などの展開も報告されるようになってきているので，今後の展開はより幅広くなるものと期待される。

文　　献

1) M. Yoshizawa, M. Hirao, K. Ito-Akita and H. Ohno, *J. Mater. Chem.*, **11**, 1057(2001)
2) 吉澤正博，大野弘幸，第5章1節「Zwitterionic Liquids」，大野弘幸監修，イオン性液体，シーエムシー出版(2003)
3) H. Ohno, M. Yoshizawa, and W. Ogihara, *Electrochim. Acta*, **48**, 2079(2003)
4) M. Yoshizawa, A. Narita, and H. Ohno, *Aust. J. Chem.*, **57**, 139(2004)
5) A. Narita, W. Shibayama, and H. Ohno, *J. Mater. Chem.*, in press(2006)
6) H. Ohno Ed., Electrochemical Aspects of Ionic Liquids, Wiley-Interscience, New York(2005)
7) A. Narita, W. Shibayama, N. Matsumi, T. Mizumo, K. Sakamoto, and H. Ohno, *Chem. Commun.*, in press(2006)
8) A. Narita, W. Shibayama, and H. Ohno, *Polymer Bulletin*, in press(2006)
9) P. Bonhôte, A.-P. Dias, N. Papageorgiou, K. Kalyanasundaram, and M. Grätzel, *Inorg. Chem*, **36**, 1168(1996)
10) M. Yoshizawa and H. Ohno, *Chem. Commun.*, 1828(2004)

4 含ホウ素系イオン液体及びイミダゾール―ボラン錯体

4.1 有機ホウ素系イオン液体

松見紀佳[*1], 大野弘幸[*2]

イミダゾリウム系イオン液体は，高イオン伝導性や電気化学的安定性から新世代の電解質材料としての地位を築きつつある[1]。一方で，イオン液体はマトリックス自身がイオンによって構成されているため，目的イオンの選択的輸送は容易ではない。しかし，シングルイオン伝導体[2]，特にカチオンのみを選択的に輸送可能な系は，二次電池におけるエネルギー密度の向上，使用時間向上の観点から，高分子固体電解質の分野においても長年にわたって研究されてきた。

一方，電位勾配下でのマトリックス由来のイオン移動を抑止するイオン液体設計として，筆者らのグループではアニオンとカチオンを共有結合で結びつけたZwitter型イオン液体[3]を報告している。ここでは更なるアプローチとして，アニオンレセプターを有する一連の有機ホウ素系イオン液体[4]を紹介する。

1-アリル-3-エチルイミダゾリウムブロミドを出発物質として，0.5当量のモノブロモボランジメチルスルフィド錯体，0.5当量のメシチルボラン，あるいは1当量の9-ボラビシクロ[3.3.1]ノナンとのヒドロボレーション反応を行った後，イミダゾリウムブロミドユニットと当量のLiTFSIとのイオン交換反応を行い，生成したLiBrを除去後，有機ホウ素ユニットに対して当量のLiTFSI，あるいはLiCF$_3$SO$_3$を添加し，得られたサンプルの物性を評価した（図1）。

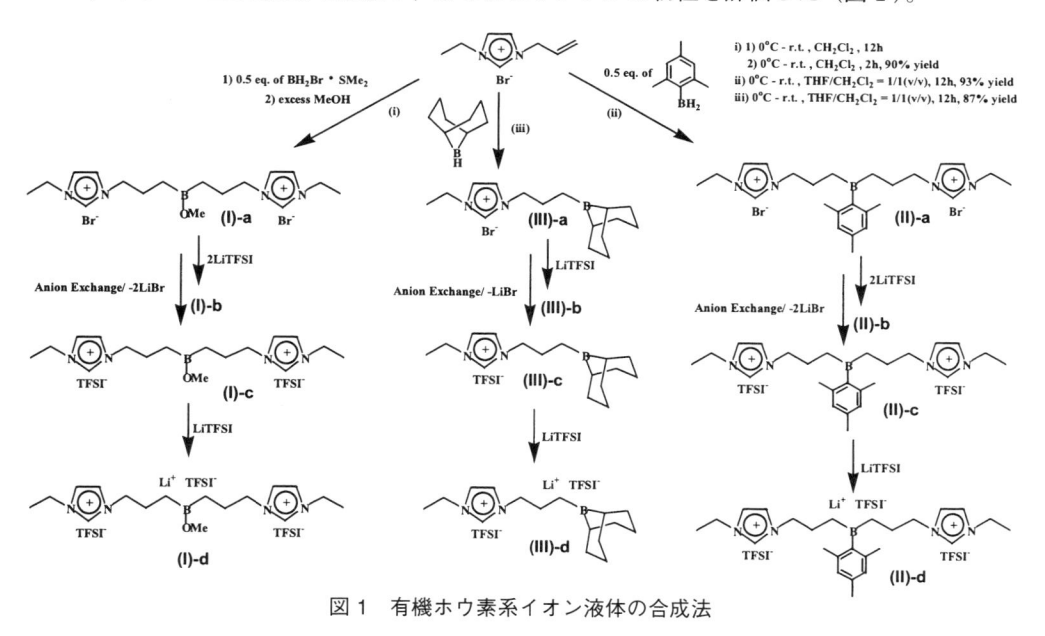

図1 有機ホウ素系イオン液体の合成法

[*1] Noriyoshi Matsumi 東京農工大学大学院 共生科学技術研究部 ナノ未来科学研究拠点 助手

[*2] Hiroyuki Ohno 東京農工大学大学院 共生科学技術研究部 ナノ未来科学研究拠点 教授

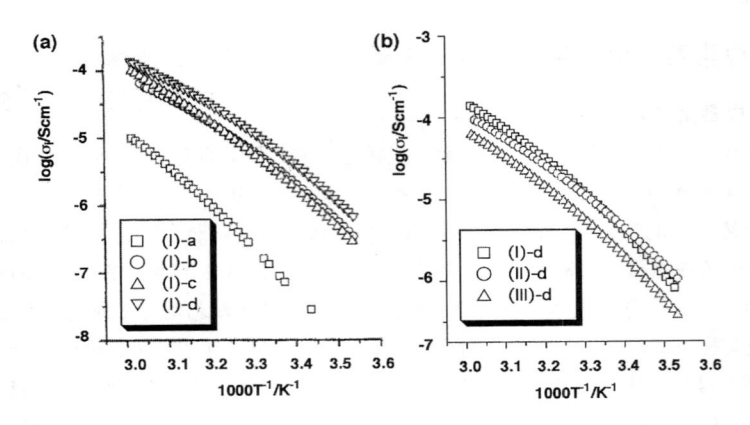

図2 有機ホウ素系イオン液体のイオン伝導度の温度依存性

表1 有機ホウ素系イオン液体のガラス転移温度

system	T_g (℃)	ionic conductivity (S/cm)	t_+
(I)-d	-36.2	7.79×10^{-5}	0.22
(II)-d	-46.7	6.05×10^{-5}	0.53
(III)-d	-43.7	3.48×10^{-5}	0.67
(I)-LiCF$_3$SO$_3$	-32.1	6.25×10^{-6}	0.43
(II)-LiCF$_3$SO$_3$	c)	1.58×10^{-5}	0.54
(III)-LiCF$_3$SO$_3$	-35.8	2.11×10^{-5}	0.71

イオン伝導度（at 50℃）及びリチウムイオン輸率（at 30℃）

得られた有機ホウ素系イオン液体はいずれもアモルファス固体であり，メタノールなどの有機溶媒に可溶である。リチウム塩添加系のガラス転移温度は-46.7～-36.2℃であった。アニオン交換反応を行う前，イミダゾリウムブロミド型のイオン液体は低いイオン伝導度を示したが，TFSIアニオンに交換した後の伝導度は大きく向上した（図2(a)）。LiBr除去後の伝導度は再度低下したが，いずれの系もLiTFSIを再度添加したときに最大のイオン伝導度を示した。観測されたイオン伝導度は50℃において7.79×10^{-5}～3.48×10^{-5} S/cmであり，特にホウ酸エステル型イオン液体（I）-dは7.79×10^{-5} S/cmを示し，アルキルボラン型と比較して高かった（図2(b)）。添加塩としてLiCF$_3$SO$_3$を用いた場合には，イオン伝導度は若干減少し，特にホウ酸エステル型では1オーダー低くなった。これは，トリフレートアニオンとホウ酸エステルとの相互作用が強いことによると考えられる。

30℃においてリチウムイオン輸率の測定を行ったところ，表1に示すように，0.71～0.22の値が観測された。アルキルボランユニットの高いルイス酸性を反映して，アルキルボラン型イオン液体は高いリチウムイオン輸率を示した。また，LiTFSI添加系と比較してLiCF$_3$SO$_3$添加系において輸率の向上がみられた。

以上のように，ヒドロボレーション反応によるイオン液体への有機ホウ素ユニットの導入は，リチウムイオン輸率の向上に有効である。リチウムイオン輸率が最大で0.50であったPEO系のアニオントラップ型有機ホウ素高分子電解質と比較して，ホウ素によるアニオントラップはイオン液体系においてより効果的に作用することが見出された。

第16章　電気化学的な機能を付与したイオン液体

4.2　液状イミダゾール―ボラン錯体

前述したように，イオン液体はきわめて高いイオン伝導性を示す一方，選択的なイオン輸送能を発現させるためには特殊な分子設計を必要とする。そこで，通常のイオン液体とは異なり，マトリックス由来の遊離イオンをまったく含まない系として液状イミダゾール―ボラン錯体を合成し，諸物性について検討した[5]。

アミン―ボラン錯体は古くから知られている物質群である[6]。ホウ素原子の空のp軌道は窒素原子上の孤立電子対を容易に受け入れ，アミン―ボラン錯体を形成することがH. C. Brownらの初期の研究において報告されている[7]。いくつかのアミン―ボラン錯体は，ケトンやアルデヒドの還元試薬[8]や，重合開始剤[9]，あるいはセラミックスの前駆体[10]として用いられている。安定性の高いアミン―ボラン試薬としてはピリジン―ボラン[11]やブチルアミン―ボラン[12]が知られており，特に後者は水に溶解させても分解しないことが知られている。このようなアミン―ボラン錯体の興味深い特性にもかかわらず，これらの化合物を電解質や反応溶媒として利用した例はこれまでなかった。

アミン―ボラン錯体においては，窒素原子のホウ素原子への強い配位により相当量の電荷がホウ素原子上に存在していると考えられるので，様々な塩や基質を溶解させることのできる非プロトン性極性溶媒として期待できる。マトリックス由来のモバイルなイオンを有していないので，目的イオンの輸送に適しており，新たな一群の電解質，反応溶媒として大きな可能性をもつと考えられる。アミンとボランの組み合わせを変えたり，イミダゾールやボラン上の置換基を変えたりすることで，極性などの諸物性を制御することが可能であるため，新規なデザイナー溶媒としてもイオン液体同様に興味深い。

まず，筆者らは液状アミン―ボラン錯体として，N-エチルイミダゾール―トリブチルボラン錯体，N-アリルイミダゾール―トリブチルボラン錯体を，テトラヒドロフラン溶液中で不活性ガス雰囲気下，イミダゾールと当量のトリブチルボランを反応させることにより合成した（図3）。得られた化合物はいずれも室温で透明な液体であった。

液状イミダゾール―ボラン錯体の諸物性を表2に示す。これらの液体のガラス転移温度は-77.5〜-80.5℃であり，イオン液体のそれに匹敵する。融点は-3.5〜9.1℃と室温より低かった。また，空気中で四週間放置してもこれらの化合物の熱物性に有意な変化はなかった。粘度を測定したところ，25℃で36〜28cPを示し，1-エチル-3-メチルイミダゾリウムTFSIと同程度の値であった。系の極

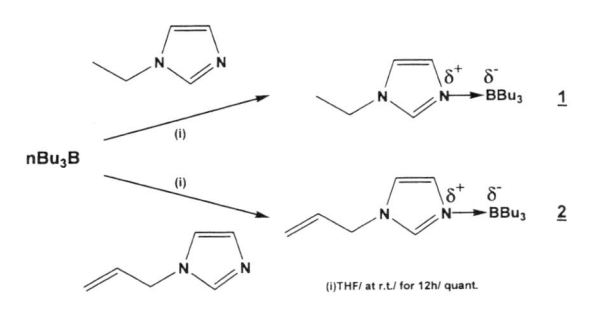

図3　液状イミダゾール―ボラン錯体の合成法

表2　液状イミダゾール―ホウ素錯体の諸物性

Complex	T_g/℃[a]	T_m/℃[a]	η/cP (at 25℃)	E_T (30)
<u>1</u>	-78	9.1	36	44
<u>2</u>	-81	-3.5	28	43
acetone	-	-	0.3	42
ethanol	-	-	1.0	52

a：At the heating rate of 10℃/min.

性評価にしばしば用いられるReichardt's dyeを用いて極性を評価したところ，イミダゾール—ボラン錯体の極性パラメータ$E_T(30)$は44〜43であり，アセトン（42）やアセトニトリル（46）と同程度の極性であった。

イミダゾール—ボラン錯体にLiTFSIを添加し，イオン伝導特性を交流インピーダンス法により評価した。LiTFSIは1.0Mまで容易に可溶であり，溶液のイオン伝導度は50℃において2.23×10^{-4}〜1.32×10^{-4} S/cmであった（図4）。イオン伝導度の温度依存性はVFT式に従い，イオン伝導性が系の運動性に依存していることが示唆された。

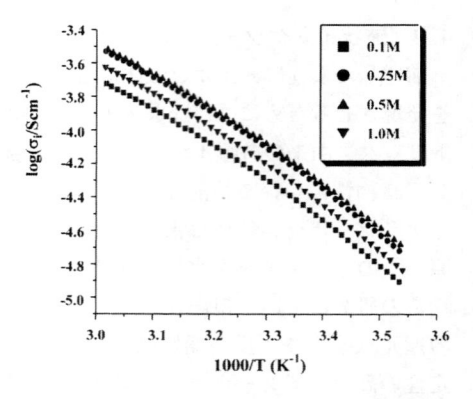

図4 イミダゾール—ボラン錯体2のイオン伝導度の温度依存性

4.3 ポリ（有機ホウ素ハライド）—イミダゾール錯体

高分子固体電解質として広く研究されているポリエチレンオキシド誘導体は，ルイス塩基であるエーテル酸素原子のカチオンへの強い配位のため，添加塩の解離が促進されるものの，そのカチオン輸率は一般に小さい。そこで，カチオン輸率を改善する上で，非ポリエーテル系の高分子固体電解質の開発が望まれる。そこで，イミダゾール—ボラン錯体を利用し，新たな非ポリエーテル系高分子固体電解質として，ポリ（有機ホウ素ハライド）—イミダゾール錯体[13]を合成した。モノブロモボランジメチルスルフィド錯体と1,7-オクタジエンとのヒドロボレーション重合により得られるポリ（有機ホウ素ハライド）に対して，ユニットあたりそれぞれ0.5当量の1-メチルイミダゾール，メタノールを順次反応させることにより，ホウ素—イミダゾールユニットとメトキシボランユニットからなるコポリマーが得られた（図5）。

種々のリチウム塩をイミダゾール—ボラン錯体に対して当量添加してイオン伝導度を測定したところ，いずれも良好な温度依存性を示し，イオン伝導性マトリックスとしての機能を有していることがわかった。LiTFSI添加系において，最も良好なイオン伝導度（2.59×10^{-5} S/cm at 50℃）を示した。この値は，1,7-オクタジエンとモノブロモボランヂメチルスルフィド錯体から得られるメトキシボランユニットのみからなるポリマーの値（4.70×10^{-6} S/cm；at 50℃）よりも高かった。リチウムイオン輸率をLiTFSI添加系について測定すると，30℃において0.47であった。一般的な非プロトン性極性溶媒のリチウムイオン輸率（0.2〜0.3）と比較して高いことから，ホウ素によるアニオントラップが有効に働いていることが示唆される。また，この値は，ホウ酸エステルユニットをもつポリエーテル系高分子と比較しても大きく，ホウ素によるアニオントラップが非ポリエーテル系マトリックスにおいてより効果的に起こっていることが示された。イミダゾール錯体は新たな展開を示す材料になりうる。

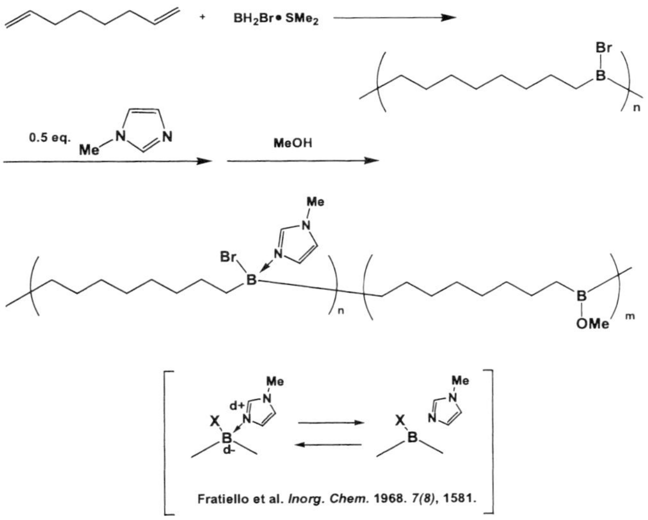

第16章　電気化学的な機能を付与したイオン液体

図5　ポリ（有機ホウ素ハライド）―イミダゾール錯体の合成法

文　　献

1) T. Welton, *Chem. Rev.*, **99**, 2071 (1999), H. Ohno, Ed., *Electrochemical Aspects of Ionic Liquids*, Wiley Interscience, New York (2005)
2) 例えば, T. Mizumo, H. Ohno, *Polymer*, **45**, 861 (2004)
3) M. Yoshizawa, M. Hirao, K. Ito-Akita, H. Ohno, *J. Mater. Chem.*, **11**, 1057 (2001)
4) N. Matsumi, M. Miyake, H. Ohno, *Chem. Commun.*, 2852 (2004)
5) N. Matsumi, A. Mori, K. Sakamoto, H. Ohno, *Chem. Commun.*, 4557 (2005)
6) K. Niedenzu, J. W. Dawson, Boron-nitrogen Compounds, Springer-Verlag: New York, (1965)
7) H. C. Brown, H. I. Schlesinger, S. Z. Cardon, *J. Am. Chem. Soc.*, **64**, 325 (1942); H. C. Brown, *J. Am. Chem. Soc.*, **67**, 1452 (1945); H. C. Brown, H. Pearsall, *J. Am. Chem. Soc.*, **67**, 1765 (1945)
8) W. M. Jones, *J. Am. Chem. Soc.*, **82**, 2528 (1960); W. C. Perkins, D. H. Wadsworth, *J. Org. Chem.*, **37** (5), 800 (1972); G. C. Andrews, T. C. Crawford. *Tetrahedron Lett.*, **21** (8), 693 (1980)
9) K. Kojima, Y. Iwata, K. Nagayama, S. Iwabuchi, *J. Polym. Sci. Polym. Lett. Ed.*, **8** (8), 541 (1970)
10) D. Seyferth, R. Smith, Jr. William. *Mater. Res. Soc. Symp. Procedings.*, **121**, 449 (1988)
11) M. F. Hawthorne, *J. Org. Chem.*, **23**, 1788 (1958); H. C. Brown, K. J. Murray, L. J. Murray, J. A. Snover, G. Zweifel, *J. Am. Chem. Soc.*, **82**, 4233 (1960)
12) F. C. Chang. *Synth. Commun.*, **11** (11), 875 (1981)
13) N. Matsumi, T. Mizumo, H. Ohno, *Polym. Bull.*, **51**, 389 (2004)

第17章 特定イオンの伝導体

1 多価アニオンを成分とするイオン液体の合成とカチオン伝導特性

荻原　航[*1]，大野弘幸[*2]

1.1 はじめに

　イオン液体をイオン伝導体として利用するためには，有用なイオン種をイオン液体中に存在させ，効率良く移動させることが要求される。有用なカチオンとしては，リチウムイオンやプロトンなど質量の小さなものが単位重量当りのエネルギー密度を高める要求から必然的に選択されている。ただし，こうしたカチオンは表面電荷密度が高く，強い静電的相互作用力によってアニオンと結合するので，物理化学的見地からは移動させにくいイオンである。その上，これらの小さな金属カチオンとイオン液体を形成しやすいと認識されているアニオンを組み合わせたとしても，塩は液体にはならない。しかしながら，イオン液体は有機化合物なので，目的に合わせて分子構造をデザインすることで，有用なイオン種を含む構造を提案することが可能である。

　リチウムイオン二次電池や燃料電池などのエネルギーデバイスにおいては，電極間での特定のカチオンの長距離移動が要求される。通常入手できるイオン液体のカチオンはこうしたデバイスの目的カチオン種（プロトンやリチウムイオンなど）ではないため，新たに電荷輸送担体となる目的カチオン種を加える必要がある。目的カチオン種をイオン液体に導入するには，イオン液体を溶媒として考え，低分子無機塩や酸などを添加し，解離させるのが簡単である[1]。一方で，電気化学的デバイスが必要とする目的カチオンから構成されるイオン液体を作成するのも有効であろう[2]。目的カチオンから構成されるイオン液体としては，共融混合物やポリエーテルなどの高分子の末端に塩構造を有する化合物群などが該当する。これらの方法論は前書[3]に詳しい。

　一般的なイオン液体はイミダゾリウムカチオンなどの有機カチオンと，BF_4^-や$TFSI^-$などの対アニオンが組み合わされた塩構造である。イオン液体のほとんど全ては一価のイオン同士の組み合わせからなり，多価のイオンを成分としたイオン液体についての報告は少ない。多価のイオン種は静電的な相互作用力が強いので，融点や粘度などが相当上昇するため，塩の低融点化には逆行する方法論であると判断される。それでも，多価イオンがイオン液体を形成出来ないわけではなく，一部の多価アニオンはイミダゾリウムカチオンなどの有機カチオンと組み合わせればイオン液体となる[4]。多価アニオンを用いることの魅力は，図1に示すように複数種のカチオンとイオン対を形成できることにある。これらの点に着目して，筆者らはアルカリ金属

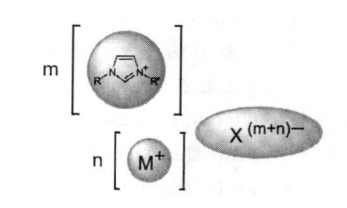

図1　多価アニオンから構成されるイオン液体の模式図

---

* 1　Wataru Ogihara　東京農工大学大学院　工学教育部　生命工学専攻
* 2　Hiroyuki Ohno　東京農工大学大学院　共生科学技術研究部　ナノ未来科学研究拠点　教授

第17章　特定イオンの伝導体

イオンを成分として含有するイオン液体を作成した。

1.2　アルカリ金属イオンを含有するイオン液体

　筆者らの研究室においてこれまでに行われた研究から，エチルイミダゾールもしくは，メチルピロリジンと種々のアルカリ金属硫酸水素塩を中和させて得られた塩が室温で液体となることがわかっている[5]。その他にも多くのアルキルイミダゾールや三級アミンを用いて塩の液体化を同様に試みたが，室温において流動性を示したのはこれらの2種のみであった。エチルイミダゾリウム塩が低融点を示しやすい傾向は一価アニオンとの組み合わせでも確認されており，エチルイミダゾリウムカチオンが室温以下に融点を有するアモルファスな塩の設計に適しているという傾向がこれらの系でも認められた。

　示差走査熱量測定によって作成した塩の相転移温度を評価した結果，それぞれ約-60℃と約-80℃にガラス転移温度が観測された。室温でのイオン伝導度は，構造中のアルカリ金属イオン種に関わらずほぼ同程度であり，EImMSO$_4$が約0.1 mS cm^{-1}，P$_{10}$MSO$_4$は約1 mS cm^{-1}という比較的良好なイオン伝導性を示した。これらの物性値を表1にまとめたい。それぞれの塩種のガラス転移温度の差がイオン伝導度に反映されていることがわかる。

　これらのアルカリ金属イオン液体は，先に述べた強い静電的な相互作用を反映して高粘性であり，最も低い粘性を示したP$_{10}$KSO$_4$でも754 cP（40℃）であった。従って，より高性能なイオン伝導材料とするためには，粘性とガラス転移温度の両者がより低くなるような構造の設計が必要である。

表1　アルカリ金属イオン液体のガラス転移温度とイオン伝導度（25℃）

	EImMSO$_4$		P$_{10}$MSO$_4$	
	T_g / ℃	σ_i / mS cm^{-1}	T_g / ℃	σ_i / mS cm^{-1}
M = Li	-60	0.054	-78	1.69
Na	-68	0.180	-82	1.74
K	-67	0.174	-85	1.93
Rb	-55	0.030	-85	1.32
Cs	-59	0.059	-84	2.10

a ; 25℃

　イオン液体の粘度はイオン伝導度に大きく影響している。しかし複数種のイオンが混在しているこれらのイオン液体においては，イオン伝導度に対して目的イオンがどの程度寄与しているかが重要である。P$_{10}$LiSO$_4$に関して，磁場勾配NMRを用いて構成成分の拡散係数を評価した。有機カチオンと同様に，Li$^+$も拡散していることが示され，目的イオンは充分に移動可能な状態であると推測された。しかし，この系をリチウムイオン伝導体として応用するためには，伝導イオン種の同定や解離状態の解析など解決すべき点が残されている。

1.3　プロトンを含有するイオン液体

イオン液体は不揮発性のイオン伝導体であるため，100 ℃以上の中温領域でも使用可能なプロトン伝導体を作ることができる。イオン液体の構成イオン種として前述の多価アニオンを用いることで，イオン液体の構造中に易動性のプロトンを導入することも可能である。こうして得られたプロトン含有イオン液体は，優れた熱的安定性と高いイオン伝導性によって水に替わるプロトン伝導体として期待できる。そこで，種々の多塩基酸を出発物質とし，メチルイミダゾリウム塩，エチルイミダゾリウム塩及び1–エチル–3–メチルイミダゾリウム塩を合成した。それらのガラス転移温度を表 2 にまとめた。

表 2　プロトン含有イオン液体のガラス転移温度

Cation		T_g / ℃			
		HSO_4^-	$H_2PO_4^-$	$H_2PO_3^-$	$H_3P_2O_7^-$
MIm^+	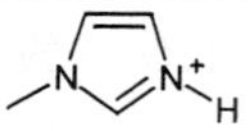	−99	57 *	−70 *	−42
EIm^+	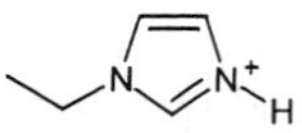	−75	−49 *	−76 *	−41
$EMIm^+$	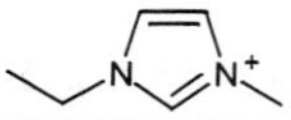	−94	−74	−76	−46

*　Solid at room temperature

リン酸，亜リン酸を出発物質とする塩は室温では固体になりやすかったが，作成した塩のほとんどが100 ℃以下の融点を有していた。得られたプロトン含有イオン液体の中でも，硫酸を成分とする塩種が，その他の塩種よりも低いガラス転移温度を示し，特に $MImHSO_4$ と $EMImHSO_4$ は一価のアニオンから形成される一般的なイオン液体と比較しても低いガラス転移温度を示した。また，プロトン含有イオン液体の熱分解温度は200 ℃以上であったことから，非水系プロトン伝導体として利用可能な耐熱性を有していると判断される。

図 2 には，四種類の EMIm 塩のイオン伝導度の温度依存性を示す。$EMImHSO_4$ が室温において約 10^{-3} S cm^{-1} という高いイオン伝導性を示した一方，$EMImH_2PO_4$，$EMImH_2PO_3$ も，$EMImHSO_4$ には劣るものの，室温において 10^{-4} S cm^{-1} 程度の比較的良好なイオン伝導性を示した。これらのプロトン含有イオン液体のイオン伝導度は，低いガラス転移温度を示すものほど高いイオン伝導度を有していた。一般的なイオン液体と同様，この場合もガラス転移温度とイオン伝導度の間に明確な相関がある。硫酸塩が良好な物性値を示したのは，リン酸類の酸性度が同程度であるのに対し，

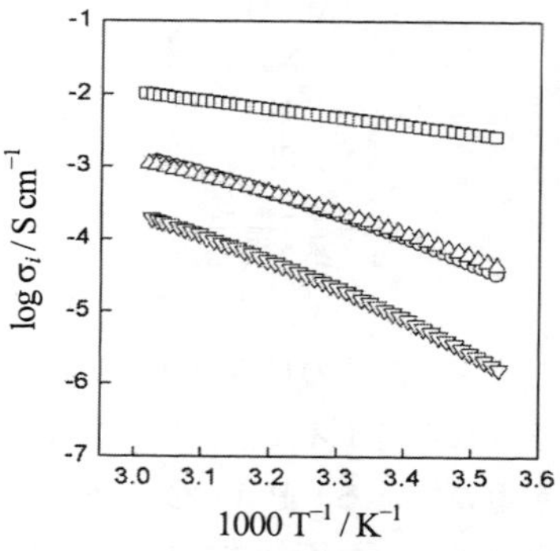

図 2　プロトンを含有するイオン液体のイオン伝導度の温度依存性
$EMImHSO_4$(□)，$EMImH_2PO_4$(○)，$EMImH_2PO_3$(△)，$EMImH_3P_2O_7$(▽)

第 17 章　特定イオンの伝導体

硫酸がより強い酸ということに関係している（硫酸＞ピロリン酸＞亜リン酸＞リン酸）。硫酸に次いで強酸性のピロリン酸から構成されるイオン液体のイオン伝導度が低かったのは，アニオンの大きさとイオン間に働く相互作用によるガラス転移温度の上昇が影響したものと推測される。

　$EMImHSO_4$ と $EMImH_2PO_4$ について水素存在下で直流電圧を印加して分極測定を，また水素と酸素を両極にそれぞれ充填して発電試験を各々行った結果，分極測定からは直流電流が，発電試験では約0.6 V程度の開回路電圧が得られた。これらの結果は，ここで作成した全てのプロトン含有イオン液体がプロトン伝導体として機能することを示唆している。

文　　献

1) a) E. I. Cooper, C. A. Angell, *Solid State Ionics*, **9 & 10**, 617 (1983), b) W. A. Henderson, S. Passerini, *Chem. Mater.*, **16**, 2881 (2004)

2) a) K. Xu, C. A. Angell, *Electrochim. Acta*, **40**, 240 (1995), b) a) K. Ito, H. Ohno, *Electrochim. Acta*, **43**, 1247 (1998), b) H. Tokuda, S. Muto, N. Hoshi, T. Minakata, M. Ikeda, F. Yamamoto, M. Watanabe, *Macromolecules*, **35**, 1403 (2002), c) H. Shobukawa, H. Tokuda, M. A. B. H. Susan, M. Watanabe, *Electrochim. Acta*, **50**, 3872 (2005)

3) a) 大野弘幸監修，イオン性液体―開発の最前線と未来―，シーエムシー出版 (2003), b) H. Ohno ed., Electrochemical Aspects of Ionic liquids, Wiley-Interscience (2005)

4) a) J. S. Wilkes, M. J. Zaworotko, *J. Chem. Soc., Chem. Commun.*, 965 (1992), b) S. I. Lall, D. Mancheno, S. Castro, V. Behaj, J. I. Cohen, R. Engel, *Chem. Commun.*, 2413 (2000)

5) a) W. Ogihara, M. Yoshizawa, H. Ohno, *Chem. Lett.*, 880 (2002), b) W. Ogihara, J. Sun, M. Forsyth, D. R. MacFarlane, M. Yoshizawa, H. Ohno, *Electrochim. Acta*, **49**, 1797 (2004)

2 H$^+$伝導体

吉澤正博*

2.1 はじめに

　この節で取り上げる系の共通点は，イオン液体を水に代わるプロトン伝導媒体として採用していることである。今更言うまでもないが，イオン液体が耐熱性に優れた材料で，構成イオンによっては400℃程度まで揮発・分解しない液体として振る舞うことに起因する。つまり，200℃程度までの中温領域で作動可能な燃料電池用プロトン伝導体の開発を容易にする可能性を秘めていることになる。

　さて，イオン液体をプロトン伝導媒体として扱った報告であるが，大きく分けて「イオン液体＋酸」，「活性プロトンを構成イオンに有するイオン液体」，「塩基＋酸」の3つに分類される（ここで記述する酸と塩基は断りがない限りブレンステッドの定義に基づく）。これら3つの中で最も報告数が多いのは「塩基＋酸」の系であり，前出の2つに関する報告数はさほど多くない。なぜか？　主な理由としては，高純度の酸及び塩基を容易に入手できる，それらを混合することで目的のイオン液体を容易に得ることができる，つまりアニオン交換反応が不要といったところだろう。何気ないことのようだが，イオン液体を合成する上で出発物質の純度及び合成経路の簡略化は最も大切な事柄である。従って，これらのことが報告数の増加ならびにイオン液体構造の多様性の一助となっていることは間違いない。しかし決定的な理由は，プロトンの伝導機構に密接に関係しているように思う。つまり，より速いプロトン輸送を可能とするホッピング機構（Grotthus機構）を達成するには，「塩基＋酸」の系は非常に都合が良いのである。本稿では，上記の分類に従って各系の現状を述べる。

2.2 イオン液体＋酸

　これまでに報告されている系をそのイオン伝導度と共に表1にまとめた[1〜5]。期待されたように，100℃を超す温度域においてもイオン伝導度を測定することができ，それらの値は0.01S/cm程度に達した。しかし，ここに示すイオン伝導度は，当然，溶媒であるイオン液体の寄与も含む。そのため，プロトンの輸率は1よりもかなり小さいことが予想され，その値を見積もることは難しいだろう。いずれの報告においてもその点が明らかにされておらず，今後の課題である。イオン液体と酸を混合した後，各成分のイオン伝導度よりも高い値を示す系もあるが，昇温後大きなヒステリシスを示し，含有するイオン液体のイオン伝導度に徐々に近づくことから，残存する水分がプロトン伝導に強く影響していることが原因として考えられる。よく乾燥された1-ethyl-3-methylimidazolium bis (trifluromethanesulfonyl) amide ([C$_2$mim]TFSA)とbis (trifluoromethanesulfonyl) amine (HTFSA)またはCF$_3$SO$_3$Hを混合した場合，いかなる混合比においてもイオン液体のイオン伝導度を超えることはない[6]。しかし，当然ながらイオン液体と酸の組み合わせ及びイオン液体の構造を最適化してゆけば，イオン液体中におけるプロトン伝導の改善は大いに可能であり，何ら悲観するものではない。さらに，Pt電極上における酸素還元反応に関して，[C$_2$mim]CF$_3$SO$_3$/CF$_3$SO$_3$H混合系と後に述べる「塩基＋酸」の系を比較した場合，

---

　　*　Masahiro Yoshizawa-Fujita　Monash University　School of Chemistry，博士研究員

第17章 特定イオンの伝導体

表1 イオン液体／酸混合系の分類とイオン伝導度

イオン液体(or Zwitterion)	酸	ポリマーマトリクス	イオン伝導度		文献
[C4mim][CF3SO3]	——	Nafion 117	0.0051 S/cm	150 ℃	1)
[C4mim][BF4]	——	Nafion 117	0.0019 S/cm	130 ℃	1)
[C2mim][CF3SO3]	——	R_F-(AMPS)$_n$-R_F (R_F=CF(CF$_3$)OC$_6$F$_{13}$)	0.012 S/cm (含 DMSO)	室温	2)
[C2mim][TFSA]	Silicotungstic acid	——	0.06 S/cm	110 ℃	3)
[C4mim][BF4]	H$_3$PO$_4$	Silicate gel	0.0012 S/cm	17 ℃	4)
[C3mim][TFSA]	CF$_3$SO$_3$H	PVdF-HFP (Kynar Flex)	0.01 S/cm	100 ℃	5)
Bu-im-propylSO$_3$	HTFSA	——	0.0027 S/cm	120 ℃	9)

前者の方が優れた結果を示すことが報告されている[7, 8]。また，イオン液体に代わり zwitterion（第16章4節参照）をマトリクスとし，HTFSAを添加した系の報告がある[9]。それらの混合物は室温で液体になり，HTFSAが40mol％のとき混合物のイオン伝導度は120℃で0.0027S/cmだった。この系の優れた点は，HTFSAの昇華性にも関わらず，zwitterion が少過剰量の混合比では300℃程度まで重量減少が起こらないことである。これは従来のイオン液体とHTFSAの単純混合系では到底達成できない熱安定性である。このような理由から，イオン液体を燃料電池用プロトン伝導体として応用する上で，イオン液体のデザインも含めた上記の最適化を進める意義は十分あると考える。

2.3 活性プロトンを構成イオンに含有するイオン液体

前項の「イオン液体＋酸」に関して，イオン液体と酸の組み合わせやイオン液体構造の最適化によってプロトン伝導のさらなる改善は可能であることを述べた。しかし，次の大きなステップの一つとしては，目的キャリアイオンであるプロトンのイオン液体化が挙げられるだろう。この方法論はプロトンに限らず有効で，リチウムイオン等においても既に活用されている（第17章1節参照）。この系の報告数は今のところ最も少ないが，すでに魅力的な結果が得られている。例えば，[C$_2$mim](HF)$_{2.3}$F（図1(a)）（詳細は第15章3節）は25℃で1.1Vの開回路電圧を示し，アノード及びカソードでの分極曲線は比較に用いたKOH水溶液よりも優れている[10]。これらの

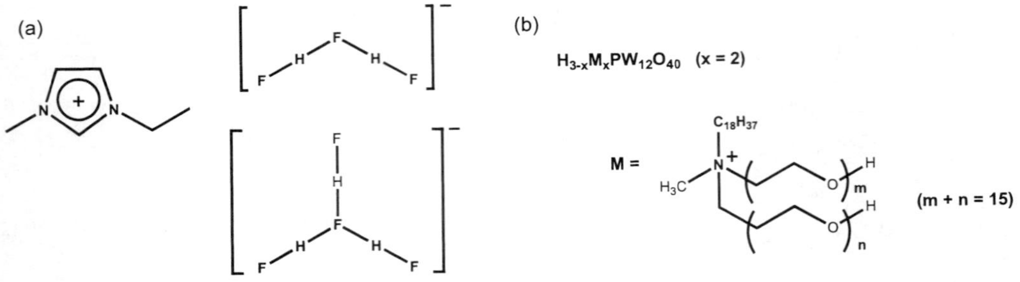

図1 活性プロトンを構成イオンに含有するイオン液体の構造

結果は,イオン液体を構成するフルオロハイドロジェネートアニオン自身がプロトンキャリアとなっていることを裏付ける。つまり,前項のように酸を添加する必要がないため,イオン液体の特徴をそのまま活かせることが大きなメリットである。さらに,polyoxometalatesのプロトンを1-butyl-3-methylimidazolium([C$_4$mim])カチオン[11]やオリゴエーテル側鎖を有するアンモニウムカチオン(図1(b))[12]に置換した系が新規プロトン伝導性イオン液体として報告されているが,特に後者の系において興味深いイオン伝導特性が報告されている。後者の系は実際に室温で液体となり,そのイオン伝導度が系の粘性とデカップルしているのである。つまり,系の粘度から予測されるイオン伝導度よりも高い値を示す。一般的に,イオン液体のような濃厚溶液中ではイオン対の存在等により,系のイオン伝導度は粘度から予測される値よりも低くなる[13,14]。従って,詳細は明らかにされていないが,プロトンホッピングのような伝導機構が存在する可能性はかなり高いと考える。今後目指すべき設計指針の一つであろう。

2.4 塩基+酸

実は,この項を前項に組み込むことは可能である。しかしそうしなかったのは,塩を成立させる過程が異なることと,この項をさらに2つの系に分けるため区別した方が都合が良かったからである。

さて,既に今節の冒頭でも述べたように「塩基+酸」に分類されるイオン液体は極めて多く,枚挙に暇がない。それらの報告をさらに2つに分類する。イミダゾールまたはその誘導体を用いているか用いていないかである。イミダゾール誘導体といえども,窒素原子にプロトンではなくアルキル基が修飾されている場合は後者に分類することを断っておく。

イミダゾールは結晶中においても導電性を示し,さらにその融点以上においても添加酸の存在なしに比較的高いプロトン伝導度を示す[15]。これは,イミダゾール自身がプロトンドナー及びプロトンアクセプターの両方の性質を併せ持つことに基づく[16]。このような性質を持つ化合物は,プロトン伝導媒体としての観点から文字通り水分子に取って代わることができ,イミダゾールが高い関心を集めるのもこのような理由による。イミダゾール中のプロトン伝導機構に関しては多角的に検証されている[17~20]。例えば,イミダゾールに酸をドープした系のイオン伝導度は,一般的にはキャリアイオン数が最大となる等モル混合において極大値を示すと予測されるが,イミダゾール過剰組成において最大値を示した[16,17]。これは,そのような組成比におけるプロトン

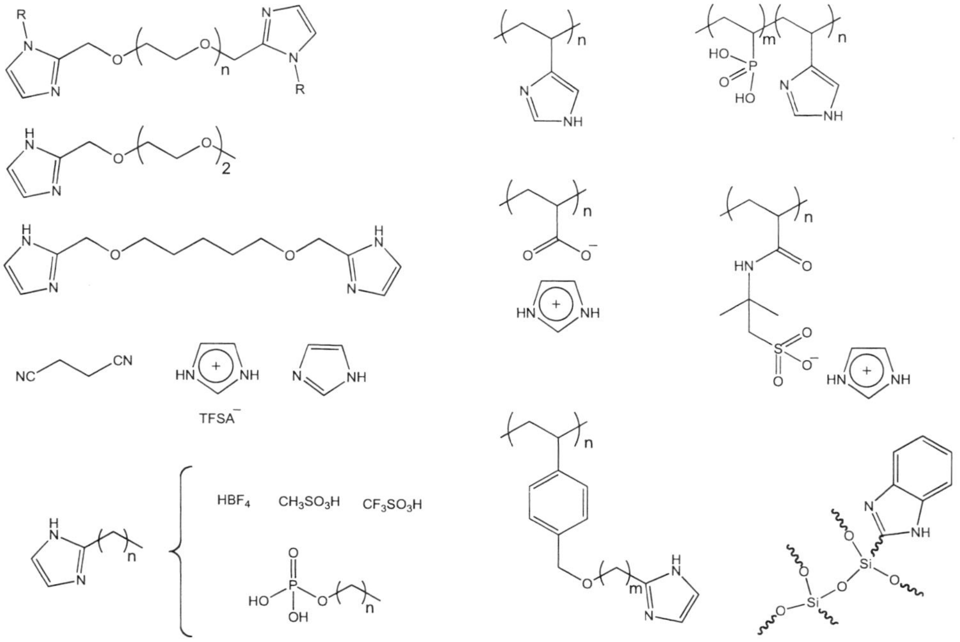

第17章 特定イオンの伝導体

図2 イミダゾール誘導体の構造

ホッピング機構の存在を明瞭に示している。

燃料電池用高分子電解質膜の作成を目的にイミダゾールの固相化も活発に研究されており，モデル化合物としてのオリゴマー[21~24]，ポリマー[16, 25~28]またはプラスチッククリスタル[29]へのイミダゾール混合，イミダゾール自身のポリマー化[30~32]，自己集合型イミダゾール[33, 34]など種々ある（図2）。無加湿条件下100℃で0.001S/cmを遥かに超える系も得られているが，イミダゾールをNafionに含浸させた系においてPt触媒の被毒が確認されており，燃料電池において高い発電特性を得るには大きな障壁となる。そのような欠点の改善に，フッ素化イミダゾール[35]やトリアゾール[36, 37]が提案されている。トリアゾールは上記の欠点改善のみならず，イミダゾールよりも高いプロトン伝導性を有する。特にこの傾向はポリマー化したときに顕著で，異性体の存在がプロトン輸送を円滑にしていると考えられており，今後の展開が楽しみな系の一つである。

さて，次にイミダゾールまたはイミダゾール誘導体を用いていない系について述べる。こういう書き方は，この系に少なからず負のイメージを持たせるかもしれないが，あくまでも分類の便宜上の話であって，実際少しも劣っていないし，構造のバリエーションは群を抜いて多い[2, 13, 38~51]。この系は塩基と酸を等モル量混合し，中和することで得られる。従来系と比べ非常に簡便に得られる反面，平衡反応であるがゆえ，条件によっては塩基と酸に戻り揮発するという弱点も内包する[51]。しかし，燃料電池の電解質として発電することがすでに報告されており[52]，合成の容易さと合わせ，益々活発に研究されていくだろう。

2.5 おわりに

プロトン伝導媒体としてのイオン液体を紹介した。なかでも「塩基+酸」は酸触媒能を有する溶媒としても多数報告があり，ここ数年最も注目を集めている系の一つである。しかし，Weltonの総説[53]によれば最初に報告されたイオン液体は，エチルアミンと硝酸の中和によって作成された系で，上記の「塩基+酸」に分類される。その論文が報告されたのは1914年であるから間もなく100年が経つ。まさにイオン液体のルネッサンスである。偉大な先人に恥じぬよう精進したい。

文献

1) M. Doyle, S. K. Choi, G. Proulx, *J. Electrochem. Soc.*, **147**, 34 (2000)
2) H. Sawada, K. Shima, J. Kyokane, K. Oharu, H. Nakagawa, T. Kitazume, *Eur. Polym. J.*, **40**, 1595 (2004)
3) J. Sun, D. R. MacFarlane, M. Forsyth, *Electrochim. Acta*, **46**, 1673 (2001)
4) Z. Li, H. Liu, Y. Liu, P. He, J. Li, *J. Phys. Chem. B*, **108**, 17512 (2004)
5) M. A. Navara, S. Penero, B. Scrosati, *Electrochem. Solid-State Lett.*, **8**, A324 (2005)
6) 野田明宏，横浜国立大学，博士論文 (2002)
7) K. Kudo, S. Mitsushima, N. Kamiya, K. Ota, *Electrochemistry*, **73**, 668 (2005)
8) K. Kudo, S. Mitsushima, N. Kamiya, K. Ota, *Electrochemistry*, **73**, 272 (2005)
9) M. Yoshizawa, H. Ohno, *Chem. Commun.*, 1828 (2004)
10) R. Hagiwara, T. Nohira, K. Matsumoto, Y. Tamba, *Electrochem. Solid-State Lett.*, **8**, A231 (2005)
11) Z. Li, Q. Zhang, H. Liu, P. He, X. Xu, J. Li, *J. Power Sources*, in press
12) A. B. Bourlinos, K. Raman, R. Herrera, Q. Zhang, L. A. Archer, E. P. Giannelis, *J. Am. Chem. Soc.*, **126**, 15358 (2004)
13) W. Xu, C. A. Angell, *Science*, **302**, 422 (2003)
14) W. Xu, E. I. Cooper, C. A. Angell, *J. Phys. Chem. B*, **107**, 6170 (2003)
15) A. Kawada, A. R. McGhie, M. M. Labes, *J. Chem. Phys.*, **52**, 3121 (1970)
16) K. D. Kreuer, A. Fuchs, M. Ise, M. Spaeth, J. Maier, *Electrochim. Acta*, **43**, 1281 (1998)
17) A. Noda, M. A. B. H. Susan, K. Kudo, S. Mitsushima, K. Hayamizu, M. Watanabe, *J. Phys. Chem. B*, **107**, 4024 (2003)
18) W. Münch, K. D. Kreuer, W. Silvesti, J. Maier, G. Seifert, *Solid State Ionics*, **145**, 437 (2001)
19) I. Fischbach, H. W. Spiess, K. Saalwächter, G. R. Goward, *J. Phys. Chem. B*, **108**, 18500 (2004)
20) G. R. Goward, K. Saalwächter, I. Fischbach, H. W. Spiess, *Solid State Nucl. Magn. Reson.*, **24**, 150 (2003)
21) M. Schuster, W. H. Meyer, G. Wegner, H. G. Herz, M. Ise, M. Schuster, K. D. Kreuer, J. Maier, *Solid State Ionics*, **145**, 85 (2001)
22) M. F. H. Schuster, W. H. Meyer, M. Schuster, K. D. Kreuer, *Chem. Mater.*, **16**, 329 (2004)
23) M. Schuster, T. Rager, A. Noda, K. D. Kreuer, J. Maier, *Fuel Cells*, **5**, 355 (2005)
24) G. R. Goward, M. F. H. Schuster, D. Sebastiani, I. Schnell, H. W. Spiess, *J. Phys. Chem. B*, **106**, 9322 (2002)

第17章 特定イオンの伝導体

25) M. Yamada, I. Honma, *Angew. Chem. Int. Ed.*, **43**, 3688(2004)
26) H. Erdemi, A. Bozkurt, W. H. Meyer, *Synth. Met.*, **143**, 133(2004)
27) C. Yang, P. Costamagna, S. Srinivasan, J. Benziger, A. B. Bocarsly, *J. Power Sources*, **103**, 1 (2001)
28) A. Bozkurt, W. H. Meyer, G. Wegner, *J. Power Sources*, **123**, 126(2003)
29) Y. Abu-Lebdeh, A. Abouimrane, P. -J. Alarco, A. Hammami, L. Ionescu-Vasii, M. Armand, *Electrochem. Commun.*, **6**, 432(2004)
30) A. Bozkurt, W. H. Meyer, *Solid State Ionics*, **138**, 259(2001)
31) H. G. Herz, K. D. Kreuer, J. Maier, G. Scharfenberger, M. F. H. Schuster, W. H. Meyer, *Electrochim. Acta*, **48**, 2165(2003)
32) A. Bozkurt, W. H. Meyer, J. Gutmann, G. Wegner, *Solid State Ionics*, **164**, 169(2003)
33) M. Yamada, I. Honma, *J. Phys. Chem. B*, **108**, 5522(2004)
34) T. Mukai, M. Yoshio, T. Kato, M. Yoshizawa-Fujita, H. Ohno, *Electrochemistry*, **73**, 623(2005)
35) W. -Q. Deng, V. Molinero, W. A. Goddard III, *J. Am. Chem. Soc.*, **126**, 15644(2004)
36) Z. Zhou, S. Li, Y. Zhang, M. Liu, W. Li, *J. Am. Chem. Soc.*, **127**, 10824(2005)
37) S. Li, Z. Zhou, Y. Zhang, M. Liu, W. Li, *Chem. Mater.*, in press
38) M. A. B. H. Susan, A. Noda, S. Mitsushima, M. Watanabe, *Chem. Commun.*, 938(2003)
39) H. Matsuoka, H. Nakamoto, M. A. B. H. Susan, M. Watanabe, *Electrochim. Acta*, **50**, 4015(2005)
40) M. A. B. H. Susan, M. Yoo, H. Nakamoto, M. Watanabe, *Chem. Lett.*, **32**, 836(2003)
41) M. A. B. H. Susan, M. Yoo, H. Nakamoto, M. Watanabe, *Trans. Mater. Res. Soc. Jpn.*, **29**, 1043 (2004)
42) J. -F. Huang, H. Luo, C. Liang, I. -W. Sun, G. A. Baker, S. Dai, *J. Am. Chem. Soc.*, **127**, 12784 (2005)
43) Z. Du, Z. Li, S. Guo, J. Zhang, L. Zhu, Y. Deng, *J. Phys. Chem. B*, **109**, 19542(2005)
44) M. Hirao, H. Sugimoto, H. Ohno, *J. Electrochem. Soc.*, **147**, 4168(2000)
45) M. Yoshizawa, W. Ogihara, H. Ohno, *Electrochem. Solid-State Lett.*, **4**, E25(2001)
46) W. Ogihara, M. Yoshizawa, H. Ohno, *Chem. Lett.*, 880(2002)
47) H. Ohno, M. Yoshizawa, *Solid State Ionics*, **154-155**, 303(2002)
48) M. Yoshizawa, W. Ogihara, H. Ohno, *Polym. Adv. Technol.*, **13**, 589(2002)
49) H. Ohno, M. Yoshizawa, W. Ogihara, *Electrochim. Acta*, **50**, 254(2004)
50) M. Hirao, K. Ito, H. Ohno, *Electrochim. Acta*, **45**, 1291(2000)
51) M. Yoshizawa, W. Xu, C. A. Angell, *J. Am. Chem. Soc.*, **125**, 15411(2003)
52) C. A. Angell, W. Xu, M. Yoshizawa, A. Hayashi, J. -P. Belieres, P. Lucas, M. Videa, in Electrochemical Aspects of Ionic Liquids, H. Ohno, ed., John Wiley & Sons, Inc., New Jersey, 2005, p. 18
53) T. Welton, *Chem. Rev.*, **99**, 2071(1999)

3 アニオン伝導体

水雲智信[*1]，大野弘幸[*2]

3.1 はじめに

プロトン伝導体やリチウムイオン伝導体に比べると，アニオン伝導体に関する研究報告は少ないが，色素増感太陽電池（Dye-sensitized solar cell：DSSC）の電解質としてヨウ素アニオンを成分とするイオン液体の誘導体設計や，それらを実際に組み込んだ例が近年次々と報告されている[1,2]。DSSCの原理や最新の研究動向については本書第20章1節や，前版 第7章2節[3]を参照されたい。また，ハロゲンアニオン伝導体には，ハロゲンガスの電気化学的ポンピングなどの用途もあり，重要性が増している。ここでは目的イオンをヨウ素アニオンに限定せず，アニオン伝導性のイオン液体の設計と特性について解説する。

低融点・低粘度のイオン液体は様々報告されているが，そのほとんどは電荷が非局在化した大きなアニオンを有している。残念ながら，DSSCをはじめとする多くのアプリケーションではこれらのアニオンは使えず，ハロゲンアニオン伝導体を必要とするため，ハロゲン化物塩の融点を低下させることが求められる。イミダゾリウムのヨウ化物塩の中には，アルキル鎖長によって常温で液体〜液晶となるものが知られている[4,5]が，その種類は限られている。融点を低下させるための最も簡単で有効な方法は，ハロゲン化物塩を低融点の一般的なイオン液体と混合することであるが，この場合，異種アニオン含量の増大によってハロゲンアニオンの輸率が低下することに留意しなければならない。塩を混合せずに低融点のハロゲン化物塩を得るためには，カチオンの構造を工夫することになる。ハロゲンアニオンは球状でイオン半径も小さいので，強い静電相互作用により結晶形成が促され，一般に高融点の塩を与える。こうした塩の融点を下げるため，我々はこれまで二群の液状ハロゲン化物塩を報告してきた。一つはポリエーテル鎖のオニウムカチオンへの導入（アニオン伝導型ポリエーテル／塩ハイブリッド）[6]であり，もう一つはアリルイミダゾリウム塩である。

3.2 ポリエーテル／塩ハイブリッド

ポリエーテル／塩ハイブリッドについては第16章1節，2節でも触れた。ポリエーテルも塩も元来は結晶性であるが，適切な鎖長のポリエーテルの末端に塩構造を共有結合固定させることで，双方の融点が消失する。我々は，末端をハロゲン化したポリエチレンオキシド（PEO）と各

Scheme 1　アニオン伝導型ポリエーテル／塩ハイブリッド（ジカチオン）の合成
NR_3：ピリジン，トリエチルアミン，1-メチルイミダゾール，4,4'-ビピリジン，など

[*1] Tomonobu Mizumo　東京農工大学大学院　共生科学技術研究部　ナノ未来科学研究拠点　博士研究員

[*2] Hiroyuki Ohno　東京農工大学大学院　共生科学技術研究部　ナノ未来科学研究拠点　教授

第17章 特定イオンの伝導体

種の第3級アミンを反応させることにより，トリエチルアンモニウム，ピリジニウム，イミダゾリウム，ビオローゲンの塩化物塩，および臭化物塩を得た（Scheme 1）[7, 8]。PEOの平均分子量（M_n）が1000程度までは多くが室温で液体の塩として得られ，融点は観測されなかった。M_nが2000以上のPEOを用いると，PEO部が室温付近で結晶化した。

これらのPEO／塩ハイブリッドのハロゲン化物塩は，室温において10^{-5} S cm^{-1}程度のイオン伝導度を発現した。イオン伝導度はポリエーテルの鎖長により若干の変化を示し，両末端に塩構造を持ったハイブリッドの場合，PEO分子量が600程度で極大を示した（図1）。

ポリエーテルはルイス塩基であり，アニオンよりもカチオンに強く配位する。そのため，より小さいアニオンの方が速く拡散でき，高いイオン伝導度を発現すると我々は当初予想した。しかし，実際にイオン交換で各種アニオンを持ったハイブリッドを合成し，評価したところ，イオン半径とイオン伝導度には明確な相関が見られなかった。大きなアニオンを持つ系は解離しやすくキャリアーイオンが効果的に生成される上，中にはTFSIアニオンのように可塑化効果を示すものもあるため，単純な相関には収まらなかったものと考えられる。いずれにせよ，ポリエーテル／塩ハイブリッドの構造にはまだ検討の余地が残されており，新しい展開が期待される。

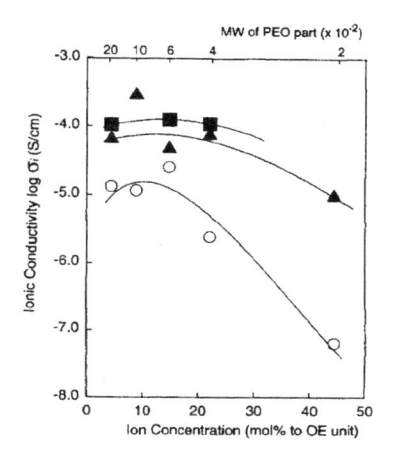

図1 アニオン伝導型ポリエーテル／塩ハイブリッド 臭化物塩 の50℃におけるイオン伝導度に及ぼすポリエーテル鎖長の影響
▲：ピリジニウム塩，■：トリエチルアンモニウム塩，／比較 ○：カチオン伝導型ハイブリッド
（参考文献8（K. Ito, and H. Ohno, 1998）より引用）

3.3 アリルイミダゾリウム塩

アリルイミダゾリウムのハロゲン化物塩が液体であるこ

表1 1-アリル-3-R-イミダゾリウムハライドの物理化学特性

Ionic Liquid	R	X$^-$	σ_i/mS cm^{-1}(25℃)	T_g/℃	T_m/℃	T_d/℃	η/cP(25℃)
[AAIm]Cl	Allyl	Cl$^-$	0.58	−68.3	21.5	234	1198
[AMIm]Br	Me	Br$^-$	1.55	−65.5	53.1	264	852
[AEIm]Br	Et	Br$^-$	1.05	−69.0	−	270	723
[APIm]Br	n-Propyl	Br$^-$	0.48	−67.0	29.5	256	1665
[AAIm]Br	Allyl	Br$^-$	0.74	−67.9	−	252	827
[APenIm]Br	n-Pentyl	Br$^-$	0.17	−61.3	21.0	260	−
[AOIm]Br	n-Octyl	Br$^-$	0.06	−64.5	−	253	−
[AAIm]I	Allyl	I$^-$	1.21	−72.1	−	249	−
[AAIm][TFSI]	Allyl	(CF$_3$SO$_2$)$_2$N$^-$	2.63	−91.6	−	389	31

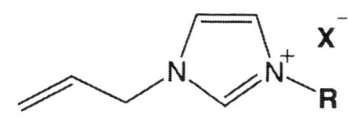

; Rはアリル基あるいはアルキル基

とは1977年にChanらによって発見されていたが[9]，その物性値は最近までほとんど検討されていなかった。我々はアリルイミダゾリウム塩を各種合成し，その融点や粘性，イオン伝導度などを解析した[10]。その結果を表1に示す。塩化物塩，臭化物塩を含めて検討したが，系は全て液体として得られた。各種アリルイミダゾリウム塩は長時間低温に静置すると徐々に結晶化し，室温付近に融点を示した。従って，これらは過冷却状態であることが明らかとなったが，通常のハンドリングで結晶化することはほとんどなく，充分液体として扱える。室温での粘性は800〜1000cP程度であった。一般的なイミダゾリウムハライド塩の粘性は数千〜数万cPであることを考慮すると，粘性は大幅に低下できたと言える。参考のためイオン交換で作成したTFSI塩の粘性も32cPであり，通常のアルキルイミダゾリウム塩のアナログと比べて低い値が得られている。このように粘性が低いことから，アリルイミダゾリウムのハライド塩は室温で10^{-3} S cm^{-1}を超える高いイオン伝導度を示す（図2）。

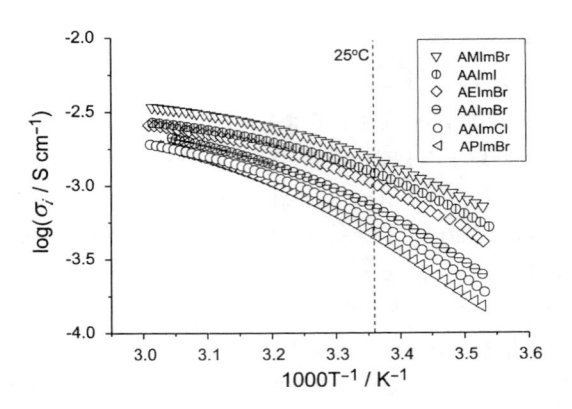

図2　各種アリルイミダゾリウムハライドのイオン伝導度の温度依存性

アリルイミダゾリウムクロリドの物性に関しては，最近Zhangらも生体分子用溶媒としての観点から評価を行っている[11]。これらは塩化物塩の持つ高極性による（第13章参照）。

3.4　ハロゲン化物イオン以外で注目される系

冒頭で述べたように，DSSCへの応用を目指したアニオン伝導体の多くはヨウ素アニオン伝導体である。しかし，適当なレドックスカップルとなるものがあれば伝導させるアニオンはヨウ素に限定されるべきではない。2003年，GrätzelらはSeCN$^-$/(SeCN)$_3^-$のレドックスカップルを利用してDSSCを試作した[12]。図3に示した，SeCNアニオンを持ったイミダゾリウム塩は粘性が21℃で25 cPと低く，10^{-2} S cm^{-1}オーダーの非常に高いイオン伝導度を示した。その結果，8％を超える高い変換効率が得られていることを付記しておく。

図3　[emim][SeCN]

3.5　おわりに

ハロゲン化物塩をはじめとして，アニオン伝導体にはスムーズな電荷授受を目的に設計されたものが多い。反面，熱や光，酸素に弱いものが多く，ハンドリングの難しさなどを伴う。これらをうまくカバーする分子設計も今後強く求められるであろう。ここで紹介したほかにも，アニオン伝導体は高分子化イオン液体の中にも例が見られるが，その詳細については第18章に譲る。

第17章　特定イオンの伝導体

文　　献

1) 加藤岳仁ほか，2005年電気化学会秋季大会 講演要旨集，2F24, p.139(2005)
2) 御子柴智，*Electrochemistry*, **74**, 77(2006)
3) 松本一，イオン性液体（第1版）第7章2節，シーエムシー出版，p.221(2003)
4) P. Bonhôte, A-P. Dias, N. Papageorgiou, K. kalyanasundaram, M. Grätzel, *Inorg. Chem.*, **35**, 1168 (1996)
5) N. Yamanaka, R. Kawano, W. Kubo, T. Kitamura, Y. Wada, M. Watanabe, S. Yanagida, *Chem. Commun.*, **2005**, 740(2005)
6) 水雲智信，大野弘幸，イオン性液体（第1版）第5章3節，シーエムシー出版，p.130(2003)
7) K. Ito, H. Ohno, *Polymer*, **38**, 921(1997)
8) K. Ito, H. Ohno, *Electrochim. Acta*, **43**, 1247(1998)
9) B. K. M. Chan, N. Chang, M. R. Grimmett, *Aust. J. Chem.*, **30**, 2005(1977)
10) T. Mizumo, E. Marwanta, N. Matsumi, H. Ohno, *Chem. Lett.*, **33**, 1360(2004)
11) H. Zhang, J. Wu, J. Zhang, J. He, *Macromolecules*, **38**, 8272(2005)
12) P. Wang, S. M. Zakeeruddin, J-E. Moser, R. Humphry-Baker, M. Grätzel, *J. Am. Chem. Soc.*, **126**, 7164(2004)

第18章　イオン液体の高分子化

荻原　航[*1]，大野弘幸[*2]

1　はじめに

電池などのイオニクスデバイスにおいては，電解液をフィルム（固体）化することで系の軽量化やダウンサイジングに貢献でき，安全性の向上も図れる。イオン液体を電解液として利用する場合も同様で，何らかの方法で固相化したほうが好ましい。力学的強度や加工性を考慮すると，高分子化させることが固相化の実現においては適切な方法である。高分子材料へイオン液体構造を導入するには，重合性官能基を有するイオン液体を作成し，それらを重合することで達成できる。この方法で得られる高分子化合物はもはや液体ではないが，ガラス転移温度の低いイオン液体モノマーを単位構造とするため，運動性の高いドメインを有しており，高分子化イオン液体と呼ばれる。イオン液体を高分子化する他の方法としては，構造形成材となる高分子にイオン液体を浸潤させてゲルとするものや，官能基を介して分子を集合させ，自己組織化させる方法もある。それらの詳しい研究内容については，他の章や本書に先行して2003年に刊行された前書[1]などを参照されたい。本章では，高分子化イオン液体について紹介する。

イオン液体構造を高分子鎖に固定する利点はどこにあるのだろうか。例えば，イオン伝導性高分子として高いイオン伝導性を得るだけなら，イオン液体を高分子構造に閉じ込めたゲル型が好ましい。この問いに対する一つの解としては，イオンを高密度に含有するイオン液体の難燃性，電気化学的安定性といった特異な性質を有する高分子材料が設計可能な点である。これは将来，デバイスを印刷するようになった場合に極めて重要である。また，イオン液体への重合性官能基の導入箇所やイオン液体の構成イオン種の組み合わせによって多様な高分子構造を有する材料が得られ，特定のイオン種だけを伝導できるようになることも魅力である。様々な高分子化イオン液体の可能性を図1に示す。最も基本的な高分子化イオン液体は，カチオンもしくはアニオンに重合基を有するモノマーから形成される線状高分子である。これらは，高分子鎖に固定されていないイオンのみがイオン伝導する材料として機能するだろう。また，イオン液体モノマーと二官能性の架橋剤や異種モノマーとを共重合することによって，別の性質を付与することができる。グラフト構造やデンドリマー構造などは，高密度のイオン環境を提供する上で有用だと考えられる。このように，高分子鎖へのイオン液体構造の導入様式や構造によって，それぞれの高分子材料において発現する性質が変化するので，目的・用途に応じた高分子構造を選択することが可能である。

---

*1　Wataru Ogihara　東京農工大学大学院　工学教育部　生命工学専攻
*2　Hiroyuki Ohno　東京農工大学大学院　共生科学技術研究部　ナノ未来科学研究拠点　教授

第18章　イオン液体の高分子化

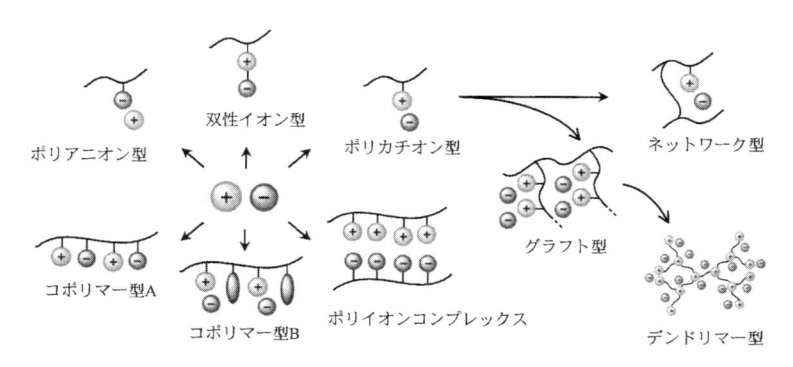

図1　高分子化イオン液体のバリエーション

2　ポリカチオン型高分子化イオン液体

高分子主鎖にイオン液体のカチオン構造が固定されたポリカチオン型高分子化イオン液体は作成が比較的容易なため，種々評価されている[2]。イオン液体と同様に，高分子化イオン液体においても有機カチオン構造と物性は密接な関係にある。既に高分子化イオン液体の物性とカチオン構造の関係について検討がなされている。

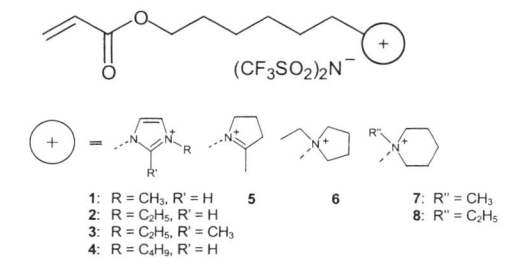

図2　イオン液体モノマーの構造

カチオン構造の異なる8種類のモノマー（図2）が作成され，重合により目的の高分子固体電解質が得られている[3]。

各イオン液体モノマーの重合前後での物性変化を表1にまとめた。表中の番号は図2の構造に対応している。作成したモノマーのイオン伝導度は室温において$10^{-4} \sim 10^{-3}$ S cm^{-1}であった。全ての塩がTFSIアニオンから構成され，低いガラス転移温度を有していることが原因であろう。重合後は，エチルイミダゾリウム塩構造を有する2が得られた高分子化イオン液体の中で最も高いイオン伝導度を示した。また，重合によって低下したものの，高分子化イオン液体のイオン伝導度は総じて10^{-5} S cm^{-1}前後の値であった。作成した高分子化イオン液体の多くが-40℃以下にガラス転移温度を示したことが，良好なイオン伝導度につながったと判断できる。

これらのポリマーは，TFSI$^-$伝導体であるために用途は限定される。そこで，これらの高分子化イオン液体をリチウムイオン伝導体とする試みもある。高分子化イオン液体（1～8）のモノマー単位当りにLiTFSIを50 mol%添加した結果，イオン伝導度は低下するものの，リチウムイオン輸率は大幅に改善された。イオン液体のカチオン構造が固定された高分子化イオン液体においては，可動性のカチオンがLi$^+$のみであることがポイントである。高分子鎖に固定されたイミダゾリウムカチオンとTFSIアニオンの相互作用により，ガラス転移温度の低い環境が形成され，そこをLi$^+$が移動するように系をデザインすれば，カチオン輸率を高めることができる。特にメチルピペリジニウム塩構造を有する高分子化イオン液体7が室温において0.43という良好なリチウムイオン輸率を示した。脂肪族であるピペリジニウムカチオンの広い電位窓が，金属リチウ

表1 イオン液体モノマーと高分子化イオン液体の諸物性値

No.	Monomer		Polymer	
	σ_i/S cm^{-1} at 30 ℃	T_g/℃	σ_i/S cm^{-1} at 30℃	T_g/℃
1	1.2×10^{-3}	−75	4.4×10^{-5}	−53
2	1.1×10^{-3}	−81	1.4×10^{-4}	−59
3	6.8×10^{-4}	−68	8.5×10^{-6}	−42
4	1.4×10^{-3}	−77	4.1×10^{-5}	−51
5	1.2×10^{-3}	−75	2.4×10^{-5}	−43
6	9.2×10^{-4}	−77	2.1×10^{-5}	−40
7	5.5×10^{-4}	−66	6.2×10^{-6}	−38
8	—	—	2.4×10^{-5}	−55

表2 高分子化イオン液体におけるアニオン種の影響

No.		T_g/℃	T_d/℃	σ_i/S cm^{-1} at 30℃
2	X = TFSI	−59	381	1.4×10^{-4}
9	BF$_4$	−45	283	7.8×10^{-6}
10	PF$_6$	−21	319	3.7×10^{-8}
11	CF$_3$COO	−63	165	2.4×10^{-5}
12	CF$_3$SO$_3$	−35	265	1.5×10^{-6}
13	BETI	−54	382	6.8×10^{-5}

ム電極との接触界面での安定性にも寄与しており，応用分野をさらに広げると期待される。

　カチオン構造と同様に，アニオン構造もイオン液体の物性に顕著な影響を与える。ポリカチオン型高分子化イオン液体の物性に及ぼすアニオン種の影響を検討するため，一連の含フッ素アニオンから構成されるイオン液体モノマーを作成した。これらは全て室温で液体となった。表2に種々の含フッ素アニオンから構成されるエチルイミダゾリウム塩型イオン液体モノマーを重合して得られた高分子化イオン液体の物性値をまとめた。対アニオンの構造の違いは高分子化イオン液体の物性値に大きく影響する。イオン伝導性（σ_i），熱分解温度（T_d）ともに，TFSI，BETIのようなイミドアニオンから構成される高分子化イオン液体2及び13が良好な値を示した。CF$_3$SOOアニオンを含む11も，低いガラス転移温度（T_g）を反映して良好なイオン伝導度を示したが，熱的安定性には劣っていた。イミドアニオンが良好なイオン伝導性を示したのは，負電荷が非局在化されていることに加えて，アニオンの可塑化効果も大きく影響していると考えられる。ラマン分光測定から各高分子化イオン液体中での対アニオンの解離状態を解析した結果，2と13中のイミドアニオンは，相当する低分子イオン液体EMImTFSIやEMImBETIと変わらず，高い解離状態にあることが認められた。一方，12においては，CF$_3$SO$_3$アニオンがイオンペアを含む凝集状態にあることが示唆されている。これらの高分子化イオン液体のイオン伝導度の差異は塩構造の解離状態の違いに起因することが明らかになった。

第18章 イオン液体の高分子化

3 コポリマー型高分子化イオン液体

　一般のイオン液体は高密度にイオンを含有しているため，系に添加したリチウムイオンなどの特定イオン種のみを伝導させることは原理的に困難である。ただし，高分子主鎖に正負両方のイオンを固定することにより，低いT_gなどの環境を保ったままイオン液体の構成イオン種が移動することを抑止できる。この設計指針に従って，カチオンとアニオンの両方に重合性官能基を有するイオン液体モノマーを共重合して得られるコポリマー型高分子化イオン液体が報告されている[4]。また別のアプローチとして，イオン伝導場を提供する部位と，イオンを供給する塩構造を共重合し，役割分担させた高分子を設計する試みもある。カチオンに重合性官能基を有するイオン液体モノマー **An**（nはアルキル鎖における炭化水素数を示している）とリチウム塩モノマー **Bm**（mはアルキレンオキシドユニット数を示している）を共重合させることによっても，目的イオン種を伝導するような高分子化イオン液体が作成できる（図3）[5]。

　2種のモノマーを等モル量混合して共重合させると，モノマーの構造によって多少の違いはあるものの，弾力性のある透明なフィルムが得られた。**An**と**B8**を等モル量混合し，共重合することで得られた共重合体の諸物性を図4にまとめた。これまでの研究から，高分子主鎖とイミダゾリウム塩構造の炭化水素鎖長は高分子化イオン液体の物性に影響を及ぼしており，最適値があることが明らかになっている。今回作成した共重合体においても，イミダゾリウム塩型イオン液体モノマーの炭化水素鎖の伸長に伴い，炭素数6を極大として，イオン伝導度の増加，T_gの低下が観測された。こうした結果から，イオン伝導体として用いるには，共重合体を構成する成分として**A6**が適していると判断された。同様に，リチウム塩モノマーのアルキレンオキシドユニット数を変えたコポリマーは，エチレンオキシドユニット数が8である**B8**を用いた場合に，他のモノマーを用いたコポリマーよりも高いイオン伝導性を示した。

　A6と**B8**との混合比を変えて共重合すると，物性を制御することができる。図5に示すように，得られた共重合体の物性は，**A6**と**B8**のホモポリマーの物性を反映し，混合比によって変化した。**B8**のホモポリマーのイオン伝導度は低く，室温で約$10^{-9}\,\mathrm{S\,cm^{-1}}$程度であるが，**A6**の割合が増えるに従ってイオン伝導度は増大した。このことは，ガラス転移温度が低下することからも支持される。合成したコポリマーに関して，金属リチウム電極を用いてリチウムイオン輸率を

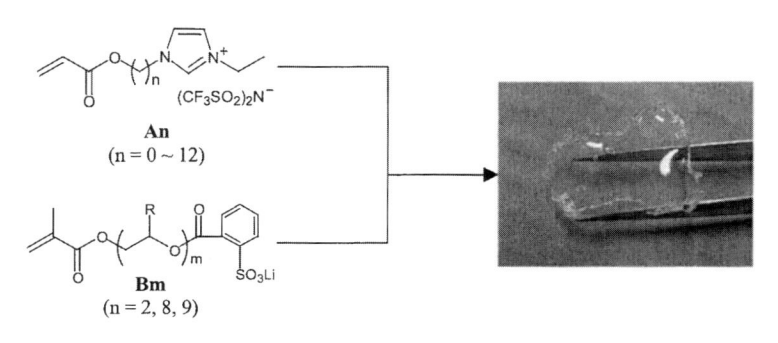

図3　モノマーの構造と得られる共重合体の写真

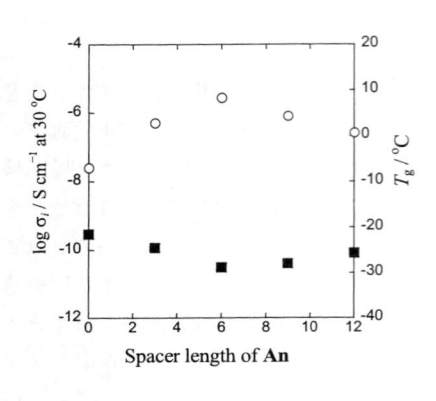

図4 コポリマー型高分子化イオン液体（An–B8）の諸物性
　　イオン伝導度（○），ガラス転移温度（■）

図5 モノマー混合比とコポリマー型高分子化イオン液体（A6–B8）の物性の関係
　　イオン伝導度（○），ガラス転移温度（●）

測定した結果，50 mol%以上の**B8**を含む共重合体において，リチウムイオン輸率は0.5前後であった。この結果から，コポリマー型高分子化イオン液体において，イミダゾリウムカチオンの対アニオンであるTFSIアニオンだけでなく，リチウムカチオンも充分移動していることが唆された。**Bm**の塩構造はリチウムイオンの生成に関して重要な因子なので，アニオンモノマーを変えて物性を改善する試みも行われている。

図6 イオン液体構造を有する架橋剤の構造（n＝4，6）

4　イオン液体構造を有する架橋剤

　高分子化イオン液体にポリエーテル鎖を含む架橋構造を導入することにより，イオン伝導性を低下させることなく系の機械的強度を向上させ，成型性も付与できる[2b]。ただし，架橋剤に熱に対して弱いエーテル結合があるため，高分子化イオン液体の耐熱性は低下する。そこで，イオン伝導性を低下させることなく架橋構造を導入するため，複数の重合性官能基を有するイオン液体（図6）が作成された[6]。これは優れた熱安定性を有するジアルキルイミダゾリウムTFSI塩構造により，高分子の耐熱性を400℃以上に保持できる優れた架橋剤である。

5　高分子化イオン液体の利用範囲

　イオン液体を高分子構造に導入することの魅力は，イオン伝導材料としてだけでなく，機能性高分子材料として利用できることにある。例えばイオン液体はCO_2を溶解させることが知られて

第18章 イオン液体の高分子化

おり,高分子化イオン液体とすることでCO_2吸着膜が得られる。Shenらによって,ポリスチレンもしくはポリアクリレートを主鎖構造とするアンモニウム塩及びイミダゾリウム塩が作成され,CO_2吸着性能が評価されている[7]。高分子化により低分子イオン液体である$BMImBF_4$よりもCO_2吸着量が多くなること,またCO_2吸脱着速度も8倍程度大きいことが報告されている。また,N_2やO_2などは吸着しないことから,CO_2に対する選択性も示された。吸着機構は明らかにされていないが,高分子化によって性能が向上するという結果は興味深い。そのほかにも,イオン液体を高分子化する意義は大きい。

文　　献

1) a) 大野弘幸監修,イオン性液体—開発の最前線と未来—,シーエムシー出版(2003), b) H. Ohno ed., Electrochemical Aspects of Ionic liquids, Wiley–Interscience(2005)
2) a) M. Yoshizawa, H. Ohno, *Electrochim. Acta*, **46**, 1723(2001), b) S. Washiro, M. Yoshizawa, H. Nakajima, H. Ohno, *Polymer*, **45**, 1577(2004)
3) W. Ogihara, S. Washiro, H. Nakajima, H. Ohno, *Electrochim. Acta,* in press(2006)
4) M. Yoshizawa, W. Ogihara, H. Ohno, *Polym. Adv. Technol.*, **13**, 589(2002)
5) W. Ogihara, N. Suzuki, N. Nakamura, H. Ohno, *Polym. J.* in press(2006)
6) H. Nakajima, H. Ohno, *Polymer*, **46**, 11499(2005)
7) J. Tang, H. Tang, W. Sun, H. Plancher, M. Radosz, Y. Shen, *Chem. Commun.*, 3325(2005)

第19章　イオニクスデバイスへの利用
（I：蓄エネルギー）

1　リチウム金属電池への新展開

栄部比夏里[*1]，松本　一[*2]

1.1　はじめに

　小型携帯機器等用の電源の高エネルギー密度化に対する要求がさらに強まる中，リチウム金属電池の実用化が望まれるようになっている。過去50年以上にわたり究極の高エネルギー密度電池として注目されてきたが，安全性と寿命にいまだ改善の余地が多くあり，実用化には至っていない。その原因は，有機電解液とリチウムとの反応によって生ずる皮膜の性状によるものと考えられており[1,2]，異なる皮膜形成メカニズムを有する電解質が望まれる。そこで，近年新しい材料系が見出され，注目されている有機溶媒をまったく含まない液体であるイオン液体に着目し，リチウム金属電池への適用可能性を検討してきた筆者らの成果を中心に紹介する。

1.2　イオン液体中でのリチウムの析出・溶解

　リチウム金属電池では，多くの場合電池のサイクル寿命が負極のサイクル効率に左右される。そこで，リチウム極の充放電サイクル効率，すなわちリチウムの析出・溶解のクーロン効率を詳しく調べる必要がある。リチウムの析出・溶解のクーロン効率の測定方法として大別して下記のとおり2種行われている。

　a．一定量のリチウムを基板に析出させ，リチウムがすべて消耗するまでそのうちの一部をサイクルさせる。到達サイクル数より次式を用いて平均効率を求める方法[3]。

　　E_{av}（平均効率）/％ ＝ $[1-Q_{ex}/(Q_s N)] \times 100$

　　（Q_{ex}：基板上への初期の過剰析出量，Q_s：毎サイクルのリチウムの析出・溶解量，N：有効サイクル数）

　b．一定量のリチウムを基板に析出させ，毎サイクルすべてのリチウムを溶解させ，次式よりクーロン効率を求める方法。

　　E（クーロン効率）/％ ＝ $(Q_S/Q_P) \times 100$

　　（Q_P：リチウム析出量，Q_s：リチウム溶解量）

実際の電池の使用状況においては，電池組み立て時にリチウムを過剰量充填し，そのリチウムが消耗してサイクル不能となり，寿命が尽きるまで使用する。使用状態に近いため，a.の評価法を採用した。1.2.1より各種イオン液体を用いた評価の結果を示す。

　[*1]　Hikari Sakaebe　㈱産業技術総合研究所　ユビキタスエネルギー研究部門　蓄電デバイス研究グループ　主任研究員
　[*2]　Hajime Matsumoto　㈱産業技術総合研究所　ユビキタスエネルギー研究部門　蓄電デバイス研究グループ　主任研究員

第19章 イオニクスデバイスへの利用（I：蓄エネルギー）

1.2.1 リチウム極の充放電

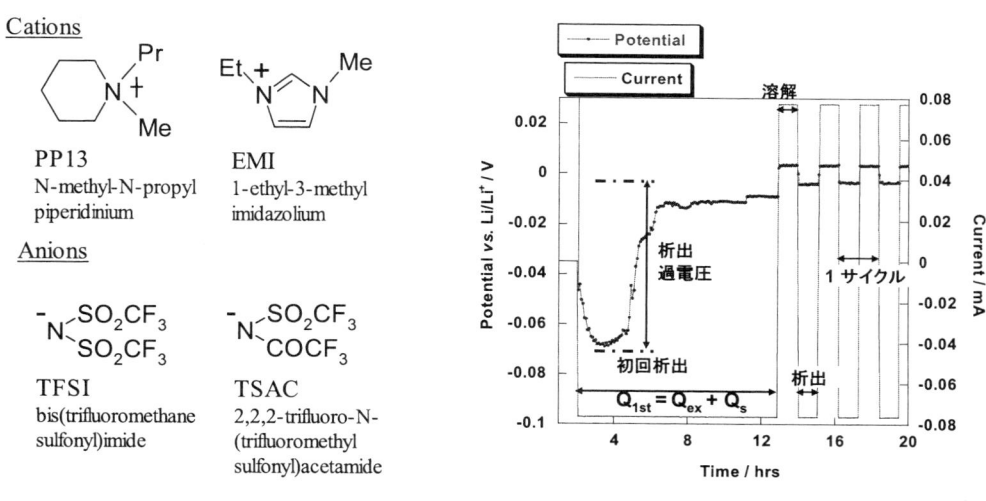

イオン液体を用いたリチウム極の充放電効率測定結果が過去に報告されている[4]。五員環の環状4級アンモニウム-トリフルオロメタンスルホニルイミド（TFSI）塩であるN-methyl-N-propyl（またはbuthyl）pyrrolidinium –bistrifluoromethanesulfonylamideを用いて銅及び白金基板におけるリチウムの析出・溶解の平均効率は，60℃，1 mAcm^{-2}で91.8％及び99.1％の高い値を得ている。銅基板では，電流密度を低下させると効率が99.1％まで向上することが報告されている。この実験においては電極面積が小さいため，筆者らは実電池の作動条件に近づけるべく直径14mmの基板を用いて室温で実験を行った。イオン液体にはTFSIアニオン，またその類似アニオンを含む還元安定性の異なる3種の材料系を用い，支持電解質として0.4mol dm^{-3}となるようにLiTFSIを加えてNi金属を基板としたリチウム金属の充放電挙動を調べた[5]。図1に用いたイオン液体のアニオン・カチオンの構造を示す。PP13-TFSIを電解質ベースに用いたセルの典型的な電位の時間変化を図2に示す。析出開始直後から電位が下降し始め，リチウムが析出し始めると0 Vに近づいて行く。基板上に過剰に析出したリチウムが存在する間は0 V付近の電位を示すが，消耗し始めると溶解終端電位が上昇し始め，終端電位が200mVを越えた時点で寿命が尽きたと判定した。この挙動は有機電解液の挙動と極めて近く[6]，有効サイクル数156サイクルで平均効率は94％という結果を得た。表1に電流密度0.05mAcm^{-2}での各種イオン液体を用いた

図1 リチウム極平均効率測定に用いたイオン液体のアニオンとカチオンの構造

図2 PP13-TFSIを電解質のベースに用いたセルの初期の電位の時間変化

表1 各種イオン液体を用いたセルの有効サイクル数（N）とリチウム極の平均効率（Eav）

イオン液体	EMI-TFSI	PP13-TSAC	PP13-TFSI								
状態		露点-70℃	露点-95℃以下	水分100ppm	水分1000ppm	Br 20mM (1141ppm)	Br 2mM (114ppm)	Br 0.5mM (28.5ppm)	I 20mM (1813ppm)	I 2mM (181ppm)	I 0.5mM (45ppm)
N	0	6	156	273	10	9	71	108	126	53	177	176
Eav/%	-	-	94.2	96.7	10	0	87.3	91.7	92.9	83.0	94.9	94.9

セルの有効サイクル数と平均効率を示す。

EMI–TFSIを用いた場合は初回溶解時より終端電位が200mVを超え，効率の計算が不可能であった。PP13–TSACも6サイクルで寿命を迎えた。一方電流密度を2倍に増加させると後2者では効率が増加した。これらのイオン液体では還元電位がリチウムの析出・溶解電位よりも貴なために[7]，リチウムの析出後溶解反応とイオン液体とリチウムの化学反応が競争的に起こっているためであると推測される。筆者らの行った比較的電流密度の低い実験においては，Ni極上の凹凸は激しいがリチウム極の表面は比較的平滑であり，有機溶媒を含まない新規液体電解質を用いる効果が示唆された。

1.2.2 電解質の純度と充放電効率

1.2.1においてリチウム極の平均効率を調べた際，セル組み立て時のグローブボックスの露点は－70℃であった。雰囲気を改善し露点を－95℃以下とした結果，PP13–TFSIを用いたセルで効率が97％まで改善された。リチウム極の充放電効率は電解質中の不純物に大きく左右されると考えられるため，合成経路より混入する可能性のある不純物の効率に与える影響を調べた[8,9]。混入しうる不純物は水分，臭素，ヨウ素が代表的である。精製後水分は10ppm以下，ハロゲンは臭素として15ppm以下であった。まず水分の影響について示す。図3には電解質に100ppm，1000ppmの水分を添加した場合のセルの電位の時間変化を示す。添加前と比較してノイズ，分極が増大し，有効サイクル数も10サイクル程度となった。それ自体ではリチウムの析出が困難であるEMI系イオン液体に水分添加するとリチウムの析出・溶解が可能となるという報告がされているが[10]，4級アンモニウム塩系では逆の傾向を示した。また，各種濃度のヨウ素と臭素をPP13塩として添加した電解質を用いたセルの有効サイクル数とリチウム極の平均効率もあわせて表1に示す。ハロゲン濃度が高い場合には効率が低下する傾向にあり，生成後の不純物レベルと同等の少量の添加においても臭素添加の場合は効率はわずかに悪化した。ヨウ素は少量なら影響は小さいと考えられる。以上の結果より，リチウム金属電池の電解質として用いるには，合成経路より混入する可能性のある不純物は極力除く必要があるということがわかった。

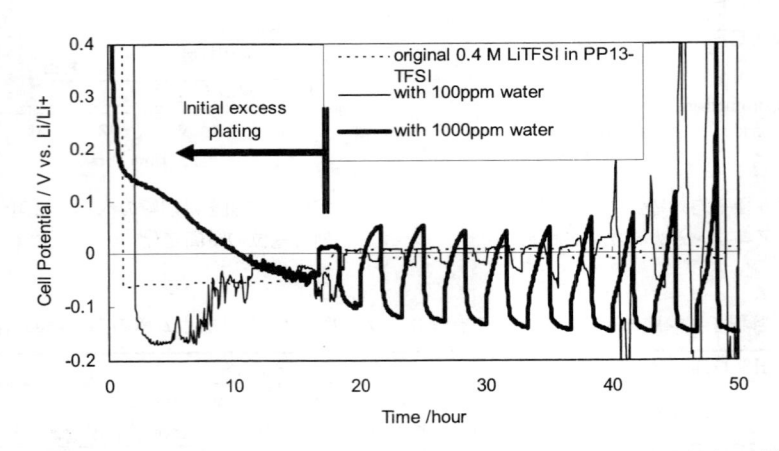

図3 水分を添加した0.4mol dm^{-3} LiTFSI/PP13–TFSIのNi上へのリチウム析出・溶解時の電位の時間変化

第19章　イオニクスデバイスへの利用（Ⅰ：蓄エネルギー）

1.3　金属電池への応用例
1.3.1　各種イオン液体の充放電特性
　筆者らは従来知られていたEMI系イオン液体をはじめとし，共著者の松本の開発した脂肪族4級アンモニウム-TFSIなどを電解質ベースとしたLi/LiCoO$_2$電池の特性を調べてきた[11,12]。概ね還元安定性が高いほど充放電特性は向上するといえるが，同等の還元安定性でもサイクル劣化挙動が異なる場合もあり[12]，さらに充放電時の電解質の挙動を詳しく解明する必要があると考えられる。結果の詳細は文献[11,12]に譲る。

1.3.2　イオン液体の純度と充放電特性
　1.2.2でイオン液体の純度は高い方がリチウム金属電池の電解質として望ましいと述べたが，実際にLi/LiCoO$_2$セルに適用して特性を比較した。放電容量のサイクルに伴う変化については，リチウム極の平均効率の低かった水分添加電解質の結果はばらつきが大きく，高純度電解質と差が小さいセル，明らかに劣化しているセルが混在して見られた[8]。PP13-TFSIは疎水性であり，均一に水分が混合されていないことが示唆される。またリチウムが過剰に用いられているためかリチウム極の平均効率ほどの差は観測されなかった。一方ハロゲン添加電解質を用いたセルははっきりとした傾向を示し，臭素の方が影響が大きくハロゲン濃度が高いほど性能劣化が大きかった。20mM臭素添加セルのサイクル後の正極材料のバルク構造には，X線回折測定で検出できるような変化がなく，電極表面あるいは液体電解質自体の劣化を示唆している[9]。以上の結果より各種イオン液体を用いたリチウム系電池間での特性の比較を行う場合には，不純物レベルを明らかにし，その影響も十分考慮すべきであると言える。

1.4　おわりに
　イオン液体は熱安定性が高いことによりリチウム金属電池への適用が期待されており，各種イオン液体の特性評価結果の報告も増加してきている。以上に示したように不純物の種類と量，イオン液体の種類により影響を及ぼす度合いや場所が異なり，特性を比較する際にそれらの影響を考慮すべきであるが，不純物レベルが公表されていない報告が多いように思われる。実用的には何らかの添加物を用いる可能性も高いが，その場合にもベースとなるイオン液体の純度が判明していれば添加剤の効果をより明らかにすることができると考えられる。今後は，純度の問題も含めた電気化学的特性の追及もさることながら，熱安定性の高いイオン液体を使用すると本当にリチウム金属電池の安全性が向上するのか実証していく必要があると考えている。

文　　献

1) E. Peled, in: J.P. Gabano Ed., Li Batteries, Academic Press, London, (1983) Chap. 3.; *J. Electrochem. Soc.* **126**, 2047(1979)
2) D. Aurbach, *Journal of Power Sources*, **89**, 206-218(2000)
3) J.-I. Yamaki and S.-I. Tobishima, Handbook of Battery Materials, J. O. Besenhard, Editor, p. 339, Wiley-VCH, Weinheim(1999)

4) P. C. Howlett, D. R. MacFarlane, and A. F. Hollenkamp, *Electrochemical and Solid-State Letters*, **7**, A97-A101(2004)
5) H. Sakaebe, N. Nakayama, H. Matsumoto, and K. Tatsumi, Meeting abstract No. 359 from 12th International Meeting on Lithium Batteries, Nara, Japan(2004)
6) K. Kanamura, S. Shiraishi, and Z. Takehara, *Electrochemistry*, **67**, 1264(1999)
7) H. Matsumoto, H. Sakaebe, and K. Tatsumi, *Journal of Power Sources*, **146**, 45-50(2005)
8) 栄部，松本，辰巳，第45回電池討論会要旨集, 2C25(2004)
9) H. Sakaebe, H. Matsumoto, and K. Tatsumi, Meeting Abstract No. 343 from 206th Meeting of The Electrochemical Society, Inc. Hawaii, U.S.A.(2004)
10) J. Fuller, R. T. Carlin, and R. A. Osteryoung, *J. Electrochem.Soc.*, **144**, 3881(1997)
11) H. Sakaebe and H. Matsumoto, *Electrochem. Commun.*, **5**, 594-598(2003)
12) H. Sakaebe, H. Matsumoto and K.Tatsumi, *Journal of Power Sources*, **146**, 693-697(2005)

2 リチウムイオン電池への新展開

中川裕江*

2.1 はじめに

　常温でも液体状を示すイオン性物質であるイオン液体は，1-ethyl-3-methylimidazolium tetrafluoroborate（EMI-BF$_4$）が，単独でも常温で液体状を示し，かつ水分などにも安定であることがWilkesらにより報告[1]されて以来，従来の電解質溶液に代わり，各種電気化学デバイス用電解質への適用の可能性が高い材料として注目されている。一方，電子機器用電源，電力貯蔵用電源，移動体用電源などを主な用途として，開発・実用化されている二次電池の1つであるリチウムイオン電池は，高エネルギー密度という特徴を生かし，商品化されてから約15年で日本国内の小型電池市場を支える電池に成長した。リチウムイオン電池の電解液は，一般的に揮発性を有し可燃性の有機溶媒（例えば，エチレンカーボネートやジエチルカーボネートなど）にリチウム塩（例えば，LiPF$_6$など）が使用されているため，誤用時や高温環境下における安全性確保のために，保護回路などの安全対策がとられている。そこで，不揮発性・難燃性という優れた特徴を有するイオン液体をリチウムイオン電池用電解液に用いることによって，特に無停電電源装置や電力貯蔵用電源，移動体用電源などの中・大型電池での安全性向上が期待されている。イオン液体のリチウム電池への適用は，近年非常に活発に研究されるようになったが，リチウム金属あるいはリチウム合金を負極活物質に用いる（金属）リチウム電池の研究が本書第19章1節で述べられているとおり盛んに行われている一方，リチウムイオン電池の研究報告例は比較的少ないのが現状である。本稿では，イミダゾリウム系イオン液体のリチウムイオン電池用電解液としての特性，イオン液体からなる電解液を用いたリチウムイオン電池[2]，および，イオン液体とポリマー材料を複合化した電解質を用いたリチウムイオンポリマー電池[3]の電池特性を，イオン液体のリチウムイオン電池への展開の一例として紹介する。

2.2 リチウムイオン電池とは

　リチウムイオン電池は，正極活物質としてLiCoO$_2$，LiMn$_2$O$_4$などのリチウム—金属複合酸化物など，負極材料として炭素材料やリチウム—金属複合酸化物など，電解質としてLiPF$_6$などのリチウム塩をエチレンカーボネートやジエチルカーボネートなどの有機溶媒中に溶解したものを用いた充放電が可能な二次電池である。現在市販されているリチウムイオン電池の中で，最も主流となっているC/LiCoO$_2$電池の充放電反応を以下に示す。

$$\text{Li}_{(1-x)}\text{CoO}_2 + x\text{LiC}_6 \underset{\text{充電}}{\overset{\text{放電}}{\rightleftarrows}} \text{LiCoO}_2 + x\text{C}_6$$

　リチウム金属あるいはリチウム合金を負極活物質に用いる（金属）リチウム電池とは異なり，充放電反応時にリチウムの価数変化を伴わない（0価のリチウムが介在しない）ことが，リチウムイオン電池の大きな特徴である。

---

* Hiroe Nakagawa　㈱ジーエス・ユアサ　コーポレーション　研究開発センター
　第三開発部　第一グループ　リーダー

2.3 イオン液体のリチウムイオン電池への応用に際して予想される課題

2.1項で述べたように，不揮発性・難燃性という優れた特徴を持つイオン液体をリチウムイオン電池用電解液に用いることにより，リチウムイオン電池の安全性向上が期待されている。EMI–BF$_4$をはじめとするイオン液体をリチウムイオン電池用電解液へ応用するためには，以下のような課題が挙げられる。

① リチウム塩自体をイオン液体化する試みも近年活発になされている[4,5]が，EMI–BF$_4$などの古典的なイオン液体は，それ自身がリチウムイオンを含有している訳ではないため，リチウムイオン電池を作動させるためには，常温で固体のリチウム塩をリチウムイオン源として加える必要がある。従って，比較的広い範囲でリチウム塩を加えても液体状のままであり，リチウム塩との混合状態での粘度が低いものを選択する必要がある。

② 一般にはイオン液体は電位窓が広いとされているが，リチウムイオン電池用電解液に応用するためには，耐還元性に劣るものが多い（例えば，EMI–BF$_4$は金属リチウム電位に対して1.1 V付近にEMI$^+$の還元電位がある[2,6]）。従って，イオン液体をリチウムイオン電池用電解質として用いるためには，耐還元性に優れたイオン液体を選択する[7,8]か，負極でのイオン液体の還元分解を防止・抑制する工夫をする[9,10]か，イオン液体の還元電位よりも貴な電位で作動する（酸化還元反応が起こる）負極活物質を選択することが必要となる。

以上の課題を克服する方法として，本稿では，①を満たすイオン液体として，イミダゾリウム系イオン液体（EMI–BF$_4$，EMI–TFSI）を選択した。また，②については，EMI$^+$の還元分解が起こるよりも貴な電位で負極を作動させることによりEMI$^+$の還元分解を防止するため，リチウムイオン電池用負極活物質として最も一般的に用いられている炭素材料ではなく，Li$_4$Ti$_5$O$_{12}$を負極活物質として選定した。Li$_4$Ti$_5$O$_{12}$は，スピネル型構造を有する金属酸化物であり，重量当たりの容量は約165mAh/gである。また，平均作動電位は約1.5 V vs. Li/Li$^+$付近であり，1.2 V vs. Li/Li$^+$付近でリチウムイオンの吸蔵が完了するため，EMI$^+$の還元分解を起こすことなく電池を作動させることができる[11]。

2.4 イオン液体のリチウムイオン電池用電解質としての基礎特性

EMI–BF$_4$にリチウム塩としてLiBF$_4$を加えて得られたLiBF$_4$/EMI–BF$_4$のイオン伝導度を図1に示す。1 mol dm^{-3} LiBF$_4$/EMI–BF$_4$のイオン伝導度は，20℃において約8×10^{-3} S cm^{-1}であり，リチウム塩濃度が1.5 mol dm^{-3}程度までであれば，LiBF$_4$/EMI–BF$_4$は常温において液体状を示し，良好なイオン伝導性を有する。これは，LiBF$_4$/EMI–BF$_4$が，一般に電池用電解質として最低限必要とされる1×10^{-3} S cm^{-1}を上回るイ

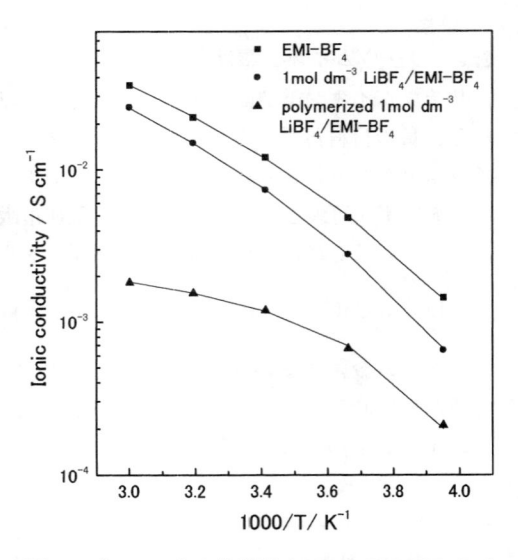

図1 ポリマー複合化前後のLiBF$_4$/EMI–BF$_4$のイオン伝導度

第19章 イオニクスデバイスへの利用（Ⅰ：蓄エネルギー）

オン伝導度を確保でき，リチウムイオン電池用電解質として実用に耐えうる可能性があることを示している。

また，常温で液体状である$1\ \mathrm{mol\ dm^{-3}}$ $LiBF_4$/EMI–BF_4に，ポリエチレンオキシド系の多官能重合性モノマーを混合し，重合させることにより，柔軟性と機械的強度を有した均質なフィルム状のポリマー複合化電解質を得ることができる[3]。得られたポリマー複合化$1\ \mathrm{mol\ dm^{-3}}$ $LiBF_4$/EMI–BF_4のイオン伝導度を図1に合わせて示す。ポリマー複合化電解質のイオン伝導度は，液体状の電解質に比較して1オーダー近く低下するが，20℃において$1\times10^{-3}\ \mathrm{S\ cm^{-1}}$前後であり，リチウムイオンポリマー電池用電解質として必要なイオン伝導度は確保されている。

2.5 イオン液体を電解質として用いたリチウムイオン電池の特性

$1\ \mathrm{mol\ dm^{-3}}$ $LiBF_4$/EMI–BF_4を電解質として用いた$Li_4Ti_5O_{12}$/$LiCoO_2$リチウムイオン（ポリマー）電池を作製し，その特性として，放電レート特性およびサイクル充放電特性を調査した。

まず，$Li_4Ti_5O_{12}$/$LiCoO_2$電池の放電レート特性を図2に示す。縦軸は$Li_4Ti_5O_{12}$の重量当たりの容量で示している。図2より，ポリマー複合化していない電解質を用いた電池の方が良好な放電レート特性が得られることが分かる。このような結果が得られた原因としては，ポリマー複合化した電解質はポリマー複合化していない電解質に比較して，リチウムイオンの移動が阻害され，高率放電時における正極へのリチウムイオンの供給が充分に行われなくなるためと考えられる。

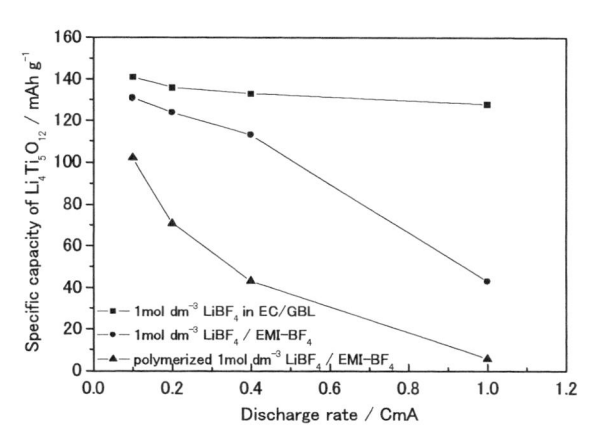

さらに，充放電電流を0.2Cとしたときのサイクル充放電特性を図3に示す。今回の試験では，ポリマー化した電解質を用いた電池はポリマー複合化していない電解質を用いた電池に比較して初期容量が低く，容量維持率もやや悪くなっているが，サイクル特性自身はいずれの電池も50サイクルで初期容量比90％を維持しており，比較的良好に作動した。

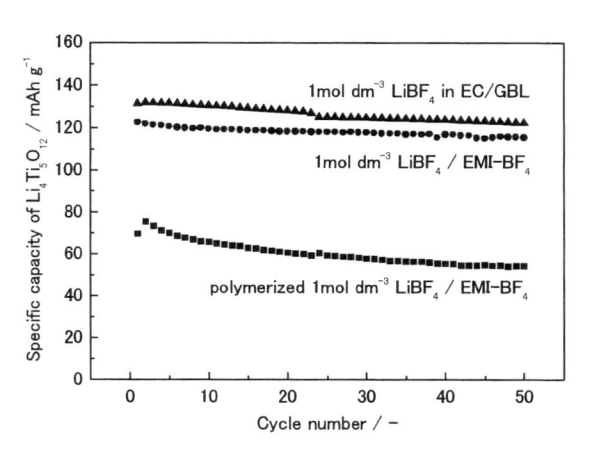

従って，$LiBF_4$/EMI–BF_4電解質を用いた$Li_4Ti_5O_{12}$/$LiCoO_2$リチウムイオン電池は，ハイレートユースへの適用は現状では困難であるが，サイクルユースへの適用は可能性があると考えられる。また，ポ

図2 $Li_4Ti_5O_{12}$/$LiCoO_2$電池の放電レート特性

図3 $Li_4Ti_5O_{12}$/$LiCoO_2$電池のサイクル充放電特性

リマー複合化した電解質を用いたリチウムイオンポリマー電池についても，可能性を示す結果を得ることができた。

また，正極活物質としてLiCoO$_2$，LiFePO$_4$，LiCo$_{1/3}$Ni$_{1/3}$Mn$_{1/3}$O$_2$のいずれかを用い，電解質にLiBF$_4$/EMI–BF$_4$またはLiTFSI/EMI–TFSIを用いて作製したリチウムイオン電池について，低率充放電により動作確認を行ったところ，いずれの構成のセルも良好に動作し[2]，これらの正極活物質はいずれも，イオン液体を用いたリチウムイオン電池に適用可能であることが確認できた。なお，TFSI$^-$イオンを含有する電解質は，通常の有機溶媒を用いた電解液の場合には3.8 V vs. Li/Li$^+$付近でAl集電体を腐食する現象があるため，LiCoO$_2$やLiCo$_{1/3}$Ni$_{1/3}$Mn$_{1/3}$O$_2$などの4V級正極活物質を用いた電池には適用できないことが知られているが，イオン液体のみで有機溶媒を含有しない電解質の場合にはAl集電体の腐食現象を抑制・防止でき，4V級正極活物質を適用できる可能性があることも，合わせて示唆された[2]。

2.6 おわりに

以上のように，イオン液体，中でも低粘度で高イオン伝導度を示すEMI–BF$_4$やEMI–TFSIなどのイミダゾリウム系イオン液体は，リチウムイオン電池用電解質に応用できる可能性を有しており，高安全性リチウムイオン電池の実現に可能性を示している。さらなるエネルギー密度，高率放電特性の向上のため，よりよい性能を有するイオン液体が見出されることを期待するものである。

謝辞

本研究は，㈱ジーエス・ユアサ コーポレーション研究開発センターのメンバー各位の協力により実施したものである。また，本研究の一部は，関西電力㈱との共同研究成果によるものである。ここに，関係各位に深く感謝の意を表する。

文　献

1) J. S. Wilkes, and M. J. Zaworotko, *Chem. Commun.*, 965(1992)
2) (a)中川裕江，井土秀一，佐野茂，竹内健一，山本恵一，荒井博男，第41回電池討論会講演要旨集，3C18 (2000)，(b)中川裕江，小園卓，藤井明博，遠藤大輔，稲益徳雄，温田敏之，第45回電池討論会講演要旨集，2C24(2004)
3) (a)中川裕江，井土秀一，桑名宏二，山本恵一，荒井博男，第42回電池討論会講演要旨集，2B01(2001)
   (b)H. Nakagawa, S. Izuchi, K. Kuwana, T. Nukuda, and Y. Aihara, *J. Electrochem. Soc.*, **150**, A695(2003)
4) W. Ogihara, M. Yoshizawa, and H. Ohno, *Chem. Lett.*, 880(2002)
5) 菖蒲川仁，徳田浩之，田畑誠一郎，渡邉正義，電気化学会第70回大会講演要旨集，1L02(2003)
6) J. Fuller, R. T. Carlin, and R. A. Osteryoung, *J. Electrochem. Soc.*, **144**, 3881(1997)
7) 栄部比夏里，松本一，小林弘典，宮崎義憲，電気化学会第68回大会講演要旨集，3M07(2001)

第19章　イオニクスデバイスへの利用（Ⅰ：蓄エネルギー）

8) (a) H. Sakaebe, and H. Matsumoto, *Electrochem. Commun.*, **5**, 594 (2003), (b) H Matsumoto, H. Sakaebe, and K. Tatsumi, *J. Power Sources*, **146**, 45 (2005)
9) Y. Katayama, M. Yukumoto, and T. Miura, *Electrochem. Solid -State Lett.*, **6**, A96 (2003)
10) (a) M. Holzapfel, C. Jost, and P. Novák, *Chem. Commun.*, 2098 (2004), (b) M. Holzapfel, C. Jost, A. Prodi-Schwab, F. Krumeich, A. Würsig, H. Buqa, and P. Novák, *Carbon*, **43**, 1488 (2005)
11) T. Ohzuku, A. Ueda, and N. Yamamoto, *J. Electrochem. Soc.*, **142**, 1431 (1995)

3 キャパシタへの新展開

増田 現[*]

3.1 はじめに

電気二重層キャパシタは分極性電極とイオン導電性の電解液との界面に形成される電気二重層に電荷を蓄積する蓄電デバイスであり，大電流充放電と際立ったサイクル寿命という，二次電池にはない優れた特長が着目されている。実用化されているキャパシタは分極性電極には活性炭材料が，電解液には有機溶媒系電解液または水溶液系電解液が用いられている。最近はエネルギー密度が高い点から有機溶媒系電解液が注目されており，特に大型電気二重層キャパシタの電気自動車，ハイブリッド自動車などのパワーソース，太陽光発電システムのエネルギー貯蔵用電源等への展開が期待されている[1]。

イオン液体はそのユニークな特長を活かして様々な用途への展開が行われているが，リチウムイオン電池，電気二重層キャパシタ，湿式太陽電池等の蓄電デバイスへの応用研究[2,3]も盛んに行われている。本稿では電気二重層キャパシタの電解質塩及び電解液としてのイオン液体について，筆者らの使用している脂肪族四級アンモニウム塩系イオン液体を中心に紹介する。

3.2 イオン液体の電気二重層キャパシタへの応用

イオン液体を電気二重層キャパシタの電解液として用いたのは，米国のCovalent Associates社が最初と思われる。1-Ethyl-3-methylimidazolium（EMI）系のイオン液体を電解液に用いた電気二重層キャパシタを1997年に発表している[4]。EMIカチオンのイオン液体のキャパシタへの適用については宇恵らが種々のアニオンを用いた系について報告しており[5,6]，最近では最上がイミダゾリウム系のイオン液体を有機溶媒に溶解した系で非多孔性炭との組合せで高エネルギー密度を達成した電気二重層キャパシタを報告している[7]。

一方，従来の電気二重層キャパシタにおける有機系電解液は，固体の脂肪族四級アンモニウム塩，Tetraethylammoniumtetrafluoroborate（TEA・BF_4）をプロピレンカーボネート（PC）等の有機溶媒に溶解したものを用いている[1]。EMIに代表されるイミダゾリウム系のイオン液体は高い導電度と比較的低い粘度を有するが，脂肪族四級アンモニウム塩に比べ電気化学的安定性に劣るため電気二重層キャパシタのように高い駆動電圧が望まれる蓄電デバイスへの応用には不利である。筆者らはTEA・BF_4に代わるキャパシタ電解液の探索の過程で，N,N-diethyl-N-methyl-N-(2-methoxyethyl)ammonium（DEME）カチオンを有する四級アンモニウム塩がフッ素系やその他のアニオンとの組合せでイオン液体を形成し易く（表1），電気二重層キャパシタ電解質塩のカチオンとしても好適である事を見出した[8]。

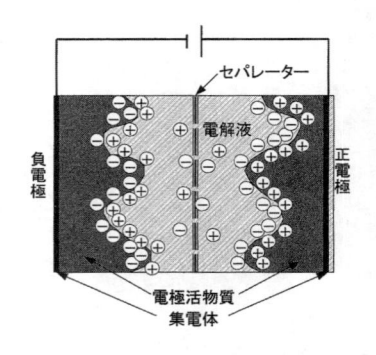

DEMEカチオンのBF_4塩，ビス（トリフルオロメタンスル

図1 電気二重層キャパシタの構造

---

[*] Gen Masuda 日清紡績㈱ 研究開発本部 事業推進部

第19章　イオニクスデバイスへの利用（Ⅰ：蓄エネルギー）

表1　DEME系イオン液体物性表

アニオン種	状態(25℃)	融点(℃)	粘度(cP, 20℃)	導電率(mScm^{-1}, 25℃)
Cl$^-$	固体	60	—	—
I$^-$	固体	57	—	—
BF$_4^-$	液体	9	1190	1.3
PF$_6^-$	液体	23	2630	0.4
(CF$_3$SO$_2$)$_2$N$^-$	液体	−91[a]	120	2.6
NO$_3^-$	液体	24	1750	0.5
CH$_3$SO$_3^-$	液体	15	2570	0.3

a）ガラス転移点

ホニル）イミド（TFSI）塩とEMI・BF$_4$の電位窓の比較を図2に示す。DEME系イオン液体はEMI・BF$_4$に比し還元側においては分解電位が約1Vほど負電位側に広く，また，酸化側においてもアニオン以前にEMIカチオンが分解する[5]とされるEMI・BF$_4$に比べ幾分広い。DEME系のイオン液体は粘度が高いという欠点はあるものの駆動電圧の高い蓄電デバイスに適用可能なイオン液体である。

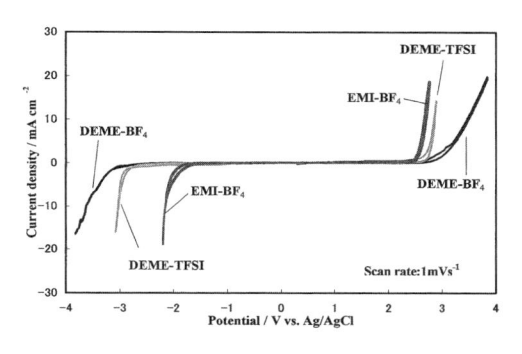

図2　イオン液体の電位窓

3.3　脂肪族アンモニウム塩系イオン液体を電解液に用いたキャパシタ

　一般的に電気二重層キャパシタの電解質塩として用いられている固体のアンモニウム塩TEA・BF$_4$のPCに対する溶解度は1M程度が限界であり，低温では塩の析出による電解液中の解離イオン濃度の著しい低下により充放電性能の大幅な劣化が生じるという欠点がある。更に，この電解液は高温ではPCの気化が起き，性能及び安全上に重大な問題が生じるという問題点がある。そこでまず，TEA・BF$_4$の代わりにイオン液体であるDEME・BF$_4$を用いることで，電気二重層キャパシタの低温特性の改善を試みた。DEME・BF$_4$は，PCと自由な濃度で混合可能であり，低温下においても析出が生じないという利点がある。

　DEME・BF$_4$の1M PC溶液を電解液として使用し，イオン液体の分子サイズに適合した細孔分布を有する高比表面積活性炭との組合せで電気二重層キャパシタを試作し，低温での性能をみた。試作した電気二重層キャパシタは図3に示したような構成に電解液を封入したものである。図4に温度別の容量維持率を，図5に内部抵抗の温度変化を示す。(a), (b)は市販されているTEA・BF$_4$のPC溶液系電解液を用いた電気二重層キャパシタである。イオン液体を電解液として用いたキャパシタは，−40℃においても，室温時の90％以上の静電容量を有し，極低温下でもインピーダンス上昇が極めて少なく，効率の良い充放電が可能であることが示された[9]。

　DEME・BF$_4$は室温での粘度は高いがわずかな加温により粘度は低下する。そこで，高温下では100％電解液として使用可能と考え，イオン液体のみからなる電解液を用いた定格2.5Vのキャ

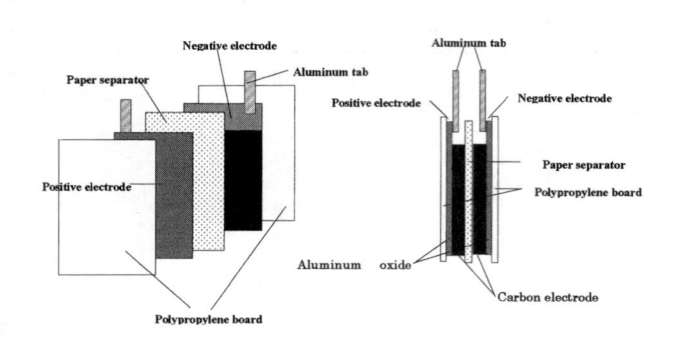

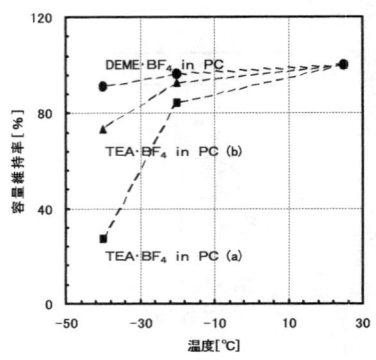

図3 試作した電気二重層キャパシタの構成

図4 PC溶液系電解液使用キャパシタの温度別容量維持率

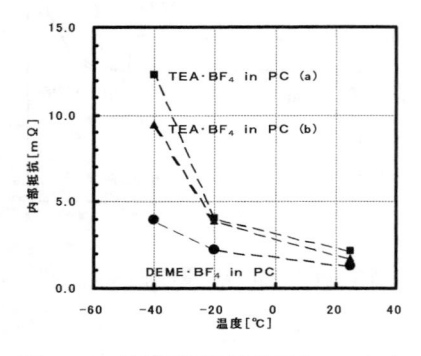

図5 PC溶液系電解液使用キャパシタの内部抵抗の温度変化

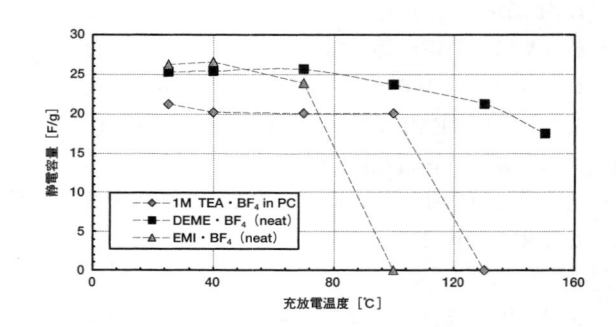

図6 温度別充放電性能比較

パシタを試作し，性能を評価した。電解液として100%DEME・BF_4，100%EMI・BF_4，比較対象としてTEA・BF_4の1M PC溶液を用いて比較を行った。図6に種々の温度で充放電を行った結果を示す。

　25℃以上の温度で，電解液に100%イオン液体を用いた電気二重層キャパシタの静電容量は1M TEA・BF_4/PC電解液を用いた電気二重層キャパシタの静電容量以上の静電容量を示す。これは電気二重層を形成するキャリアーイオン数が1M TEA・BF_4/PC電解液系では不足しており，100%イオン液体電解液を用いた系では充分に多いためと考えられる。1M TEA・BF_4/PC電解液系では100℃以上でイオンの熱拡散の影響とPCの蒸発のため，著しい容量劣化が発生した。100%EMI・BF_4電解液系は60℃程度の充放電でも容量劣化が生じた。100%DEME・BF_4電解液系は，150℃でも充放電が可能であった。

　100%DEME・BF_4電解液を用いた電気二重層キャパシタについて100℃，500サイクルの繰り返し充放電試験を行った結果を図7に示す。この条件でもイオン液体自体の分解はそれほど大きくない。以上のように，100%イオン液体電解液を用いる事で，安全でかつ高温で充放電可能な電気二重層キャパシタが作製可能ということがわかった。

第19章　イオニクスデバイスへの利用（Ⅰ：蓄エネルギー）

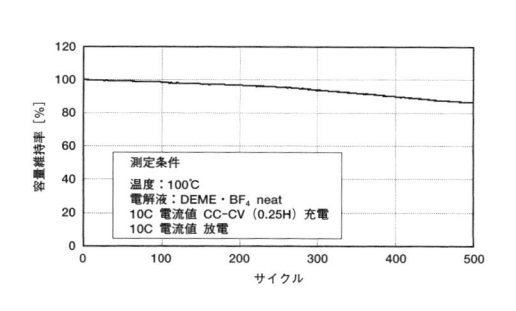

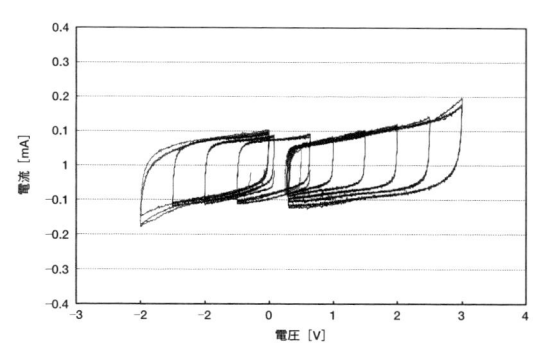

図7　サイクル試験結果

図8　100％DEME・BF_4電解液キャパシタのCVチャート

図8に活性炭電極を作用極とし，100％DEME・BF_4を電解液とした電気二重層キャパシタの電位走査電流─電極曲線（CV）を示す。正極側では約2.5V，負極側に約1.5Vの範囲で電圧の変化に対して典型的なコンデンサ電流を与え，矩形に近い形のCVが得られた。このことから，部材の最適化により電解液にイオン液体を用いた駆動電圧4V程度の高エネルギー密度を有する高電圧駆動型電気二重層キャパシタが得られる可能性があると考えている。

3.4　おわりに

脂肪族四級アンモニウム塩系イオン液体は広い電位窓を有し，高電圧駆動のデバイスに適している。従来の電解質塩の代わりに用いることにより低温特性に優れた電気二重層キャパシタが，100％の電解液として用いることにより，安全で高温に強い電気二重層キャパシタを得ることが可能である。ただ，粘度が高いため100％電解液として用いた電気二重層キャパシタは，室温では有機溶媒系電解液のものより性能が劣る。しかし，最近では種々の低粘性イオン液体が報告されてきており，脂肪族四級アンモニウム塩系イオン液体でも低粘度のものが得られてきている[10]。これらのイオン液体が安価で入手可能となれば，室温でも高性能なイオン液体のみからなる電解液の電気二重層キャパシタが作製可能になり，またその他の蓄電デバイスの電解質としても実用化が大いに進むと思われる。

文　　献

1) 大容量電気二重層キャパシタの最前線，田村英雄監修，松田好晴，高須芳雄，森田昌行編著，エヌ・ティー・エス（2002）
2) 宇恵誠，機能材料，**24**，No.11，34（2004）
3) N. Papageorigiou, Y. Athanassov, M. Armand, P. Bomhote, H. Pettersson, A. Azam and M. Gratzel, *J. Electrochem. Soc.*, **143**, 3099（1996）

4) A. B. McEwen, R. T. Chadha, T. Blakley and V. R. Koch, Electrochemical Capacitors II, Eds. F. M. Delnick, D. Ingersol, lX. Andrieu and K. Naoi, PV96-25, 313, The Electrochemical Society Proceedings Series, Pennington, NJ (1997)
5) M. Ue and M. Takeda, *J. Korean Electrochem. Soc.*, **5**, 192 (2002)
6) M. Ue, M. Takeda, A. Toriumi, A. Kominato, R. Hagiwara and Y. Ito, *J. Electrochem. Soc.*, **150**, A499 (2002)
7) 最上明矩, 応用物理, **73**, No.8, 1076 (2004)
8) T. Sato, G. Masuda and K. Takagi, *Electrochem. Acta*, **49**, 3603 (2004)
9) イオン性液体の機能創成と応用, エヌ・ティー・エス編集企画部編集, エヌ・ティー・エス (2004)
10) Z. B. Zhou, H. Matsumoto and K. Tatsumi, *Chem. Eur. J.*, **11**, 752 (2005)

第20章　イオニクスデバイスへの利用
（Ⅱ：エネルギー変換）

1　色素増感太陽電池

片伯部貫[*1]，渡邉正義[*2]

1.1　はじめに

　無尽蔵な太陽光エネルギーから電気エネルギーを取り出すことのできる太陽電池は，環境エネルギー問題を解決するための有力なデバイスとして，広範な普及が期待されている。しかしながら，普及への一番の課題は太陽電池の価格である。現在，無機半導体シリコンを用いるシリコン系太陽電池が実用化されているが，最近，有機物質を用いる有機系太陽電池に対する関心が高まっている。シリコン系太陽電池では，その製造工程において高度な真空プロセス等を経る必要があるため大幅な低コスト化は難しい。一方，有機系太陽電池は，安価な材料，製造工程が簡素といった要因からシリコン系太陽電池と比較して約10分の1程度にまで価格を引き下げることが可能といわれている。したがって，有機系太陽電池は，太陽電池の普及の重要な要素である業務用電力料金・既存電力に匹敵するセル製造・発電コストを可能にする技術と期待される。しかし，有機系太陽電池は変換効率がシリコン系太陽電池と比較して著しく低く，これまで実用化は困難と考えられていた。その中で，スイス連邦工科大学のGrätzel教授のグループは，TiO_2ナノ粒子焼結体を用いて作られた色素増感太陽電池を発表し，その8％に迫まる変換効率により注目を浴びた[1]。さらに最近，彼らは11％を超える変換効率を達成した[2]。

　この発表以降，色素増感太陽電池の光アノード電極の電子移動メカニズムに関しては，細かい解析がなされ詳細に明らかになってきている。現在の研究の重点は，色素増感太陽電池の耐久性に深くかかわる電解質部分の解析・性能向上に移りつつある。耐久性に関する一番の問題は，溶媒の揮発である。特に太陽電池では，太陽光照射によりセル温度は80℃近くに達することもあり，溶媒の揮発は重大な問題である。さらに，溶媒は液漏れの際，発火する等の安全性の問題も含んでいる。そのため，従来色素増感太陽電池の溶媒として用いられていた有機溶媒から不揮発性・不燃性であるイオン液体に置き換える試みがなされている。

1.2　イオン液体中のヨウ素レドックス対の電荷輸送機構

　イオン液体は汎用有機溶媒と比較して粘度が高いにもかかわらず，イオン液体を溶媒に用いた色素増感太陽電池では比較的大きな電流値が得られている[3]。このことを詳細に解析するため，定常応答を得やすく，電位・電流値の解析が容易等の利点を有する微小電極を用いて，イオン液体中のヨウ素レドックス対の電気化学測定を行った[4]。イオン液体としてEMImTFSI(1-ethyl-3-methylimidazolium bis(trifluoromethane sulfone)imide)を用いた。ヨウ素レドックス対としてEMImI(1-ethyl-3-methylimidazolium iodide)にI_2を所定の組成比で混合した。組成比は，[I^-]：

[*1]　Toru Katakabe　横浜国立大学大学院　工学府
[*2]　Masayoshi Watanabe　横浜国立大学大学院　工学研究院　教授

イオン液体 II

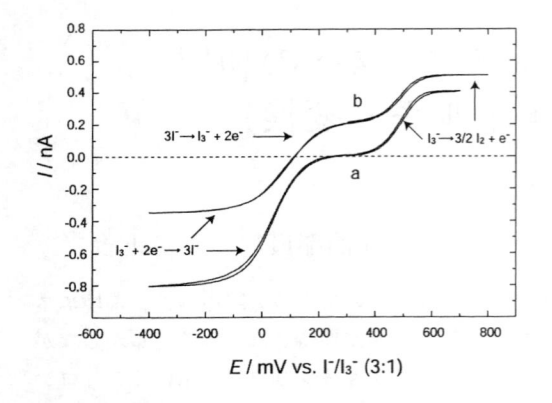

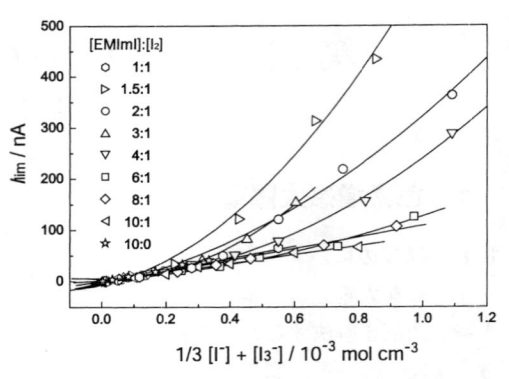

図1 微小電極を用いたイオン液体中でのヨウ素レドックス対のサイクリックボルタモグラム
a:$[I^-]:[I_2] = 1:1$, b:$[I^-]:[I_2] = 4:1$, 走査速度 2 mV/s, 電極半径 6.0 μm

図2 ヨウ素レドックス対濃度と拡散限界電流値の関係

$[I_2]$ で 1:0 (I^- 単独),1:1 (I_3^- 単独), 1.5:1, 2:1, 3:1, 4:1, 6:1, 8:1, 10:1, 濃度は $[I^-] + [I_3^-]$ が 0.1 M～1.0 M の間で調整した。得られるボルタモグラムの例を図1に示す。$[I^-]:[I_2]$ が 1:1 の場合,つまり,I_3^- 単独の場合,I_3^- の酸化反応と還元反応が見られたのに対し,$[I^-]:[I_2]$ が 4:1 の場合,つまり,系中に I^- と I_3^- が共存した場合は,さらに,I^- が酸化される反応を観察できた。太陽電池電解質部分で生じている反応 $I_3^- + 2e^- \rightarrow 3I^-$ と $3I^- \rightarrow I_3^- + 2e^-$ の反応に注目して拡散限界電流値の濃度依存性の解析を行った。結果を図2に示す。横軸がヨウ素レドックス対濃度の和,縦軸が微小電極より得られた拡散限界電流値を示す。I^- は,3分子で2電子を与え1分子の I_3^- に変わるので $1/3 [I^-]$ とした。ヨウ素レドックス対濃度増加に対して,直線的に電流が増加している組成と,二次曲線的に電流が増加している組成が存在することがわかる。この二つの異なる挙動について以下のような考察ができる[4]。

微小電極を用いた際,得られる拡散限界電流値について以下の理論式が成立する。

$$I_{\lim} = 4nFD_{app}rc \tag{1}$$

(n:反応電子数,F:ファラデー定数,D_{app}:見かけの拡散係数,r:電極半径,c:レドックス対濃度)

ここで,見かけの拡散係数 D_{app} は,レドックス種自身が電極へ移動することに起因する物理的拡散係数 D_{phys} と,レドックス対同士が電荷を受け渡す ($I^- + I_3^- \rightarrow I^- \cdots I_2 \cdots I^- \rightarrow I_3^- + I^-$) ことに起因する交換反応拡散係数 D_{ex} の和と書ける。したがって

$$D_{app} = D_{phys} + D_{ex} \tag{2}$$

が成立する。ここで,D_{ex} に関して交換反応に関する理論式である Dahms–Ruff 式を適用すると[5,6]

$$D_{app} = D_{phys} + 1/6 k_{ex} \delta^2 c \tag{3}$$

(k_{ex}:交換反応速度定数,δ:交換反応を起こすときのレドックス対の中心間距離)

(3)式を(1)式に代入することによって次に示す式が得られる。

$$I_{\lim} = 4nFr(D_{phys}c + 1/6 k_{ex} \delta^2 c^2) \tag{4}$$

第20章　イオニクスデバイスへの利用（Ⅱ：エネルギー変換）

拡散限界電流値は，交換反応が生じる系（$k_{ex} \neq 0$）では濃度の2次式となり，交換反応が生じない系（$k_{ex}=0$）では濃度の1次式になることがわかる。(4)式を用いて図2の結果をフィッティングさせることで，交換反応による拡散係数と物理的拡散係数を見積もることも行われている。I^-とI_2の混合比が接近し，かつ高濃度のとき，交換反応による拡散が物理的拡散の3倍以上となる場合も確認されている[4]。

1.3　ヨウ素レドックス対間交換反応の溶媒種依存性と太陽電池セル性能に与える影響

イオン液体中でのヨウ素レドックス対間の交換反応の存在が，イオン液体を溶媒に用いた色素増感太陽電池の比較的大きな電流値の原因であるとすると，イオン液体中で何故ヨウ素レドックス対の交換反応が起こり易いのかを理解する必要がある。一方，粘度が高い溶媒中ではヨウ素レドックス対は動き難いため物理的拡散は小さくなり，その結果として交換反応による拡散が顕著になったと考えることもできる。そこで，イオン液体中と有機溶媒中でのヨウ素レドックス対の交換反応の起こり易さを，類似した粘度を持つ溶媒中で比較した[7]。イオン液体は，EMImTFSI（27 mPa s at 30℃），有機物質はEMImTFSIと同等の粘度を有するPEGDE（polyethylene glycol dimethylether）（19 mPa s at 30℃）を用いた。ヨウ素レドックス対にはEMImI（1-ethyl-3-methylimidazolium iodide）にI_2を所定の組成比で混合したものを用いた。組成比は，$[I^-]:[I_2]=1.5:1$，4:1，濃度は$[I^-]+[I_3^-]$が0.1M～1.5Mの間で調整した。得られたEMImTFSI中とPEGDE中の限界電流値を(1)式に基づいて拡散係数に変換し，それを縦軸にとったものが図3である。PEGDEの場合は，ヨウ素レドックス対の拡散係数が，濃度の増加に対して一定あるいは若干減少した。一方，EMImTFSIの場合は，ヨウ素レドックス対の濃度の増加に対応して拡散係数が増加していることがわかる。

(3)式から，系中でレドックス対の交換反応が生じる場合，レドックス対の濃度の増加に比例してD_{app}が増加する一方，交換反応が生じない場合，D_{app}はD_{phys}と一致し，濃度に影響されない。つまり，類似の粘度をもつ溶媒中でも，ヨ

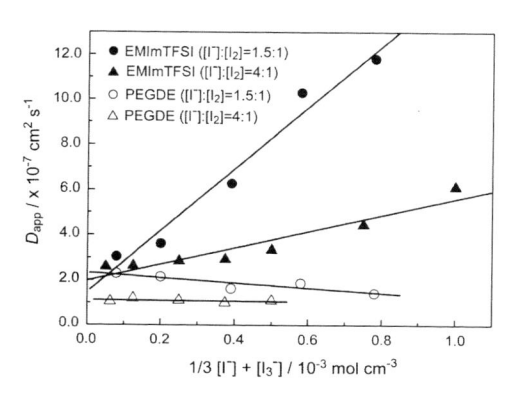

図3　ヨウ素レドックス対のイオン液体中と有機溶媒中での拡散係数特性

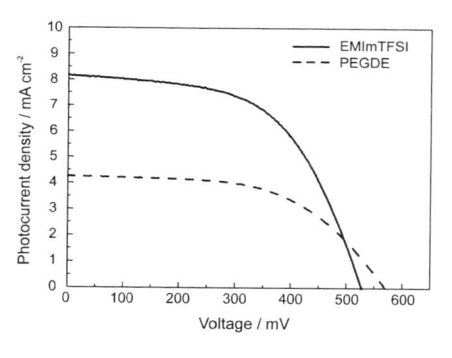

図4　EMImTFSIとPEGDEを用いた場合の色素増感太陽電池 I-V曲線
セル構成：測定条件AM1.5，100mWcm^{-2}，電極面積9mm×5mm，TiO$_2$多孔膜Solaronix T，色素N3，電解液：(1) EMImTFSI系　1.0 M EMImI, 0.25 M I_2；(2) PEGDE系　1.0 M EMImI, 0.25 M I_2

イオン液体Ⅱ

ウ素レドックス対は，分子性溶媒中では交換反応を起こさないのに対し，イオン液体中のみで交換反応を発現することが分かる。このことは，イオン液体の従来の溶媒とは異なる特異性を示す重要な証拠のひとつである[7]。

　EMImTFSIとPEGDEを溶媒として用いた太陽電池特性を図4に示す。EMImTFSIとPEGDEは同等の粘度を有しているにもかかわらず，EMImTFSIを用いた場合に約2倍の電流値が得られている[7]。これは，イオン液体中での交換反応に起因した結果と考えている。

　イオン液体中でのみ，このような特異的な現象を観察できるのは，イオン液体の本質的特徴である高イオン雰囲気に起因する可能性が高い。すなわち，ヨウ素レドックス対間の交換反応は，負電荷種同士の反応で静電反発が大きいが，イオン液体の高いイオン雰囲気がこの反発を静電遮蔽し得る。これにより，負電荷を有するイオン同士が接近し電荷のやり取りを可能にすると考えている[7]。

1.4　イオン液体を用いた色素増感太陽電池性能

　現在，dicyanoamide (DCA) アニオンのイオン液体を電解質に用いて100mW/cm^{2}の太陽光照射強度条件下で，5.5％と高い変換効率を得ることに成功している(図5)。これは，有機溶媒を用いた場合の約80%強の出力である[8〜10]。Grätzel教授のグループもイオン液体を用いて同等の良好な性能を得た報告を行っている[11, 12]。さらに，彼らは，60℃の高温条件下で一ヶ月後の性能低下が10%以内という良好なセル耐久性を有するイオン液体電解質色素増感太陽電池を報告している[13]。

1.5　イオン液体を利用した固体電解質色素増感太陽電池

　色素増感太陽電池では，電解質の固体化により得られるメリットが数多く存在する。セル破損時の液漏れの防止，セル内の電解液の偏りによる出力低下・セル不良の防止，安全性の向上，さ

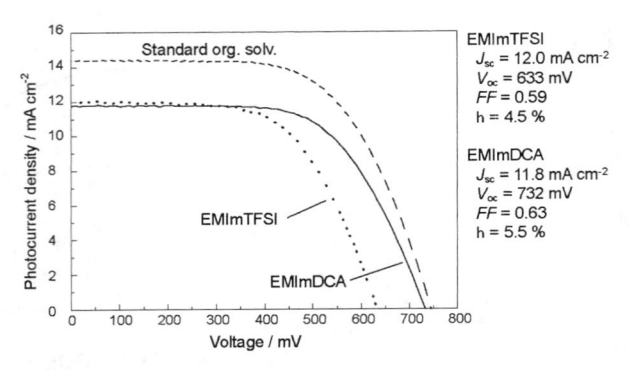

図5　イオン液体と有機溶媒での太陽電池性能の比較
セル構成：測定条件AM1.5，100mWcm^{-2}，電極面積9mm×5mm，TiO$_2$多孔膜Solaronix T，色素N3，電解液：イオン液体(1) EMImTFSI系，1.5 M EMImI，0.1M LiI，0.15 M I$_2$，0.5 M t-ブチルピリジン；イオン液体(2)EMImDCA系，2.0 M EMImI，0.5M LiI，0.2 M I$_2$，1.0 M t-ブチルピリジン；(3)有機電解液　メトキシアセトニトリル系，0.3 M DMPImI，0.1M LiI，0.05 M I$_2$，0.5 M t-ブチルピリジン

第20章　イオニクスデバイスへの利用（Ⅱ：エネルギー変換）

らに，実用化の際，既存の印刷技術等を利用した低コストセル作製が可能であることが挙げられる。数多くの利点を有する電解質の固体化であるが，解決すべき重要な問題のひとつに，レドックス種の拡散速度の低下による得られる電流値の減少が挙げられる。しかし，イオン液体中で発現するヨウ素レドックス対の交換反応を積極的に利用することで固体電解質中でも速い電荷輸送を期待することができる。例えば，PVDF-HFP(poly(vinylidenefluoride-*co*-hexafluoro-propylene))，シリカ，低分子ゲル化剤とイオン液体の混合より得られる擬固体太陽電池が，イオン液体電解質の場合と同様の性能を得ている[14～17]。液系電解質と変わらない性能が得られた原因のひとつにイオン液体中で発現するヨウ素レドックス対の電荷交換反応による電荷輸送が起因していることは間違いない。また最近の，液晶状態のイオン液体（イオン液晶）[18]や柔粘性結晶（プラスチッククリスタル）[19]を色素増感太陽電池に適用する研究も，電解質の固体化を図ろうとする研究と同一方向の展開である。

文　献

1) B. O'Regan and M. Grätzel, *Nature*, **353**, 737(1991)
2) M. K. Nazeeruddin, F. D. Angelis, S. Fantacci, A. Selloni, G. Viscardi, P. Liska, S. Ito, B. Takeru and M. Grätzel, *J. Am. Chem. Soc.*, **127**, 16835(2005)
3) N. Papageorgiou, Y. Athanassov, M. Armand, P. Bonhôte, H. Pettersson, A. Azam and M. Grätzel, *J. Electrochem. Soc.*, **143**, 3099(1996)
4) R. Kawano and M. Watanabe, *Chem. Commun.*, 330(2003)
5) I. Ruff and V. J. Friedrich, *J. Phys. Chem.*, **75**, 3297(1971)
6) H. Dahms, *J. Phys. Chem.*, **72**, 362(1968)
7) R. Kawano and M. Watanabe, *Chem. Commun.*, 2107(2005)
8) R. Kawano, H. Matsui, C. Matsuyama, A. Sato, M. A. B. H. Susan, N. Tanabe and M. Watanabe, *J. Photochem. Photobiol. A, Chem.*, **164**, 87(2004)
9) H. Matsui, K. Okada, T. Kawashima, T. Ezure, N. Tanabe, R. Kawano and M. Watanabe, *J. Photochem. Photobiol. A, Chem.*, **164**, 129(2004)
10) H. Matsui, K. Okada, N. Tanabe, R. Kawano and M. Watanabe, *Trans. Mater. Res. Soc., Jpn.*, **29**, 1017(2004)
11) P. Wang, S. M. Zakeeruddin, J. -E. Moser and M. Grätzel, *J. Phys. Chem. B*, **107**, 13280(2003)
12) P. Wang, S. M. Zakeeruddin, R. Humphry-Baker and M. Grätzel, *Chem. Mater.*, **16**, 2694(2004)
13) P. Wang, B. Wenger, R. Humphry-Baker, J. -E. Moser, J. Teuscher, W. Kantlehner, J. Mezger, E. V. Stoyanov, S. M. Zakeeruddin and M. Grätzel, *J. Am. Chem. Soc.*, **127**, 6850(2005)
14) P. Wang, S. M. Zakeeruddin, I. Exnar and M. Grätzel, *Chem. Commun.*, 2972(2002)
15) P. Wang, S. M. Zakeeruddin, P. Comte, I. Exnar and M. Grätzel, *J. Am. Chem. Soc.*, **125**, 1166(2003)
16) W. Kubo, S. Kambe, S. Nakade, T. Kitamura, K. Hanabusa, Y. Wada and S. Yanagida, *J. Phys. Chem. B*, **107**, 4374(2003)
17) W. Kubo, T. Kitamura, K. Hanabusa, Y. Wada and S. Yanagida, *Chem. Commun.*, 374(2002)

18) N.Yamanaka, R. Kawano, W. Kubo, T. Kitamura, Y. Wada, M. Watanabe and S. Yanagida, *Chem. Commun.*, 740(2005)
19) P. Wang, Q. Dai, S. M. Zakeeruddin, M. Forsyth, D. R. MacFarlane and M. Grätzel, *J. Am. Chem. Soc.*, **126**, 13590(2004)

2 光応答ゲル

玉田政宏[*1], 大野弘幸[*2]

2.1 はじめに

近年,外界の刺激を「感知」し,刺激の強弱を「判定」した上で「行動」する"刺激応答性ゲル"が,注目を集めている。これらのゲルは,人工筋肉などのアクチュエータ,刺激応答型ドラッグデリバリーシステム (DDS) の担体,ケミカルバルブ,センサー,形状記憶材料など,様々な分野で機能材料としての応用が期待されている。中でも光化学反応を組み込んだゲルは下記の特徴により他のゲルとは区別される。即ち,光化学反応を系中に含む刺激応答性ゲルは,①反応を起こす場所を正確にナノスケールまでコントロールできる,②応答が速い,③非接触状態での制御が可能なので,端子などを結合させる必要がない,といった特徴が利点である。

2.2 有機溶媒中でのゲルの作成とその光応答性

光化学反応を起こす分子の一つにアゾベンゼンおよびその誘導体がある。アゾベンゼンは,通常は熱力学的に安定なtrans体として存在しているが,紫外光を照射するとcis体になり,可視光の照射または加熱でtrans体に戻る(図1)。これまでに,系中にアゾベンゼンを含むゲルが多く作成され,その光応答性が評価されている[1]。堀江らは,光応答性のアゾベンゼンを含む剛直なオリゴアミド酸(図2(a))を,剛直な構造の三官能性対称型アミン 1,3,5-tri(4-aminophenyl)benzene(TAPB;図2(b))で架橋して網目構造を有するポリアミド酸ゲルを作成した[2]。このゲルは,分子レベルのアゾベンゼン部位の光異性化反応を直接マクロな状態変化につなげることができる(図2)。

図1 アゾベンゼンの光異性化

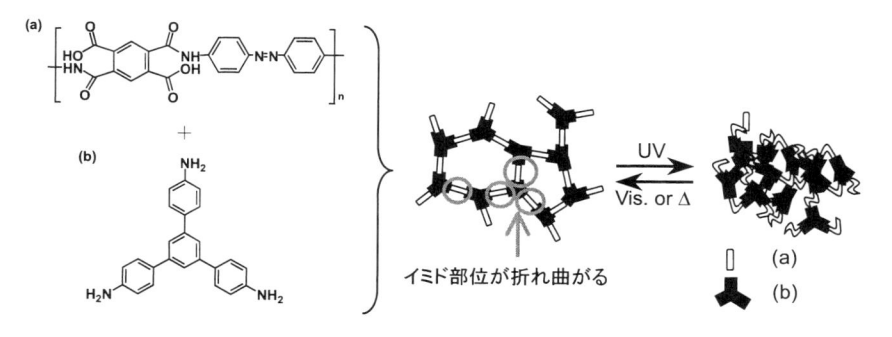

図2 アゾベンゼン部位を含むポリアミド酸(a)及び架橋剤(b)の構造式と,それらから得られるポリアミド酸ゲルの光異性化による網目構造変化の模式図[2]

---

*1 Masahiro Tamada 東京農工大学大学院 工学教育部 生命工学専攻
*2 Hiroyuki Ohno 東京農工大学大学院 共生科学技術研究部 ナノ未来科学研究拠点 教授

光応答性ポリアミド酸ゲルは，DMFなどのアミド系溶液中では可逆的な応答を示すが，空気中での応答は不可逆である。これは，大気中では溶媒が揮発し，ゲルが収縮してしまうためである。このようなゲルを溶液中だけでなく，空気中でも機能させることができれば，応用は格段に広がる。そこで，大気中での安定作動を目的として，不揮発性のイオン液体を溶媒とした光応答性ポリアミド酸ゲルを作成し，その光応答性を評価した[3]。

2.3　イオン液体を含浸させたゲルの作成とその光応答

4,4'-Diaminoazobenzene（DAA）と pyromellitic dianhydride（PMDA）から，末端に酸無水物基を有するアミド酸オリゴマーをDMF中で合成し，これにDMFに溶解させた三官能性アミンTAPBを添加，反応させて，透明なポリアミド酸ゲルを得た（図2）。これを5種類のイオン液体中にそれぞれ含浸させた後，室温で5日間真空乾燥させて，溶媒をイオン液体で置換したポリアミド酸ゲルを得た。用いたイオン液体を図3に示す。1および2はDAA，PMDAおよびTAPB全てを溶解させることのできたイオン液体である。3は1とカチオン構造が同一ではあるが，TFSIアニオンを成分とするため低いガラス転移温度と低い粘度が特徴である。4および5は，ハロゲンアニオンを有するイオン液体の中で，ガラス転移温度と粘度が比較的低いジアリルイミダゾリウムカチオン構造[4]を有するものである。ハロゲンアニオンを有するイオン液体は，極性が高く溶解性に優れている（第13章参照）ので本研究でも検討した。

イオン液体1を用い，内径が0.2mmのキャピラリー中で作成したイオン液体含浸ポリアミド酸ゲルに，空気中で442nmのHe-Cdレーザーを照射して光応答を観察した。その結果，レーザー光を照射した部位が屈曲した（図4）。アゾベンゼンの異性化に由来するゲルの屈曲はレーザー光を当てた直後に起こり，応答は非常に速かった。さらに屈曲状態のゲルに500nm付近の光を照射することで元の状態に戻ることも観測された。また，このゲルを空気中で3日放置した後に再度レーザー光を照射しても，全く同様の屈曲が確認できた。このように，イオン液体含有光応答性ポリアミド酸ゲルは，空気中でも安定で可逆的に作動することが示された。

イオン液体種は光応答性に大きく影響する。1を含むポリアミド酸ゲルが最も明瞭な変化を示した。2を含む系は応答はするものの，変位は非常に小さかった。3含有系は全く応答せず，置換した時点でゲルが収縮していた。4及び5含有系は442nmのHe-Cdレーザー光を照射すると，屈曲はするものの，その後500nm付近の光を照射しても元には戻らなかった。1及び2はDAA，PMDA及びTAPBをよく溶解させることができるため，それらから作成されたポリアミド酸ゲル

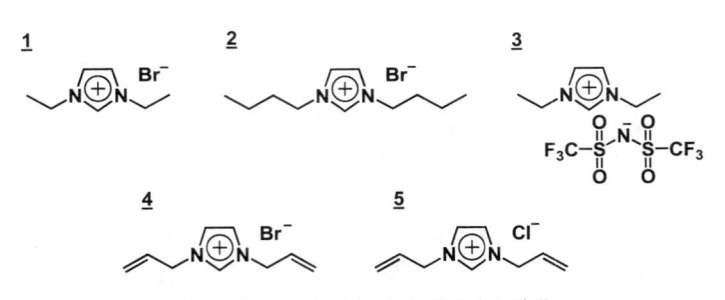

図3　用いたイオン液体の構造式と略称

第20章　イオニクスデバイスへの利用（Ⅱ：エネルギー変換）

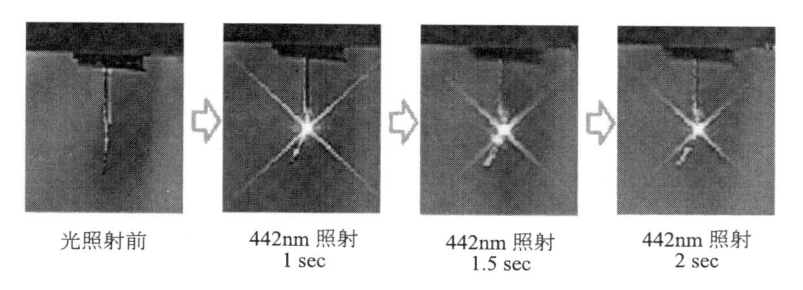

| 光照射前 | 442nm 照射 1 sec | 442nm 照射 1.5 sec | 442nm 照射 2 sec |

図4　空気中でのイオン液体含有ポリアミド酸ゲルの光応答

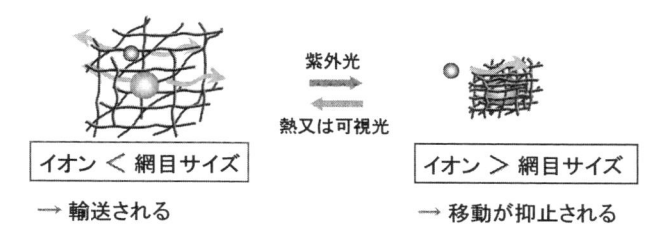

図5　イオン液体含有光応答性ポリアミド酸ゲルによるイオン輸送制御の模式図

とも相溶性が高く，十分に溶媒和状態を保持できたため，可逆的な応答を示したものと思われる。2を含浸させたゲルも溶媒和状態が良く，非常に膨潤していた。そのため，大気中ではゲルの自重を持ち上げられるだけの応力が光照射により発生せず，変位が小さくなったものと考えている。親和性の制御も今後の課題であろう。

2.4　今後の展望

　光応答性ポリアミド酸ゲルとイオン液体とを組み合わせることにより，大気中で安定な光応答性のアクチュエータが作成できる。さらに，光応答性ゲルは，光によってその網目サイズを変化させることができるため，ゲル内の物質移動の制御を行うことのできるケミカルバルブとしての応用も期待できる。すなわち，イオン液体ゲルのホストポリマーを光応答性のポリアミド酸などにすることで，あるいは伝導パスにこのようなゲートとなるものを設置することで，光によるイオン輸送の制御が行える（図5）。単純な拡散係数の制御だけでなく，イオンのサイズを反映した選択透過などのスイッチングも視野に入れ，さらに詳細な検討を行っている。多孔ゲルの周囲を固定すれば，ゲルの収縮に伴う孔径の増大も期待できる。光応答性ポリアミド酸ゲルの光照射によるイオン伝導制御は，イオニクスデバイスに新たな"光"をもたらすことになるであろう。

　本研究課題は渡辺敏行教授（東京農工大学大学院），堀江一之教授（同，東京大学名誉教授）との共同研究である。成果を紹介させていただいたことに，この場を借りて厚く御礼申し上げたい。

文　献

1) (a) G. Van der Veen, W. Paris, *Nature Phys. Sci.*, **230**, 70 (1971), (b) K. Ishihara, N. Hamada, S. Kato, I. Shinohara, *J. Polym. Sci. Polym. Chem. Ed.*, **22**, 881 (1984), (c) T. Ikeda, M. Nakano, Y. Yu, O. Tsutsumi, A. Kanazawa, *Adv. Mater.*, **15**, 201 (2003)
2) (a) M. Yoshikawa, H. Furukawa, K. Horie, T. Watanabe, *Polymer Preprints, Japan*, **52**, 777 (2003), (b) M. Yoshikawa *et al.*, Proceedings of XXIst International Conference on Photochemistry, 5P235 (2003)
3) M. Tamada, *et al., Polymer Preprints, Japan*, **54**, 1772 (2005)
4) T. Mizumo, E. Marwanta, N. Matsumi, H. Ohno, *Chem. Lett.*, **33**, 1360 (2004)

3 プロトン伝導性イオン液体と無加湿中温形燃料電池の可能性

中本博文[*1]，渡邉正義[*2]

3.1 はじめに

近年，環境問題やエネルギー問題を背景に世界レベルで燃料電池の研究が行われている。中でも高分子固体電解質形燃料電池（PEFC）は小型軽量化が可能で，さらに室温での始動が可能であるため，家庭用の熱電供給装置や電気自動車の電源としての期待が大きい[1]。現状におけるPEFCは，ナフィオンに代表される高価なパーフルオロアルキルスルホン酸型イオン交換膜を電解質膜として利用し，その中をプロトンは膜中の水分子をキャリアーとして利用して，アノードからカソードへ移動している（図1）。このため電解質膜が十分に吸湿している状態でのみ良好な発電特性を得ることができる。つまり水の蒸発を抑えるため，通常運転を80℃以下で行うとともに，膜中の厳密な水分管理が重要になる。一方でPEFCを100℃以上の温度で運転することは，触媒活性が向上するために高価なPt系触媒の使用量を減らせること，廃熱を利用しやすくなること，メタンなどの炭化水素系燃料を改質して使用する場合にアノードでのCOによる触媒被毒量を減らせること，改質の際に一度上げた燃料温度を下げる必要がないこと，そしてさらなる高効率発電を可能にすることなどにつながるため，メリットが大きい。高温作動を可能にする電解質膜の主な研究は，耐熱性のある安価なイオン交換膜の開発や，水保持性を高める無機微粒子を高分子膜中に分散させた複合膜の開発などである[2]。

一方，最近プロトン伝導体としてイオン液体が注目されている[1]。イオン液体は一般にイオンのみから構成されるため，熱的，化学的，電気化学的に安定であるほか，難揮発性，高イオン伝導性という特性を持つ。またイオン構造を設計することで様々な特性を持たせることができるため，デザイナーソルベントとも呼ばれている[3]。イオン液体の持つ前述のような特長にプロトン伝導性を付与できれば，燃料電池用電解質として利用できる可能性が生まれる。典型的なイオン液体は，活性プロトンを持たないアルキルアンモニウムやピリジニウムなどアプロティックな構

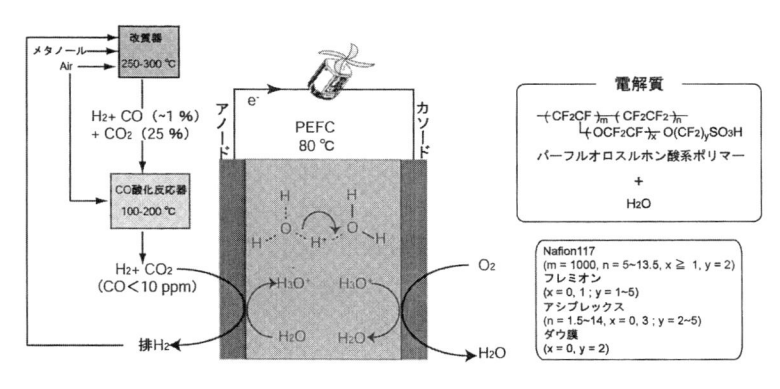

図1 高分子固体電解質形燃料電池の仕組みと電解質の構造

---

* 1　Hirofumi Nakamoto　横浜国立大学大学院　工学府
* 2　Masayoshi Watanabe　横浜国立大学大学院　工学研究院　教授

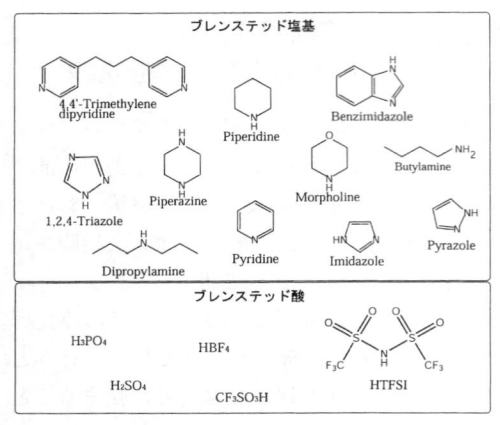

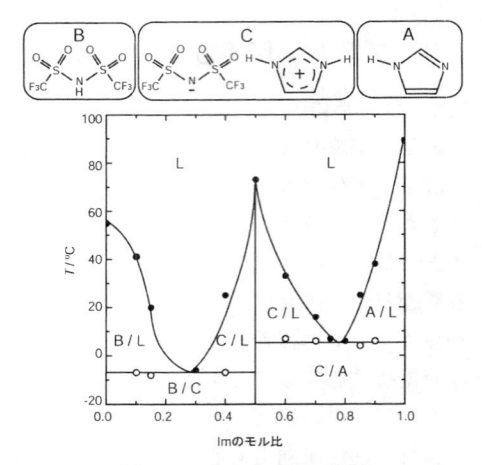

図2 プロティックなイオン液体を構成する酸と塩基の組み合わせ

図3 Im-HTFSI系の相図

造[3]のものであるが，プロトン伝導性を付与するためにアルキル基をプロトンに変えたプロティックなイオン液体（図2）について我々は研究を行っている[4～10]。

3.2 Brønsted酸―塩基型イオン液体のプロトン伝導性

ここではイミダゾール（Im）―HTFSI系を代表例に説明する[4, 5]。本系の熱的性質について，図3に相図を示す。HTFSIおよびImの融点はそれぞれ55℃，89℃であり，[Im]/[HTFSI]＝5/5の組成（中性塩）では73℃である。[Im]/[HTFSI]＝5/5とHTFSIまたはImとの間で共晶混合物を形成し，それぞれ-6℃，6℃に共晶点を持つことがわかった。またこれは液体相溶，固体非相溶の典型的な相図であり，塩化アルミニウム系のルイス酸・塩基型のイオン液体と類似している[11]。また耐熱性（熱重量分析で10％の重量減少の起こる温度）はImが147℃であったのに対し，[Im]/[HTFSI]＝5/5ははるかに高く379℃であった。すなわち酸または塩基過剰組成では，過剰に存在する酸または塩基が蒸発するため，その含有量に応じて耐熱性が下がった。つまり[Im]/[HTFSI]＝5/5以外の本系は，厳密にはイオンを含む融体である。

図4にイオン導電率の組成依存性の結果を示す。イオン導電率は，Im組成が増えるにつれ高くなり[Im]/[HTFSI]＝9/1のときに120℃で0.9 S/cmと水溶液並みの値に到達する。[Im]/[HTFSI]＝5/5はイオンのみで構成されるためイオン密度は塩基または酸過剰組成のものと比べて高いはずであるが，イオン導電率は塩基過剰組成になるほど高くなる傾向を示した。これは塩基過剰組成になるほどイオン移動度が高い，または通常の物理拡散によるイオン伝導とは異なる高速なイオン伝導のためであると推察された。

そこで磁場勾配NMR（PGSE-NMR）によりプロトンの拡散係数を算出することで高速なイオン伝導の存在の確認を行った。その30℃での結果を表1に示す。塩基過剰組成では，Imまたはイミダゾリウム（HIm$^+$）分子のC-Hプロトンの拡散であるD_{C-H}とN-Hプロトンの拡散であるD_{N-H}を比べると，D_{N-H}のほうが早いことがわかる。C-HプロトンとN-Hプロトンはともに ImまたはHIm$^+$の拡散係数を反映することから（NMRの時間尺ではImとHIm$^+$は区別できな

第20章 イオニクスデバイスへの利用（Ⅱ：エネルギー変換）

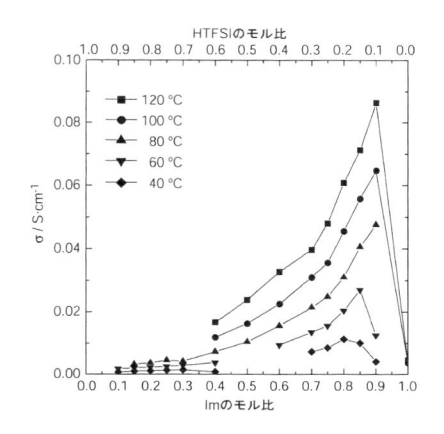

図4 Im–HTFSI系のイオン導電率組成依存性

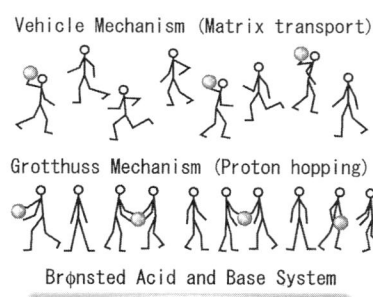

図5 イオン液体中のプロトン輸送機構

表1 Im–HTFSI系の拡散係数とプロトン導電率

Im/HTFSI	10^{-7}cm$^2\cdot$s^{-1}				%		10^{-4}Scm^{-1}
	D_{C-H}	D_{N-H}	D_{C-F}	D_{TFSI-H}	t_G	t_+	σ_{H^+}
8/2	5.7	6.3	3.7		38	63	50
7/3	3.8	4.1	2.5		17	62	31
3/7	1.2	1.2	1.3	1.4	13	51	4.4
2/8	1.4	1.4	1.7	1.9	16	50	3.5

い），カチオンの拡散は一般的な物理的拡散（ヴィークルメカニズム，HIm$^+$の拡散）だけでなく，カチオンのN–Hと塩基の非共有電子対を持つ窒素との間でのプロトン交換による早い拡散（グロータスメカニズム，HIm$^+$とImの間のプロトン交換）が共同的に起こっているためであると考えられる（図5）。ここでグロータスメカニズムについてもう少し説明する。グロータスメカニズムはプロトンドナーとアクセプター間での交換によるプロトン輸送機構のことであり，ヴィークルメカニズムと比べ巨視的な物質移動を伴わない高速なプロトン輸送機構である。そこでプロトン輸送におけるグロータスメカニズムの割合（t_G）を計算した結果，塩基組成が高くなるほど高く，[Im]/[HTFSI]＝8/2において38％であった。

　燃料電池用電解質としてプロトン伝導性イオン液体を用いるには，イオン導電率ではなくプロトン導電率が重要となる。しかしイオン液体中ではカチオンとアニオンの両者が一般的に移動でき，また本系のプロトン輸送には前述した2つのメカニズムが共存する。そこでイオン導電率に^{1}H, ^{19}F–PGSE–NMRの結果から求めたプロトン輸率（t_+）を掛けることで算出したプロトン導電率（σ_{H^+}）を，表1に示す。プロトンの拡散係数は^{1}H–PGSE–NMRを，アニオンの拡散係数は^{19}F–PGSE–NMRを用いて算出している。結果を見ると塩基組成が高くなるにつれイオン伝導に占めるプロトン輸率は増え，[Im]/[HTFSI]＝8/2のときに63％であった。またプロトン導電率は30℃で$10^{-4}\sim10^{-2}$ S/cm程度と，塩基過剰組成では燃料電池用電解質として充分な値となった。

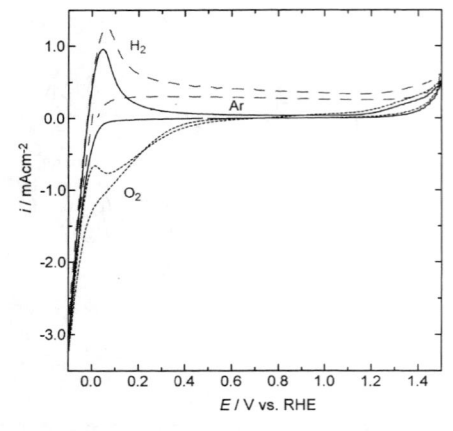

図6　[Im]/[HTFSI]＝85/15のCV測定結果 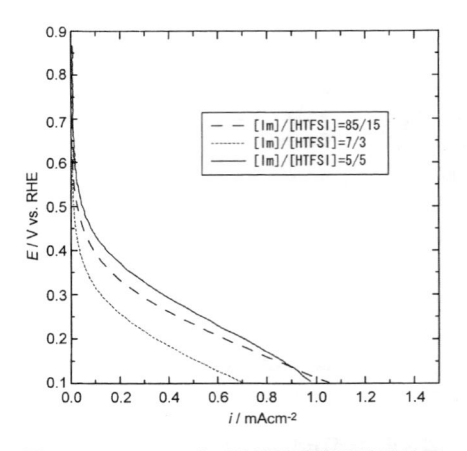　　図7　Im-HTFSI系の燃料電池発電試験結果

3.3　水素酸化及び酸素還元特性と燃料電池電解質としての可能性

　イオン液体を燃料電池用電解質として用いるには，プロトン伝導性だけでなくアノードでの水素の酸化活性，そしてカソードでの酸素の還元活性が必要である。そこで電極上での水素の酸化，酸素の還元活性について3極セルを用いてサイクリックボルタンメトリー（CV）測定により調べた[4,5]。基準極に水素可逆電極を，作用極に白金電極，対極に白金黒電極を用い，作用極には，比較対照としてArガスを，水素の酸化活性を見る場合には水素ガスを，酸素の還元活性を見る場合には酸素ガスをバブルしながら測定を行った。80℃での[Im]/[HTFSI]＝85/15の結果を図6に示す。Arガスを流した場合，1.2Vから酸化電流が観測される。これはImの酸化分解電流である。また0V付近に還元電流が観測されるが，これはHIm$^+$の還元による水素の生成反応であることがわかる。次に水素ガスを流した場合，0Vから水素の酸化電流が立ち上がり，窒素ガスを流した場合と比べ定常的に酸化電流が観測された。これは，電極上で水素の酸化によるプロトンの生成が定常的に起こることを示している。次に酸素ガスを流した場合，0.8Vより低い電位で還元電流が観測された。これは酸素の還元に伴う還元電流でありHIm$^+$のプロトンとO$_2$が反応することで水を生成していることを意味する。これらのことから，プロティックなイオン液体は，電極上での水素の酸化，酸素の還元に対して活性を持つことがわかった。

　電解質にこのイオン液体を用いたH$_2$/O$_2$型簡易燃料電池を作成し，非水条件下で発電試験を行った結果を図7に示す[4,5]。横軸の電流密度は硫酸中での水素の脱離波の面積から求めた値，すなわちPtの真の電極面積で規定したものである。また[Im]/[HTFSI]＝5/5は130℃，[Im]/[HTFSI]＝7/3と[Im]/[HTFSI]＝85/15は80℃の結果である。結果をみると本系はNafion系と同様，カソード側での酸素の還元反応が遅いためにカソード過電圧が大きい。しかしながら，どの組成においても発電を確認することができた。つまりアノードでの水素の酸化，電解質でのプロトン輸送，カソードでの酸素の還元が定常的に起こることを示しており，非水条件下においても本イオン液体を燃料電池用電解質として用いることができることが明らかになった。

3.4 おわりに

以上述べてきたようなプロトン伝導性イオン液体は，セラミック材料に保持させることでリン酸形燃料電池（PAFC）に代わる燃料電池に，またポリマーと組み合わせることでPEFCとして利用可能となると期待される．とくにPEFC用電解質としてイオン液体を用いる場合，イオンの物理的移動は制限されることから，グロータスメカニズムによるプロトン輸送しやすい設計がプロトンキャリアーとして重要になる．イオン液体は，カチオンとアニオンの組み合わせにより多様な分子設計が可能なため，無加湿燃料電池に適用可能な電解質創製は夢のある研究であろう．今後の飛躍的発展が期待される．

文　　献

1) 「燃料電池と高分子」，高分子学会燃料電池材料研究会編著，共立出版，2005
2) (a) F. Ciuffa, F. Croce, A. D'Epifanio, S. Panero and B. Scrosati, *J. Power Sources*, **127**, 53 (2004), (b) M. Watanabe, H. Uchida, Y. Seki, M. Emori and P. Stonehart, *J. Electrochem. Soc.*, **143**, 3847 (1996), (c) 陸川政弘，「固体高分子型燃料電池用イオン交換膜の開発」，シーエムシー出版，p.89 (2000)
3) 「イオン性液体-開発の最前線と未来-」，大野弘幸監修，シーエムシー出版 (2003)
4) A. Noda, M. A. B. H. Susan, K. Kudo, S. Mitsushima, K. Hayamizu and M. Watanabe, *J. Phys. Chem. B*, **107**, 4024 (2003)
5) M. A. B. H. Susan, A. Noda, S. Mitsushima and M. Watanabe, *Chem. Commun.*, 938 (2003)
6) M. A. B. H. Susan, M. Yoo, H. Nakamoto and M. Watanabe, *Chem. Lett.*, 836 (2003)
7) M. A. B. H. Susan, M. Yoo, H. Nakamoto and M. Watanabe, *Trans. Mater. Res. Soc., Jpn.*, **29**, 1043 (2004)
8) M. A. B. H. Susan, A. Noda, N. Ishibashi and M. Watanabe, "Solid State Ionics: The Science and Technology of Ions in Motion", B. V. R. Chowdari, H. -L. Too, G. M. Choi and J. -H. Lee eds., World Scientific, Singapore, p.899, 2004
9) H. Matsuoka, H. Nakamoto, M. A. B. H. Susan and M. Watanabe, *Electrochim. Acta*, **50**, 4015 (2005)
10) M. A. B. H. Susan, A. Noda and M. Watanabe, "ACS Volume Series 902: Ionic Liquids IIIB; Fundamentals, Progress, Challenges, and Opportunities", Robin D. Rogers and Kenneth R. Seddon eds., ACS, Washington DC, p.199, 2005
11) (a) F. H. Hurley and T. P. Wier Jr., *J. Electrochem. Soc.*, **98**, 203 (1951), (b) R. J. Gale, B. Gilbert and R. A. Osteryoung, *Inorg. Chem.*, **17**, 2728 (1978)

4　バイオ燃料電池を目指した展開

中村暢文*

　燃料電池は，次世代のエネルギーデバイスとして多くの注目を集めている。比較的マイルドな条件で動作する燃料電池の，モバイル機器用電源としての応用を視野に入れた開発も進められつつある。低温で作動する固体高分子型の燃料電池では，触媒として白金触媒が用いられており，コスト面などにおいて問題があり代替物質が強く望まれている。バイオ燃料電池[1,2]とは，基本的には白金触媒を生体由来の物質にかえたものであり，その生体由来の物質として，細菌や細胞そのものを用いるものや精製した酵素を用いるものがある。バイオ燃料電池は室温，常圧，中性条件下で働くという利点があり，また，酵素の基質特異性が非常に高いということから，セパレーターフリーのセルが構築できるという利点もある。さらに，生体材料を用いるということから環境負荷が低いと考えられ，小型化にも適しており，体内埋め込み型の医療機器などの電源としての応用を目指した研究が，バイオ燃料電池の研究としては最も進んでいるところであろう。しかしながら，生体物質を用いる場合の溶媒は，一般的には水であり，そのことによって生ずるデメリットも実は多い。タンパク質を水以外の溶媒中で働かせることができれば，水によって制限されていた動作条件（例えば0 ℃～100 ℃といった条件）から開放されることになる。イオン液体は，極限環境で使用されるデバイスの溶媒として，非常に有望視されており，バイオ燃料電池の電解質溶媒としても，多くの利点を挙げることができる。まずは，先にも述べたデバイスの使用温度域の拡大，次に，生体物質の腐敗防止，またそれに関連して，タンパク質の熱的安定性および長期安定性が期待できることなどがあげられる。バイオ燃料電池の動作条件が拡大できれば，モバイル機器用の電源として応用できるようになるかもしれない。

　図1にバイオ燃料電池のしくみの模式図を示した。図中のメディエーター（Med.）とは，それ自身が酸化還元することによって電子を運ぶ媒体となる物質のことであり，酵素によって使用できるメディエーターは異なる。また，酵素と電極で直接電子移動が行えるときには，メディ

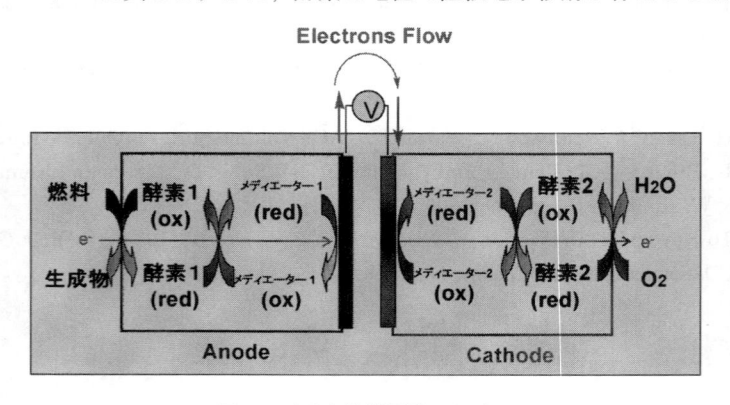

図1　バイオ燃料電池のしくみ

＊　Nobuhumi Nakamura　東京農工大学大学院　共生科学技術研究部　ナノ未来科学研究拠点　助教授

第20章 イオニクスデバイスへの利用（Ⅱ：エネルギー変換）

エーターは必要ない。電極上に酵素，メディエーターなどを固定化できると，セルの小型化に有益であり，電池の形状に関する自由度も増す。バイオ燃料電池の起電力は，図2に示したようにアノード（燃料極）とカソード（酸素極）との電位差になるが，メディエーターの電位によって決まることがわかる。電極―メディエーター間，および，メディエーター―酵素間の電子移動が十分速く酵素の電位により近いものが起電力を稼ぎ，ダイレクトに酵素―電極間の速い電子移動を行えれば，起電力の点で最も理想的であることは言うまでもない。

しかしながら，これまでのバイオ燃料電池の研究では，溶媒としては水しか用いられてこなかった。溶媒をイオン液体にすることで，極限環境にも耐え得るバイオ燃料電池を作り出せるのではないかと考えられる。まずは，イオン液体中で酵素が働くかどうかの検討が必要である。イオン液体中で酵素を効率的に働かせることができれば，可能性は開ける。先にも述べたように，酵素がイオン液体に可溶であれば反応効率が上がると考えられる。タンパク質をイオン液体中に溶解させるためには，第14章で述べた，タンパク質の化学修飾やイオン液体の最適化が必要である。酵素のイオン液体中での長期安定性や，動作温度範囲と各温度での反応効率などの検討が必要である。次に，これは水を溶媒とする通常のバイオ燃料電池でも同じ開発要素となるが，酵素電極間の十分速い電子移動を達成させること（直接的な電子移動や適切なメディエーターの開発）と，電流密度を向上させること（電極の改良）が必要である。

水系のバイオ燃料電池の研究はかなり進展しており，体内埋め込み型の医療器具の電源としての実用化は近い。しかし，それ以外の用途でのバイオ燃料電池の実用化を考えてみると，溶媒として水を用いている限り難しいのではないかと思われる。イオン液体や固体電解質を用いたバイオ燃料電池が望まれるが，その研究はまだ始まったばかりである。筆者らの研究室では，まず，イオン液体への酵素の可溶化と，そのイオン液体中における電気化学的に駆動される酵素反応の検討を行っている。耐熱性のチトクロム P450 は，水中でも 80℃程度までその立体構造を維持し，酵素反応することを報告したが[3]，この酵素をイオン液体に導入しその電気化学的挙動についての検討をおこなった。平均分子量 2,000 のポリエチレンオキシド（PEO）を17箇所のアミノ基に修飾した耐熱性チトクロム P450 を合成した。この PEO 修飾チトクロム P450 が，典型的な疎水性のイオン液体であるエチルメチルイミダゾリウムビス（トリフルオロメチル）スルフォニルイミド（[emim][TFSI]）に均一に溶解するということは既に述べた（第14章）。この，PEO 修飾チトクロム P450 の電気化

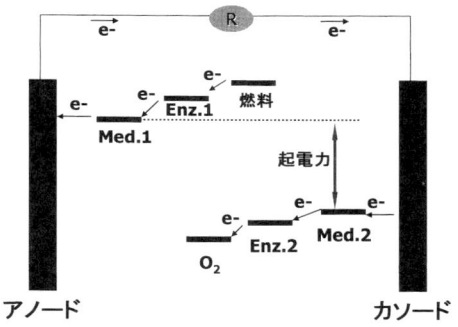

図2 バイオ燃料電池の起電力

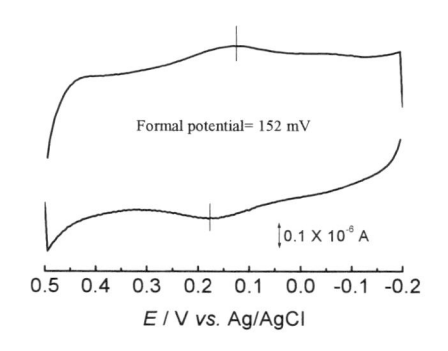

図3 PEO修飾チトクロム P450 の [emim][TFSI] 中での酸化還元応答

学的挙動をサイクリックボルタンメトリー法により調べたところ，室温で明瞭な酸化還元応答を得る事ができた（図3）。掃引速度に対する電流値の依存性から，電極への吸着種が酸化還元応答しているものと考えられる。様々な温度で，また，より良い条件下での酸化還元応答，および，電気化学的に駆動する触媒反応に関して現在検討している最中である。

　まだ検討課題は多いが，生体触媒の持つポテンシャルは高く，イオン液体を用いたバイオ燃料電池が作成され，実用化される日もそれほど遠くないと考えている。

文　　献

1) K. Kano and T. Ikeda, *Electrochemistry*, **71**, 86–99 (2003)
2) S. C. Barton, J. Gallaway, and P. Atanassov, *Chem. Rev.*, **104**, 4867–4886 (2004)
3) Y. Oku, A. Ohtaki, S. Kamitori, N. Nakamura, M. Yohda, H. Ohno, and Y. Kawarabayasi, *J. Inorg., Biochem.*, **98**, 1194–1199 (2004)

第21章　機能性イオン液体の合成

吉田幸大[*1]，斎藤軍治[*2]

1　はじめに

　室温溶融塩，特にイミダゾリウム陽イオンから成るイオン液体を物性研究の視点から見た場合，最大の魅力はその優れたイオン伝導性である。実用面に関しても，湿式太陽電池や電気二重層キャパシタなどの電気化学デバイスへの応用には，高いイオン伝導性が要求される[1]。当研究室でもこれまで，ポリフッ化水素系イオン液体の1.1×10^{-1} S cm^{-1} [2]には及ばないものの，非ハロゲン系イオン液体［EMI］［N(CN)$_2$］ならびに［EMI］［C(CN)$_3$］が優れたイオン伝導性（1.8-2.7×10^{-2} S cm^{-1} at 20 ℃）をもつことを報告している[3]。本章では，-1価の金属錯体がもつ多彩な電子状態に由来する機能性発現に着目した，高導電性に加え常磁性や蛍光特性を有する複合機能性イオン液体の開発について紹介する。また，当研究室で以前から研究対象としている導電性分子性固体に関して，イオン液体を用いて新規有機超伝導体の開発に成功したので併せて紹介する[4]。

2　常磁性イオン液体の開発[5〜8]

　水銀をはじめとする無機液体金属・合金，フェライトなどを分散させた磁性流体，逆Moses効果を示すCuSO$_4$水溶液など，室温で磁性をもつ無機液体は数多く知られている。有機物に関しても，ニトロキシドラジカル（t-Bu)$_2$NO[9]や数種のチアゾリル系中性ラジカル[10]が室温で常磁性液体になることが報告されているが，磁気モーメントは1.3〜$1.6\mu_B$と小さく，電気伝導性は報告されていない。また，後者のラジカルは大気に不安定である。我々は，導電性と磁性を併せもつ有機液体の開発を目的として，4種の1-アルキル-3-メチルイミダゾリウム（RMI）陽イオ

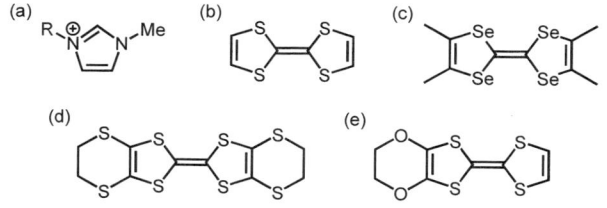

図1　(a)1-アルキル-3-メチルイミダゾリウム陽イオン（HMI：R＝H，EMI：R＝Et，BMI：R＝n-Bu，C$_6$MI：R＝n-hexyl，C$_8$MI：R＝n-octyl），(b)TTF，(c)TMTSF，(d)ET，(e)EDO

---

*1　Yukihiro Yoshida　京都大学大学院　理学研究科　化学専攻　博士研究員
*2　Gunzi Saito　京都大学大学院　理学研究科　化学専攻　教授

ン（EMI, BMI, C₆MI, C₈MI, 図1(a)）と2種の四ハロゲン化鉄（III）陰イオンから成る計8種の塩を作製した。いずれの塩も，等量の [RMI]X と FeX₃ (X:Cl, Br) をグローブボックス中で混合し，数日間攪拌することにより得た。同定は元素分析（C, H, N, ハロゲン）ならびに ¹H NMR 測定より行なった。[EMI][FeBr₄]（融点 46 ℃）以外は全て室温溶融塩で，静磁化率（χ）測定から，式(1)で表される有効磁気モーメント（μ_{eff}）は室温で 5.7～5.9 μ_B と見積もられた（図2）。

$$\mu_{\mathrm{eff}} = (8\chi T)^{1/2} \mu_\mathrm{B} \quad (1)$$

これは高スピン状態の Fe(III) イオン（$S=5/2$）に帰属できる（spin-only 値：5.92μ_B）。いずれの塩も，固化後，温度低下とともに反強磁性的相互作用による χT 値の減少を示し，[EMI][FeCl₄] と [EMI][FeBr₄] は低温で反強磁性秩序を示す。Néel 温度（T_N）はそれぞれ 4.2 K, 12.5 K である。

表1に，今回作製した [RMI][FeX₄] の密度（d），粘度（η），イオン伝導度（σ），およびモル伝導度（Λ）の室温値を示す。[EMI][FeCl₄] が最も高いイオン伝導度（2.0×10^{-2} S cm^{-1} at 25 ℃）ならびに低い粘性（18 cP at 25 ℃）を示し，高導電性―常磁性有機液体であることを初めて確認した。[BMI][FeCl₄] のイオン伝導性ならびに

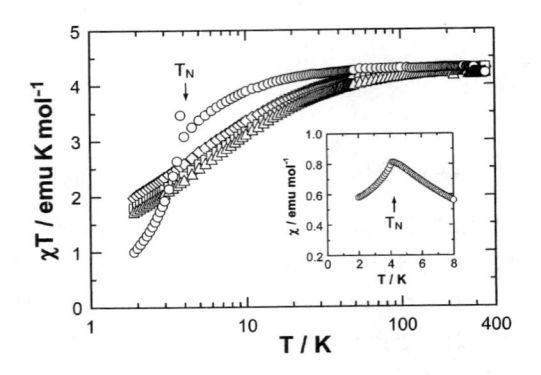

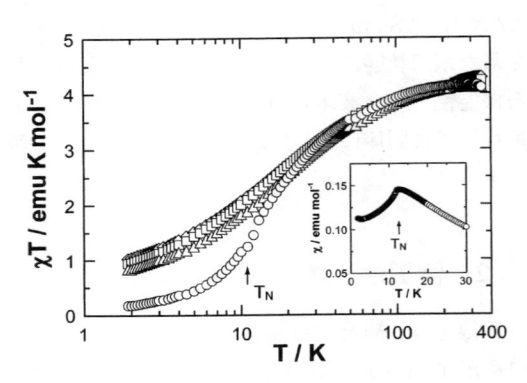

図2 [RMI][FeX₄] の 100 Oe 静磁場下における χT の温度変化（T_N: Néel 温度）[8]
（上）X=Cl，（下）X=Br；○:R=Et，△:R=n-Bu，□:R=n-hexyl，◇:R=n-octyl。挿図は各 EMI 塩の低温における χ 温度依存性を示す。

表1 [RMI][FeX₄] の密度(d), 粘度(η), イオン伝導度(σ), モル伝導度(Λ), $\Delta(\Lambda\eta)$ 値（本文参照）

No.	Salt	d (20 ℃) /g cm^{-3}	η (25 ℃) /cP	σ (25 ℃) /S cm^{-1}	Λ /S cm^2 mol^{-1}	$\Delta(\Lambda\eta)$ /S cm^2 cP mol^{-1}
1	[EMI][FeCl₄]	1.42	18 (4.9)	2.0×10^{-2} (3.6)	4.4	19
2	[BMI][FeCl₄]	1.38	34 (6.0)	8.9×10^{-3} (4.5)	2.2	26
3	[C₆MI][FeCl₄]	1.33	45 (6.4)	4.7×10^{-3} (5.0)	1.3	43
4	[C₈MI][FeCl₄]	1.28	77 (7.2)	2.2×10^{-3} (5.9)	0.69	47
5	[EMI][FeBr₄]	—	—	—	—	—
6	[BMI][FeBr₄]	1.98	62 (6.5)	5.5×10^{-3} (4.7)	1.4	11
7	[C₆MI][FeBr₄]	1.86	95 (7.3)	2.8×10^{-3} (5.6)	0.82	22
8	[C₈MI][FeBr₄]	1.74	121 (7.9)	1.4×10^{-3} (6.0)	0.47	43

括弧内の数字は活性化エネルギー（E_a/kcal mol^{-1}）を示す。

第21章 機能性イオン液体の合成

粘性は，Angellらのデータ[11]とほぼ一致する。アルキル鎖長の増加とともにイオン伝導性は減少し，またFeBr$_4$塩よりもFeCl$_4$塩の方が高い導電性を示す。唯一室温よりも高い融点をもつ[EMI][FeBr$_4$]は，融解により2桁程度のイオン伝導度の上昇を示す（$6.5×10^{-5}$ S cm^{-1} at 30 ℃ → $2.1×10^{-2}$ S cm^{-1} at 60 ℃）。

分子間相互作用を考慮したStokes–Einsteinの式（$D=RT\left[(\xi_c r_c)^{-1}+(\xi_a r_a)^{-1}\right]/6\pi N_A\eta$）とNernst–Einsteinの式（$D=\sigma M_w RT/yF^2 d$）（$D$：自己拡散係数，$\xi$：補正因子（主に分子間相互作用による），$r$：イオン半径，$M_w$：式量，$y$：解離度）より，イオン伝導度に関する式（2）

$$\sigma = \left\{\frac{yd\left[(\xi_c r_c)^{-1}+(\xi_a r_a)^{-1}\right]}{M_w\eta}\right\}\left[\frac{F^2}{6\pi N_A}\right] \tag{2}$$

を導出できる。右辺の前項は物質開発において重要なパラメータを含み，σの向上にはyやdの増加，およびその他のパラメータ全ての減少が必須である。また，yと$(\xi r)^{-1}$を無視すると，経験的に見出されたWalden則（$\sigma M_w\eta/d=$一定）になる。FeCl$_4$塩とFeBr$_4$塩のイオン伝導性の違いは，主にM_wやr_aの違いで説明できる。一方，アルキル鎖長による伝導度変化は，M_wやr_cに加え，鎖間のvan der Waals（vdW）相互作用によるξの増大も影響している。式（2）中のパラメータy，ξ，rを実験および理論計算から正確に見積もることは困難である。そこで，d，σ，η値が報告されているEMI系単純型イオン液体のイオン伝導度を，陰イオン種の分子量（M_w）の逆数に対してプロットする（図3）と，多くのイオン液体は，式（2）からの予想通り分子量の減少とともに導電性が向上することがわかる。図中には，直線型，湾曲型，四面体型，八面体型などさまざまな幾何構造をもつ-1価陰イオンが含まれているが，形状による導電性の系統的な変化は見られない。しかしながら，3種の四面体型陰イオンMCl$_4$（M：Al, Fe, Ga）は図中の直線から外れ，高い導電性を示すことがわかる。現在のところ，電子雲拡大効果によってCl上の負電荷が減少し，イミダゾリウム陽イオンとの静電引力が抑制（ξが減少）されるためだと考えている。

渡邉らは，交流伝導度測定とパルス磁場勾配NMR測定より見積もった拡散係数から，構成イオンの会合度（$1-y$）が，陽イオンのアルキル鎖長とともに増大すること，また負電荷が非局在した陰イオン（BF$_4$，PF$_6$）を含むイオン液体では抑制されることを報告している[12]。この結果は，分子間のvdWや静電相互作用の増加が会合体形成を促進することを示唆する。会合度の定性的な評価は，Walden積と呼ばれるモル伝導度と粘性の積（$\Lambda\eta$）からも行なうことができる[11]。今回作製した7種の常磁性イオン液体のモル伝導度と粘性の逆数の関係（Waldenプロット）を図4に示す。いずれの塩も，会合体形成を無視できる希釈KCl水溶液のデータから導出された理想Waldenラインよりも下側にプロットされる。これは電気的に中性な会合体が

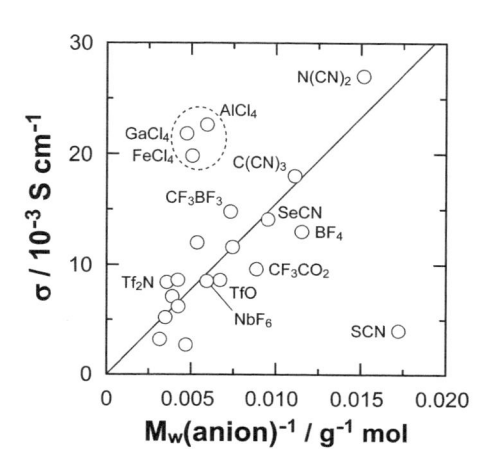

図3 EMI系単純型イオン液体における陰イオンの分子量（M_w(anion)）の逆数—イオン伝導度（σ）プロット（Tf：CF$_3$SO$_2$）[7]

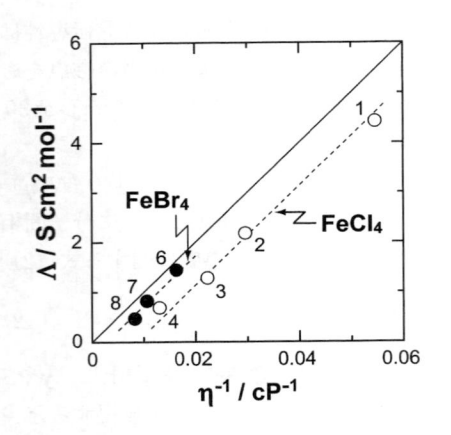

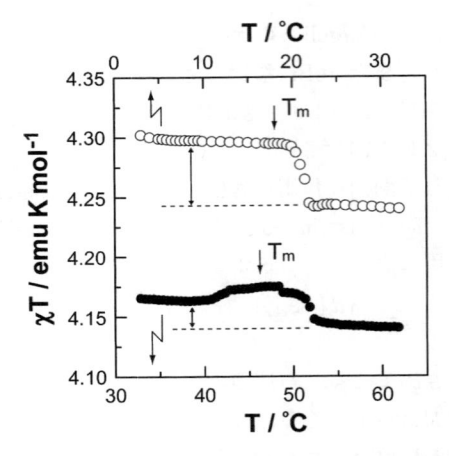

図4 [RMI][FeX$_4$] の粘性（η）の逆数—モル伝導度（Λ）プロット
図中の番号は表1中の番号と同一。実線は希釈KCl水溶液のデータから導出された理想Waldenライン。

図5 [EMI][FeCl$_4$]（○）および [EMI][FeBr$_4$]（●）の10 kOe静磁場下における融点（T_m）近傍でのχT変化[8]

形成することによってイオン伝導性が低下することに起因し，KCl水溶液の$\Lambda\eta$値（1×10^2 S cm^2 cP mol^{-1}）からのズレ$\Delta(\Lambda\eta)$を会合度に関するパラメータと見なすことができる。今回作製した[RMI][FeX$_4$]の$\Delta(\Lambda\eta)$値を表1に示す。$(CF_3SO_2)_2N$塩の場合[13]と同様に，アルキル鎖長とともに会合体形成が促進されることがわかる。FeBr$_4$塩の$\Delta(\Lambda\eta)$値がFeCl$_4$塩よりも小さいのは，FeBr$_4$塩の方が前述の電子雲拡大効果が顕著で，またモル濃度が小さいため，会合体形成が抑制されるためだと考えられる。融点近傍における[EMI][FeCl$_4$]と[EMI][FeBr$_4$]のχTの温度変化を図5に示す。[EMI][FeBr$_4$]の方が小さなχT値を示すのは，[EMI][FeCl$_4$]よりも大きなスピン—軌道相互作用をもつことによる。いずれの塩も融解に伴いχT値が減少するが，[EMI][FeCl$_4$]の方がより大きなχT変化を示す。再凝固によって融解時と同程度の磁気モーメントが回復することから，このχT変化は融解状態での会合体形成と関連づけることができ，会合体内でのFe(III)スピンは反強磁性的に相互作用していると結論できる。[EMI][FeCl$_4$]の方がより大きなχT変化を示すのは，溶融状態で会合体を形成するイオン数が[EMI][FeBr$_4$]よりも多いという前述の$\Delta(\Lambda\eta)$値からの結果と一致する。この融解による磁気モーメント変化の温度や変化量は，印加磁場（50 kOe以下）には依存しない。

3 蛍光イオン液体の開発[14]

ジシアノ金酸錯体はAu(I)…Au(I)間相互作用（aurophilic）による励起錯体を形成することによって蛍光を呈する[15]ことから，バイオセンサーなどの光機能性材料への応用が期待されている。イオン液体に蛍光性ランタノイド化合物などを溶解させて蛍光溶液を作製したという報告は数例ある[16]が，イオン液体自身が蛍光を呈した例としては，我々の知る限りポリアミドアミ

第21章　機能性イオン液体の合成

ン（PAMAM）デンドリマーを用いた（CF$_3$SO$_2$)$_2$N塩（融点-2.5 ℃）のみである[17]。我々は蛍光特性をもつイオン液体の系統的な開発を目指して，5種のRMI陽イオンとのAu(CN)$_2$塩を作製した。いずれの塩も乾燥アセトン中での[RMI]ClとK[Au(CN)$_2$]の複分解法より作製し，固体HMI塩（融点103 ℃）ならびにEMI塩（融点64 ℃）は酢酸エチルからの再結晶より，液体BMI塩（融点11 ℃），C$_6$MI塩（融点13 ℃）ならびにC$_8$MI塩（ガラス転移点-61 ℃）はジクロロメタン/H$_2$O溶液を用いた分離・抽出により精製した。図6(a)にHMI塩の結晶構造を示す。vdW半径和（3.6Å）と同程度の短いAu(I)…Au(I)間距離（3.553Å）をもつAu(CN)$_2$二量体が，HMI陽イオンを介して無限一次元鎖を形成している。一方，EMI塩ではvdW半径和より短いAu(I)…Au(I)間距離（3.347Å）をもつAu(CN)$_2$無限一次元鎖が確認された（図6(b))。ともに青色の強い蛍光を呈する（図7(a)，(b))。一方，淡黄色液体BMI塩，C$_6$MI塩ならびにC$_8$MI塩は，強度は弱いものの青から青緑色の蛍光を呈する。図7(c)～(e)にこれら室温溶融塩の室温における蛍光スペクトルを示す。いずれも376～390 nmと450～470 nmに2本の蛍光バンドを示す。振動構造を伴わないブロードなバンドならびに大きなストークスシフト（約0.4 eV）は，これらの発光が励起錯体に由来することを示している。類似した蛍光スペクトルはK[Au(CN)$_2$]水溶液[18]や，Au(I)カルベン錯体ならびにAu(I)イソシアニド錯体の凍結溶液[19]で観測されている。拡張Hückel計算より，[Au(CN)$_2^-$]$_n$オリゴマーのサイズ(n)とともにHOMO–LUMOギャップが減少することが示されており[20]，観測された2本の蛍光バンドは，イオン液体中にサイズの異なるオリゴマー種が存在することを示唆している。サイズの大きなオリゴマー種に帰属される低エネルギーバンドは凝固後も観測され（図7(f))，強度は融解時に比べ2～3桁高い。

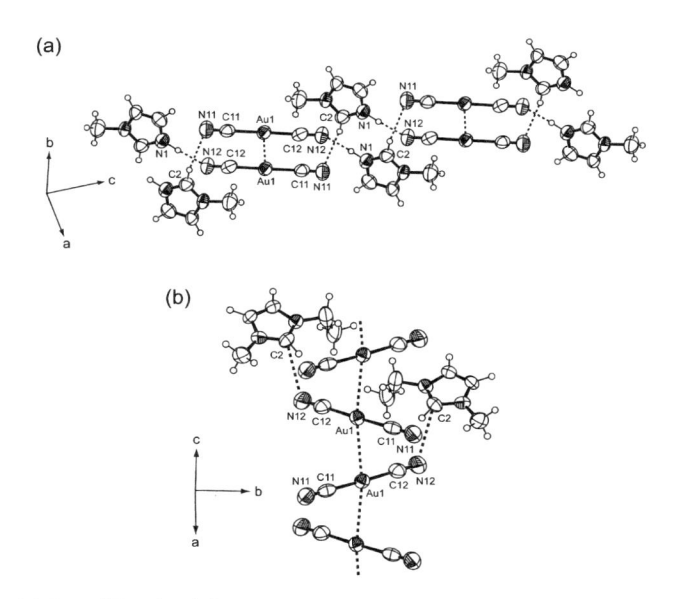

図6　(a)［HMI］［Au(CN)$_2$］の結晶構造[14]，(b)［EMI］［Au(CN)$_2$］の結晶構造[14]
(a) 点線は短い分子間C2–H…N11(3.25Å)，N1–H…N12(2.83Å) ならびにAu…Au (3.553Å) 原子接触を示す。
(b) 点線は短い分子間C2…N12(3.26Å) ならびにAu…Au(3.347Å) 原子接触を示す。

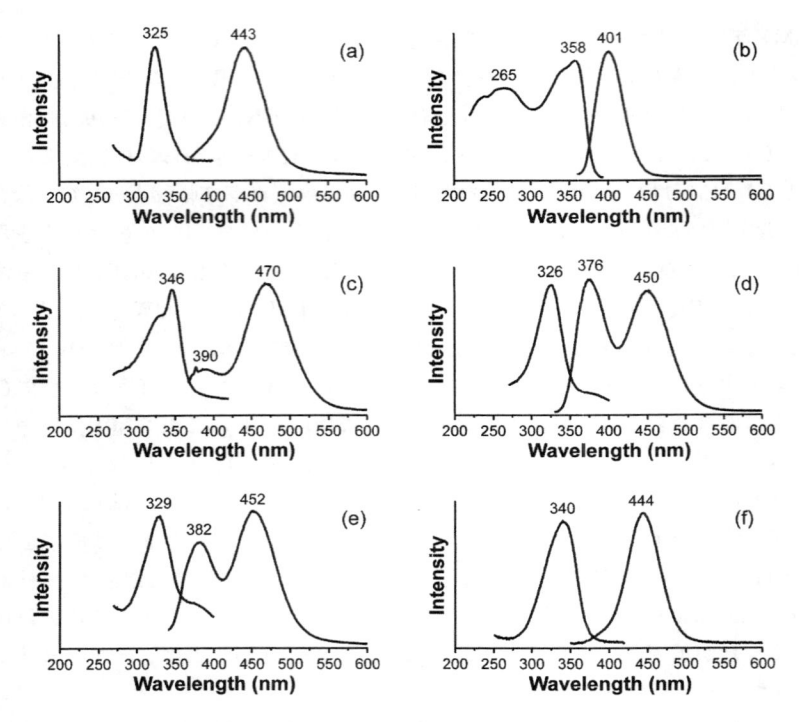

図7 ［RMI］［Au(CN)$_2$］の蛍光（右）および励起（左）スペクトル[14]
(a) R＝H（室温），(b) R＝Et（室温），(c) R＝n-Bu（室温），(d) R＝n-hexyl（室温），
(e) R＝n-octyl（室温），(f) R＝n-octyl（液体窒素冷却下）

4 イオン液体を用いた新規有機超伝導体の開発[21]

　これまで約百種類の超伝導体を与えているテトラチアフルバレン（TTF）系陽イオンラジカル塩の多くは，テトラアルキルアンモニウム塩を支持電解質として用いた電解酸化法により得られている。最初の有機超伝導体（TMTSF）$_2$PF$_6$をはじめ，これまで7種の超伝導体を与えている（TMTSF）$_2$X塩（X：PF$_6$, AsF$_6$, SbF$_6$, TaF$_6$, ClO$_4$, ReO$_4$, FSO$_3$）も，テトラブチルアンモニウム（TBA）塩を用いた電解酸化法から得ることができる[22]。しかしながら（TBA）NbF$_6$を用いた電解合成では，超伝導相発現が期待される（TMTSF）$_2$NbF$_6$の良質単結晶を得ることができず，結晶構造は未知で，超伝導相も観測されていなかった。我々のグループは最近，（TBA）NbF$_6$の代わりにイオン液体［EMI］［NbF$_6$］（京都大学大学院エネルギー基礎科学専攻 萩原理加教授・松本一彦博士より提供[23]）を支持電解質として用いることにより，良質の針状結晶を得ることに成功した。OsteryoungらによってTTFの［EMI］［BF$_4$］中での酸化還元挙動が報告されている[24]が，TMTSFは［EMI］［NbF$_6$］に不溶のため，THFやジクロロメタンなどの極性有機溶媒を用いて電解合成を行なった。作製条件は以下の通りである。ガラスフィルターで仕切られたH型セル（図8(a)）の両側に，直前に蒸留した溶媒18 mlを入れ，陽極側にTMTSF 15 mg，陰極側に［EMI］［NbF$_6$］100 mgを加える。試料を溶解させた後に白金電極を両極に装着し，電極間に0.2～0.5

第21章 機能性イオン液体の合成

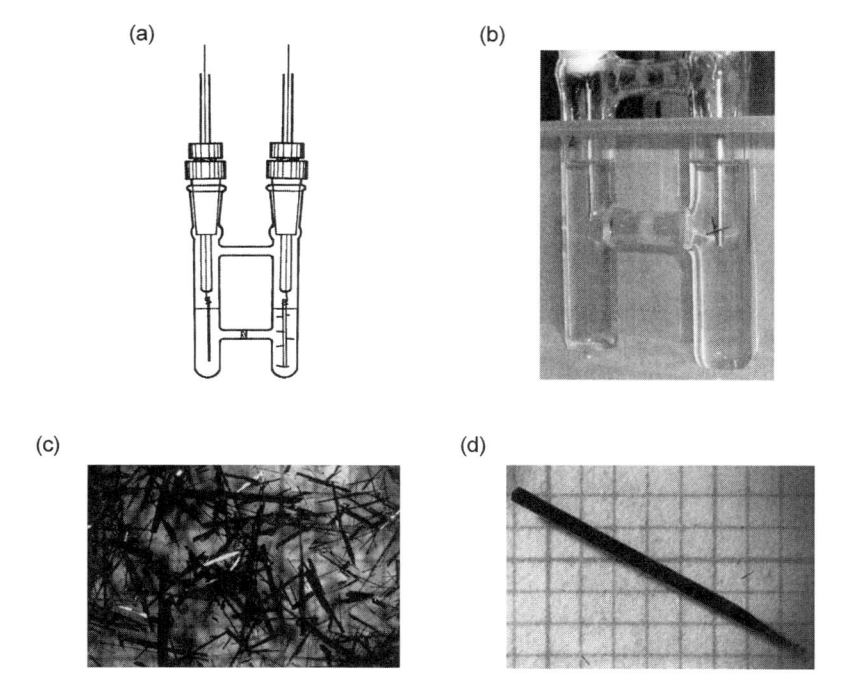

図8 (a) 電解法H型セル，(b) 電解酸化法による結晶育成，(c) THF中で電解合成した(TMTSF)$_2$NbF$_6$，(d) ジクロロメタン中で電解合成した(TMTSF)$_2$NbF$_6$

μAの定電流を流すと，約2週間後，陽極側の白金電極（直径2 mm）に針状結晶が成長する（図8(b)）。THFを用いた場合は質の劣る微結晶しか得られない（図8(c)）が，ジクロロメタンを用いることにより長さ10 mm程度の良質単結晶が成長する（図8(d)）。結晶構造解析より組成は(TMTSF)$_2$NbF$_6$と決まり，TMTSF$^{0.5+}$分子の擬一次元鎖の形成が確認された。また，結晶構造データをもとに拡張Hückel法と強束縛近似モデルを用いて計算したFermi面も擬一次元的で，結晶・バンド構造ともに他の(TMTSF)$_2$X塩と類似している。図9に4端子法を用いて測定した電気抵抗

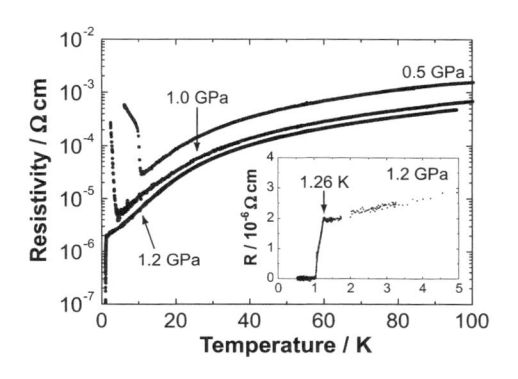

図9 (TMTSF)$_2$NbF$_6$の電気抵抗の温度変化[21]

の温度変化を示す。常圧下ではスピン密度波（SDW）形成に起因する金属―絶縁体転移が12 Kで起こるが，静水圧印加により絶縁体化は抑制され，1.2 GPaの圧力下で臨界温度（オンセット）1.26 Kの超伝導相が現れる。また，支持電解質としてイオン液体［EMI］［F(HF)$_{2.3}$］や［EMI］［SbF$_6$］（萩原理加教授・松本一彦博士より提供[25, 26]）を用いることにより，Mott絶縁体α'-(ET)$_2$F(HF)$_2$や，超迅速絶縁体―金属相転移を示す(EDO)$_2$PF$_6$[27]と同型構造をとる(EDO)$_2$SbF$_6$といった新規陽イオンラジカル塩の単結晶育成にも成功している。後者については，(TBA)SbF$_6$

を用いた場合には結晶構造・組成の異なる $(EDO)_4(Sb_2F_{11})_{0.85}(H_2O)_4$ しか得られない。

5 おわりに

　低融点というイオン液体の定義に関わる要請から，イオン液体の構成成分は＋1価陽イオンと－1価陰イオンの組み合わせに制限される。その中で，本章では主に FeX_4^-（X：Cl, Br）や $Au(CN)_2^-$ といった－1価単核金属イオンによる機能性発現について紹介したが，－1価を保持した多核金属錯体を用いることにより，さらに多彩な磁性・蛍光特性をもつイオン液体の創製が可能になる。また，高導電性を含めて機能性を有するイオン液体の開発には，陰イオン種の選択だけではなく，陽イオンの系統的な分子設計も必要である。大野らによって中和法を用いて系統的に合成された21種類の BF_4 塩には，[EMI][BF_4]（1.3×10^{-2} S cm^{-1} at 25 ℃）よりも高い導電性を示すイオン液体も含まれており[28]，陽イオン種に関しても検討の余地が残されている。例えば，複素環陽イオンの π 共役系を拡張させることによって分子間静電相互作用が低減し，イオン伝導性の向上につながるかもしれない。本章で述べた機能性イオン液体の開発研究は端緒についたばかりで，金属錯体や有機導電体といった従来の機能性"固体"には量，質ともに及ぶべくもないのが現状である。しかしながら，それらの分野で蓄積されてきた物質や知識は，機能性"液体"の今後の発展に広く応用できると考えている。

文　献

1) a) イオン性液体─開発の最前線と未来─，大野弘幸監修，シーエムシー出版，第7章（2003）; b) M. C. Buzzeo, R. G. Evans, and R. G. Compton, *ChemPhysChem*, **5**, 1106 (2004)
2) R. Hagiwara, K. Matsumoto, Y. Nakamori, T. Tsuda, Y. Ito, H. Matsumoto, and K. Momota, *J. Electrochem. Soc.*, **150**, D195 (2003)
3) Y. Yoshida, K. Muroi, A. Otsuka, G. Saito, M. Takahashi, and T. Yoko, *Inorg. Chem.*, **43**, 1458 (2004)
4) "導電性有機材料における新規機能の開発"，斎藤軍治，吉田幸大，TCIレター，127号（2005），pp.2-20
5) "電子伝導性および磁性イオン性液体"，斎藤軍治，イオン性液体─開発の最前線と未来─，大野弘幸監修，シーエムシー出版（2003），pp.137-143
6) Y. Yoshida, J. Fujii, K. Muroi, A. Otsuka, G. Saito, M. Takahashi, and T. Yoko, *Synth. Metals*, **153**, 421 (2005)
7) Y. Yoshida, A. Otsuka, G. Saito, S. Natsume, E. Nishibori, M. Takata, M. Sakata, M. Takahashi, and T. Yoko, *Bull. Chem. Soc. Jpn.*, **78**, 1921 (2005)
8) Y. Yoshida and G. Saito, *J. Mater. Chem.*, in press
9) A. K. Hoffmann and A. T. Henderson, *J. Am. Chem. Soc.*, **83**, 4671 (1961)
10) a) E. G. Awere, N. Burford, C. Mailer, J. Passmore, M. J. Schriver, P. S. White, A. J. Banister, H. Oberhammer, and L. H. Sutcliffe, *J. Chem. Soc., Chem. Commun.*, 66 (1987); b) W. V. F. Brooks,

N. Burford, J. Passmore, M. J. Schriver, and L. H. Sutcliffe, *J. Chem. Soc., Chem. Commun.*, 69 (1987); c) S. Brownridge, H. Du, S. A. Fairhurst, R. C. Haddon, H. Oberhammer, S. Parsons, J. Passmore, M. J. Schriver, L. H. Sutcliffe, and N. P. C. Westwood, *J. Chem. Soc., Dalton Trans.*, 3365 (2000)

11) W. Xu, E. I. Cooper, and C. A. Angell, *J. Phys. Chem. B*, **107**, 6170 (2003)
12) H. Tokuda, K. Hayamizu, K. Ishii, M. A. B. H. Susan, and M. Watanabe, *J. Phys. Chem. B*, **108**, 16593 (2004)
13) H. Tokuda, K. Hayamizu, K. Ishii, M. A. B. H. Susan, and M. Watanabe, *J. Phys. Chem. B*, **109**, 6103 (2005)
14) Y. Yoshida, J. Fujii, G. Saito, T. Hiramatsu, and N. Sato, *J. Mater. Chem.*, **16**, 724 (2006)
15) a) P. Pyykkö, *Chem. Rev.*, **97**, 597 (1997); b) H. Schmidbaur, *Gold Bull.*, **33**, 3 (2000); c) H. Schmidbaur, *Nature*, **413**, 31 (2001)
16) 例えば, a) E. Guillet, D. Imbert, R. Scopelliti, and J. -C. G. Bünzli, *Chem. Mater.*, **16**, 4063 (2004); b) K. Driesen, P. Nockemann, and K. Binnemans, *Chem. Phys. Lett.*, **395**, 306 (2004); c) P. Nockemann, E. Beurer, K. Driesen, R. V. Deun, K. V. Hecke, L. V. Meervelt, and K. Binnemans, *Chem. Commun.*, 4354 (2005)
17) J. -F. Huang, H. Luo, C. Liang, I. -W. Sun, G. A. Baker, and S. Dai, *J. Am. Chem. Soc.*, **127**, 12784 (2005)
18) M. A. Rawashdeh-Omary, M. A. Omary, H. H. Patterson, and J. P. Fackler, *J. Am. Chem. Soc.*, **123**, 11237 (2001)
19) a) R. L. White-Morris, M. M. Olmstead, F. Jiang, D. S. Tinti, and A. L. Balch, *J. Am. Chem. Soc.*, **124**, 2327 (2002); b) R. L. White-Morris, M. M. Olmstead, and A. L. Balch, *J. Am. Chem. Soc.*, **125**, 1033 (2003)
20) a) M. A. Omary and H. H. Patterson, *J. Am. Chem. Soc.*, **120**, 7696 (1998); b) M. A. Rawashdeh-Omary, M. A. Omary, and H. H. Patterson, *J. Am. Chem. Soc.*, **122**, 10371 (2000)
21) M. Sakata, Y. Yoshida, M. Maesato, G. Saito, K. Matsumoto, and R. Hagiwara, *Mol. Cryst. Liq. Cryst.*, in press.
22) a) 斎藤軍治, 有機導電体の化学——半導体, 金属, 超伝導体, 丸善 (2003); b) T. Ishiguro, K. Yamaji, and G. Saito, Organic Superconductors, 2nd Ed, Springer, Berlin (1998)
23) K. Matsumoto, R. Hagiwara, and Y. Ito, *J. Fluorine Chem.*, **115**, 133 (2002)
24) J. Fuller, R. T. Carlin, and R. A. Osteryoung, *J. Electrochem. Soc.*, **144**, 3881 (1997)
25) R. Hagiwara, T. Hirashige, T. Tsuda, and Y. Ito, *J. Fluorine Chem.*, **99**, 1 (1999)
26) K. Matsumoto, R. Hagiwara, R. Yoshida, Y. Ito, Z. Mazej, P. Benkič, B. Žemva, O. Tamada, H. Yoshino, and S. Matsubara, *Dalton Trans.*, 144 (2004)
27) a) A. Ota, H. Yamochi, and G. Saito, *J. Mater. Chem.*, **12**, 2600 (2002); b) M. Chollet, L. Guerin, N. Uchida, S. Fukaya, H. Shimoda, T. Ishikawa, K. Matsuda, T. Hasegawa, A. Ota, H. Yamochi, G. Saito, R. Tazaki, S. Adachi, and S. Koshihara, *Science*, **307**, 86 (2005)
28) M. Hirao, H. Sugimoto, and H. Ohno, *J. Electrochem. Soc.*, **147**, 4168 (2000)

第22章　液晶とイオン液体のコラボレーション

吉尾正史[*1]，加藤隆史[*2]

1　はじめに

多様な秩序構造を自己組織的に形成する液晶と，不揮発性・高イオン伝導性・触媒活性などの機能を示すイオン液体とのコラボレーションが，新しい分子集合体・超分子の構築や機能性材料創製の観点から注目を集めている[1, 2]。イオン液体は秩序構造をもたない等方性の液体であるが，これに液晶[3~7]の異方的な構造を付与して，イオンが形成するドメインの配列を制御することにより，イオンを特定の方向に輸送する新しいエネルギー伝達材料の開発が可能である[8, 9]。本稿では，イオン液体にもとづく液晶性分子集合体の構築と分子配列制御による低次元イオン伝導機能の発現について紹介する。

液晶性分子は，ナノからマイクロメートルスケールの多様な集合構造を自己組織的に形成する。「分子の形」・「分子間相互作用」・「ナノ相分離」の各要素をうまく組み合わせると，外部刺激や環境変化に応じて集合構造を動的に変化させる新しい液晶を開発することも可能である。このような材料は，動的機能を発揮する異方性材料として有用かつ重要である[8, 9]。著者らは，このような液晶の動的秩序をイオン伝導機能に活用することを考えて，イオン液体と液晶性分子とを複合化する研究をはじめた[10~12]。

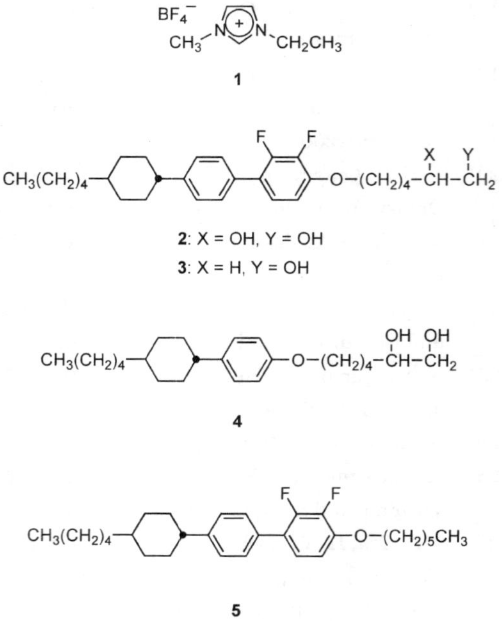

2　イオン液体と液晶性分子の複合化

イミダゾリウム塩のイオン液体である1-エチル-3-メチルイミダゾリウムテトラフルオロホウ酸1を，部分的に相互作用する液晶性分子2-4と複合化することにより（図1），イオン液体1を層状に複合化した新しい液晶性

図1　イミダゾリウムイオン液体1と水酸基を有する液晶性分子2-4，および水酸基を持たない液晶性分子5の分子構造

[*1]　Masafumi Yoshio　東京大学　大学院工学系研究科　化学生命工学専攻　助手
[*2]　Takashi Kato　東京大学　大学院工学系研究科　化学生命工学専攻　教授

第22章 液晶とイオン液体のコラボレーション

分子集合体（図2）を開発した[10, 11]。ここでは，水酸基とイオン液体との間に働く水素結合やイオン-双極子相互作用により，イオン層と非イオン層からなるナノメートルスケールの層状の相分離構造の形成が可能となっている。イオン液体と液晶性分子のモル比を変えて混合して得られる複合体では，発現する液晶相および液晶相を示す温度範囲が単独の場合とくらべて変化する。例えば，2単独は同種分子間の水素結合の効果により79〜210℃でカラムナー液晶相を示すのに対し，1と2の等モル複合体は，それらの間で相互作用が働き14〜198℃でスメクチック液晶相を示す。また，分子末端に水酸基を1つ有する液晶性分子3や水酸基を2つ有する二環の液晶性分子4とイオン液体1との複合体も安定なスメクチック液晶相を形成する。一方で，水酸基を持たない分子5をイオン液体と混合した場合は，イオン液体とは複合化せずマクロな相分離を形成する。

イオン液体と複合化する液晶性分子として，長鎖アルキルを有するイミダゾリウム塩 6a, b（図3）が報告されている[12]。これらの分子は，3節で紹介するイオン液体を出発物質とする液晶（液晶性イオン液体）であり，幅広い温度範囲でスメクチックA液晶相を示す[13〜15]。この液晶相では，イオンと非イオン性アルキル鎖が交互に積層した構造をとっている。このような液晶性分子 6a, b と等方性イオン液体である 1（図1）や 1-ブチル-3-メチルイミダゾリウムヘキサフルオロリン酸とを混合すると，イオン液体がスメクチック液晶のイオン層に組織化した層状液晶構造が形成される[12]。しかしなが

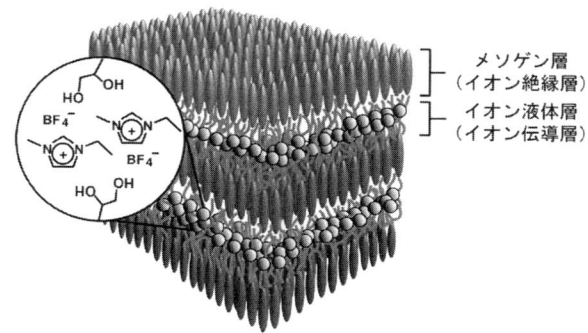

図2 イオン液体と水酸基を有する液晶性分子からなるナノ相分離層状液晶構造

図3 イオン液体と複合化して液晶相を形成する分子
スメクチック液晶性を示すイミダゾリウム塩 6a, b，カラムナー液晶性を示すイミダゾリウム塩部位を有するトリフェニレン誘導体 7，非イオン性ブロックポリマー 8

ら，液晶相を示す温度範囲はイオン液体を複合化することにより大幅に低下する．例えば，6a単独体は，55～203℃でスメクチックA相を示すが，6aと1のモル比3：2の複合体は，50～136℃でスメクチックA相を示し，透明点（液晶相—等方相転移温度）が67℃も低下する．さらに，複合体中のイオン液体の組成が0.7を超えると，液晶相は消失して融点のみ観測される．例えば，イオン液体中の6aが0.5 wt%の時には，イオン液体中で分子6aが会合することにより，マクロにイオン液体の流動性が失われて，半透明のゲルが形成される[12]．偏光顕微鏡でこのゲルを観察すると，複屈折を示すファイバー状集合体の形成が確認される．このような低分子化合物の自己組織化により形成されるイオン液体のゲルは，イオノゲルと呼ばれており，新しい分子集合体材料として注目を集めている[16～18]．

イオン液体を組織化したカラムナー液晶性複合体も構築されている．イミダゾリウム塩部位を有するトリフェニレン誘導体7（図3）は，昇温時に70～114℃でヘキサゴナルカラムナー（Col$_h$）液晶相を示すが，7と1-ヘキシル-3-メチルイミダゾリウムテトラフルオロホウ酸との等モル複合体は，8～119℃でCol$_h$相を示し，イオン液体との複合化により液晶相が熱的に安定化することが報告されている[19]．

トリブロックコポリマー8（図3）と1-ヘキシル-3-メチルイミダゾリウムヘキサフルオロリン酸との複合化により，ヘキサゴナルカラムナー相（イオン液体中の8の濃度38～52 wt%）とラメラ相（イオン液体中の8の濃度65～87 wt%）が発現することが見出されている[20]．イオン液体中におけるリオトロピック液晶相の形成は，イオン液体のアニオンと8のエチレンオキシド末端の水酸基とが水素結合し，さらにイミダゾリウムカチオンとエチレンオキシド部の酸素原子の非共有電子対とが相互作用することで安定化していると考えられている．

らせん状の集合構造をもった液晶相の発現を目指して，キラルなイオン液体と液晶性分子との複合化が行なわれている（図4）[21]．キラル部位としてシトロネル基を有するイミダゾリウム塩9は，-57℃以上で液体となるイオン液体である．このイオン液体9とスメクチックA液晶性イミダゾリウム塩10およびネマチック液晶性分子11とを複合化した場合には，均一な複合体液晶が得られているが，キラルスメクチックC相やキラルネマチック相などのらせん状構造を有する液晶相の発現は観測されていない．

イオン液体と液晶性分子との複合化のバリエーションは無数にあり，目的に応じたテイラーメイドの異方性材料が得られる大きな可能性を秘めている．今後，新しい機能の発現や性能の向上に大きな期待がもてる．

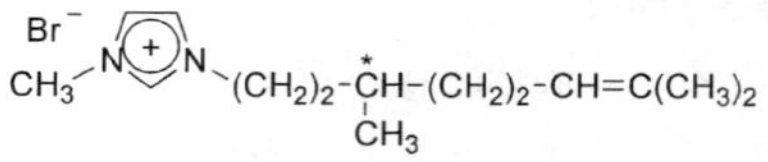

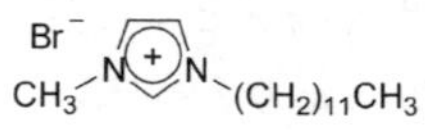

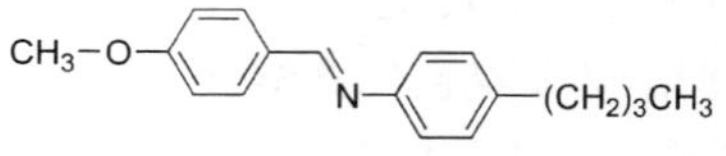

3 液晶性イオン液体の分子設計と配列制御

イオン性部位を有する液晶性化合物は，イオン性液晶として古くから知られており，さまざまな特性が報告さ

図4 キラリティーを有するイオン液体9，スメクチック液晶性イオン液体10，ネマチック液晶性分子11

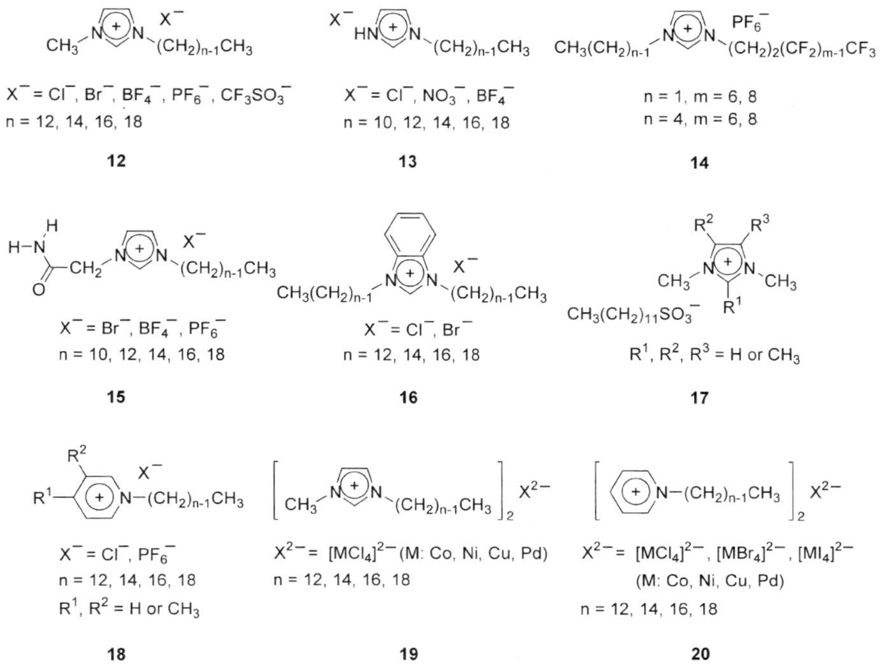

第22章　液晶とイオン液体のコラボレーション

図5　イミダゾリウムやピリジニウム塩骨格を有する液晶性イオン液体

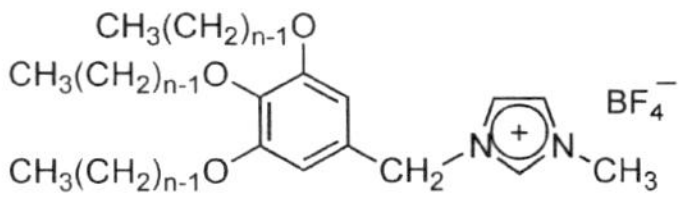

れている[22～25]。SeddonとBruceらは，イミダゾリウムやピリジニウムなどの非局在化した有機カチオンと特定のアニオンから構成されるイオン液体を出発とした液晶性分子を報告した[13]。これらの液晶は，これまでのイオン性液晶とは異なり，低融点・低粘性・高イオン伝導性を示すことから，液晶性を示すイオン液体として"液晶性イオン液体"と呼ばれている。液晶性イオン液体の分子設計には，ナノ相分離・分子の形・分子間相互作用の各要素をうまく組み合わせることが重要である[8]。図5および図6には，イミダゾリウムやピリジニウム塩の化学修飾により得られるサーモトロピック液晶性イオン液体12-21について示す[13～15, 26～42]。これらの化合物は，イオン部位と長鎖アルキル部位あるいは長鎖ペルフルオロ部位がナノメートルスケールで相分離することにより秩序を形成して液晶性を発現する。形成する液晶相は，分子内の互いに相溶しないイオン性基と非イオン性基の形や体積比によって決まる。一つのイオン性基に対して，1本鎖の化合物ではほとんどの場合，バイレイヤー構造のスメクチック液晶相を形成し，3本鎖以上の化合物ではカラムナー液晶相を示す。アルキル鎖長効果やアニオン・カチオン種の液晶性への効果について研究されている。アルキル鎖が長くなるほど透明点が高くなり，液晶相の安定性が向上する。例えば，**12**（$X^- = BF_4^-$, n = 12）は26～39℃でスメクチックA相を示すが，**12**（$X^- = BF_4^-$, n = 18）は67～215℃でスメクチックA相を示す[14]。また，アニオンの体積が大きくなる（例えば，Cl^-,

図6　カラムナー液晶性イオン液体**21**

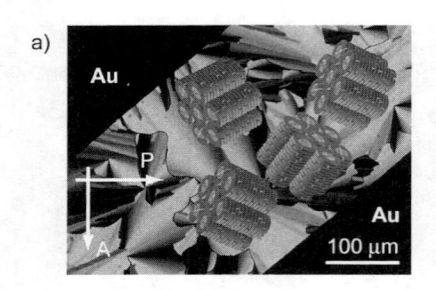

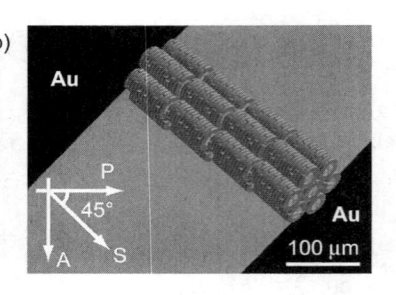

図7 分子21のカラムナー液晶相の偏光顕微鏡写真およびカラム構造の配向のイラスト
a) せん断前，b) せん断後。矢印Aと矢印Pは偏光子の向き，矢印Sはせん断を印加した方向。

BF_4^-，PF_6^-，$CF_3SO_3^-$，$(CF_3SO_2)_2N^-$の順）に従って，透明点は低下する[13~15,26]。例えば，**12**（$X^-=BF_4^-$，n＝16）の透明点は182℃であるが，**12**（$X^-=PF_6^-$，n＝16）の透明点は125℃である。カチオン環上の水素原子とアニオンとの水素結合の形成は，液晶相発現に重要な役割を果たしている[14,35]。例えば，イミダゾリウム塩の場合，2位の炭素上の水素原子をメチル基に置換した化合物では，液晶相を示さず結晶となる[35]。このことは，カチオンとアニオンによって形成されるイオン層のパッキング状態が液晶の熱的安定性に影響することを意味している。カチオンの化学構造も液晶相を発現するためには重要である。

図8 カラムナー液晶性を示すグアニジウム塩 22

金属塩構造を導入した液晶性イオン液体**18**，**19**も報告されている[36~41]。これらは，金属の種類を変えることにより，カチオン部位の配位構造が変化することから，様々な液晶相が発現する可能性を秘めている。また，金属塩に由来した光学機能や磁性特性などが期待される。

カラムナー液晶性イオン液体として，扇型の分子形状を有するイミダゾリウム塩**21**がある（図6）[42]。この分子は分子形状とナノ相分離により自己組織化して，イオン部位がカラムの中心に集合したカラム構造を形成する。分子**21**（n＝8）は-29~133℃で，分子**21**（n＝12）は17~183℃でヘキサゴナルカラムナー液晶相を示す。等方性液体から徐冷してカラムナー液晶状態を形成させた場合，カラムの向きは揃わずにランダム配向したポリドメイン構造（図7a）を形成するが，これにせん断を引加するという単純な方法で，カラムの向きが基板平面に平行に配向した単一ドメイン構造（図7b）を得ることができる。異方的な一次元イオン伝導は，くし型金電極セルを用い，金電極間で平行および垂直方向に均一配向させることにより，それぞれ，カラム軸方向のイオン伝導度（$\sigma_{//}$）および垂直な方向のイオン伝導度（$\sigma_\perp$）が測定された。これらの結果については，4.1項で示す。

また最近，類似の分子設計により，アニオンの種類によって異なる液晶相を発現する扇型の分子構造を有するグアニジウム塩**22**が報告された（図8）[43]。この分子は，グアニジウムカチオンが4分子でディスク状の超分子を形成し，これが集積することでカラムナー液晶相を形成する。ディスク状超分子の形成には，アニオンの種類が大きく影響する。例えば，分子**22**（$X^-=HCCCO_2^-$）は，レクタンギュラーカラムナー液晶相を示すが，**22**（$X^-=BF_4^-$やNO_3^-）は，ヘ

第22章 液晶とイオン液体のコラボレーション

キサゴナルカラムナー液晶相を示す。また興味深いことに，分子 22（$X^- = Cl^-$）は，78～114 ℃でヘキサゴナルカラムナー液晶相を，114～165 ℃でミセルキュービック液晶相を形成する。このような動的に構造が変化する液晶は，イオン伝導のオン―オフするスイッチ材料としての応用が期待される。

この他にも，イオン性液晶としては，アンモニウム塩[44]・ホスホニウム塩[45,46] 構造を基本骨格とする液晶など数多く報告されており，すぐれた総説があるのでこちらを参考にしていただきたい[25]。

4 液晶性イオン液体の機能発現

4.1 異方的イオン伝導

イオン液体にもとづく液晶性分子集合体は，イオンを低次元に伝導する新しい伝導材料として有用である。異方的高速イオン伝導性を実現するためには，分子がマクロスケールで均一に配向した単一ドメインを形成させることが重要である。なぜなら，ランダム配向のポリドメイン構造の場合には，イオンがドメインの境界を越えて移動する障壁エネルギーが大きいと考えられるからである。以下には，イオン液体を複合化した液晶性分子集合体および液晶性イオン液体の分子配向制御による異方的なイオン伝導機能の発現について示す。

2節で述べたイオン液体 1 と水酸基を有する液晶性分子 2-4 からなるスメクチック液晶性分子集合体は，ガラスやITO（Indium–Tin–Oxide）基板上で自発的に均一な垂直配向状態を形成する[10,11]。これらの材料の異方的なイオン伝導度測定には，図9に示す二種類の測定セルが用いられている。くし型金電極セルでは，スメクチック液晶のイオンの凝集層に沿った方向のイオン伝導度（$\sigma_{//}$），ITO電極セルでは，イオン凝集層に垂直な方向のイオン伝導度（$\sigma_\perp$）の測定が可

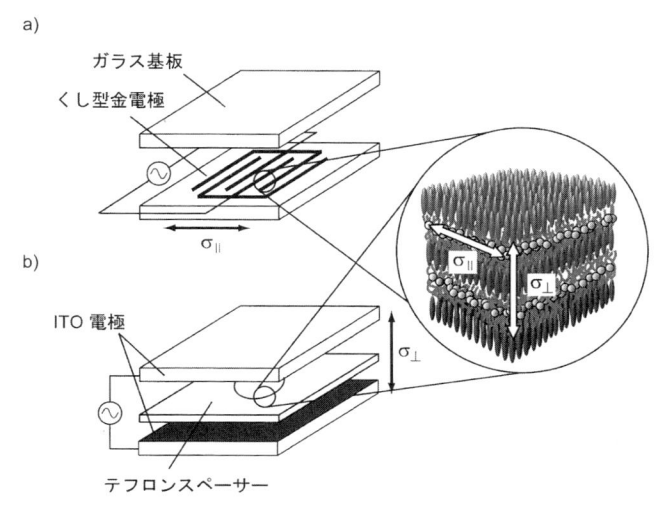

図9 スメクチック液晶性材料の異方的イオン伝導度を測定するためのセル
a）くし型金電極付きセル（$\sigma_{//}$），b）ITO ガラス電極セル（$\sigma_\perp$）

能となる。

　イオン液体**1**と液晶性分子**3**の等モル複合体の異方的イオン伝導度を図10に示す。この複合体は，132℃のスメクチックA液晶相において，層に平行な方向に最大イオン伝導度 $\sigma_{//} = 2.8 \times 10^{-3}$ S cm^{-1} を示し，層に垂直な方向の伝導度よりも80倍以上大きくなり，異方的なイオン伝導性を示した。イオン液体を絶縁性の液晶性分子と複合化してナノ相分離構造を形成させることにより，イオンを高速に移動する二次元の伝導パスを構築できることが示された。これは，巨視的に明確な異方的イオン伝導性を示す初めての分子集合体ナノ材料である。

　イオンを一次元的に伝導する材料は，イオニクスデバイスの回路材料や生体の神経のような情報伝達材料として有望である。カラムナー液晶性イオン液体**21**が形成するイオンチャンネル構造を，均一に並べることにより，初めての異方性を示す一次元イオン伝導体が開発された[42]。図11に配向させたカラムナー液晶の異方的イオン伝導性と未配向のカラムナー液晶の伝導度を示す。分子**21**（n = 12）の100℃における配向させたカラムナー液晶相では，40倍程度の異方性を示し，このときの各方向の伝導度は $\sigma_{//} = 3.1 \times 10^{-5}$ S cm^{-1}，$\sigma_{\perp} = 7.5 \times 10^{-7}$ S cm^{-1} となり，カラム軸方向に高イオン伝導度を示した。一方，ポリドメイン状態のカラムナー液晶相の伝導度は，配向させたカラムナー液晶のカラム軸方向および垂直な方向の伝導度の中間となった。これらの結果は，配向させたカラムナー液晶状態では，一次元の長距離のイオン伝導パスが形成されていることを示している。さらに，分子**21**（n = 12）にリチウムテトラフルオロホウ酸を添加することにより，カラム軸方向のみの伝導度を向上させることもできている。

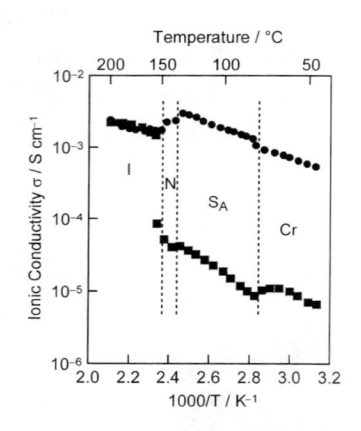

図10　イオン液体**1**と液晶性分子**3**の等モル複合体の異方的な2次元イオン伝導
スメクチック液晶のイオン凝集層に沿った方向のイオン伝導度（●），イオン凝集層に垂直な方向のイオン伝導度（■）。I：等方相，N：ネマチック液晶相，S_A：スメクチックA液晶相，Cr：結晶相。

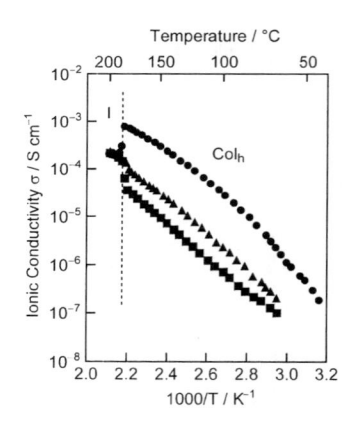

図11　カラムナー液晶性イオン液体**21**（n = 12）の異方的な1次元イオン伝導
均一配向試料のカラム軸方向のイオン伝導（●），およびカラム軸に垂直な方向のイオン伝導（■），ポリドメイン状態にある未配向試料のイオン伝導（▲）。I：等方相，Col$_h$：ヘキサゴナルカラムナー液晶相。

第22章　液晶とイオン液体のコラボレーション

4.2　選択的イオン輸送機能

　異方的イオン伝導性を示す液晶性イオン液体を,リチウムイオン二次電池[42, 47, 48],燃料電池[48, 49],色素増感太陽電池[50]の電解質として応用する場合には,高イオン伝導度だけでなく,Li^+,H^+,I^-などの目的イオンを選択的に輸送することが重要となる。このための分子デザインとして,液晶性イオン液体を構成するイオンの長距離移動を抑えることが提案されている[47, 48]。

　リチウムイオンを効率よく輸送する液晶性イオン液体として,カチオンおよびアニオン構造の両方に長鎖アルキル基を導入した分子 **23**（図12）が報告されている[47]。分子 **23** は,冷却時119〜48℃の範囲でスメクチックA液晶相を示し,48〜38℃で高次のスメクチック液晶相（アルキル鎖は結晶化しているが,イオン層は融解したナノ相分離層状構造）を形成する。一方,リチウムテトラフルオロホウ酸（5 mol%）を添加した複合体では,121〜49℃の範囲でスメクチックA液晶相を,48〜20℃で高次のスメクチック液晶相を示し,イオン層が融解している状態が分子 **23** 単独よりも広い温度範囲で形成される。このような複合体液晶も,ガラス基板やITO基板上で自発的に垂直配向するため,図9で示した測定セルを用いて異方的なイオン伝導度を測定することができる。例えば,分子 **23** とリチウム塩複合体の100℃のスメクチックA液晶相では,イオンの凝集層に沿った方向に 4.1×10^{-5} S cm^{-1} を示し,層に垂直な方向の伝導度よりも150も高くなり,異方的なイオン伝導性が観測される。このような液晶構造では,添加したリチウム塩から解離生成したイオンが優先的に移動していると考えられるため,リチウムイオンを輸送する新しいタイプの液晶材料として期待される。

　さらなるイオン伝導度の向上を目指して,アニオン構造に長鎖ペルフルオロ基を有する液晶性イオン液体 **24**（図12）が合成されている[48]。ここでは,電子吸引性のペルフルオロ鎖を用いることで,アニオン電荷の非局在化によるイミダゾリウムカチオンとの静電相互作用の低下,これによる伝導度の向上が期待された。分子 **24**（n = 1-10）は,いずれもスメクチックA液晶相を発現し,アルキル鎖が長くなるほど液晶相を示す温度範囲が広がった。例えば,分子 **24**(n=4)は,90〜111℃の範囲で液晶相を示し,分子 **24**（n = 8）は,101〜147℃で液晶相を示す。X

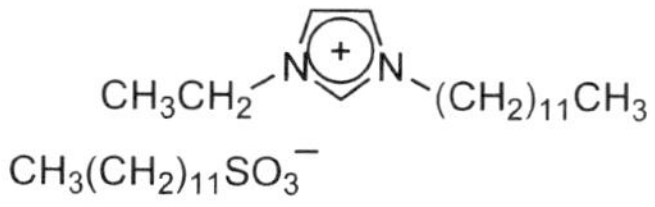

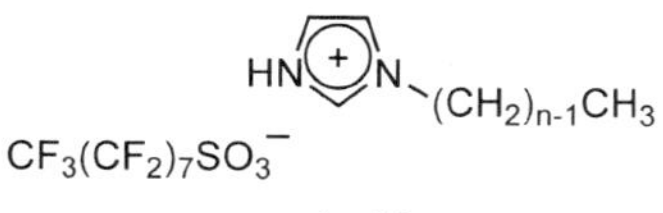

図12　カチオンおよびアニオン構造に長鎖のアルキル基あるいはペルフルオロ基を有するスメクチック液晶性イオン液体

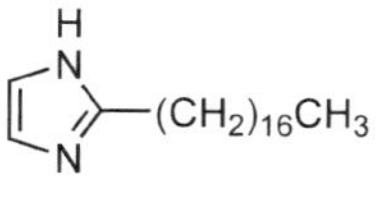

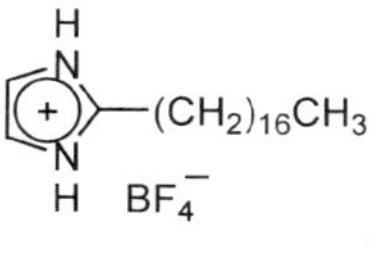

図13　長鎖アルキル基を有するイミダゾール誘導体 **25** および強酸との中和により得られるスメクチック液晶性イオン液体 **26**

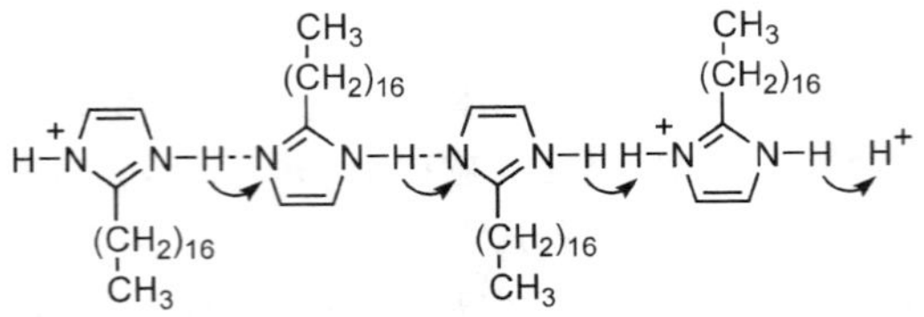

図14　イミダゾール誘導体25と液晶性イオン液体26の複合体液晶におけるプロトン移動のモデル

線散乱測定により，液晶状態の分子集合構造が調べられている。アルキル鎖長が変化しても層間距離が変化しないことから，アルキル鎖部位とペルフルオロ鎖部位が同一の層内で混合したバイレイヤー構造を形成していると考えられている。イオン伝導度に及ぼすアルキル鎖長の効果を調べると，アルキル鎖が長いほど伝導度は低くなることが分かっている。これは，カチオンの長距離移動が抑制されたためと考えられる。このような液晶性イオン液体は，目的とするイオン種を添加することで，目的イオンの選択的な輸送が可能なマトリックス材料となると期待している。

プロトン伝導性液晶として，イミダゾール誘導体25と液晶性イオン液体26（図13）からなる複合体液晶が検討されている[49]。分子25は融点92℃の結晶であるが，テトラフルオロホウ酸との中和で形成される分子26は，91～117℃でスメクチックA液晶相を発現する。一方，25と26の複合体においては，等モルで混合した場合には，融点が60℃の結晶となり液晶性を発現しないが，モル比1：9で混合したときは，冷却時のみであるが，90～78℃でスメクチックA液晶相を発現させることができている。ここでのプロトン伝導体設計のポイントは，プロトンアクセプター分子25とプロトンドナー分子26を混合することにより，積極的にプロトン伝導の欠陥を構築することにある。これは，プロトンがホッピング伝導する際に，適度に空の伝導サイトを導入することにより，プロトンがぶつかることなくスムーズに移動できると考えられるためである（図14）。分子26単独，および25と26の1：9の複合体についてイオン伝導度を測定した結果，期待した通り，プロトンアクセプターを導入した複合体の方が，結晶相および液晶相において，分子26単独よりも高いイオン伝導性を示した。

以上のように，液晶性イオン液体のイオン輸送機能を十分に発揮させるためには，分子レベルから分子集合体レベルの構造制御と，マイクロからセンチメートルレベルにわたるマクロな配向制御が重要である。現在，必要なイオンのみを高速輸送し，異方性を10^4程度まで向上させることを目的として，新しい液晶性イオン液体の分子設計や分子配向制御手法の開発などが行なわれている。

5　おわりに

新しいイオン活性な異方性材料は，ナノメートルスケールの情報・エネルギー伝達材料として，さらには刺激に対してイオンを透過・遮断するような分子スイッチなどとしても応用が期待される。液晶性を示すイオン性複合体およびその機能性に関する研究は，現在，発展途上にある。今後，新しい分子集合体や超分子化学の研究との関連から，より多方面において機能を発揮する材料に発展していくと考えられる。

第22章 液晶とイオン液体のコラボレーション

文　　献

1) T. Kato and M. Yoshio, Electrochemical Aspects of Ionic Liquids, H. Ohno Ed., Wiley, Hoboken, NJ, Chapter 25, 307 (2005)
2) 向井知大, 吉尾正史, 加藤隆史, 大野弘幸, 未来材料, **2**, 2 (2006)
3) D. Demus, J. W. Goodby, G. W. Gray, H. W. Spiess, and V. Vill, Handbook of Liquid Crystals, Wiley-VCH, Weinheim (1998)
4) 液晶便覧編集委員会編：液晶便覧, 丸善 (2000)
5) 学術振興会情報科学用有機材料第142委員会・液晶部会編：液晶辞典, 培風館 (1989)
6) 日本学術振興会第142委員会編：液晶デバイスハンドブック, 日刊工業新聞社 (1989)
7) 加藤隆史, 福政充睦, 機能材料, **17** (12), 48 (1997)
8) T. Kato, N. Mizoshita, and K. Kishimoto, *Angew. Chem. Int. Ed.*, **45**, 38 (2006)
9) T. Kato, *Science*, **295**, 2414 (2002)
10) M. Yoshio, T. Mukai, K. Kanie, M. Yoshizawa, H. Ohno, and T. Kato., *Adv. Mater.*, **14**, 351 (2002)
11) M. Yoshio, T. Mukai, M. Yoshizawa, H. Ohno, and T. Kato, *Mol. Cryst. Liq. Cryst.*, **413**, 99 (2004)
12) M. Yoshio, T. Mukai, K. Kanie, M. Yoshizawa, H. Ohno, and T. Kato, *Chem. Lett.*, 320 (2002)
13) C. J. Bowlas, D. W. Bruce, and K. R. Seddon, *Chem. Commun.*, 1625 (1996)
14) C. M. Gordon, J. D. Holbrey, A. R. Kennedy, and K. R. Seddon, *J. Mater. Chem.*, **12**, 2627 (1998)
15) J. D. Holbrey and K. R. Seddon, *J. Chem. Soc., Dalton Trans.*, 2133 (1999)
16) N. Kimizuka and T. Nakashima, *Langmuir*, **17**, 6759 (2001)
17) T. Nakashima and N. Kimizuka, *Chem. Lett.*, 1018 (2001)
18) A. Ikeda, K. Sonoda, M. Ayabe, S. Tamaru, T. Nakashima, N. Kimizuka, and S. Shinkai, *Chem. Lett.*, 1154 (2001)
19) J. Motoyanagi, T. Fukushima, and T. Aida, *Chem. Commun.*, 101 (2005)
20) D. Kim, S. Jon, H. -K. Lee, K. Baek, N. -K. Oh, W. -C. Zin, and K. Kim, *Chem. Commun.*, 5509 (2005)
21) M. Tosoni, S. Laschat, and A. Baro, *Helv. Chim. Acta*, **87**, 2742 (2004)
22) F. Bazuin, D. Guillon, A. Skoulios, and J. -F. Nicoud, *Liq. Cryst.*, **1**, 181 (1986)
23) S. Ujiie and K. Iimura, *Chem. Lett.*, 995 (1990)
24) S. Ujiie and K. Iimura, *Macromolecules*, **25**, 3174 (1992)
25) K. Binnemans, *Chem. Rev.*, **105**, 4148 (2005)
26) A. E. Bradley, C. Hardacre, J. D. Holbrey, S. Johnston, S. E. J. McMath, and M. Nieuwenhuyzen, *Chem. Mater.*, **14**, 629 (2002)
27) C. Hardacre, J. D. Holbrey, S. E. J. McMath, M. Nieuwenhuyzen, *ACS Symp. Ser.*, **818**, 400 (2002)
28) J. De Roche, C. M. Gordon, C. T. Imrie, M. D. Ingram, A. R. Kennedy, F. L. Celso, and A. Triolo, *Chem. Mater.*, **15**, 3089 (2003)
29) A. Downard, M. J. Earle, C. Hardacre, S. E. J. McMath, M. Nieuwenhuyzen, and S. J. Teat, *Chem. Mater.*, **16**, 43 (2004)
30) K. M. Lee, C. K. Lee, and I. J. B. Lin, *Chem. Commun.*, 899 (1997)
31) C. K. Lee, H. W. Huang, and I. J. B. Lin, *Chem. Commun.*, 1911 (2000)
32) T. L. Merrigan, E. D. Bates, S. C. Dorman, and J. H. Davis, *Chem. Commun.*, 2051 (2000)
33) K. -M. Lee, Y. -T. Lee, I. J. B. Lin, *J. Mater. Chem.*, **13**, 1079 (2003)
34) A. Downard, M. J. Earle, C. Hardacre, S. E. J. McMath, M. Nieuwenhuyzen, S. J. Teat, *Chem.*

Mater., **16**, 43(2004)
35) T. Mukai, M. Yoshio, T. Kato, and H. Ohno, *Chem. Lett.*, **33**, 1630(2004)
36) C. Hardacre, J. D. Holbrey, P. B. McCormac, S. E. J. McMath, M. Nieuwenhuyzen, and K. R. Seddon, *J. Mater. Chem.*, **11**, 346(2001)
37) F. Neve, A. Crispini, S. Armentano, O. Francescangeli, *Chem. Mater.*, **10**, 1904(1998)
38) F. Neve, A. Crispini, and O. Francescangeli, *Inorg. Chem.*, **39**, 1187(2000)
39) F. Neve, O. Francescangeli, A. Crispini, and J. Charmant, *Chem. Mater.*, **13**, 2032(2001)
40) E. Guillet, D. Imbert, R. Scopelliti, and J. -C. G. Bünzli, *Chem. Mater.*, **16**, 4063 (2004)
41) I. J. B. Lin and C. S. Vasam, *J. Organometal. Chem.*, **690**, 3498(2005)
42) M. Yoshio, T. Mukai, H. Ohno, and T. Kato, *J. Am. Chem. Soc.*, **126**, 994(2004)
43) D. Kim, S. Jon, H. -K. Lee, K. Baek, N. -K. Oh, W. -C. Zin, and K. Kim, *Chem. Commun.*, 5509 (2005)
44) 氏家誠司, 液晶, **3**(2), 3(1999)
45) A. Kanazawa, T. Ikeda, and J. Abe, *Angew. Chem. Int. Ed.*, **39**, 612(2000)
46) H. Chen, D. C. Kwait, Z. S. Gönen, B. T. Weslowski, D. J. Abdallah, and R. G. Weiss, *Chem. Mater.*, **14**, 4063(2002)
47) T. Mukai, M. Yoshio, T. Kato, M. Yoshizawa, and H. Ohno, *Chem. Commun.*, 1333(2005)
48) T. Mukai, M. Yoshio, T. Kato, and H. Ohno, *Chem. Lett.*, **34**, 442(2005)
49) T. Mukai, M. Yoshio, T. Kato, M. Yoshizawa-Fujita, and H. Ohno, *Electrochemistry*, **73**, 623(2005)
50) N. Yamanaka, R. Kawano, W. Kubo, T. Kitamura, Y. Wada, M. Watanabe, and S. Yanagida, *Chem. Commun.*, 740(2005)

第23章　新規分野の創成

1　トライボロジー

森　誠之*

1.1　はじめに

　トライボロジーとは，摩擦・摩耗の制御と潤滑に関わる科学と技術である[1]。摩擦係数を下げることは省エネルギーにつながる。摩耗を抑制することは機械部品の寿命を延ばし，その結果として機械部品が関わる装置やプロセスの信頼性・耐久性を向上させることができる。摩擦・摩耗を制御するのが潤滑剤である。自動車を始めとする交通機関からコンピュータのハードディスクまで，さらに生産工程や輸送など，私たちの技術には必ず動く部分があり，そこでは解決すべきトライボロジーの技術課題が数多くある。たとえば，自動車の摩擦係数を下げることにより燃費が向上する。また，自動車や新幹線などが安全に高速で移動するためには，適切な潤滑が欠かせない。生産工程では切削や研磨などの加工を効率良く行うために潤滑剤が必要である。すなわち，トライボロジーは摩擦・摩耗を適切に制御する効率化の技術である。近年，技術の進歩と共に，より過酷な条件での潤滑が求められている。たとえば，高効率エンジンや材料製造工程では高温での潤滑が，半導体製造技術や宇宙技術では超高真空での潤滑が求められている。ここでは，イオン液体の優れた性質が新規な潤滑剤として大きな可能性を秘めていることを紹介する[2,3]。

1.2　潤滑剤

　潤滑剤は，その状態から液体潤滑剤，半固体および固体潤滑剤に分けられる[4]。液体潤滑剤は一般に潤滑油，半固体潤滑剤はグリースと呼ばれている。固体潤滑剤は，高真空や高温など潤滑油が使えない環境において用いられている。潤滑油は流体であることから様々な利点を持ち，最も一般的に用いられている潤滑剤である。一般に，潤滑油は流体としての基油と各種の機能を有する添加剤の混合物であり，その作用と潤滑油成分が持つべき性質を図1に示した。潤滑油の主要な役割として次の3点が挙げられる。①潤滑油が適度な粘度を持つことにより軸と軸受の間に油膜を形成し流体潤滑を可能にする。②潤滑油は接触部における摩擦熱を奪い冷却作用を持つ。また，③各種添加剤の溶媒としての役目を持っている。さらに，固体潤滑剤とは異なり摩擦部に連続して供給されることから自己修復能を有することが特徴である。

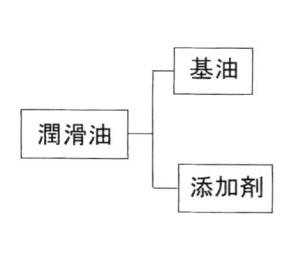

図1　潤滑油の構成と役割

＊　Shigeyuki Mori　岩手大学　工学部　応用化学科　教授

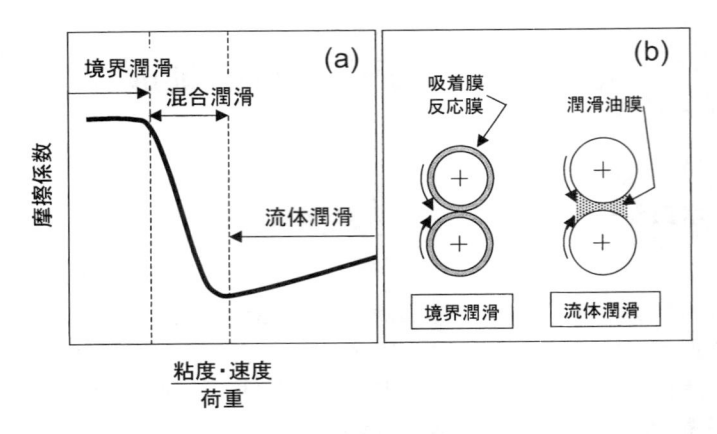

図2　潤滑条件と潤滑状態
(a)ストライベック線図，(b)潤滑状態

　潤滑油を用いたときの摩擦挙動は図2に示すように，ストライベック線図で表現される[5]。横軸は油膜形成のパラメータである。潤滑油の粘度ηが高く摩擦速度Uが高いときは，接触界面に十分な油膜が形成されるため摩擦係数が低い。このような状態を流体潤滑(ボールベアリングのように点接触する場合，接触部が弾性変形するため「弾性流体潤滑」)と呼んでいる。潤滑油の粘度が低下したり摩擦速度が遅くなると，固体接触を起こすために摩擦係数は上昇する。このように固体接触する潤滑状態を「境界潤滑」と呼んでいる。「弾性流体潤滑」の場合，式(1)で示される油膜の厚さ(h)と式(2)で示される粘性抵抗(F)が潤滑性を決定する。ここで，a，α，A，η_p，η_0およびUは，それぞれα以外のパラメータ，粘度圧力係数，接触面積，高圧粘度，常圧粘度および滑り速度である。弾性流体潤滑の場合，接触部の圧力は1GPa以上の高圧になり，粘度は式(3)で示されるように圧力に対して指数関数的に上昇する。そのため，摩擦抵抗Fはαに強く依存する。「境界潤滑」の場合，金属材料同士が直接接触すると異常摩耗や金属材料の焼付きを起こすので，接触界面では潤滑剤成分が吸着あるいは反応して形成する境界膜が潤滑性能を決定する。このように，「弾性流体潤滑」領域では潤滑油の粘度特性が，「境界潤滑」領域では潤滑油成分の材料表面との化学的反応性が潤滑性能を決定する重要なパラメータとなる。したがって，流体潤滑を実現するためには，イオン液体は適度な粘度および粘度圧力係数を持つ必要があるが，これは次の項で述べる。

$$h = a\alpha^{0.7} \tag{1}$$

$$F = A\eta_\mathrm{p} U/h \tag{2}$$

$$\eta_\mathrm{p} = \eta_0 \exp(\alpha P) \tag{3}$$

1.3　潤滑油としてのイオン液体

　潤滑油として持つべき性能は，物理的性質として液状範囲が広く適度な粘度を有すること，化学的性質としては摩擦や温度上昇に対する化学的安定性に優れることが求められる。イオン液体が持つ性質，すなわち常温で液体であり化学的に安定である性質は，潤滑油として優れた可能性を持っていると言える。潤滑油は摩擦熱による温度上昇や使用環境が苛酷な場合は高温にさらさ

第23章　新規分野の創成

表1　イオン液体の物性と分子構造

試料	比較油	イオン液体					
	ポリ-α-オレフィン	EMI-BF4	HEI-BF4	EMI-PF6	HEI-PF6	EMI-TFSI	HEI-TFSI
カチオン構造	−	C_2-Im-C_1	C_6-Im-C_2	C_2-Im-C_1	C_6-Im-C_2	C_2-Im-C_1	C_6-Im-C_2
アニオン構造	−	BF_4^-	BF_4^-	PF_6^-	PF_6^-	$TFSI^-$	$TFSI^-$
動粘度 40℃, mm^2/s	15.2	17.1	88.0	−	139.4	12.3	24.2
動粘度 100℃ mm^2/s	3.52	4.71	11.8	−	15.2	3.69	5.5
粘度指数	110	218	126	−	111	211	176
流動点（融点），℃	−50＞	(13)	−50＞	(58〜60)	−50＞	(−16)	−50＞
粘度圧力係数, Pa^{-1}	$1.2×10^{-8}$	−	−	−	−	$0.7×10^{-8}$	−
文献	文献6)	文献2)	文献7)	文献8)	文献9)	文献6)	文献7)

Im：イミダゾリウム環，$TFSI^-$：ビス（トリフルオロメチルスルホニル）イミドアニオン

れるため，熱化学的に安定であることは有利である。半導体製造技術や宇宙技術などでは，真空中での安定した潤滑が必要であり，イオン液体は蒸気圧が著しく低いため真空用潤滑剤としても大いに期待される。

　イオン液体の粘度特性を表1に示した[2]。一般に使用されている典型的な合成炭化水素油としてポリアルファオレフィン（PAO）と比較した。先にも述べたように，接触界面に油膜を形成するためにはイオン液体が適度な粘度を持つ必要があるが，PAOと比べても十分な粘度を有することがわかる。一般に，流体は温度の上昇と共にその粘度が低下するが，温度上昇に対して粘度低下が少ない潤滑油が優れている。粘度の温度依存性を粘度指数と呼び，大きな値ほど優れた潤滑剤である。合成油の中でもPAOは粘度指数が高い方であるが，いずれのイオン液体もPAOよ

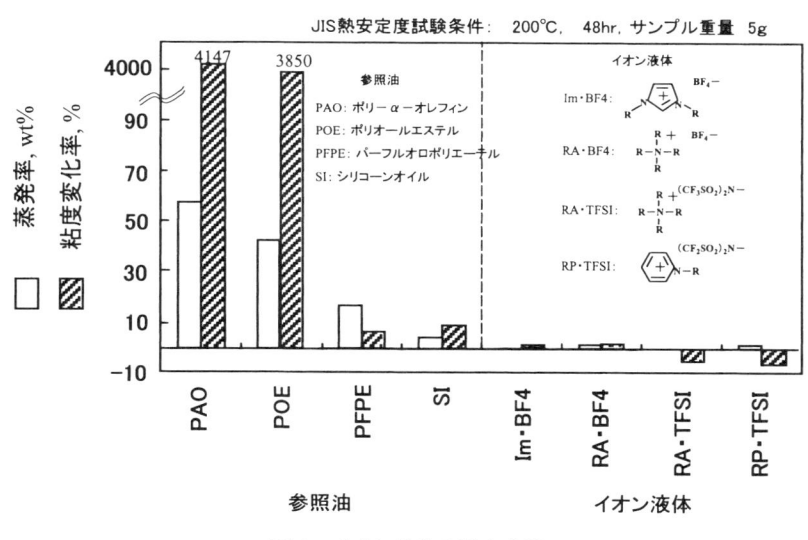

図3　イオン液体の熱安定性

り優れた粘度指数を有している。式(1)に示したように，油膜厚さは粘度圧力係数 α に依存する。イオン液体の粘度圧力係数の測定値はまだ少ないが，適度な α 値を持っていることから，イオン液体は弾性流体潤滑を実現する基油として優れていると言える。

表1の物性値はイオン液体の分子構造と密接に関係している。流動点（融点）はカチオンのアルキル鎖が長いほうが低い。粘度はアニオン構造に強く依存し，TFSI［ビス（トリフルオロメチルスルホニル）イミド］の粘度が低いことが特徴的である。イミダゾリウムカチオン Im^+ の構造を比較するとアルキル鎖が長い方が粘度は高い。また，粘度指数もアニオン構造に敏感でありTFSIで高い値を示し，カチオンではアルキル鎖が短いほど向上する。この様に，融点や粘度特性がカチオンおよびアニオンの構造に依存することから，潤滑油として最適な構造の分子設計も可能であろう。

潤滑油は摩擦熱やエンジンのように高温にさらされるため，熱安定性に優れることが望まれる。熱安定性として，200℃で48hr加熱したときの蒸発率（蒸発による損失率）および粘度の変化率を図3に示した（JIS熱安定度試験）[10]。一般に用いられている合成油PAO，エステル油POE，パーフルオロポリエーテル油PFPEおよびシリコン油SIと比較して，イオン液体の熱安定性が著しく優れることが明らかである。すなわち，高温用の潤滑油としてイオン液体が利用できることを示している。

1.4 潤滑性能

表1に示した粘度特性から，イオン液体を潤滑油として軸受に用いたとき，十分に「弾性流体潤滑」を実現することが可能である。ここでは，より過酷な条件である「境界潤滑」条件下におけるイオン液体の潤滑性能を紹介する。図4は，四球摩耗試験によるイオン液体の耐摩耗性を比較したものである[10]。摩耗痕径が小さいほど耐摩耗性に優れていることを示しており，極性の官能基を持つPOEや摩擦面で反応するPFPEと同等以上の潤滑性能を有することが分かる。イオン液体で潤滑試験した後の摩耗痕をXPSやTOF-SIMSで分析すると金属フッ化物が検出され

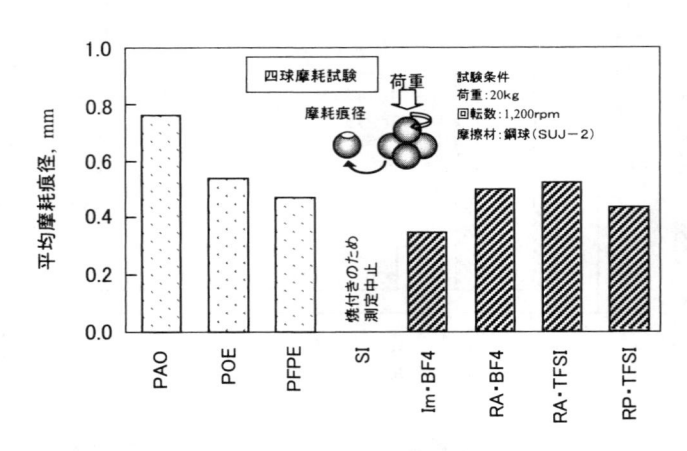

図4　イオン液体の耐摩耗性
図中の略名は図3を参照

第23章　新規分野の創成

た[10]。摩擦面ではイオン液体でも金属材料と反応し，生成物として金属フッ化物を形成した。その結果，生成物が潤滑膜として作用したと考えられる。

潤滑油には摩擦・摩耗を低減し長時間の使用でも劣化しない耐久性が求められるが，イオン液体の化学的安定性はこの目的に適合している。実用に当たってはさらに多くの性能が求められる。イオン液体単独での潤滑性能が十分でないときは，摩擦係数を下げるために摩擦調整剤や，摩耗を抑制するために耐摩耗剤などが添加される。すなわち，これら添加剤の溶解性が基油としてのイオン

表2　イオン液体への添加剤の溶解性

添加剤	EMI-TFSI	BMI-PF6
オレイン酸不溶	不溶	
オレイン酸ナトリウム	不溶	不溶
イソステアリン酸	不溶	不溶
ラウリルアルコール	不溶	不溶
ラウリン酸メチル	不溶	不溶
リン酸トリクレジル TCP	2%	2%

表3　イオン液体の潤滑性に対する添加剤の効果

潤滑油	焼付き荷重, kN
PAO-A	3.33
PAO-B	3.55
EMI-TFSI	7.66
EMI-TFSI + TCP2%	> 13.3
BMI PF6 + TCP2%	> 13.3

液体に求められる。表2はイオン液体に対する潤滑添加剤の溶解性を，表3はその添加効果を示している[6]。極圧添加剤であるTCP（tricresyl phosphate）を添加することにより，高荷重条件でも焼付きを起こさないことが分かった。TCPよりも極性が低いEP剤DBDS（dibenzyl disulfide）もイオン液体に良く溶解し，TCPよりも高い耐摩耗性を示した[11,12]。また，金属の防食性あるいは接触する各種材料との適合性，さらに人体や環境に対する安全性なども実用に際しては重要な因子となる。

1.5　摩擦面での反応

イオン液体は熱化学的には安定である。しかし，摩擦という機械エネルギーが与えられた潤滑中の接触界面では容易に反応が起こる。摩擦面を分析すると，金属フッ化物や硫酸塩などが検出されることから，イオン液体と金属材料とが反応していることが明らかである[10]。このような反応をトライボ化学反応と呼んでおり，反応によりイオン液体が劣化することになる。また，反応生成物が摩擦面を覆うとき，潤滑性の膜となって，低摩擦係数や耐摩耗性を発揮する。しかし，反応によって金属などの材料が摩耗し，化学摩耗が促進されることもある。このように，摩擦面での反応は潤滑油の潤滑特性と密接に関係している。イオン液体のトライボ化学反応の機構はまだ明らかではないが，単に摩擦熱による温度上昇だけでなく，材料表面の活性も関係していると考えられている[13]。

1.6　イオン液体の可能性

以上述べてきたように，イオン液体が持つ特徴的な物理的・化学的性質は，新規潤滑剤として十分に可能性を秘めていると言える。応用目的によってイオン液体に求められる物性は異なる。たとえば，溶媒として用いるときはイオン液体の粘度は低い方がよいが，潤滑油としては適度な

粘度があったほうが流体潤滑を実現するために好都合である。イオン液体はカチオンとアニオンの組み合わせにより，その物性が制御できることから，潤滑剤として最適な粘度と化学的安定性を有する分子設計も可能であろう。カチオンのアルキル鎖長やアニオンに含まれる元素によって，潤滑性に関わる粘度や摩擦面での反応性が制御できる。イオン液体は熱化学的には安定であっても，摩擦という機械エネルギーが関与する接触界面では反応することが分かっている。その反応を利用した潤滑剤としての性能が期待される。一方，環境問題を考えると，F，PあるいはSなどの元素を含まないイオン液体の潤滑特性が注目される。

　イオン液体が持つ，低揮発性，低引火性，高い熱安定性などの基本的性質は，高温潤滑や真空潤滑など，より過酷な条件での潤滑や特殊環境での潤滑にすぐに適用できる。さらに，これまで評価してきたイオン液体の潤滑油としての性能は，従来の高級合成潤滑油を凌ぐものがあり，今後これらの合成潤滑油に代わる新規潤滑油としてもその利用が期待される。新しい分野として，マイクロ・ナノテクノロジーを支えるマイクロ・ナノトライボロジーが注目されている[14]。たとえば，ハードディスクに用いられる潤滑油は厚さ1nmであり，長時間にわたって蒸発や分解による潤滑油薄膜の損失を防がねばならない。低蒸気圧で化学的に安定なイオン液体はこのような特殊分野における潤滑剤としても応用が可能であろう。

文　　献

1) 森誠之，化学と工業，**58**, 1185(2005)
2) 上村秀人，南一郎，森誠之，機能材料，**24**, 63(2004)
3) 上村秀人，南一郎，森誠之，トライボロジスト，**50**, 208(2005)
4) 日本トライボロジー学会編，トライボロジーハンドブック，p.577，養賢堂(2001)
5) 前出4) p.49
6) R. A. Reich, *et al., J. Tribologists, Lubrication Eng.*, **59**, 16(2003)
7) Q. Lu, *et al., Tribology Intern.*, **37**, 547(2004)
8) 大野弘幸監修，イオン性液体―開発の最前線と未来―，シーエムシー出版(2003)
9) H. Wang, *et al., Wear*, **256**, 44(2004)
10) 上村秀人，久保朋生，南一郎，森誠之，トライボロジー会議'04東京　予稿集，p.163(2004)
11) 上村秀人，久保朋生，南一郎，森誠之，トライボロジー会議'04東京　予稿集，p.165(2004)
12) H. Kamimura, T. Kubo, I. Minami and S. Mori, Proc. 11th Nordic Symp. Tribology, 397, Norway (2004)
13) 森誠之，トライボロジスト，**46**, 386(2001)
14) N. Ohmae, J. M. Martin and S. Mori, Micro/Nanotribology, ASME Press(2005)

2 カーボンナノチューブゲル

福島孝典*

2.1 はじめに

単層カーボンナノチューブ（SWNT）[1]は，グラファイトの一枚面を巻いてできる1ナノメートル程度の直径と数マイクロメートル以上の長さをもった，アスペクト比の大きな炭素ナノクラスターである。そのヤング率は約1TP[2]，電気伝導度は約1×10^4 S/cm[3]と見積もられているように，機械的強度と電気特性に優れ，バルクからナノスケールにおよぶ様々な応用が期待されている[4]。例えば，最も身近な用途は，ポリマー複合材料の充填材としての利用であろう。しかしながら，SWNTを高分子に複合化させると機械的強度が飛躍的に増大し，高い導電性を付与できるという期待は，実際には裏切られることが多い。これはナノチューブの分散性の乏しさに起因する。SWNTの実際の姿は，細いチューブ状のファイバーが複雑に絡み合い巨大な束になって固まった不溶不融の黒色粉体であるためである。この問題を解決すべく，ナノチューブ表面を化学修飾し可溶化する方法論も数多く研究されているが[5,6]，この手法ではパイ電子系の破壊を招くため，本来の魅力的な特性を奪うことになる。一方，界面活性剤を用いれば，ナノチューブが高度に分散した希薄溶液を得られることが知られている[7]。しかしながら，一般にこの手法で扱えるナノチューブは極めて少量であり，材料設計に結びつけることは容易ではない。これに関連して筆者らは，偶然にも単層カーボンナノチューブがイオン液体をゲル化することを見出し[8]，「カーボンナノチューブからなるソフトマテリアル」の新しい可能性を提案した。本稿では，このイオン液体とナノチューブからなる複合体の作製と応用について紹介する。

2.2 カーボンナノチューブによるイオン液体のゲル化[8]

イオン液体は，カチオンとアニオンの単純な組み合わせにより構成されるため種類は無限であるが，筆者らはイミダゾリウムカチオンと数種の無機アニオンから構成されるものを用いた（図1a））。カーボンナノチューブを溶媒に分散させようとする場合，超音波を用いる手法がごく一般的である。しかしながら，図1a）のイオン液体中で単層カーボンナノチューブ（カーボンナノテクノロジー社から購入したHiPco SWNT，精製品，純度91%以上）を超音波処理（180Wバス型超音波洗浄機）しても，見かけ上単なる懸濁液を与えるにすぎない。ところが，イオン液体とSWNTを乳鉢に入れて乳棒で数分間こねると，懸濁状態である混合物の粘性が急激に増大し，数分後には均一な黒色のペーストが生成する。この混合物を遠心分離器にかけると，SWNTとイオン液体を含む黒色粘性体の相と，純粋なイオン液体の相に相分離する。図1b）は，2 mgのSWNTを0.2から1.0 mLのBMIBF$_4$で上記の処理した後の様子を示したものであるが，遠心分離後に得られる黒色粘性体の量は常に一定である。また，0.2 mLのイオン液体を用いた場合は，相分離する液体が見られないことから，粘性体を与えるナノチューブの臨界濃度は1重量%と見積もることができる（すなわち1 mgのカーボンナノチューブあたり3×10^{20}個のイオン液体分子を取り込んでいることになる）。同様の粘性体の生成は，図1に示す全てのイオン液体を用い

---

* Takanori Fukushima　㈵科学技術振興機構　ERATO-SORST相田ナノ空間プロジェクト
　　グループリーダー

イオン液体Ⅱ

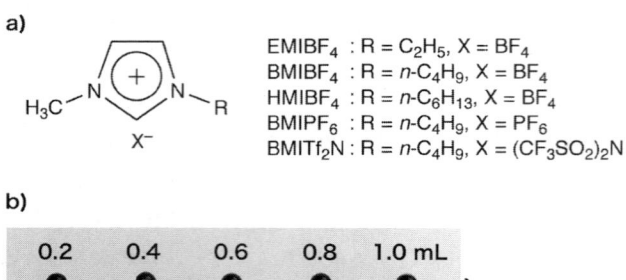

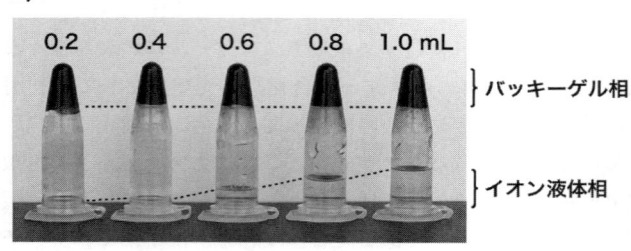

a)

EMIBF$_4$: R = C$_2$H$_5$, X = BF$_4$
BMIBF$_4$: R = n-C$_4$H$_9$, X = BF$_4$
HMIBF$_4$: R = n-C$_6$H$_{13}$, X = BF$_4$
BMIPF$_6$: R = n-C$_4$H$_9$, X = PF$_6$
BMITf$_2$N : R = n-C$_4$H$_9$, X = (CF$_3$SO$_2$)$_2$N

b)

図1 a) イミダゾリウム塩の構造，b) 遠心分離後の相分離の様子

た場合でも共通して見られた。以上の現象は，弾性のあるネットワークがこの粘性体中に形成され，そのネットワーク間に決まった量の溶媒（イオン液体）分子が捕捉されることにより引き起こされるものと考えられる。これは水または有機溶媒分子を含んで膨潤する，ハイドロゲルまたはオルガノゲルと良く似た挙動であり，SWNTによるイオン液体のゲル化として説明できる。

SWNTのソフトマテリアルとも言うべきこのゲル（以下バッキーゲルと呼ぶことにする）は，自然に流れ出すこともないため，注射器につめて押し出すことや，基盤に塗布することもでき加工性に優れている。また，ゲルを構成しているイオン液体に揮発性がないため，通常のハイドロゲルやオルガノゲルと異なり，乾燥により形状が壊れることはない。一方，グラファイト，C60，活性炭など他の炭素同素体との組み合わせでは，イオン液体のゲル化は見られず，SWNTとイオン液体の組み合わせに特有の現象であった。

SWNTによるイオン液体のゲル化機構の考察については，詳細は文献[8, 9)]を参考にしていただくことにして，ここでは結果を簡単に述べる。バッキーゲルの中のSWNTの状態は，電子吸収スペクトルやラマンスペクトルによって調べることができるが，ゲル化前後での変化は特に見られなかった。すなわち，このゲル化は純粋にSWNTの物理架橋により引き起こされていることを示唆している。一方，SWNTのモルフォロジーの変化を，透過型電子顕微鏡で観測すると，イオン液体を用いて処理する前の複雑に絡み合ったSWNTのバンドルがゲル化後には細くなり，絡み合いの度合いも小さくなっている様子が見られた。また，動的粘弾性の測定から，このゲル中には，3次元に架橋した弾性のあるネットワーク構造が存在するものの，架橋点はSWNTバンドル同士が直接絡み合ってできるのではなく，別な要因により形成されていることが示された。さらに，熱分析やX線回折などを用いた詳細な検討から，イオン液体がチューブの表面で局所的に構造化し，ごく近傍に位置しているナノチューブ同士を結びつけることで架橋点が形成される，というメカニズムが示唆された（図2）。すなわち，イオン液体はチューブ同士を結びつける糊の役割を果たしている。このイオン液体の構造化は，カチオン―パイやパイスタッキングなどの引力的な分子間相互作用による，イオン液体分子のナノチューブ表面への吸着が引き金に

第23章　新規分野の創成

2.3 重合部位を有するイオン液体を用いたカーボンナノチューブ・ポリマー複合体の作製

バッキーゲルはソフトな材料であるが、イオン液体部を重合させることで、固体のポリマー複合体へと変換することができる。一般的にカーボンナノチューブは、汎用ポリマーと接着強度が弱く、また分散性も低いため、結果として複合体の機械的特性も期待ほど向上しない。一方、バッキーゲルは高分散したナノチューブからなる複合体であり、また、媒体のイオン液体はナノチューブ表面に吸着しているため、ゲルをそのまま重合して複合体を作製すれば、ナノチューブの添加効果が顕著に見られるはずである。実際、アクリレート[8]やメタクリレート[10]

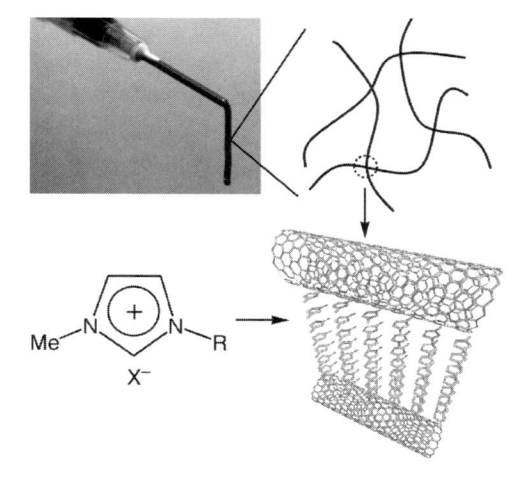

図2　ゲル化の推定メカニズムの模式図
イオン液体がナノチューブ表面の近傍で構造化し、近接するナノチューブを架橋する。

部位を有するイオン液体（図3）からバッキーゲルを調製し、反応開始剤であるAIBNを混ぜ込んだ後に加熱してイオン液体を重合させたところ、均一に黒色のポリマー複合体が得られる。

筆者らは、これらの複合体をホットプレスによりフィルム状に加工し、力学および電気特性を詳細に調べた[10]。その結果を、メタクリレート誘導体から作製した複合体フィルム（図4a））を例に挙げて示す。フィルム表面のAFM（図4b）やSEM観測から、SWNTはドメインとしてではなく、分散した形でネットワークを作っていることが示された。また、引張り試験によりポリマーフィルムのヤング率を評価したところ（図5）、ナノチューブを含まないポリマーフィルム（0.4 MPa）に比べて、3，5 wt%のナノチューブを含む複合体では、それぞれ、7，25 MPaと値

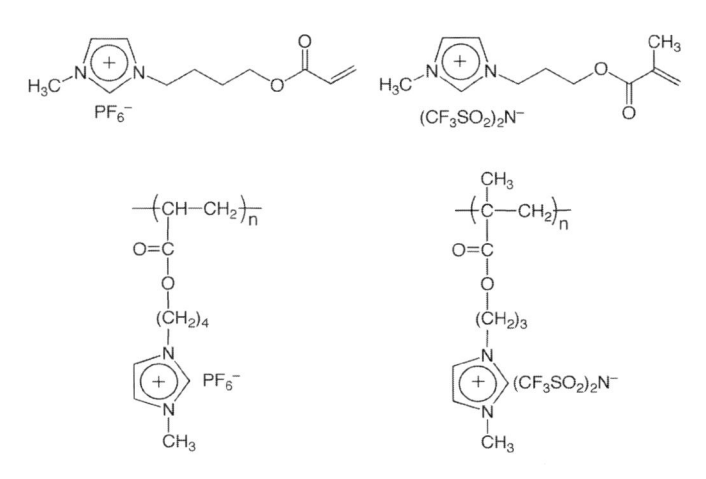

図3　重合部位を有するイミダゾリウム塩モノマーと対応するポリマーの構造

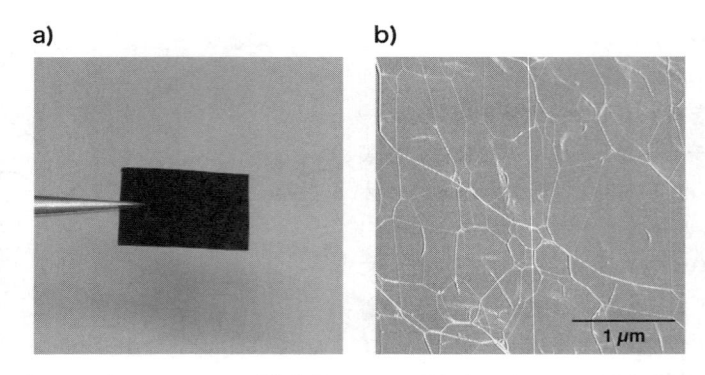

図4　a) カーボンナノチューブ複合体フィルムの写真，b) フィルム表面の AFM 像

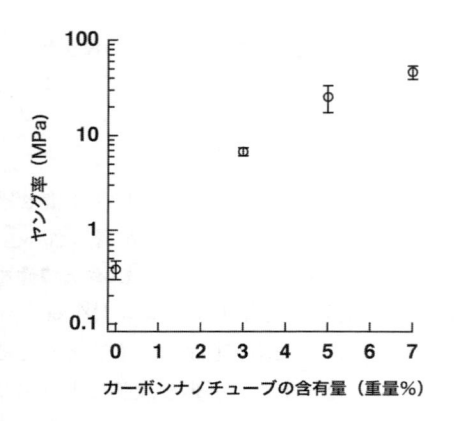

図5　ポリマーフィルムのヤング率に対するナノチューブの含有量依存性

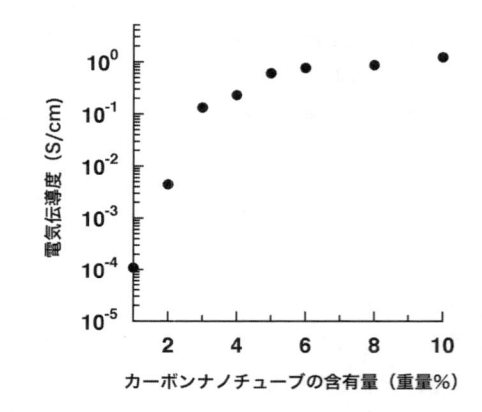

図6　ポリマーフィルムの電気伝導度に対するナノチューブの含有量依存性

の大きな向上が見られた。さらに，7 wt% のナノチューブよっては，ヤング率が 46 MPa にも達し，これはポリマーマトリックス自身の値の120倍にもなる。このような大きなナノチューブの添加効果が発現した例はこれまで知られていない。一方，導電性においても（図6），このナノチューブポリマー複合体は，これまで報告されている同等の量のナノチューブを含むポリマーの複合体[11〜14]と比較して，非常に高い値（室温伝導度 1 S/cm）を有している。

2.4　カーボンナノチューブゲル（バッキーゲル）の応用

筆者らの研究を参考に，いくつかの興味深い関連研究が展開されはじめている。例えば，Wallaceらは，濡れ性の検討からカーボンナノチューブとイオン液体の間には強い相互作用が存在することを報告している[15]。また，2.3項で述べた研究に関連するものとして，Gilman らは長鎖アルキルを有するイミダゾリウム塩をCompatibilizerとして用いることにより，多層カーボンナノチューブをポリスチレンに均一分散できることを報告している[16]。一方，従来のカーボンナノチューブの官能基化においてもイオン液体を用いたカーボンナノチューブの分散化のアプ

第23章　新規分野の創成

ローチが非常に有効であることがごく最近見出された[17, 18]。それ以外にも，生体関連物質をセンシングするための修飾電極材へも応用されるに至っている[19]。

筆者らも独自の応用展開として，外部電解質のサポートなく大気中低電圧で長時間駆動するアクチュエータ素子を世界に先駆けて開発した[20, 21]。筆者らが作製したプロトタイプのアクチュエータは，フッ素系ポリマーを支持体として，バッキーゲル層でゲル状のイオン液体層をラミネートした単純な三層構造からなる。ここでは，バッキーゲル層が電極になるので，通常電極として用いる金属層を蒸着する必要はない。さらに，内部にイオン液体を保有するため，従来の導電性高分子やイオン伝導性高分子を用いた電気化学アクチュエータとは異なり，電解質溶液中に浸す必要もない。

バッキーゲルアクチュエータの模式図を図7に示した。電極層は，固体化するために必要なベースポリマー（ポリフッ化ビニリデン－ヘキサフルオロプロピレン共重合体，PVdF（HFP））中にバッキーゲルを分散させたものであり，イオン伝導層はイオン液体とベースポリマーとからなるポリマーゲル電解質である。このアクチュエータ素子は極めて簡単に作製できる。まず，4－メチル-2-ペンタノンなどを溶媒として作製した，電極層の成分（イオン液体＋SWNT＋ベースポリマー）を含む前駆体液①と電解質ゲル層の成分（イオン液体＋ベースポリマー）を含む前駆体液②を，①→②→①の順番でキャストした後，溶媒を乾燥するだけで良い。電極層と電解質層は同じベースポリマーからできており，またキャスト法で積層して一体化させているため，各層の接着性が良く層間のイオン移動がスムーズに起こる仕組みになっている。この素子を短冊状に切り電圧を印加すると屈曲する（図8）。ゲル電解質フィルム内のイオン液体の陽イオンと陰イオンがそれぞれ反対の極の電極に移動し，電極層内に分散したカーボンナノチューブと電解質の界面に電気二重層が形成され[22]，電極層が伸縮して素子が屈曲変形するためである。また，空中作動が可能な理由は，ナノチューブに注入された電荷を打ち消すための電解質であるイオン液体があらかじめフィルムに内包されており，外部から電解質を補充する必要がないからである。また，屈曲の方向はイオン液体の種類によらず，すべての場合で陽極側であった。素子変形のメカニズムとしては，カーボンナノチューブの伸縮，電気二重層形成に伴う静電気力，イオンのサ

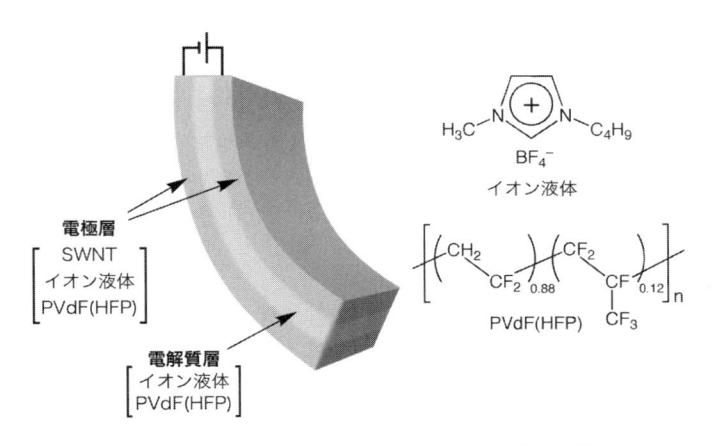

図7　アクチュエータ素子の模式図と構成材料の構造

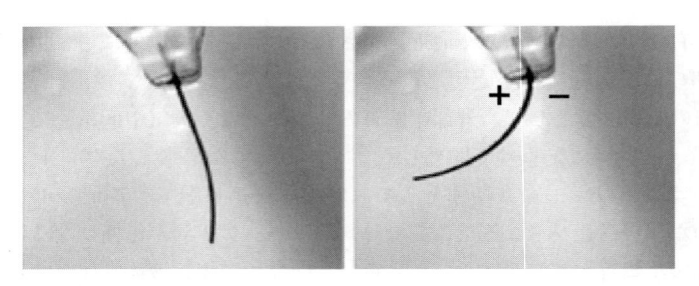

図8　アクチュエータ素子の電圧印加前後の構造変化の様子

イズ効果などが，協同的に働いているものと考えられる。このアクチュエータ素子の応答速度は速く30 Hzの交流電圧にも追従する。さらに，空中作動の耐久性にも優れており，8000回連続駆動させても性能低下は極めて小さく，大気下で2ヶ月放置した後でも性能の低下はほとんど見られない。以上に述べた，二種類のゲル状物質を順次キャストするだけで製造可能な本アクチュエータ素子は，プリンタブルポリマーアクチュエータという新しい概念の素子開発につながる可能性を秘めている。

2.5　おわりに

カーボンナノチューブに関する研究は，学術的には急速な進歩を遂げている。一方，実用的観点からは，多くの夢のある提案がなされているが，未だ解決すべき問題が多く残されている。これらの研究開発を推進する上で，カーボンナノチューブの革新的な大量合成法の確立や，基礎物性のより深い理解などはもちろん重要な課題であるが，それに加えて，容易で汎用的なプロセス技術の開拓も不可欠である。本稿で紹介したイオン液体を用いるアプローチがカーボンナノチューブの応用研究への新しい扉を開くことに通じれば幸いである。

謝辞

動的粘弾性の評価は京都大学の瀧川敏算教授，透過型電子顕微鏡観測は産業総合研究所の石井則行博士のご協力のもとになされました。また，アクチュエータの開発は，産業総合研究所の安積欣志博士との共同研究の成果です。ここに厚く御礼申し上げます。

文　献

1)　S. Iijima, T. Ichihashi, *Nature*, **363**, 603(1993)
2)　M. -F. Yu, B. S. Files, S. Arepalli, R. S. Ruoff, *Phys. Rev. Lett.*, **84**, 5552(2000)
3)　J. E. Fischer, H. Dai, A. Thess, R. Lee, N. M. Hanjani, D. L. Dehaas, R. E. Smalley, *Phys. Rev. B*, **55**, R4921(1997)
4)　R. H. Baughman, A. A.Zakhidov, W. A. de Heer, *Science*, **297**, 787(2002)

5) D. Tasis, N. Tagmatarchis, V. Georgakilas, M. Prato, *Chem. Eur. J.*, **9**, 4000(2003)
6) S. Banerjee, T. Hemraj-Benny, S. S.Wong, *Adv. Mater.*, **17**, 17(2005)
7) B. Vigolo, A. Pénicaud, C. Coulon, C.Sauder, R. Pailler, C. Journet, P. Bernier, P. Poulin, *Science*, **290**, 1331(2000)
8) T. Fukushima, A. Kosaka, Y. Ishimura, T. Yamamoto, T. Takigawa, N. Ishii, T. Aida, *Science*, **300**, 2072(2003)
9) 福島孝典, 機能材料, **24**, No.3, 57(2004)
10) T. Fukushima, A. Kosaka, Y. Yamamoto, T. Aimiya, N. Notazawa, T. Takigawa, T. Inabe, T. Aida, *Small*, in press
11) E. Kymakis, I.Alexandou, G.A.J.Amaratunga, *Synth. Met.*, **127**, 59(2002)
12) F. Du, J. E. Fischer, K. I. Winey, *J. Polym. Sci. Part B: Polym. Phys.*, **41**, 3333(2003)
13) R. Ramasubramaniam, J. Chen, H. Liu, *Appl. Phys. Lett.*, **83**, 2928(2003)
14) H. J. Barraza, F. Pompeo, E. A. O'Rear, D. E. Resasco, *Nano Lett.*, **2**, 797(2002)
15) P. G. Whitten, G. M. Spinks, G.G.Wallace, *Carbon*, **43**, 1891(2005)
16) S. Bellayer, J. W. Gilman, N. Eidelman, S. Bourbigot, X. Flambard, D. M. Fox, H. C. De Long, P. C. Trulove, *Adv. Funct. Mater.*, **15**, 910(2005)
17) Y. Zhang, Y. Shen, J. Li, L. Niu, S. Dong, A. Ivaska, *Langmuir*, **21**, 4797(2005)
18) B. K. Price, J. L. Hudson, J. M. Tour, *J. Am. Chem. Soc.*, **127**, 14867(2005)
19) Y. Zhao, Y. Gao, D. Zhan, H. Liu, Q. Zhao, Y. Kou, Y. Shao, M. Li, Q. Zhuang, Z. Zhu, *Talanta*, **66**, 51(2005)
20) T. Fukushima, K. Asaka, A. Kosaka, T. Aida, *Angew. Chem. Int. Ed.*, **44**, 2410(2005)
21) 安積欣志, 福島孝典, 相田卓三, 未来材料, **5**, No.10, 14(2005)
22) T.Katakabe, T.Kaneko, M.Watanabe, T.Fukushima, T.Aida, *J. Electrochem. Soc.*, **152**, A1913(2005)

3 強発光性量子ドットハイブリッド

中嶋琢也[*1], 河合 壯[*2]

3.1 はじめに

イオン液体は不揮発性であることから有機溶剤の代替溶媒として注目され，有機合成，抽出・分離プロセス，電気化学への利用が活発に検討されている。近年，イオン液体の様々な特徴や機能が解明されるとともに，種々の機能性イオン液体の開発により材料化学分野においても著しい進展が遂げられている。これまで，イオン液体中における機能性材料の作製，ナノ材料の媒体としてのイオン液体ならびにそのコンポジットなど興味深い可能性が提案されている。本節では，イオン液体を基盤としたナノ材料開発について概観し，ついで最近筆者らが開発したイオン液体−発光性量子ドットハイブリッドについて紹介する。

3.2 イオン液体中における無機ナノ材料作製

イオン液体は4Vもの広い電位窓を有する電解質であることから，しばしば種々の無機ナノ粒子の電着に利用される[1]。Endresらは，半導体であるゲルマニウム[2]やシリコン[3]のナノ粒子をイオン液体から電着することにより薄膜化に成功している。また，Dupontら[4,5]はイオン液体中において種々の遷移金属ナノ粒子作製を行い，高活性触媒の開発に成功した。これらの金属ナノ粒子はイオン液体中における金属イオンの化学還元により表面修飾剤を用いることなく作製され，イオン液体中で安定な触媒活性を示す。さらに，水分含有量の少ないイオン液体はゾル−ゲル反応の溶媒としても有用である[6]。

イオン液体が有機溶媒や水と形成する界面がナノ材料作製に優れた反応場を与えることも報告されている。君塚らはイオン液体中に導入した低極性溶媒のミクロ液滴を鋳型とすることにより中空の酸化チタン粒子の作製に成功した[7]。この場合，液滴中に溶解したチタンアルコキシドとイオン液体中の微量水分が界面選択的にゾル−ゲル反応を起こすことにより中空状の酸化チタン粒子がワンステップで作製される。さらに，イオン液体−水界面を利用した大面積金単結晶ナノシートの作製についても報告しており[8]，イオン液体界面が特異構造を有する無機ナノ材料作製において有用であることを実証している。

水溶液や有機溶媒中で合成された金ナノ粒子の液−液抽出によるイオン液体中への導入についても検討されている。界面活性剤や疎水性のアニオンを抽出剤として利用することで，ナノ粒子がイオン液体中に抽出され，安定に分散することが報告されている[9,10]。イオン液体中における貴金属ナノ粒子の諸物性は，触媒化学の観点から興味深い。一方，筆者らは，水溶液中で作製した発光性の半導体ナノ結晶，量子ドットが抽出剤を用いることなく効率的にイオン液体相へ輸送されることを見出した[11]。以下，最近の成果を中心に紹介する。

3.3 水溶性量子ドットのイオン液体への抽出とその発光特性

量子ドットは量子サイズ効果に由来したバルクとは異なる特徴を示すナノ材料である。特に，

[*1] Takuya Nakashima　奈良先端科学技術大学院大学　物質創成科学研究科　助手
[*2] Tsuyoshi Kawai　奈良先端科学技術大学院大学　物質創成科学研究科　教授

第23章 新規分野の創成

CdS，CdSe ならびに CdTe などのⅡ-Ⅵ族化合物半導体からなる半導体ナノ結晶はサイズに依存した高輝度な発光を示すことから，バイオテクノロジー[12]をはじめオプトエレクトロニクス[13]など幅広い応用が検討されている。一方，イオン液体は色素増感太陽電池[14,15]や電気化学発光[16,17]の電解質としても研究されていることから，特異な光学特性を有する半導体ナノ結晶との複合材料は次世代のオプトエレクトロニクスにおいて有望な材料として期待される。

表面安定剤として2-(ジメチルアミノエタン)チオール塩酸塩または，チオコリンブロミドなどのカチオン性チオール誘導体存在下，$CdCl_2$水溶液にNaHTe水溶液を加え，加熱還流を行うことによりCdTeナノ結晶の合成を行った[18]。得られたカチオン性CdTeナノ結晶水溶液を十分に精製した同体積のイオン液体 1-ブチル-3-メチルイミダゾリウムビストリフルオロメタンスルホニルイミド (bmimTFSI) に加えたところ，2相に相分離し上相の水溶液から発光が観察された。この混合液を数分間撹拌を行ったところ，発光は完全に下相のイオン液体相へと移動した（図1）。メルカプト酢酸により表面を保護したアニオン性のCdTeナノ結晶は同様の手法によりイオン液体中へ抽出されないことから，効率的な抽出は水-イオン液体界面におけるカチオン交換機構[19]により進行していると考えられる。

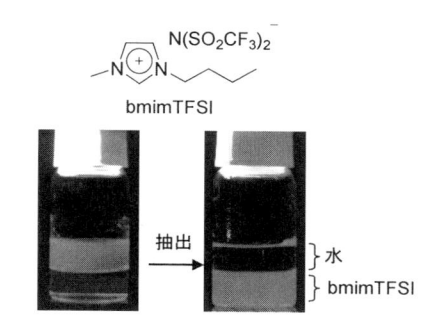

図1 イオン液体 bmimTFSI の分子構造とCdTeナノ結晶の水相からイオン液体相への抽出

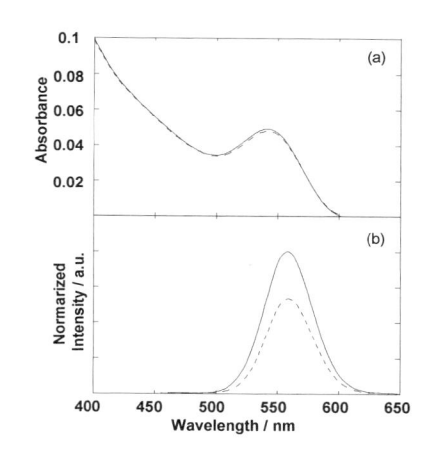

図2 抽出前後におけるCdTeナノ結晶の吸収(a)および発光(b)スペクトル
破線：水中，実線：bmimTFSI 中

CdTeナノ結晶の抽出前後における水相ならびにbmimTFSI相の吸収・発光スペクトルをそれぞれ図2に示す。吸収スペクトルは抽出の前後，水相およびイオン液体中においてほぼ完全に一致した。吸収スペクトルは主にナノ結晶のサイズに依存して変化することから，抽出の前後においてナノ結晶のサイズに変化はなく，イオン液体中に安定に分散していることは明らかである。抽出前後の水相の吸光度変化から，抽出プロセスはほぼ100％の効率で進行することがわかった。一方，発光スペクトルにおいてはbmimTFSI中において発光強度の大幅な増大が観察された。ローダミン6G（ϕ_f＝95％，エタノール溶液）を参照とした発光量子収率は抽出前の水中および抽出後のbmimTFSI中においてそれぞれ16％および27％であった。さらに，水中ならびにイオン液体中において光照射に対するCdTeナノ結晶の劣化特性を比較したところ，イオン液体中において光分解に対する耐久性の著しい向上が観察された（図3）。

前述のイオン液体中における発光特性の向上は，量子ドットの表面保護層の安定性の観点から考察できる。水中における水溶性CdTeナノ結晶の発光効率の低下の原因として，表面保護剤の

ナノ結晶表面からの脱離による表面欠陥サイトの生成が考察されている（図4）[20, 21]。ナノ結晶表面の保護剤分子は嵩高いアンモニウムカチオンを有しており，その静電反撥は保護層を不安定化させ保護剤分子の表面からの脱離を促進する。一方，イオン液体中においてはその疎水性のため保護剤分子が脱離しにくいことに加えて，塩効果により保護層における静電反撥がほぼ完全に緩和される。その結果，イオン液体中において，CdTeナノ結晶の表面の安定な保護が達成される。また，極性表面を有する水溶性のCdTeナノ結晶は高極性のイオン液体により安定に溶媒和され，凝集を起こさず均一に分散される。このように，イオン液体が発光性の量子ドットにとって理想的な媒体であることが明らかとなった。

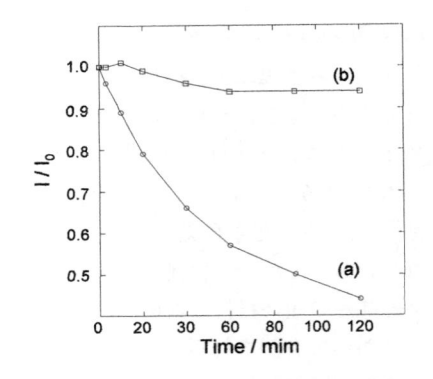

図3　水銀ランプ照射に伴うCdTeナノ結晶の発光ピーク強度の時間変化
(a)水溶液，(b)bmimTFSI溶液

3.4　重合性イオン液体による強発光性量子ドットーポリマーハイブリッドの作製

イオン液体の分子設計の柔軟さは，機能材料を作製する上で非常に重要な性質である。筆者らは，量子ドットハイブリッドの固体化を目的として重合性のイオン液体を利用した[22]。水溶性CdTeナノ結晶の効率的な抽出ならびに発光強度の増大は重合性官能基を有するイオン液体（apmimTFSI）[23]中においても観察された。このapmimTFSI溶液に架橋剤として1/4モルのジエチレングリコールジメタクリレートを加え，ガラスチューブ内においてAIBNによるラジカル重合を行った。得られたイオン液体型ポリマー―CdTeナノ結晶ハイブリッドは高い透明性を有しており，UV光（365 nm）の照射により強い発光を示した。種々のサイズの

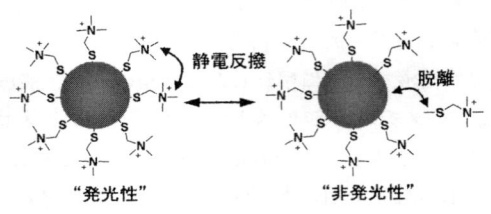

図4　水中におけるCdTeナノ結晶の不安定化と保護剤の吸着脱離平衡

図5　構造式

CdTeナノ結晶を用いることにより，多様な発光色を示すポリマーコンポジットが得られた。重合前後の発光スペクトルにおいて発光波長と発光強度はほぼ変化しておらず，イオン液体型モノマーを用いることにより高い発光特性を保持したポリマー複合材料の作製に成功した。このような高い発光性を有するポリマーコンポジットはディスプレイなどの発光材料や発光式のセンサーへの応用が期待される。

3.5　おわりに

以上のように，本節ではイオン液体が種々のナノ材料あるいはそのハイブリッド材料において優れた媒質となることを紹介した。このような有用性はイオン性，不揮発性，分子設計の柔軟性

第23章 新規分野の創成

などイオン液体に本来備わっている特性に由来する。イオン液体と発光性の量子ドットとのハイブリッドはイオン液体の光機能性材料への応用という新しい可能性を提案した。近年，イオン液体中における種々の有機色素の光学特性について活発に研究され，その光物理過程が解明されている[24]。更に，イオン液体の非線形光学特性など溶媒自身の光学特性についても検討されている[25]。今後，イオン液体の光機能性材料への応用はその光電気化学との関連からも大いに発展するであろう。

文　　献

1) F. Endres, *Chem Phys Chem*, **3**, 144 (2002)
2) F. Endres, S. Z. El Abedin, *Chem. Commun.*, 892 (2002)
3) S. Z. El Abedin, N. Borissenko, F. Endres, *Electrochem. Commun.*, **6**, 510 (2004)
4) J. Dupont, G. S. Fonseca, A. P. Umpierre, P. F. P. Fichtner, S. R. Teixeira, *J. Am. Chem. Soc.*, **124**, 4228 (2002)
5) G. S. Fonseca, A. P. Umpierre, P. F. P. Fichtner, S. R. Teixera, J. Dupont, *Chem.-Eur. J.*, **9**, 3263 (2003)
6) M. Antonietti, D. Kuang, B. Smarsly, Y. Zhou, *Angew. Chem. Int. Ed.*, **43**, 4988 (2004)
7) T. Nakashima, N. Kimizuka, *J. Am. Chem. Soc.*, **125**, 6386 (2003)
8) T. Soejima, N. Kimizuka, *Chem. Lett.*, **34**, 1234 (2005)
9) H. Itoh, K. Naka, Y. Chujo, *J. Am. Chem. Soc.*, **126**, 3026 (2004)
10) G. -T. Wei, Z. Yang, C. -Y. Lee, H. -Y. Yang, C. R. C. Wang, *J. Am. Chem. Soc.*, **126**, 5036 (2004)
11) T. Nakashima and T. Kawai, *Chem. Commun.*, 1643 (2005)
12) A. P. Alivisatos, *Nature Biotechnol.*, **22**, 47 (2004)
13) S. Coe, W. -K. Woo, M. Bawendi, V. Bulovic, *Nature*, **420**, 800 (2002)
14) P. Wang, S. M. Zakeeruddin, P. Comte, I. Exnar, M. Grätzel, *J. Am. Chem. Soc.*, **125**, 1166 (2003)
15) W. Kubo, T. Kitamura, K. Hanabusa, Y. Wada, S. Yanagida, *Chem. Commun.*, 374 (2002)
16) S. Panozzo, M. Armand, O. Stéphan, *Appl. Phys. Lett.*, **80**, 679 (2002)
17) C. Yang, Q. Sun, J. Qiao, Y. Li, *J. Phys. Chem. B*, **107**, 12981 (2003)
18) N. Gaponik, D. V. Talapin, A. L. Rogach, K. Hoppe, E. V. Shevchenko, A. Kornowski, A. Eychmuller, H. Weller, *J. Phys. Chem. B*, **106**, 7177 (2002)
19) M. L. Dietz, J. A. Dzielawa, *Chem. Commun.*, 2124 (2001)
20) S. Hohng, T. Ha, *J. Am. Chem. Soc.*, **126**, 1324 (2004)
21) J. Aldana, N. Lavelle, Y. Wang, and X. Peng, *J. Am. Chem. Soc.*, **127**, 2496 (2005)
22) T. Nakashima, T. Sakakibara, T. Kawai, *Chem. Lett.*, **34**, 1410 (2005)
23) M. Yoshizawa, H. Ohno, *Electrochim. Acta*, **46**, 1723 (2001)
24) P. K. Mandal, A. Samanta, *J.Phys. Chem. B*, **109**, 15172 (2005)
25) R. D. Rogers, K. R. Seddon Eds,; Ionic Liquids Ⅲ B; ACS Symposium Series 902, Chapter 12; American Chemical Society : Washington, DC, 2005

第24章　イオン液体研究会

濱口宏夫*

　イオン液体研究会は，我国のイオン液体研究者，技術者をはじめ，イオン液体に興味を持つすべての人々のための総合フォーラムとして，2004年6月18日に創立された。イオン液体関連の研究，開発の広がりを反映して，学界，産業界から様々な立場の方々が会員として参加し，活気溢れる活動を展開している。研究会は今後大きく成長し，我国のイオン液体研究の発展を支える機軸としてその役割を果たして行くものと期待される。本章では，この研究会の設立の経緯を簡単に紹介して記録に留めておくことにする。

　筆者がイオン液体に強い興味を抱くようになったのは，1999年から2000年にかけてのことである。「イオン」と「液体」という相反する語感を持つ2つの単語のコンビネーションが，類例のない新奇性を醸し出すことに強い印象を持った。当時たまたま分子科学研究所の運営委員会で同席した関一彦教授(現イオン液体研究会世話人，名古屋大学)とこの新しいもの「イオン液体」の話になり，勉強会を開くことになった。その結果が，2000年11月に名古屋大学物質科学国際研究センターワークショップ「イオン液体」である。この勉強会で塩谷光彦教授（東京大学）が報告した調査によると，当時 ionic liquid という語を含む論文の総数はまだ383（うち日本から27）に過ぎず，そのすべてをトレースすることができるような状況であった。この勉強会を通じて，すでに日本にもいくつかの有力な研究グループが存在することが明らかとなり，翌年の分子科学研究所研究会「イオン液体の分子科学」(2001年，9月17，18日)の企画につながった。この研究会では，大野弘幸教授(現イオン液体研究会世話人，東京農工大学)，北爪智也教授(同，東京工業大学)，渡邉正義教授(同，横浜国立大学)を始めとする第一線のイオン液体研究者が一堂に会し，熱気あふれる議論が展開された。これが我国のイオン液体関係の本格的研究会の第1回となった。この研究会を契機として，我国のイオン液体研究を協力して推進しようとする機運が高まり，科学研究費補助金特定領域への申請を視野に入れて，同補助金基盤研究(C)「イオン液体の科学」(研究代表者　濱口宏夫)の申請が行われた。この申請は幸い採択され，2002年秋には物理化学班，合成化学・生命化学班，電気化学・材料化学班の3班に分かれて研究会が開かれた。2003年1月14日にはそれらを総括する全体会議が開催され，海外の研究拠点との連携も含めたその後の研究協力体制が話し合われた。この基盤研究(C)の報告書には，上記の実績をもとに我国のイオン液体研究の核となる研究コンソーシアムの形成を目指すことが謳われている。これがイオン液体研究会の直接の胚芽となった。

　その後，2003年度の科学研究費補助金特定領域研究の申請は見送られたが，翌2004年度に西川恵子教授(現イオン液体研究会世話人，千葉大学)を代表として，「デザイナー流体の科学」と

＊　Hiroo Hamaguchi　東京大学大学院　理学系研究科　化学専攻　教授；イオン液体研究会　代表世話人

第 24 章　イオン液体研究会

いう題目のもとにイオン液体と超臨界流体の科学を融合した研究課題が申請されたが，採択に至らなかった。2005 年度には，元々の題目「イオン液体の科学」に戻り，イオン液体研究会の全面的な支援のもとに再度申請がなされ，無事採択に漕ぎ着くことができた。

　科学研究費補助金特定領域研究「イオン液体の科学」（研究代表者　西川恵子教授）は，2005年度からの 5 年間の計画研究がすでに始まっており，数多くの異なる分野からの公募研究を加えて，さらに活発に動き始めようとしている。イオン液体研究会はこの「イオン液体の科学」の母体として，また計画終了後はその成果のさらなる展開の基盤としてますます重要な役割を担って行くものと期待される。最後にイオン液体研究会の規約を資料 2 に示す。

資料 1　イオン液体研究会設立に至る経緯

- 名古屋大学物質科学国際研究センターワークショップ「イオン液体」
  世話人　関一彦，濱口宏夫
  平成 12 年 11 月 11 日（土）　名古屋 VBL フロンティアプラザ

- 分子科学研究所研究会「イオン液体の分子科学」
  世話人　塩谷光彦，関一彦，濱口宏夫，平田文男
  平成 13 年 9 月 17 日（月），18 日（火）　岡崎コンファレンスセンター

- 平成 14 年度科学研究費補助金一般研究(C)企画調査「イオン液体の科学」
  研究代表者　濱口宏夫

  　合成化学・生命化学班研究会
  　　世話人　北爪智哉，塩谷光彦
  　　平成 14 年 11 月 6 日（水）　東京工業大学大岡山キャンパス　百年記念館

  　物理化学班研究会
  　　世話人　関一彦，濱口宏夫
  　　平成 14 年 11 月 12 日（火）　東京大学理学部化学科講堂

  　電気化学・材料化学班研究会
  　　世話人　大野弘幸，渡邉正義
  　　平成 14 年 11 月 21 日（木）　慶應義塾大学日吉キャンパス来往舎

  　全体会議
  　　平成 15 年 1 月 14 日　東京大学理学部化学科講堂

- 平成 16 年度科学研究費補助金特定領域申請　「デザイナー流体の科学」
  研究代表者　西川恵子

- 平成 17 年度科学研究費補助金特定領域申請　「イオン液体の科学」
  研究代表者　西川恵子

イオン液体 II

資料2　イオン液体研究会会則

2004年4月1日施行

第 1 条（名称）
　本会はイオン液体研究会と称する。

第 2 条（目的）
　本会は，イオン液体に関連した研究発表，情報の交換ならびに会員相互および関連学協会との研究連絡，提携の場となり，イオン液体研究の進歩普及に貢献し，もって学術文化の発展と人類福祉の増進に寄与することを目的とする。

第 3 条（事業）
　本会は前条の目的を達成するために，以下の事業を行なう。
1. 会員の研究発表会，学術講演会などの開催
2. 資料集などの印刷物の配布および刊行
3. 内外の関係学術団体との連携および提携
4. その他前条の目的を達成するのに必要な事業

第 4 条（会員）
　本会の会員は正会員，学生会員，賛助会員からなる。
1. 正会員は，本会の目的に賛同する個人で，所定の年会費を納めるものとする。
2. 学生会員は，本会の目的に賛同する大学生，大学院生，研究生とする。学生会員は会費の納入を必要としない。
3. 賛助会員は，本会の目的に賛同する法人で，所定の年会費を納めるものとする。

第 5 条（入会）
　本会の会員になろうとする者は，所定の入会申し込み書に当該年度の会費を添えて提出し，世話人会の承認を受けなければならない。

第 6 条（会員資格の喪失）
　会員は以下の理由によって資格を喪失する。
1. 退会
2. 会費滞納1年間
3. 後見または保佐の宣言
4. 死亡または失そうの宣言
5. 除名

第 7 条（退会）
　会員で退会しようとするものは理由を付して退会届を提出しなければならない。

第 8 条（除名）
　会員が本会の名誉を傷つけまたは本会の目的に反する行為のあったときは，総会の議決を経て，代表世話人がこれを除名することができる。

第 9 条（会費）
　本会の会費は細則で定める。既納の会費はいかなる理由があっても返還しない。

第10条（役員）
　本会に代表世話人，世話人，監事をおく。

第11条（役員の選任）
　世話人の選任は総会で行なう。代表世話人の選任は世話人の互選により行なう。監事は世話人以外から世話人会で選任する。役員に欠員を生じたときは，世話人会の議決で補充者を決定する。

第12条（役員の任期）
1. 役員の任期は2年とする。再任を妨げない。
2. 任期は通常総会終了の翌日より2年後の通常総会終了の日までとする。
3. 補欠によって選任された役員の任期は前任者の残任期間とする。

（つづく）

第24章　イオン液体研究会

(つづき)

　4. 役員はその任期満了後でも後任者が就任するまでは，その職務を行なわなければならない。
　5. 役員に本会の役員としてふさわしくない行為があったとき，または特別の事情があるときは，その任期中であっても世話人会の議決により代表世話人がこれを解任することが出来る。

第13条（世話人会）
　1. 世話人会は毎年1回以上代表世話人が召集して開催する。
　2. 代表世話人は世話人の1／3以上から会議の目的たる事項を示して，臨時世話人会の招集を請求された時は，2ヶ月以内にこれを実施しなければならない。
　3. 世話人会の議長は代表世話人がこれを勤める。

第14条（総会）
　1. 総会は会員をもって構成する。
　2. 総会は毎年1回代表世話人が召集して開催する。
　3. 代表世話人は会員の1／3以上から会議の目的たる事項を示して，臨時総会の招集を請求された時は，2ヶ月以内にこれを実施しなければならない。
　4. 総会の議長は代表世話人がこれを勤める。

第15条（議決）
　すべての議決はこの会則に別段の定めがある場合をのぞき，出席者の過半数を持って決し，可否同数の場合は議長の決するところとする。

第16条（資産）
　本会の資産は以下のとおりとする。
　1. 会費
　2. 事業にともなう収入
　3. 資産から生じる果実
　4. 寄付金品
　5. その他の収入

第17条（予算，決算，会計年度）
　本会の会計年度は毎年4月1日よりはじまり，翌年3月31日に終わるものとする。本会の事業計画，報告，収支予算，収支決算は代表世話人がこれを作成し，監事による監査を受けた後，世話人会，総会の承認をうけなければならない。

第18条（規則の変更）
　本規則は世話人会，総会において，おのおの2／3以上の賛成を受けて変更することが出来る。

第19条（解散）
　本会は世話人会，総会において，おのおの3／4以上の賛成を受けて解散することが出来る。

第20条（資産の処分）
　本会の解散にともなう残余財産は本会の目的に類似の公益事業に寄付するものとする。

第21条（細則）
　本規則施行についての細則は世話人会の議決をへて会員に通告する。

第25章　近未来展望

大野弘幸*

　常温で溶融状態にある塩が"期待される材料"として様々な方面で熱く注目されている。本書では最新の成果を中心に，イオン液体を取り巻く科学的な状況も合わせて紹介した。イオン液体に関する研究は2000年以降急増し，2つの大きな研究分野である反応溶媒としての展開と電解質溶液代替物としての展開は，この5年間で一応のまとまりを見せた。今後もこれら2大テーマは拡大し，より多くの研究成果が報告されるであろう。各種溶媒としての展開は，不揮発性，不燃性，などをキーワードとして欧米の Green Chemistry の流れにうまく乗り，いまや数百キロからトンレベルの利用までが見えてきた。一方，小スケールでの展開も同一のキーワードにより進められるであろう。親・疎水性，極性，など様々な特性を持った液体で，開放系で微量の液体を安定に保つことができれば，今までとは異なる様式の Lab on a chip ができるであろう。イオン液体中で酵素を機能させる研究が急増しているので，酵素固定を併用して診断や解析など様々な output が期待できる。他にも多くの展開が期待されるが，前書[1]に記述した展望との重複を避けることにする。

　電解質溶液代替物としての展開は一段と加速され，特にエネルギー関連分野において多用されるであろう。イオン液体の持つ個性を設計，利用し，電気化学を駆使して新しいシステムが提案されるであろう。本書第19，20章で現在活発に研究されているこの分野の最先端を紹介した。今後はイオン伝導性のみならず，電子伝導性を制御することも重要になるであろう。電子移動を酸化還元反応として考えると，メディエータのイオン液体への溶解，あるいは酸化還元活性なイオン液体などは今後重要なデバイス用材料となるであろう。一般に有機分子の酸化体と還元体の溶解性は大きく異なるので，両者を溶解できるイオン液体の設計は興味深い。金属錯体は酸化体と還元体の溶解性があまり変わらないものが多いので，展開は容易であるが，溶解度が低いという欠点がある。一方，種々の機能を持ったタンパク質の電気化学がイオン液体中で再現され，工学的な応用につながる発見がなされるであろう。

　これら2大研究分野の今後の展開に共通するキーワードは"生体物質"である。イオン液体と生体物質とは結びつきにくいと思われがちであるが，この組み合わせに多くの将来性がある。即ち，イオン液体中での酵素反応であり，イオン液体中での生物電気化学である。我々はイオン伝導性高分子にヘムタンパク質を包埋し，100℃を超える高温でも酸化還元反応を行わせることに成功した[2]が，同じことがイオン液体中でも達成されている[3]。イオン液体中では通常の水溶液中とは異なる挙動が観測され，"非水系生物化学"という分野が確立されるであろう。液体粘度が高いので，物質の拡散が重要なステップとなるような反応はイオン液体中では不利になるが，

＊　Hiroyuki Ohno　東京農工大学大学院　共生科学技術研究部　ナノ未来科学研究拠点　教授

第25章　近未来展望

実に様々な可能性を秘めている分野である。大量の白金触媒を必要とする燃料電池も，酵素の力を使って汎用性が高まり，燃料もバイオマスを含め様々な物質を対象とすることができ，しかも100℃以上では使えないという水溶液の欠点をイオン液体で改善する"非水生物燃料電池"[4]が完成するであろう。"21世紀の科学"という言葉は早くも古臭くなってしまった感があるが，数年前はミスマッチと思われ，ほとんど無視されていた"イオン液体"と"生物化学"の組み合わせが，この"21世紀の科学"の中心になる可能性は大きい。そのためにも本書第14章は今後の展開を意識しながら"行間を"読んでいただきたい。

　これら2大分野の他にも多くの興味ある展開が盛んになるであろう。本書第21～23章で紹介したように，イオン液体を基礎とする新しいサイエンスが立ち上がってきている。それぞれが興味深い展開を示し，しかも現実味のある夢がある。本書で紹介しきれなかったトピックスも多い。イオン液体全てにわたる情報収集はもはや不可能である。洪水のように押し寄せる大量の情報を選択し，抽出しポイントを押さえることが肝要であろう。わが国のイオン液体関係の情報収集・交換・発信の場であるイオン液体研究会にはより活発な活動が期待され，国や社会に対して積極的な提言も行われるようになるであろうし，ネット上での活動が重要になっているかもしれない。

　近未来の研究の芽は本書の至る所にちりばめられていると信じる。わが国の新しい研究の萌芽につながることに本書が貢献できれば，執筆者一同の大きな喜びでもある。

文　　献

1) 大野弘幸監修，イオン性液体，シーエムシー出版(2003)
2) H. Ohno and N. Yamaguchi, *Bioconjugate Chem.*, **5**, 379(1994)
3) H. Ohno, C. Suzuki, K. Fukumoto, M. Yoshizawa, and K. Fujita, *Chem. Lett.*, **32**, 450(2003)
4) 中村暢文，大野弘幸，エコインダストリー，**10**, 53(2005)

おわりに

　過去に，「イオン液体は溶融した塩で"ホット"な材料であるが，今や融点が劇的に低下したので熱くはなく"クール"なマテリアルとなった。」というようなことを書いた[1]。本書をまとめるにあたり，前書[2]にはなかった項目をできるだけ増やした。それらを眺めてみると，いずれも"クール"である。これまでにこんなに興奮するような物質系があったであろうか？考えてみれば，分子性液体と同等の，あるいはそれ以上の広がりを持つであろうイオン液体が多彩であるのは，至極当然のことである。要は考えることのできる機能を持ったイオン液体は（物理化学的に矛盾することでなければ）必ず創出されうるということである。

　初めてイオン液体を成書にまとめたときは，2年後に第二弾を出版することになろうとは思ってもいなかった。予想よりも速くイオン液体の周辺科学が確実に広がりを見せているということであろう。今やイオン液体に関する論文が毎日平均3報のペースで発表されている。本書のはじめに述べたように，このペースは一度低下するであろうが，その後に"本当の"イオン液体が開花するであろう。この黎明期とも言える激動の時代にイオン液体を研究できることは，私たちにとって誠に幸運である。2005年11月に韓国で開催されたシンポジウムにRogers教授と私が招待された。その時に彼とじっくり話す機会があったが，そのときにRogers教授が上述の私の意見とまったく同じことをポロリと言ったことが忘れられない。典型的なアメリカ人で，「私がイオン液体の潮流を牽引している」と言ってもはばからないような自信たっぷりなRogers教授が，そのようなことを言うとは思っても見なかった。まあ，私に合わせての発言であったのだろうが，誰もが予想していたものよりも大きな流れになっていることを感じさせる。2010年には一体どのようなことになっているのだろうか？米国 Chemical and Engineering News（C & EN）のインタビュー[3]で，私は「近い将来，我々は機能を持ったイオン液体に囲まれているだろう。」と述べた。C&EN側はこれをoptimisticな予測であると書いた。しかし，この爆発的な研究を目の当たりにすると，あながちoptimisticな発言とは言えないだろう。答えは数年後には明らかになろう。短期間で大きく育ったイオン液体の後姿を見失うことなく，共に先端を駆けていられるように願っている。本書がわが国のイオン液体研究を一段と加速させることに貢献できれば幸いである。

　本書は目次を考案している段階から大いに期待していたが，集まった原稿を眺めてみると，研究の拡大が実感できて感激した。大変忙しい中，本書のために原稿執筆を快く引き受けていただいた全ての執筆者に心から感謝したい。また，多くの原稿の収集，校閲などの際に，研究室のスタッフ並びに学生諸君に大変世話になった。最後に本書の編集だけでなく，原稿の依頼から，激励，督促，収集，整理を経て，素晴らしい本に纏めてくれた，シーエムシー出版社の小塚　彩氏に感謝の意を表したい。

文　　献

1) 大野弘幸, 未来材料, 2, 9, 6(2002)
2) 大野弘幸監修, イオン性液体, シーエムシー出版(2003)
3) Chemical and Engineering News, May 3, page 28(2004)

2006年1月

東京農工大学　大野弘幸

イオン液体 II
―驚異的な進歩と多彩な近未来―《普及版》(B1075)

2006 年 3 月 30 日　初　版　第 1 刷発行
2014 年 4 月 7 日　普及版　第 1 刷発行

監　修　大野弘幸　　　　　　　　　Printed in Japan
発行者　辻　賢司
発行所　株式会社シーエムシー出版
　　　　東京都千代田区神田錦町 1-17-1
　　　　電話 03(3293)2061
　　　　大阪市中央区内平野町 1-3-12
　　　　電話 06(4794)8234
　　　　http://www.cmcbooks.co.jp/

〔印刷　倉敷印刷株式会社〕　　　　　© H. Ohno, 2014

落丁・乱丁本はお取替えいたします。

本書の内容の一部あるいは全部を無断で複写（コピー）することは，法律で認められた場合を除き，著作者および出版社の権利の侵害になります。

ISBN978-4-7813-0878-4　C3043　¥4800E